"十四五"国家重点出版物出版规划项目

基础科学基本理论及其热点问题研究

基础科学
Basic Science

严远亭 张以文 张燕平◎著

# 不平衡数据的构造性学习理论与方法

Theories and Methods of Constructive Imbalanced Learning

中国科学技术大学出版社

# 内 容 简 介

本书主要介绍了受构造性神经网络启发的一类构造性的不平衡学习理论及方法。对不平衡学习相关的概念以及构造性覆盖算法进行了简要介绍,在此基础上重点介绍了构造性不平衡学习的相关理论和方法。全书共 13 章,内容包括不平衡学习的相关理论和方法、构造性覆盖算法、基于构造性覆盖开展的多个视角的构造性不平衡学习的系列相关算法、非构造性不平衡学习的一些相关算法,对不平衡数据学习的研究挑战和未来研究方向。本书可作为高等院校和科研院所计算机、自动化等相关专业的研究生的阅读书籍,也可供对机器学习和数据挖掘相关领域感兴趣的研究人员及工程技术人员阅读参考。

**图书在版编目(CIP)数据**

不平衡数据的构造性学习理论与方法/严远亭,张以文,张燕平著.—合肥:中国科学技术大学出版社,2023.10

(基础科学基本理论及其热点问题研究)

"十四五"国家重点出版物出版规划项目

ISBN 978-7-312-05632-1

Ⅰ. 不⋯ Ⅱ. ①严⋯ ②张⋯ ③张⋯ Ⅲ. 机器学习 Ⅳ. TP181

中国国家版本馆 CIP 数据核字(2023)第 041105 号

---

不平衡数据的构造性学习理论与方法

BUPINGHENG SHUJU DE GOUZAOXING XUEXI LILUN YU FANGFA

---

| | |
|---|---|
| **出版** | 中国科学技术大学出版社 |
| | 安徽省合肥市金寨路 96 号,230026 |
| | http://press.ustc.edu.cn |
| | https://zgkxjsdxcbs.tmall.com |
| **印刷** | 安徽国文彩印有限公司 |
| **发行** | 中国科学技术大学出版社 |
| **开本** | 787 mm×1092 mm 1/16 |
| **印张** | 19 |
| **字数** | 482 千 |
| **版次** | 2023 年 10 月第 1 版 |
| **印次** | 2023 年 10 月第 1 次印刷 |
| **定价** | 79.00 元 |

# 前　　言

进入 21 世纪以来,物联网、大数据、人工智能等新一代信息技术得到了蓬勃发展,相关技术与各行业正在发生深度融合。数据,已经渗透到当今各行各业的各个领域,成为重要的生产因素,隐含着巨大的社会、经济和科研价值。丰富的数据催生并推动了许多新产业新业态的快速发展,极大地促进了机器学习、数据挖掘等技术在相关领域中的应用和深化,同时也衍生出众多新的分支,不平衡数据学习便是其中之一。

不平衡数据学习问题(或类别不平衡学习问题)指的是数据集中某一类数据的规模要远大于其他类别数据的规模。传统分类模型在处理不平衡数据时往往会产生学习偏置甚至模型失效的问题。不平衡数据学习在诸如医疗诊断、软件缺陷预测、网络入侵检测、机械故障诊断、文本分类等众多实际应用领域有着广泛应用。对不平衡学习的研究不但具有较强的理论意义,而且具有极高的应用价值。

本书主要介绍了作者近几年基于构造性神经网络开展的不平衡数据学习的一些研究,书中对不平衡学习相关的概念以及构造性覆盖算法进行了简要介绍,在此基础上重点介绍了构造性的不平衡学习的相关理论和方法。全书共 13 章,第 1 章主要介绍了不平衡学习的相关理论和方法,第 2 章主要介绍了构造性覆盖算法,第 3~9 章主要介绍了构造性不平衡学习的一些相关算法,第 10~12 章介绍了非构造性不平衡学习的一些相关算法,第 13 章对不平衡学习的研究挑战和研究方向进行了展望。

本书为国家重点研发计划课题(No. 2019YFB1704101)、国家自然科学基金(Nos. 62376002,62272001,61806002,61872002)、安徽省 2020 年高等学校省级质量工程项目(No. 2020yjsyljc008)的研究成果。在本书的编写过程中,安徽大学的郑重、苏振、江一飞、周天晓、任艳平等同学在资料收集、整理,图文后期处理等方面提供了帮助和支持,在此一并表示感谢。

不平衡学习近年来发展十分迅速,因作者时间、精力有限,书中难免有疏漏之处,敬请读者批评指正。

严远亭

于安徽大学

# 目　　录

前言 ………………………………………………………………………………（ⅰ）

第1章　不平衡学习概述 ……………………………………………………………（1）
1.1　引言 …………………………………………………………………………（1）
1.2　不平衡学习的含义 …………………………………………………………（2）
1.2.1　问题定义 ………………………………………………………………（2）
1.2.2　应用领域 ………………………………………………………………（3）
1.3　不平衡学习方法概述 ………………………………………………………（5）
1.3.1　数据层面方法 …………………………………………………………（5）
1.3.2　算法层面方法 …………………………………………………………（7）
1.4　模型评估指标 ………………………………………………………………（9）
1.4.1　正确率 …………………………………………………………………（10）
1.4.2　查准率 …………………………………………………………………（10）
1.4.3　查全率 …………………………………………………………………（10）
1.4.4　F度量值 ………………………………………………………………（11）
1.4.5　几何平均度量值 ………………………………………………………（11）
1.4.6　接受者操作特性曲线 …………………………………………………（11）
1.4.7　曲线下面积 ……………………………………………………………（11）

第2章　构造性覆盖算法 …………………………………………………………（15）
2.1　构造性覆盖分类模型 ………………………………………………………（15）
2.1.1　模型学习 ………………………………………………………………（16）
2.1.2　预测 ……………………………………………………………………（16）
2.2　构造性覆盖集成分类模型 …………………………………………………（17）
2.2.1　模型不确定性分析 ……………………………………………………（17）
2.2.2　基于投票的集成模型 …………………………………………………（18）
2.2.3　模型性能分析 …………………………………………………………（19）

第3章　构造性SMOTE过采样方法 ……………………………………………（23）
3.1　问题描述 ……………………………………………………………………（23）
3.2　三支决策模型 ………………………………………………………………（23）

3.3　构造性 SMOTE 过采样方法 ……………………………………… (24)

　3.3.1　构造性 SMOTE 的三支决策模型 ……………………… (24)

　3.3.2　构造性 SMOTE 过采样集成模型 ……………………… (27)

3.4　模型分析与性能评估 ……………………………………………… (28)

　3.4.1　模型评估基本设置 ……………………………………… (28)

　3.4.2　参数敏感性分析 ………………………………………… (28)

　3.4.3　模型性能评估 …………………………………………… (30)

第4章　构造性 SMOTE 混合采样方法 ……………………………… (37)

4.1　问题描述 …………………………………………………………… (37)

4.2　构造性 SMOTE 混合采样方法 …………………………………… (37)

　4.2.1　SMOTE 及其改进算法分析 …………………………… (37)

　4.2.2　CCA 清洗策略 …………………………………………… (38)

　4.2.3　成对清洗策略 …………………………………………… (38)

　4.2.4　SMOTE＋CCA 算法 ……………………………………… (40)

4.3　模型分析与性能评估 ……………………………………………… (41)

　4.3.1　模型评估基本设置 ……………………………………… (41)

　4.3.2　数据清洗结果分析 ……………………………………… (42)

　4.3.3　模型性能评估 …………………………………………… (43)

第5章　构造性欠采样集成方法 ……………………………………… (52)

5.1　问题描述 …………………………………………………………… (52)

5.2　SDUS 算法 ………………………………………………………… (52)

　5.2.1　空间邻域挖掘 …………………………………………… (52)

　5.2.2　样本选择 ………………………………………………… (54)

　5.2.3　欠采样集成框架 ………………………………………… (59)

5.3　模型复杂度分析 …………………………………………………… (61)

　5.3.1　邻域挖掘复杂度分析 …………………………………… (61)

　5.3.2　欠采样复杂度分析 ……………………………………… (61)

5.4　模型分析与性能评估 ……………………………………………… (62)

　5.4.1　模型评估基本设置 ……………………………………… (62)

　5.4.2　参数敏感性分析 ………………………………………… (64)

　5.4.3　模型性能评估 …………………………………………… (64)

第6章　构造性集成过采样方法 ……………………………………… (86)

6.1　问题描述 …………………………………………………………… (86)

6.2　NA-SMOTE 算法 …………………………………………………… (87)

　6.2.1　少数类邻域挖掘 ………………………………………… (87)

　　　6.2.2　少数类邻域融合 ……………………………………………（87）
　　　6.2.3　噪声样本检测 ………………………………………………（89）
　6.3　模型分析与性能评估 ………………………………………………（90）
　　　6.3.1　模型评估基本设置 …………………………………………（90）
　　　6.3.2　参数敏感性分析 ……………………………………………（93）
　　　6.3.3　模型性能评估 ………………………………………………（93）

**第7章　构造性集成欠采样方法** ……………………………………（123）
　7.1　问题描述 ……………………………………………………………（123）
　7.2　WUS 和 WEUS-V 算法 ……………………………………………（124）
　　　7.2.1　多数类邻域挖掘 ……………………………………………（124）
　　　7.2.2　基于投票的领域挖掘 ………………………………………（124）
　　　7.2.3　算法原理 ……………………………………………………（125）
　7.3　模型分析与性能评估 ………………………………………………（128）
　　　7.3.1　模型评估基本设置 …………………………………………（128）
　　　7.3.2　参数敏感性分析 ……………………………………………（130）
　　　7.3.3　模型性能评估 ………………………………………………（130）

**第8章　构造性自适应三支过采样方法** ……………………………（139）
　8.1　问题描述 ……………………………………………………………（139）
　8.2　交叉验证的构造性覆盖 ……………………………………………（139）
　8.3　构造性自适应三支过采样方法 ……………………………………（140）
　　　8.3.1　自适应的三支域构建 ………………………………………（140）
　　　8.3.2　局部信息约束过采样 ………………………………………（142）
　　　8.3.3　构造性自适应三支过采样 …………………………………（143）
　8.4　模型分析与性能评估 ………………………………………………（143）
　　　8.4.1　模型评估基本设置 …………………………………………（143）
　　　8.4.2　参数敏感性分析 ……………………………………………（145）
　　　8.4.3　模型性能评估 ………………………………………………（146）

**第9章　构造性过采样的邻域感知优化方法** ………………………（151）
　9.1　问题描述 ……………………………………………………………（151）
　9.2　ANO 算法 ……………………………………………………………（152）
　　　9.2.1　少数类邻域探测 ……………………………………………（152）
　　　9.2.2　粒子群算法 …………………………………………………（155）
　　　9.2.3　邻域敏感建模 ………………………………………………（155）
　　　9.2.4　模型技术实现 ………………………………………………（158）
　9.3　模型分析与性能评估 ………………………………………………（159）

9.3.1 模型评估基本设置 ……………………………………………………… (159)

9.3.2 模型性能评估 ………………………………………………………… (161)

**第 10 章 非构造性不平衡学习——采样优化方法** ……………………………… (183)

10.1 问题描述 ………………………………………………………………… (183)

10.2 类重叠不平衡进化混合采样方法 ……………………………………… (183)

10.2.1 探测重叠区域 ………………………………………………………… (184)

10.2.2 进化欠采样 …………………………………………………………… (185)

10.2.3 随机过采样 …………………………………………………………… (186)

10.2.4 复杂度分析 …………………………………………………………… (188)

10.3 模型分析与性能评估 …………………………………………………… (189)

10.3.1 模型评估基本设置 …………………………………………………… (189)

10.3.2 参数敏感性分析 ……………………………………………………… (192)

10.3.3 重叠样本消除实验 …………………………………………………… (195)

10.3.4 EHSO 中 ROS 的有效性验证 ……………………………………… (198)

10.3.5 模型性能评估 ………………………………………………………… (200)

**第 11 章 非构造性不平衡学习——基于密度的采样方法** ……………………… (204)

11.1 问题描述 ………………………………………………………………… (204)

11.2 基于密度的不平衡过采样方法（LDAS） …………………………… (205)

11.2.1 少数类局部密度信息挖掘 …………………………………………… (205)

11.2.2 重叠数据的识别和清洗 ……………………………………………… (206)

11.2.3 少数类自适应加权过采样 …………………………………………… (208)

11.2.4 模型复杂度分析 ……………………………………………………… (211)

11.2.5 模型分析与性能评估 ………………………………………………… (211)

11.3 基于密度的不平衡欠采样方法（LDUS） …………………………… (225)

11.3.1 融合局部密度的改进度量方法 ……………………………………… (225)

11.3.2 重叠或噪声样本的过滤 ……………………………………………… (226)

11.3.3 加权集成分类 ………………………………………………………… (226)

11.3.4 模型复杂度分析 ……………………………………………………… (228)

11.3.5 模型分析与性能评估 ………………………………………………… (228)

**第 12 章 非构造性不平衡学习——算法层面方法** ……………………………… (243)

12.1 相关理论与知识 ………………………………………………………… (243)

12.1.1 KAOG 和 MKAOG 构图方法 …………………………………… (243)

12.1.2 基于引力的分类方法 ………………………………………………… (247)

12.2 自适应的不平衡 $k$ 近邻图构建方法 ………………………………… (248)

12.2.1 IMKOG 构建方法 …………………………………………………… (248)

12.3　基于拓扑结构信息的引力分类方法 ……………………………………（254）

　　12.3.1　基于 IMKOG 的引力分类算法 …………………………………（254）

12.4　IMKOG 模型复杂度分析 ………………………………………………（257）

12.5　模型分析与性能评估 ……………………………………………………（258）

　　12.5.1　自适应的不平衡 $k$ 近邻图构建方法 …………………………（258）

　　12.5.2　基于 IMKOG 的引力分类算法 …………………………………（264）

　　12.5.3　几种近邻图分类结果的可视化比较 ……………………………（277）

第 13 章　不平衡学习研究挑战与展望 ………………………………………（280）

13.1　不平衡数据的二分类 ……………………………………………………（280）

　　13.1.1　类结构分析 ………………………………………………………（280）

　　13.1.2　极端类不平衡 ……………………………………………………（281）

　　13.1.3　分类器输出调整 …………………………………………………（281）

　　13.1.4　集成学习 …………………………………………………………（282）

13.2　不平衡数据的多分类 ……………………………………………………（282）

　　13.2.1　数据预处理方法 …………………………………………………（282）

　　13.2.2　多类分解 …………………………………………………………（283）

　　13.2.3　多分类器 …………………………………………………………（284）

13.3　多标签、多样本的不平衡数据分类 ……………………………………（284）

13.4　不平衡数据的回归问题 …………………………………………………（285）

13.5　半监督、无监督的不平衡学习 …………………………………………（285）

13.6　不平衡数据流学习 ………………………………………………………（286）

13.7　大规模不平衡数据 ………………………………………………………（287）

13.8　不平衡数据的数据复杂性研究 …………………………………………（288）

# 第1章 不平衡学习概述

## 1.1 引　　言

近二十年来,随着计算机技术的高速发展以及大数据时代的到来,各个领域获取大量数据信息的能力显著提高。面对各行各业不断增长的原始数据,如何从这些海量的数据信息中识别出有价值的数据十分重要,计算机领域中的数据挖掘技术应运而生,其过程是使用一些机器学习、统计学习的算法方法对大量、模糊、随机的原始数据进行建模分类或者回归分析,提取潜在有用信息和知识,从而为各行业的发展提供参考和决策支持。但是,实际中的数据通常存在着一定的复杂性,其中,数据的不平衡分布是一个较为突出且广泛存在的问题。

传统分类学习算法在面对不平衡数据分布时,会出现学习偏置问题,难以取得良好的分类性能。实际上,在很多实际应用场景中,真正有价值的数据相对较少,它们往往有更高的分类价值。例如,在金融行业,海量的交易记录中可能存在欺诈行为,但这些交易数据中只有很少的一部分是非法交易记录,使用传统的分类模型,对非法交易记录的检测率往往很低,如果能提高对这些欺诈交易数据的识别率,能够在一定程度上挽回经济损失。在疾病诊断中,假设某种疾病在人群中出现的频率较低,将患有该疾病的人诊断为健康者所造成的代价远比将健康者诊断为病人更严重,此时提高阳性病例的识别准确率,提早发现疾病并及时治疗尤为重要。类不平衡问题作为一个具有普遍性、复杂性和挑战性的问题,逐渐成为机器学习和数据挖掘领域中的一大研究热点。

近年来,不平衡数据的学习问题引发了学术界和工业界的广泛关注,例如,一些著名的计算机领域协会和国际会议均举办了专门针对不平衡数据学习问题的专题研讨会,来对此问题进行深入地分析与研究,包括美国人工智能协会(AAAI)主办的 2000 年 Workshop on Learning from Imbalanced Data Sets、机器学习国际会议(ICML)主办的 2003 年 Workshop on Learning from Imbalanced Data Sets、知识发现与数据挖掘会议(ACMSIGKDD)主办的 2004 年 Special Issue on Learning from Imbalanced Data Sets 等。除此之外,众多的权威国际期刊如 *IEEE Transactions on Knowledge and Data Engineering*、*IEEE Transactions on Neural Networks and Learning Systems*、*ACM Transactions on Knowledge Discovery from Data*、*Pattern Recognition*、*Information Sciences*、*Knowledge-based Systems*、*Expert Systems with Applications*、*Applied Soft Computing* 以及 *Neurocomputing* 等和国内

的《计算机学报》《软件学报》《计算机研究与发展》《智能系统学报》等期刊也涌出了大量具有重要参考意义的方法和先进技术,给众多应用领域带来了实际贡献和商业价值。至今,对不平衡学习领域的研究仍呈现上升的趋势。如图 1.1 所示,我们基于 dblp(computer science bibliography,计算机领域英文文献的集成数据库系统)网站上的数据,以"imbalance"为关键字进行检索,给出了近年来关于不平衡学习的文献出版数量。

　　图 1.1 是近 20 年来(2001—2021)该领域文献出版数量的趋势柱状图,相关文献数量在逐年升高且最近几年内增长急剧。这一趋势表明,不平衡数据的学习仍然是一个有价值的热点研究课题。在本章的后续部分,将介绍类不平衡问题的基本概念以及学习方法和策略,使读者对该领域有一个相对全面的认识。

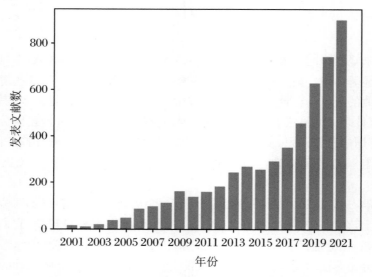

**图 1.1　不平衡学习领域的发表文献数量趋势图**

# 1.2　不平衡学习的含义

## 1.2.1　问题定义

　　在现实生活和工业生产相关数据的收集过程中,海量的原始数据中真正对用户有价值的信息是非常稀少的,对于数量相对较少的样本,在不平衡问题中被称为少数类样本,样本数量较多的被称为多数类样本,当数据集中某类样本数量明显多于其他类样本数量时,该数据集被称为不平衡数据集。为了突出现实世界中不平衡学习问题的含义,我们以医疗诊断数据为例,对于一个包含 999 个阴性病例,但阳性病例只有 1 个的数据集,学习算法只需将所有病例预测成阴性,便能达到 99.9% 的精度。由于该学习模型无法预测出任何阳性病例,因此其没有任何价值。图 1.2 是一个典型的不平衡数据分布示意图。

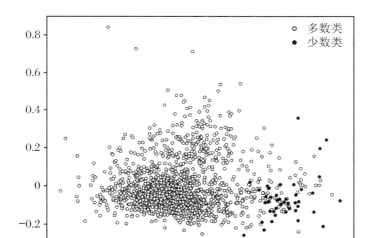

**图 1.2　不平衡数据分布示意图**

图 1.2 为不平衡比率约为 30∶1 的不平衡数据集。在实际应用领域,不平衡率达到 100∶1 或者 1000∶1,甚至更高的数据集,广泛存在。

大多数标准的学习算法都是针对平衡的数据集而设计的,在面对类别分布不平衡的数据时,包括决策树、$k$ 近邻以及支持向量机等在内的传统分类算法,分类时往往会出现分类模型的整体精度很高,而少数类的识别精度却很低的现象,这可能会产生次优的分类模型,即模型能够很好地学习到多数类样本的特征,但少数类样本却经常被错误分类。因此,直接使用传统的分类算法处理不平衡数据,在多数情况下很难获得较好的分类性能。产生这种现象的原因有以下两点:

(1) 标准的学习算法倾向于以全局精度为学习目标,如总体准确率 Accuracy,这使得分类模型在对不平衡数据进行训练时出现学习偏置问题,更多的关注多数类的分类,而忽略了少数类。

(2) 数据的不平衡率并不是影响不平衡数据学习的唯一因素。事实上,当数据的不同类样本线性可分时,不平衡率对后续的学习影响并不大。

近年来的研究表明[1][2],类重叠(class overlapping)、子概念(small disjuncts)、样本稀缺(lack of density)和噪声(noise)等数据复杂性因素,都会造成分类性能的下降,当类别不平衡与上述因素同时出现时,会进一步增加学习的困难程度。

## 1.2.2　应用领域

不平衡学习方法并不仅仅停留在理论上,在很多实际的应用领域中,都会用到此类技术。其应用领域包括但不限于以下几个方面:

### 1.2.2.1　医疗诊断

当前,随着医疗水平的不断提高,医生逐渐依赖于各种医学检测设备的反馈结果来做综合判断,从而给出科学的诊断结果。然而,考虑到各类疾病在出现频率上的差异性,样本采集时就不得不考虑类别不平衡因素的影响(如乳腺癌预测数据集就会出现类别不平衡问题),否则可能会干扰医生的判断,造成医疗事故,直接危及病人的健康甚至生命。

### 1.2.2.2　信用卡欺诈检测

当今世界,许多日常事务流程都是通过互联网进行的。一方面,互联网便利了人们的日常生活;另一方面,这种模式也存在不少隐患,极易发生违法违规行为,给经济发展和人们的日常生活带来了诸多麻烦。例如,在每天海量的信用卡交易记录中,都会存在少量的欺诈记录,如身份信息欺诈、伪造卡、卡丢失或卡被盗等,给人们造成经济损失。实际上,对上述欺诈行为的识别可以通过计算机程序实现。但考虑到欺诈行为在全部记录中只占有很小一部分比例,故应将其视为一个类别不平衡问题,否则检测程序会完全失效。因此,对该问题进行研究十分必要。

### 1.2.2.3　网络入侵检测

随着互联网产业的快速发展,人类的日常生活和网络的联系也变得日益紧密。每天都有不计其数的服务器、计算机以及移动设备彼此通过互联网传输海量的数据。这些数据中的绝大部分都是健康可用的,然而其中也有一小部分的恶意攻击程序,如病毒、蠕虫、木马、后门、广告插件以及黑客程序等。网络入侵检测系统(intrusion detection system,IDS)的任务就是要准确高效地检测到这些恶意攻击程序,并将其隔离或删除,以避免其对设备造成损害。然而,在训练一个 IDS 系统时,所收集的训练数据往往是极度不平衡的,正常的数据包远多于异常的数据包,若不考虑不平衡性而直接训练分类器,系统则会基本丧失防护的功能。实现一个准确可靠的 IDS 系统对类别不平衡学习技术具有较强的依赖。

### 1.2.2.4　异常行为检测

所谓异常行为,从广义上来讲,即指代不同于主体正常活动的行为,主体可以是人,也可以是物。例如,对于一个用于安防的视频监控系统而言,若视频中出现了打架、抢劫、晕倒、丢包等行为,可以将其视为异常行为;对于一台设备而言,若出现设备故障,也可以将其视为异常行为。在全部行为活动中,异常行为通常占绝对少数,故需在异常行为检测系统中考虑类别不平衡因素的影响,否则会导致很多的异常行为被漏检,导致检测系统失效。

### 1.2.2.5　垃圾邮件过滤

电子邮件是使用较为广泛的互联网产品之一,是人们日常工作和生活的交流工具。与此同时,垃圾邮件的出现破坏了和谐的网络文明,侵占了互联网资源和用户的时间,已经引起社会各界的高度关注。

为有效缓解垃圾邮件的负面影响,垃圾邮件过滤系统应运而生。但对于绝大多数用户而言,其每天接收的正常邮件数量通常要远少于垃圾邮件的数量,故在设计垃圾邮件过滤系统时,要考虑到类别不平衡因素的影响,否则会导致部分正常邮件被误判为垃圾邮件,从而可能给用户造成无法估量的损失。

### 1.2.2.6　文本分类

文本是人类独有且最为常用的一种信息传输载体。近年来,随着互联网产业的快速发展,特别是随着论坛、社交网络及购物网站等互联网工具的迅速普及,产业界对文本处理与分析技术的需求正变得日益迫切。作为文本处理与分析技术的重要组成部分,文本分类技术目前也受到类别不平衡问题的困扰。若能有效消除类别不平衡因素的影响,则文本分类技术也将有望在情感判别、舆情分析及推荐系统等应用中发挥出更加重要的作用。

### 1.2.2.7　生物信息学

生物信息学也是饱受类别不平衡问题困扰的应用领域之一。例如,从氨基酸序列所翻译的具有不同结构和功能的蛋白质可能在数量上存在较大差异;又如,在药物分子的活性检测数据中,非活性位点的数量也通常要远多于活性位点的数量。从上述两例中不难看出,生物信息学研究需要依赖类别不平衡学习技术,得到真实可靠的实验结果,从而为生物学的快速发展提供有力的保障。

除上述应用领域外,类别不平衡学习技术还在软件缺陷检测和基于遥感图像的目标识别等领域得到了具体的应用。在不久的将来,类别不平衡学习技术的应用领域有望得到进一步扩展,研究者们可根据自身实际需求来判断是否需要采用该技术。

## 1.3　不平衡学习方法概述

当面对数据不平衡时,如何设计和实现一个能够克服这种偏见的智能系统呢? 该领域被称为不平衡数据学习。这一问题在过去的 20 年里受到了广泛的讨论。研究者们开发了大量的方法,主要集中于数据层面方法和算法层面方法[3][4]。

### 1.3.1　数据层面方法

为了获得更好的训练数据,数据层面方法专注于对现有的不平衡训练数据进行再平衡,即使用重采样技术将分布不平衡的数据转化为平衡的数据,使其适合标准的学习算法。重采样技术因其独立于后续的分类模型[5],能够更加灵活地运用于机器学习的各类任务中,目前已成为最为流行和广泛使用的解决方案,可根据处理对象的不同,分为过采样、欠采样以及混合采样技术。

### 1.3.1.1　过采样技术

生成新少数类样本来平衡数据的分布,最基本的方法是通过随机复制少数类样本使得类别分布达到平衡。然而,随机过采样可能会引起训练模型的过拟合。为解决这一问题,Chawla 等人于 2002 年提出了少数类合成过采样技术[6](synthetic minority over-sampling technique,SMOTE),其通过在特征空间上进行线性插值以合成新的少数类样本,该方法不但能够改变少数类在数量上的劣势,同时也能缓解随机过采样带来的过拟合问题,是目前较为经典的过采样方法之一。然而,SMOTE 算法也存在不足之处,如过泛化和盲目性[7][8]。具体来说,SMOTE 在选择种子样本合成样本时忽略了少数类样本之间差异性,未考虑到其他类别的分布,盲目地对少数类进行过采样,这可能会引入额外的噪声或重叠样本,改变原始的数据分布,给后续模型的分类增加难度。

近年来,国内外学者针对 SMOTE 算法的不足展开了进一步研究,他们从多种角度出发,相继提出了一些改进方法。例如,Han 等人提出了 Borderline-SMOTE 方法[9],该方法仅对位于少数类边界的样本进行过采样,通过计算每个少数类 $k$ 近邻中的多数类样本的数量,将少数类样本划分成 noisy、danger 和 safe 集合,且仅使用 danger 中的少数类样本作为种子样本来进行过采样,使得新合成的样本都集中在少数类边界区域,以强化少数类的决策边界,能够有效地提升后续模型对少数类的识别能力。He 等人提出了 ADASYN 方法[10],根据少数类的近邻分布信息自适应的决定每个少数类样本应合成的新样本数量,使得更多的样本会生成在学习较为困难的少数类样本附近,改变 SMOTE 算法合成样本时的盲目性。Bunkhumpornpat 等人于 2009 年提出了 Safe-Level-SMOTE 算法[11],该算法在过采样之前计算每个少数类的安全系数(safe-level),即少数类 $k$ 近邻中的少数类样本所占的比率。安全系数越高,说明该少数类样本越可能为安全样本;反之,越低则越有可能为边界样本或噪声样本,新合成的样本更靠近安全系数大的少数类。

由于在面对分布较为复杂的数据时,上述方法仅考虑近邻中多数类数量,难以界定关键的少数类样本,因此出现了一些更加智能的过采样方法,试图根据原始数据的样本分布,来保持采样前后的数据类别结构一致性。例如,Barua 等人提出了 MWMOTE 算法[12],该方法首先识别较为困难的少数类样本,然后根据它们与最近多数类样本的欧式距离分配权重,最后结合层次聚类技术,使用加权的少数类信息样本进行过采样,使得新样本均位于少数类子集群的内部。与之类似,DBSMOTE 算法[13]使用聚类技术(DBSCAN)对少数类样本进行划分,在少数类子集群内部且靠近其伪质心的区域进行过采样,使得大多数合成实例密集分布在质心附近。Georgios 等人所提出的 k-means SMOTE 算法[14]结合 k-means 和 SMOTE 算法,同时考虑了类内不平衡和类间不平衡问题,能够有效抑制过采样合成噪声的问题。Nekooeimehr 提出了 A-SUWO 算法[15],即首先采用一种半监督的层次聚类方法对少数类样本进行划分,然后找到每个簇中靠近边界的样本,最后根据每个子簇的分类复杂度以及交叉验证来进行过采样。除此之外,有些方法则是从密度估计的角度对 SMOTE 的合成机制提出改进。例如,Tang 等人提出的 Kernel-ADASYN 算法[16],该方法采用核密度估计方法获取少数类的概率密度分布,并根据每个少数类的难度分配采样权重。Gaussian-Based SMOTE 方法针对 SMOTE 算法合成样本方式的弊端,结合高斯分布提出了一种新的样本合成方式,在一定程度上保持了数据的原始分布特征[17]。

## 1.3.1.2　欠采样技术

该技术一般选取或者移除部分多数样本以缓解数据的倾斜分布。最基本的方法是随机欠采样,即通过随机抽样的方式来选取多数类样本的子集,但这种随机性容易丢失一些重要样本的信息,引发学习模型的欠拟合现象。针对随机欠采样的缺陷,研究者们相继提出了许多更有效的欠采样方法。其中,最常见的一类方法是结合聚类技术选取具代表性的多数类样本,以保持原始的数据分布。例如,Yen 等人提出的 SBC 算法[18],首先通过聚类将训练数据划分成多个子集群,再根据每个子集群中多数类和少数类的比率来确定应选取的多数类样本数量。Lin 等人[19]利用 k-means 算法先将多数类样本划分成数目与少数类样本数量同等的多个子集,并选取每个子集群的中心作为多数类的代表。

　　一些方法通常结合某种清洗或过滤策略,移除多数类中的困难学习样本(如噪声、重叠),也能达到欠采样的目的。如 Wilson 等人提出了一种基于近邻模型的样本编辑方法[20](ENN),删除被 $k$ 近邻算法错误分类的多数类样本;与之类似,Tomek 等人提出的 Tomek-Link 算法[21],首先找出两两距离最近的异类样本对,再移除其中的多数类样本。OSS(one-side selection)[22]根据每个样本所含信息量的大小来确定需要移除的样本,用 Tomek links 方法选择样本,同时移除 Tomek links 中的多数类样本。Laurikkala 所提出的 NCL(neigh-borhood cleaning rule)[23]算法,其基本思想与 OSS 类似,但更注重数据清洗而非数据缩减。NCL 根据样本的 $k$ 近邻中少数类与多数类的数量决定需移除的样本。除此之外,一些研究者将进化算法运用到欠采样的样本选择中。如 Salvador 等人[24]提出了一组进化欠采样(EUS)方法,该方法利用不同的适应度函数在类分布平衡和性能之间取得了良好的折中。Mikel 等人在 EUS 的基础上,提出了 EUSBoost 方法[25],通过集成进化欠采样进一步提高对不平衡数据的分类能力。Seyed 等人[26]提出了一种多目标优化欠采样方法,通过进化欠采样并考虑用多种分类器来生成一组多样性的性能良好的平衡子集。Ginny 等人[27]提出了一种基于过采样和欠采样的采样策略,该方法基于模糊逻辑生成少数类,并使用进化计算(CHC)方法对数据集进行了优化。

### 1.3.1.3　混合采样技术

　　该类方法的主要机制是将过采样和欠采样相结合。例如,Batista 等人将 SMOTE 算法与 ENN 和 TomekLink 相融合,分别提出了 SMOTE + ENN 算法[28]和 SMOTE + Tomek-Link[29]算法,降低了 SMOTE 可能引入的噪声和重叠样本对后续分类的影响。2015 年,José 等人提出了 SMOTE-IPF 方法[30],该方法将一种迭代的集成式的噪声过滤技术与 SMOTE 结合,使得过采样后的分类决策面更加规则。2020 年,Tao 等人提出 ADPCFO 方法[31],该方法先使用峰值聚类技术,对样本边界以及稀疏区域的样本进行过采样;同时,提出一种启发式过滤策略去迭代地移除类别间的重叠样本。与前述不同的是,Yan 等人提出的 LDAS 算法[32],首先提出了一种基于密度的样本清洗策略,删除了高重叠度的多数类样本,然后设计了一种领域信息约束的过采样方法,避免合成新的异常样本,以提升学习模型的鲁棒性。

## 1.3.2　算法层面方法

　　直接修改现有的学习算法,使分类模型减轻对多数类样本的偏差,以适应于挖掘具有倾斜分布的数据,这需要对改进的学习算法有更深入的了解,并精确地找出其在挖掘倾斜分布时失败的原因。此外,较流行的分支是结合代价敏感学习的方法。通过将较高的代价分配给少数类样本,在学习过程中提高它们的重要性。另一个算法层面的解决方案是集成学习,使用由多个基分类器组合而成的集成分类系统,通常与预处理技术或代价敏感方法相结合,以提升对不平衡数据的学习能力。

### 1.3.2.1　分类器设计

Barandela 等人提出了一个加权的距离计算方法,用于缓解不平衡数据分类任务可能存在的决策倾斜问题[33]。Zhu 等人提出了基于几何结构的集成方法(geometric structural ensemble,GSE)[34]来处理不平衡数据分类问题。GSE 首先计算样本间的欧氏距离,然后基于此距离以迭代的方式生成超球面,来分隔和消除冗余的多数类样本,将每一次迭代生成的数据集训练基分类器,最终将基分类器以投票的方式集成。Peng 等人依据牛顿万有引力定律,通过引力放大系数来削弱多数类的引力场的同时实现对少数类引力场的强化[35],并通过优化后的引力规则对样本进行最终的决策。Wang 等人[36][37]基于万有引力定律研究设计了一种固定半径的最近邻分类器,并基于信息熵实现了该分类器的加速和优化。

### 1.3.2.2　代价敏感学习

在分类任务中,不同的分类错误所导致的代价不同。如在医疗诊断中,"将病人误诊为健康人的代价"与"将健康人误诊为病人的代价"不同。代价敏感学习正是基于这一原因,为不同类别的样本分配不同的权重,能够在处理不平衡数据时改变模型学习的偏置问题,从而训练出更有效的学习模型。

$$Cost = \begin{bmatrix} C_{11} & \cdots & C_{1j} \\ \vdots & \ddots & \vdots \\ C_{i1} & \cdots & C_{ij} \end{bmatrix} \tag{1.1}$$

代价敏感方法一般假设错误分类的少数类样本代价更高,代价通常被指定为代价矩阵如公式(1.1),其中 $C_{ij}$ 表示将第 $i$ 类的例子分配到第 $j$ 类的错误分类代价。代价矩阵一般由对应领域的专家意见来确定,但在大多数情况下,由于错误分类的代价是未知的数据,不能由专家给出。针对这一问题,一些研究者引入优化算法,在模型训练过程中不断更新成本。例如,Zhang 等人[38][39]提出了一种代价敏感的深度信念网络,利用差分进化算法选择最优类代价,并将其集成到模型中,完成不平衡分类。在 Zhang 提出的代价敏感的一维卷积神经网络中,也可以发现类似的思想[40]。Khan 等人[41]提出了一种基于类到类可分性和分类错误的代价优化算法,通过交替进行模型训练和代价优化,可以有效解决深度模型的不平衡学习问题。另外,还有一种有效的方案,即将多数类别的错误分类成本设置为1,同时将惩罚少数类别的价值设置为与 IR 相等[42]。

### 1.3.2.3　集成学习

集成学习的主要思路是训练多个分类器,并通过某种结合策略共同决策来解决同一问题,通常可以获得比单一分类器显著优越的泛化性能,也被称为多分类器系统(multi-classifier system)。当前,分类器集成已经成为不平衡学习十分流行的解决方案,研究者们提出了一些新的集成模型或应用现有的集成模型结合重采样技术来解决不平衡数据分类问题。需要注意的是,基于重采样的集成和基于 bagging 方法的训练过程可以并行进行,而 boosting 和一些基于进化的集成方法只能通过迭代过程进行训练。

因此,可以将集成方法分为两类,即基于迭代的集成模型和基于并行的集成模型。例如,Chawla 等人将 Adaboost 集成学习算法与 SMOTE 方法结合起来,提出了一种过采样的集成方法 SMOTEboost[43]。该方法在每次迭代训练中先利用 SMOTE 方法合成少数类样本,以加强基分类器对少数类样本的学习,再利用投票集成的方法提升分类性能。Seiffert 等人[44]将 Adaboost 集成学习算法和 RUS 方法结合,提出了一个随机欠采样的集成方法 RUSBoost。RUSBoost 方法在训练弱分类器之前,使用 RUS 方法采样得到训练数据集,用于弱分类器训练。每一次迭代利用 RUS 更新训练样本,但是不给分类器分配新的权重。由于 RUS 方法在采样时很有可能会丢失重要的样本信息,因此 Galar 等人提出了 RUSBoost 的改进方法——EUSBoost[25]。该方法通过进化欠采样改进随机欠采样的方式来生成平衡的训练子集,并且还将适应度函数引入,以保证基分类器的多样性。Liu 等人[45]将 RUS 方法与 Boosting 和 Bagging 集成学习框架混合起来,提出了两种方法:① BalanceCascade:首先随机选取若干个与少数样本数量相同的多数类样本,用 Adaboost 算法训练基分类器,在下一次迭代过程中,删除被上一个基分类器分类正确的样本并且重新选取训练子集,最终使用 Bagging 集成策略进行基分类器集成。② EasyEnsemble:随机独立地从多数类样本中选取若干个与少数类样本数量相同的多数类样本子集,然后把每个多数类样本子集与少数类样本集合并,形成一个平衡数据集,以 Adaboost 算法训练基分类器,最终使用 Bagging 集成策略进行基分类器集成。BalanceCascade 和 EasyEnsemble 使用 AdaBoost 分类器训练基分类器,最后结合 Bagging 集成策略对基分类器进行集成,最后生成的集成分类模型可以理解为集成算法的集成。Barandela 等人[46]将 Bagging 集成学习方法与 RUS 方法结合起来提出了 UnderBagging 方法,该方法在 Bagging 算法的每轮迭代训练过程中使用 RUS 方法对多数类样本进行欠采样,以生成平衡的训练子集。

# 1.4　模型评估指标

评估指标是评价分类性能和指导分类器建模的关键因素。在二分类任务中,混淆矩阵(表 1.1)记录了每个类正确识别和错误识别实例的结果。

表 1.1　混淆矩阵

| 真实 | 预测 | |
| --- | --- | --- |
| | 正例 | 负例 |
| 正例(true) | 真正例(TP) | 假负例(FN) |
| 负例(false) | 假正例(FP) | 真负例(TN) |

在不平衡学习中,一般将少数类视为正例,多数类视为负例。在实验中根据真实的类别和分类器预测的类别,可以组合成真正例(true positive,TP),表示正确分类的少数类数量;假正例(false positive,FP),表示多数类被误分为少数类的数量;真负例(true negative,TN),表示正确分类的多数类数量;假负例(false negative,FN),表示少数类被误分为多数类的数量。对于多分类问题,可以将其转换成二分类问题解决,将研究的类作为一类,其他类作为另一类。

基于混淆矩阵的组合,我们可以得到正确率(Accuracy)、查准率(Precision)、查全率(Recall)、F 度量值(F-measure)、几何平均度量值(geomentric mean,G-mean)、接受者操作特性曲线(receiver operating characteristic curve,ROC)、曲线下面积(area under curve,AUC)等常用的性能评估指标。

## 1.4.1　正确率

Accuracy 作为常见的评估指标之一,计算公式为

$$Accuracy = \frac{TP + TN}{TP + FP + TN + FN} \tag{1.2}$$

通常来说,正确率越高,分类器性能越好。然而,在不平衡的数据集框架下,准确性不再是一个合适的衡量标准,因为它无法区分不同类别的正确分类的例子的数量。不妨假设,现有一个样本容量为 100 的数据集,其中少数类样本数量为 1,多数类样本数量为 99。在分类中,当模型将所有少数类样本错误地分类为多数类,则整体的 Accuracy 仍能达到 99%。而实际少数类样本分类的正确率为 0%。因此,在不平衡数据分类中,一般不使用 Accuracy 指标。

## 1.4.2　查准率

Precision 是指被分类器正确分类的正例样本(少数类样本)数量占所有被分类为正例的样本的比例。计算方法为

$$Precision = \frac{TP}{TP + FP} \tag{1.3}$$

但是在不平衡数据的研究中,当少数类数量非常少的时候,该指标非常容易出现分母为 0 的情况。这是因为分类过程中,可能出现将所有的少数类误分为多数类的情况,此时被分类为正例的样本的数量为 0,导致 Precision 分母为 0。

## 1.4.3　查全率

Recall 表示被分类器正确分类的正例样本数量占所有正例样本的比例。计算方法为

$$Recall = \frac{TP}{TP + FN} \tag{1.4}$$

在不平衡数据研究中,Recall 可以很好地衡量分类器的性能。

## 1.4.4　F 度量值

Precision 和 Recall 是一对矛盾的度量。一般来说,当 Precision 较高时,Recall 就会偏低;当 Recall 较高时,Precision 就会偏低。在两者性能相当的情况下,便可达到相对理想的状态。F-measure 便可以用来检测两者的平衡关系,计算公式为

$$F\text{-}measure = \frac{(1 + \beta^2) \times Precision \times Recall}{Precision + \beta^2 \times Recall} \tag{1.5}$$

$$F\text{-}measure = \frac{2 \times TP}{2 \times TP + FP + FN} \tag{1.6}$$

其中通过控制 $\beta$ 来平衡 Precision 和 Recall 的关系。当 $\beta = 1$ 时,为两者的调和平均,即两者达到相对平衡。公式(1.6)为 F-measure 转换成混淆矩阵后的简化形式。

## 1.4.5　几何平均度量值

G-mean 是真正率 TPR 与真负率 TNR 乘积的几何平均值,其中 TPR 就是 Recall,TNR 的计算方式如公式为

$$TNR = \frac{TN}{TN + FP} \tag{1.7}$$

G-mean 不仅仅考虑对少数类样本的识别率,也考虑对多数类的识别率,对数据具有较全面的考量。G-mean 的计算方式如公式为

$$G\text{-}mean = \sqrt{\frac{TP}{TP + FN} \times \frac{TN}{TN + FP}} \tag{1.8}$$

## 1.4.6　接受者操作特性曲线

ROC 能较为全面地描述分类器在不同决策输出值时的性能[47]。在不平衡数据分类的性能评价中,ROC 曲线是一个较为重要的评估指标。ROC 曲线图的横纵坐标由 FPR 和 TPR 组成。其中 FPR 为假正率,是指将负例错分为正例的概率,计算公式为

$$FPR = \frac{FP}{TN + FP} \tag{1.9}$$

曲线上的点从原点开始按决策输出值由小到大排列而成。

## 1.4.7　曲线下面积

AUC 表示的是 ROC 曲线与横坐标之间形成的面积[48],可反映分类器整体性能的形式由图转换为具体的数值,能更精确地对分类器性能进行定量。通常情况下,AUC 的值越高,表示该分类模型的性能越好。实际情况下计算 ROC 曲线下的面积比较困难,为了更简单地

计算 AUC 的值,用 TPR 与 FPR 的均值近似取代 ROC 面积,其计算公式为

$$AUC = \frac{1 + TPR - FPR}{2} \tag{1.10}$$

# 参 考 文 献

[1] NAPIERALA K, STEFANOWSKI J. Types of minority class examples and their influence on learning classifiers from imbalanced data[J]. Journal of Intelligent Information Systems, 2016, 46 (3): 563-597.

[2] BRZEZINSKI D, MINKU L L, PEWINSKI T, et al. The impact of data difficulty factors on classification of imbalanced and concept drifting data streams[J]. Knowledge and Information Systems, 2021, 63(6): 1429-1469.

[3] BRANCO P, TORGO L, RIBEIRO R P. A survey of predictive modeling on imbalanced Domains [J]. ACM Computing Surveys (CSUR), 2016, 49(2):1-50.

[4] HE H B, MA Y Q. Imbalanced learning: foundations, algorithms, and applications[M]. New York:John Wiley & Sons, 2013.

[5] GUO H X, LI Y J, et al. Learning from class-imbalanced data: review of methods and applications[J]. Expert Systems with Application, 2017, 73: 220-239.

[6] CHAWLA N V, BOWYER K W, HALL L O, et al. SMOTE: synthetic minority oversampling technique[J]. Journal of Artificial Intelligence Research, 2002, 16(1):321-357.

[7] HE H, GARCIA E A. Learning from imbalanced data[J]. IEEE Transactions on Knowledge and Data Engineering, 2009, 21(9): 1263-1284.

[8] ELREEDY D, ATIYA A F. A comprehensive analysis of synthetic minority oversampling technique (SMOTE) for handling class imbalance[J]. Information Sciences, 2019, 505: 32-64.

[9] HAN H, WANG W Y, MAO B H. Borderline-SMOTE: a new over-sampling method in imbalanced data sets learning[C]//International Conference on Intelligent Computing, 2005: 878-887.

[10] HE H, BAI Y, GARCIA E A, et al. ADASYN: Adaptive synthetic sampling approach for imbalanced learning[C]//2008 IEEE International Joint Conference on Neural Networks, 2008: 1322-1328.

[11] BUNKHUMPORNPAT C, SINAPIROMSARAN K, LURSINSAP C. Safe-level-smote: safe-level-synthetic minority over-sampling technique for handling the class imbalanced problem [J]. Advances in Knowledge Discovery and Data Mining, 2009, 5476: 475-482.

[12] BARUA S, ISLAM M M, YAO X, et al. MWMOTE:majority weighted minority oversampling technique for imbalanced data set learning[J]. IEEE Transactions on Knowledge & Data Engineering, 2013, 26(2):405-425.

[13] BUNKHUMPORNPAT C, SINAPIROMSARAN K, LURSINSAP C. DBSMOTE: density-based synthetic minority over-sampling technique[J]. Applied Intelligence, 2012, 36(3):664-684.

[14] GEORGIOS D, FERNANDO B, FELIX L. Improving imbalanced learning through a heuristic

oversampling method based on k-means and SMOTE[J]. Information Sciences, 2018, 465:1-20.

[15] NEKOOEIMEHR I, LAI-YUEN S K. Adaptive semi-unsupervised weighted oversampling (A-SU-WO) for Imbalanced Datasets[J]. Expert Systems with Applications, 2016, 46(3):405-416.

[16] TANG B, HE H B. KernelADASYN: Kernel based adaptive synthetic data generation for imbalanced learning[C]//2015 IEEE Congress on Evolutionary Computation (CEC), 2015:664-671.

[17] LEE H, KIM J, KIM S. Gaussian-based SMOTE algorithm for solving skewed class distributions [J]. International Journal of Fuzzy Logic & Intelligent Systems, 2017, 17(4): 229-234.

[18] YEN S J, LEE Y S. Under-sampling approaches for improving prediction of the minority class in an imbalanced dataset[J]. Intelligent Control and Automation, 2006,344: 731-740.

[19] LIN W C, TSAI C F, HU Y H,et al. Clustering-based undersampling in class-imbalanced data[J]. Information Sciences, 2017, 409: 17-26.

[20] WILSON D L. Asymptotic properties of nearest neighbor rules using edited data[J]. IEEE Transactions on Systems, Man, and Cybernetics, 1972 (3): 408-421.

[21] TOMEK I. Two modifications of CNN[J]. IEEE Transactions on Systems Man & Cybernetics, 1976, SMC-6(11):769-772.

[22] KUBAT M, MATWIN S. Addressing the curse of imbalanced training sets: one-sided selection [C]//In Proceedings of the Fourteenth International Conference on Machine Learning (Icml), 1997,97:179-186.

[23] LAURIKKALA J. Improving identification of difficult small classes by balancing class distribution [C]//Conference on Artificial Intelligence in Medicine in Europe, 2001:63-66.

[24] García, SALVADOR, HERRERA, et al. Evolutionary undersampling for classification with imbalanced datasets: proposals and taxonomy[J]. Evolutionary Computation, 2009, 17(3): 275-306.

[25] GALAR M,Fernández A,BARRENECHEA E,et al. EUSBoost: enhancing ensembles for highly imbalanced data-sets by evolutionary undersampling[J]. Pattern Recognition, 2013, 46(12): 3460-3471.

[26] ROSHAN S E, ASADI S. Improvement of bagging performance for classification of imbalanced datasets using evolutionary multi-objective optimization[J]. Engineering Applications of Artificial Intelligence, 2020, 87:103319.

[27] WONG G Y, LEUNG F H F, LING S H. A hybrid evolutionary preprocessing method for imbalanced datasets[J]. Information Sciences, 2018, 454-455:161-177.

[28] BATISTA G E, BAZAAN A L C, MONARD M C. Balancing training data for automated annotation of keywords: a case study[C]//II Brazilian Workshop on Bioinformatics ,2003: 10-18.

[29] BATISTA G, PRATI R C, MONARD M C. A study of the behavior of several methods for balancing machine learning training data[J]. Acm Sigkdd Explorations Newsletter, 2004, 6(1):20-29.

[30] SAEZ,JOSE A, HERRERA, et al. SMOTE-IPF: addressing the noisy and borderline examples problem in imbalanced classification by a re-sampling method with filtering[J]. Information Sciences: An International Journal, 2015, 291: 184-203.

[31] TAO X, LI Q, GUO W, et al. Adaptive weighted over-sampling for imbalanced datasets based on density peaks clustering with heuristic filtering[J]. Information Sciences, 2020, 519:43-73.

[32] YAN Y, JIANG Y, ZHENG Z, et al. LDAS: local density-based adaptive sampling for imbalanced data classification[J]. Expert Systems with Applications, 2022, 191: 116213.

［33］ BARANDELA R，Sánchez J S，GARCA V，et al. Strategies for learning in class imbalance problems ［J］. Pattern Recognition，2003，36(3)：849-851.

［34］ ZHU Z，WANG Z，LI D，et al. Geometric structural ensemble learning for imbalanced problems ［J］. IEEE Transactions on Cybernetics，2018，50(4)：1617-1629.

［35］ PENG L，ZHANG H，YANG B，et al. A new approach for imbalanced data classification based on data gravitation［J］. Information Sciences，2014，288：347-373.

［36］ ZHUY J，ZHE W，DA Q G. Gravitational fixed radius nearest neighbor for imbalanced problem ［J］. Knowledge-Based Systems，2015，90：224-238.

［37］ ZHE W ，LI Y Q ，LI D D，et al. Entropy and gravitation based dynamic radius nearest neighbor classification for imbalanced problem［J］. Knowledge-Based Systems，2020，193：105474.

［38］ ZHANG C，TAN K C，REN R. Training cost-sensitive deep belief networks on imbalance data problems［C］//2016 International Joint Conference on Neural Networks. IEEE，2016：4362-4367.

［39］ ZHANG C，TAN K C，LI H，et al. A cost-sensitive deep belief network for imbalanced classifica-tion［J］. IEEE transactions on neural networks and learning systems，2018，30(1)：109-122.

［40］ ZHANG L，SHENG G，HOU H，et al. A fault diagnosis method of power transformer based on cost sensitive one-dimensional convolution neural network［C］//2020 5th Asia Conference on Power and Electrical Engineering. IEEE，2020：1824-1828.

［41］ KHAN S H，HAYAT M，BENNAMOUN M，et al. Cost-sensitive learning of deep feature represen-tations from imbalanced data［J］. IEEE Transactions on Neural Networks and Learning Systems，2017，29(8)：3573-3587.

［42］ CASTRO C L，BRAGA A P. Novel cost-sensitive approach to improve the multilayer perceptron performance on imbalanced data［J］. IEEE Transactions on Neural Networks and Learning Systems，2013，24(6)：888-899.

［43］ CHAWLA N V，LAZAREVIC A，HALL L O，et al. SMOTEBoost：improving prediction of the minority class in boosting［C］. European Conference on Principles of Data Mining and Knowledge Discovery，2003：107-119.

［44］ SEIFFERT C，KHOSHGOFTAAR T M，VAN H J，et al. RUSBoost：a hybrid approach to alle-viating class imbalance［J］. IEEE Transactions on Systems，Man，and Cybernetics-Part A：Systems and Humans，2009，40(1)：185-197.

［45］ LIU X Y，WU J，ZHOU Z H. Exploratory undersampling for class-imbalance learning［J］. IEEE Transactions on Systems Man & Cybernetics Part B，2009，39(2)：539-550.

［46］ BARANDELA R，SANCHEZ J S，VALDOVINOS R M. New applications of ensembles of classi-fiers［J］. Pattern Analysis & Applications，2003，6(3)：245-256.

［47］ FAWCETT T. An introduction to ROC analysis［J］. Pattern Recognition Letters，2006，27(8)：861-874.

［48］ BRADLEY P. The use of the area under the ROC curve in the evaluation of machine learning algorithms［J］. Pattern Recognition，1997，30(7)：1145-1159.

# 第 2 章　构造性覆盖算法

张铃等人在 M-P 神经元几何解释[1] 的基础上,提出了一种前向神经网络的学习算法——构造性覆盖算法(constructive covering algorithm,CCA),并给出了 CCA 的几何模型[2]。CCA 的工作过程是先将原空间中的样本投影到有限的球形空间中,然后根据超球面上的样本来构造各个类别的覆盖[3][4],因此称为构造性覆盖算法。该方法可以使所研究问题的复杂性大大降低,并且由于求最小距离和求最大内积是等价的,因此,CCA 采用计算内积的方式替代欧氏距离来度量样本之间的距离,能大大降低计算量,提高算法效率[5]。

## 2.1　构造性覆盖分类模型

CCA 可以看作一个三层神经网络模型,其输入层对应的是样本的输入特征,隐藏层对应的是每一个球形覆盖,输出层对应的是隐藏层覆盖的类别。其中隐藏层的初始神经元个数为 0,随着算法的执行,隐藏层神经元不断增多,直到所有数据样本都被隐藏层神经元所包含,而且全部同类样本覆盖的隐藏层神经元作为一个输出神经元的输入。隐藏层的权值设置为覆盖中心,输出层的阈值设置为覆盖半径。其三层神经网络模型如图 2.1 所示。

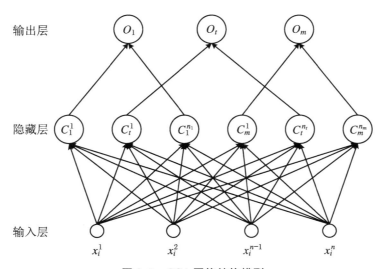

图 2.1　CCA 网络结构模型

(1) 输入层:表示构造性覆盖算法的输入特征,每一个神经元对应样本的一个特征属性，$x_i = (x_i^1, x_i^2, \cdots, x_i^n)$，$x_i^n$ 表示样本 $x_i$ 的第 $n$ 维特征属性。

(2) 隐藏层：表示构造性覆盖算法的球形覆盖，初始时，隐层神经元数量为 0，每求得一个覆盖时，神经元的数量增加 1，直到所有样本均被覆盖，最后得到一组覆盖集合 $C = \{C_1^1, \cdots, C_1^{n_1}, C_2^1, \cdots, C_2^{n_2}, \cdots, C_m^1, \cdots, C_m^{n_m}\}$，$C_m^{n_m}$ 表示第 $m$ 类的第 $n_m$ 个球形覆盖。

(3) 输出层：表示构造性覆盖算法的输出样本类别，每个神经元输出为该覆盖的类别。$O_t = (O_1 = 0, O_2 = 0, \cdots, O_t = 1, \cdots, O_m = 0)$ 表示第 $t$ 类样本的输出。

在 CCA 形成覆盖之前进行如下操作：

(1) 数据归一化。这一步的操作首先是为了方便进行数据处理，其次可以使算法的收敛速度加快。根据公式 (2.1) 对数据进行归一化，将原始数据归一化在 [0, 1] 之间。

$$x' = \frac{x - MinValue}{MaxValue - MinValue} \tag{2.1}$$

(2) 根据公式 (2.2) 将 $n$ 维样本空间 $X$ 映射到 $n+1$ 维的球形空间中，从而将原空间上的样本映射到超球面上[2]。

$$T: X \rightarrow S^{n+1}, T(x) = (x, \sqrt{R^2 - |x|^2}) \tag{2.2}$$

其中，$R \geqslant \max\{|x|, x \in X\}$。

## 2.1.1 模型学习

(1) 步骤 1：随机选择一个尚未被覆盖的样本点 $x_k$ 作为覆盖中心。

(2) 步骤 2：以 $x_k$ 为中心，计算异类样本的最近距离 $d_1(k)$。

$$d_1(k) = \max_{y_k \neq y_j}\{\langle x_k, x_j \rangle\}, j \in \{1, 2, \cdots, m\} \tag{2.3}$$

(3) 步骤 3：以异类样本的最近距离 $d_1(k)$ 为界，计算同类样本的最远距离 $d_2(k)$。

$$d_2(k) = \min_{y_k = y_j}\{\langle x_k, x_j \rangle \mid \langle x_k, x_j \rangle > d_1(k)\}, j \in \{1, 2, \cdots, m\} \tag{2.4}$$

(4) 步骤 4：在 $d_1(k)$ 和 $d_2(k)$ 之间寻找覆盖半径 $r$。

$$r = [d_1(k) + d_2(k)]/2 \tag{2.5}$$

(5) 步骤 5：以 $x_k$ 为中心，$r$ 为半径，形成一个覆盖 $C_k$，并保存覆盖。

(6) 步骤 6：移除已被覆盖的样本。

(7) 步骤 7：重复步骤 1 至 6，直到所有的样本都被覆盖。

CCA 对 P 类样本输出一组覆盖 $C = \{C_1, C_2, \cdots, C_P\}$，其中 $C_i = \{C_i^1, C_i^2, \cdots, C_i^{n_i}\}$ 表示类别为 $i$ 的样本的覆盖集合。

## 2.1.2 预测

(1) 步骤 1：对每个测试样本 $x$，计算其与所有覆盖的距离。

$$d(x, C_i^j) = \langle w_i^j, x \rangle - r_i^j \tag{2.6}$$

其中，$w_j^i$ 表示类别为 $i$ 的样本的第 $j$ 个覆盖的覆盖中心，$r_j^i$ 表示其覆盖半径。

（2）步骤 2：将测试样本 $x$ 的类别标记为距其最近的覆盖的类别：

$$Label = \arg\max_i [d(x, C_j^i)] \tag{2.7}$$

## 2.2 构造性覆盖集成分类模型

作为几何学角度的典型神经网络之一，CCA 自问世以来便受到广泛关注。然而，CCA 在训练过程中随机启动覆盖中心会导致分类边界的差异，也就是说，分类结果不是最优的，一些靠近边界的样本可能被错误分类，导致数据集的分类精度降低。

为了提高 CCA 的准确性，减少被错误分类的样本数量，本节提出了一种基于投票的构造性覆盖算法——V-CCA。V-CCA 的核心思想是训练多个独立的分类器而不是单一的分类器[6][7]，然后通过投票策略确定测试样本的类别，这是一种典型的集成学习方法[8][9]。与传统的 CCA 相比，V-CCA 可以通过基于投票的集成策略明显优化分类边界，提高泛化能力。

### 2.2.1 模型不确定性分析

在 CCA 中，隐藏层的神经元是迭代生成的。在训练过程中，CCA 随机选择覆盖中心，因此，不同的初始化可能导致不同的分类边界。换句话说，在不同的覆盖中心下，隐藏节点的参数和分类边界也是不同的。靠近分类边界的样本可能会被错误分类，导致分类器的性能不佳。

当有一个单一的分类器（$k = 1$）时，靠近边界上的样本可能会被错误地分类为另一种类型，如图 2.2 所示。这种现象的主要原因可能由于覆盖中心的随机初始化。

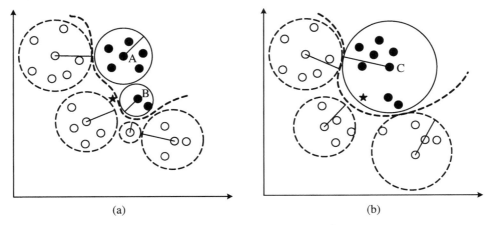

(a)　(b)

**图 2.2　不同随机初始化的 CCA 分类器**

在图 2.2(a) 中,实心圆形类的覆盖中心是 A 和 B,但在图 2.2(b) 中,实心圆形类的覆盖中心只有 C。因此,样本(星形)在图 2.2(a) 中被确定为空心圆形类,但在图 2.2(b) 中被确定为实心圆形类。

为了克服图 2.2 中所示的不确定性,我们引入了集成学习,通过结合多个独立的 CCA 来进一步优化 CCA 的分类性能,最终的预测结果是通过投票策略确定的。

## 2.2.2 基于投票的集成模型

由于每个覆盖的覆盖中心是随机选取的,因此 CCA 的隐藏层节点的参数是不确定的,这可能导致一个非最佳的决策边界。因此,我们将几个由不同的随机参数组成的分类器结合起来,每个分类器的参数都随机更新。有了这些分类器,可以通过多数投票对测试样本进行决策。每个数据集通过交叉验证法被分为训练集和测试集。交叉验证法不仅可以避免数据集的过拟合,而且可以扩大投票策略中分类器的数量,保证决策的稳定性和准确性。

在 V-CCA 中,同一个数据集将训练几个单独的 CCA,每个 CCA 的学习参数都是独立随机初始化的。测试样本的最终预测标签是由训练好的独立 CCA 所得到的结果的多数投票决定的。假设 V-CCA 中使用了 $K$ 个由 CCA 训练的独立网络。那么,对于每个测试样本 $x^{test}$ 来说,使用这些独立的 CCA 可以得出 $K$ 个预测结果。用一个维度等于类标签数量的集合 $S_{K,x^{test}}$ 来存储 $K$ 个相应的结果,如果第 $k(k \in [1,2,\cdots,K])$ 个 CCA 预测的类标签是 $i$,则集合中相对应的值增加 1,即

$$S_{K,x^{test}}(i) = S_{K,x^{test}}(i) + 1 \tag{2.8}$$

当 $K$ 个结果分配给 $S_{K,x^{test}}$ 之后,$x^{test}$ 的最终类别标签由多数投票来确定:

$$c^{test} = \arg \max_{i \in \{1,\cdots,m\}} \{S_{K,x^{test}}(i)\} \tag{2.9}$$

V-CCA 的算法描述在算法 2.1 中给出。

**算法 2.1 基于投票的构造性覆盖算法**

输入:不平衡数据集 $S$,集成训练次数 $K$;

输出:$x^{test}$ 的类别:$c^{test}$;

1. 初始化:$k = 1$;
2. While $(k \leqslant K)$ do:
3.     $j \leftarrow 1$;
4.     While $S \neq \varnothing$ do:
5.         随机选择一个样本 $x_i \in S$;
6.         根据(2.3)~(2.5)计算半径 $r$;
7.         将在此范围内的样本标记为已学习,并添加到 $C_k^j$;
8.         从 $S$ 中删除已学习样本;
9.         $j \leftarrow j + 1$;
10.     End While

11.　　　将 $C_k^i$ 加入到 $C_k$；

12.　　　$k \leftarrow k+1$；

13. EndWhile

14. For 每一个测试样本 $x^{text}$ do

15.　　　Set $k=1$；

16.　　　While $(k \leqslant K)$ do

17.　　　　　使用 CCA-$k$ 测试 $x^{text}$；

18.　　　　　$S_{K,x^{test}}(i) = S_{K,x^{test}}(i) + 1$；

19.　　　　　$k = k+1$；

20.　　　End While

21.　　　得到 $x^{test}$ 的最终类别：$c^{test} = \arg \max_{i \in [1, \cdots, n]} \{S_{K,x^{test}}(i)\}$；

22. EndFor

23. Output：$c^{test}$

## 2.2.3　模型性能分析

在本节中，我们将 V-CCA 与 CCA 的性能进行比较。实验采用 16 个 UCI 数据集，表 2.1 给出了数据集的信息，包括数据集名称、属性数、类别数和数据集的大小。其中，LM、ILPD 和 BCW 分别是数据集 Library_Movement、Indian Liver Patient Dataset、Breast-Cancer-Wisconsin 的缩写。

**表 2.1　数据集信息**

| 数据集 | 属性数 | 类别数 | 数据集大小 | 数据集 | 属性数 | 类别数 | 数据集大小 |
| --- | --- | --- | --- | --- | --- | --- | --- |
| Haberman | 3 | 2 | 306 | Horse-colic | 27 | 2 | 300 |
| Breast-can | 9 | 2 | 286 | Lymphography | 18 | 4 | 148 |
| BCW | 10 | 2 | 699 | Segmentation | 19 | 7 | 2310 |
| Glass | 9 | 7 | 214 | ILPD | 10 | 2 | 583 |
| Ionosphere | 34 | 2 | 351 | Balance | 4 | 3 | 625 |
| CRX | 15 | 2 | 690 | LM | 90 | 15 | 360 |
| Car | 6 | 4 | 1728 | Kr-vs-kp | 36 | 2 | 3196 |
| Fertility | 10 | 2 | 100 | Iris | 4 | 3 | 150 |

为了优化独立训练数 $K$，我们在 16 个数据集上进行了实验，以探寻 $K$ 和 V-CCA 的性能之间的关系。为了更清楚地展示结果，我们给出了 4 个数据集 BCW、Car、Ionosphere、Balance-Scale(Balance)的结果作为一个代表，其余 12 个数据集的结果与报告的结果相似。

图 2.3 报告了 30 次重复的平均结果，并说明了独立训练数 $K$ 与预测准确率之间的关系。从图 2.3 中可以看出，所有 4 个数据集的准确率都随着 $K$ 的增加而单调上升。此外，开始部分的准确率上升幅度比接近结束部分的准确率提高更明显。例如，对于数据集 Car，当 $K$ 从 2 增加到 10 时，预测精度从 0.7845 增加到 0.8573，增加了 0.0928(约 9.3%)。但

随着 $K$ 进一步从 11 增加到 30 时,准确率的增长只有 0.007,不到 1%。由于 $K=30$ 时的训练时间大约是 $K=10$ 时的 3 倍,我们认为对于数据集 Car 来说,选择 $K$ 在 [10,18] 之间为最有利的区间。在其他 3 个数据集上也有类似的现象。详细情况见图 2.3。

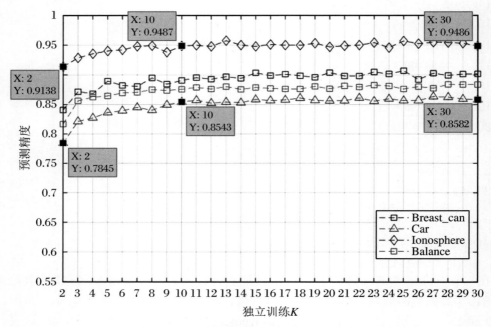

**图 2.3　独立训练次数与预测性能的关系**

表 2.2 给出了 CCA 和 V-CCA 的性能对比,包括准确率、标准差(dev)和两种算法的差异。对于 V-CCA,采用了 15 个独立的 CCA 进行训练和多数投票。如表 2.2 所示,V-CCA 在 16 个数据集中都有更好的表现。其结果可以大致分为三类:显著改善(超过 5%),不明显改善(低于 2%)和中度改善(从 2% 到 5%)。例如,在数据集 Car、Lymphography、Segmentation、Balance、LM 上,改善幅度分别为 6.82%、7.38%、7.62%、5.76%、7.91%;Breast-can,Glass,Horse-colic,ILPD 和 Iris 等数据集的改善并不明显;其余 6 个数据集的改善是中度的。

**表 2.2　与 CCA 的性能比较**

| 数据集 | CCA | | V-CCA($k=15$) | | 改善幅度 |
| :---: | :---: | :---: | :---: | :---: | :---: |
| | 准确率 | 标准差 | 准确率 | 标准差 | |
| Haberman | 65.30% | 0.06% | 67.82% | 0.02% | 2.52% |
| Breast-can | 68.81% | 0.04% | 70.70% | 0.02% | 1.90% |
| BCW | 89.84% | 0.01% | 94.03% | 0.00% | 4.19% |
| Glass | 96.34% | 0.01% | 97.15% | 0.01% | 0.81% |
| Ionosphere | 90.77% | 0.02% | 95.10% | 0.00% | 4.33% |
| CRX | 65.44% | 0.02% | 68.48% | 0.01% | 3.04% |
| Car | 78.82% | 0.01% | 85.64% | 0.00% | 6.82% |

续表

| 数据集 | CCA | | V-CCA($k=15$) | | 改善幅度 |
| --- | --- | --- | --- | --- | --- |
| | 准确率 | 标准差 | 准确率 | 标准差 | |
| Fertility | 80.48% | 0.11% | 84.40% | 0.02% | 3.92% |
| Horse-colic | 65.16% | 0.03% | 66.75% | 0.03% | 1.59% |
| Lymphography | 69.30% | 0.11% | 76.68% | 0.05% | 7.38% |
| Segmentation | 81.86% | 0.06% | 89.48% | 0.02% | 7.62% |
| ILPD | 69.24% | 0.03% | 71.02% | 0.01% | 1.78% |
| Balance | 82.13% | 0.02% | 87.89% | 0.00% | 5.76% |
| LM | 73.67% | 0.03% | 81.57% | 0.02% | 7.91% |
| Kr-vs-kp | 81.03% | 0.00% | 86.70% | 0.00% | 5.67% |
| Iris | 91.52% | 0.03% | 93.48% | 0.01% | 1.96% |

从表 2.2 可以看出,对于这 16 个数据集,V-CCA 的标准差都远低于 CCA。例如,CCA 在数据集 Segmentation 上的标准差(0.06%)是 V-CCA 的 3 倍(0.02%)。这表明,V-CCA 通过训练多个分类器而不是单一分类器,比 CCA 稳定得多。

表 2.3 给出了 CCA 和 V-CCA 的耗时比较,包括训练时间和测试时间。从表中可以看出 V-CCA 的平均计算时间大约是 CCA 的 15 倍。

**表 2.3　算法运行时间比较**

| 数据集 | CCA | V-CCA($k=15$) | 数据集 | CCA | V-CCA($k=15$) |
| --- | --- | --- | --- | --- | --- |
| Haberman | 0.41 | 8.82 | Horse-colic | 2.19 | 32.78 |
| Breast_can | 1.09 | 19.04 | Lymphography | 0.38 | 6.15 |
| BCW | 2.72 | 46.79 | Segmentation | 0.45 | 6.58 |
| Glass | 0.10 | 0.57 | ILPD | 4.62 | 76.23 |
| Ionosphere | 1.35 | 18.26 | Balance | 1.95 | 34.49 |
| Crx | 10.20 | 135.42 | LM | 6.29 | 75.90 |
| Car | 24.94 | 251.88 | Kr-vs-kp | 103.97 | 1027.17 |
| Fertility | 0.11 | 2.04 | Iris | 0.03 | 0.49 |

## 本章小结

本章首先介绍了构造性覆盖算法 CCA,并对该算法的工作原理进行了详细描述。针对构造性覆盖算法随机选择初始覆盖中心点所带来的不确定性,本章提出了一种基于投票的构造性覆盖算法 V-CCA。与传统的 CCA 相比,V-CCA 可以通过基于投票的集成策略,克服了随机初始化带来的模型非优问题,以此提高泛化能力。

# 参 考 文 献

[1] MCCLULLOCH W S, PITTS W. A logical calculus of the ideas immanent in neurons activity[J]. Bulletin of Mathematical Biophysics，1943,5(115-133)：10.

[2] ZHANG L, ZHANG B. A geometrical representation of McCulloch-Pitts neural model and its applications[J]. IEEE Transactions on Neural Networks，1999,10(4)：925-929.

[3] 张旻,张铃.构造性覆盖算法的知识发现方法研究[J].电子与信息学报,2006(7):1322-1326.

[4] 张铃,张钹.M-P 神经元模型的几何意义及其应用[J].软件学报,1998(5):15-19.

[5] 张铃,吴涛,周瑛,张燕平.覆盖算法的概率模型[J].软件学报,2007(11):2691-2699.

[6] LIU N, WANG H. Ensemble based extreme learning machine[J]. IEEE Signal Processing Letters，2010, 17(8)：754-757.

[7] CANNINGS T I, SAMWORTH R J. Random-projection ensemble classification[J]. Journal of the Royal Statistical Society：Series B (Statistical Methodology),2017,79(4)：959-1035.

[8] WEN Q D. Ensembling base classifiers to improve predictive accuracy[C]//2015 14th International Symposium on Distributed Computing and Applications for Business Engineering and Science，2015：268-271.

[9] CAO J, LIN Z, HUANG G B, et al. Voting based extreme learning machine[J]. Information Sciences，2012,185(1)：66-77.

# 第 3 章　构造性 SMOTE 过采样方法

## 3.1　问　题　描　述

作为经典的不平衡数据过采样方法,SMOTE 算法的优点在于其能扩大少数类决策区域,但该算法也存在两个缺陷:一是在选择最近邻时存在一定的盲目性,即如何确定 $K$ 值才能使算法达到最优是未知的;二是该算法容易产生分布的边缘化问题。为了解决 SMOTE 算法的盲目性和边缘化问题,近年来,不少研究者对其做了一系列改进,提出选择特定样本作为合成种子的过采样方法,较好地提高了分类性能。然而这些方法大多考虑样本间的距离,根据少数类的近邻多数类或少数类样本对其赋予不同的权重进行过采样,没有从样本的实际空间分布考虑样本对分类的影响。因此,如何有效挖掘样本信息、选取典型少数类样本进行过采样仍然是一个值得研究的问题。

本章提出一种构造性 SMOTE 过采样方法的三支决策集成模型(constructive three-way decision ensemble model,CTDE),利用构造性覆盖算法对 SMOTE 算法进行改进。该算法的主要思路是引入三支决策理论,设计针对样本特点的选择性的过采样策略。CTDE 方法首先利用 CCA 对不平衡数据求覆盖,然后根据少数类样本覆盖的密度和三支决策思想挖掘少数类中的关键样本,选择关键样本作为 SMOTE 算法的合成种子。考虑到 CCA 随机初始化覆盖中心可能造成最终所选择的关键样本集合并不最优,为了提高问题求解的性能,在上述基础上结合集成学习的思想构建 SMOTE 过采样方法的集成模型。

## 3.2　三支决策模型

三支决策理论是传统二支决策理论的拓广[1]。二支决策只考虑到接受与拒绝两种选择,但是在实际应用中,由于信息的不精确性或不完整性,常常无法做到接受或拒绝,既难以接受或不接受,也难以拒绝或不拒绝。在这种情况下,人们常常不自觉地使用三支决策。三支决策理论是在粗糙集[2]和决策粗糙集[3]研究中提出的,其主要目的是为粗糙集三个域提供合理的语义解释。粗糙集模型的正域、负域和边界域可以解释为接受、拒绝和不承诺三种决策的结果。从正、负域中可以分别获取接受、拒绝规则,当无法使用接受或拒绝规则时,则采取不承诺决策。许多学者研究和拓展了三支决策理论,并将其应用于多个学科领域。

考虑只具有两种状态的状态集合 $\Omega = \{X, \neg X\}$,该状态集合中包含互补关系的两种状态 $X$ 和 $\neg X$。给定决策集 $A = (a_P, a_B, a_N)$,其中 $a_P$、$a_B$ 和 $a_N$ 分别表示将对象决策为 $POS(X)$、$NEG(X)$、$BND(X)$。考虑到采取不同行为会产生不同的损失,$\lambda_{PP}$、$\lambda_{BP}$ 和 $\lambda_{NP}$ 表示当 $x$ 属于 $X$ 时,分别作出 $a_P$、$a_B$ 和 $a_N$ 决策时所对应的损失函数值;$\lambda_{PN}$、$\lambda_{BN}$ 和 $\lambda_{NN}$ 表示当 $x$ 不属于 $X$ 时,分别作出 $a_P$、$a_B$ 和 $a_N$ 决策时所对应的损失函数值。由决策过程的推导,可以得到基于决策粗糙集的三支决策规则及其形式化描述方法。

**定义 3.1**　三支决策规则:
(1) 如果 $P(X|[x]R) \geqslant \alpha$,则 $x \in POS(X)$。
(2) 如果 $\beta < P(X|[x]R) < \alpha$,则 $x \in BND(X)$。
(3) 如果 $P(X|[x]R) \leqslant \beta$,则 $x \in NEG(X)$。
其中,$\alpha$ 与 $\beta$ 如公式(3.1)、(3.2)所示:

$$\alpha = \frac{\lambda_{PN} - \lambda_{BN}}{(\lambda_{PN} - \lambda_{BN}) + (\lambda_{BP} - \lambda_{PP})} \tag{3.1}$$

$$\beta = \frac{\lambda_{PN} - \lambda_{NN}}{(\lambda_{PBN} - \lambda_{BNN}) + (\lambda_{NP} - \lambda_{BP})} \tag{3.2}$$

三支决策可形式化描述为:设 $U$ 是有限、非空实体集,$C$ 是有限条件集。基于条件集 $C$,三支决策的主要任务是将实体集 $U$ 分为三个两两不相交的域,分别记为 POS、NEG 和 BND,分别称为正域、负域和边界域。对应于三个域,可以构造三支决策规则。给定一对阈值 $\alpha$ 和 $\beta$,可以将所有决策状态值分成三个区,大于 $\alpha$ 的决策状态值称为指定的接受值区,小于 $\beta$ 的决策状态值称为拒绝值区,介于两者之间的决策状态值为不承诺值区。

# 3.3　构造性 SMOTE 过采样方法

## 3.3.1　构造性 SMOTE 的三支决策模型

在不平衡数据的过采样问题中,如何选择少数类中的关键样本进行过采样十分重要。样本的选择与数据集的不平衡度、样本整体分布情况、少数类内部样本分布情况、样本个数、样本属性个数以及样本属性的类型都有一定的关系。这是一个复杂的优化问题,确定数学模型比较困难。从构造性覆盖算法的构建过程来看,其能够从一定程度上挖掘样本空间邻域的信息。因此,本节基于 CCA 这样的特点,提出利用 CCA 来挖掘少数类样本信息。

利用构造性覆盖算法对不平衡数据求覆盖,每一个覆盖包括覆盖类别、覆盖内样本数、覆盖半径和覆盖中心点样本。为了讨论方便,假设不平衡数据集样本包含两类样本 $C_0$(少数类)和 $C_1$(多数类)。它们的覆盖分别是 $C_0 = (C_0{}^1, C_0{}^2, \cdots, C_0{}^{n_0})$ 和 $C_1 = (C_1{}^1, C_1{}^2, \cdots,$ $C_1{}^{n_1})$。假设 $C_i = \bigcup C_i^l$,每个 $C_i$ 表示第 $i$ 类样本的所有覆盖,其中每个类至少有一个覆盖。给出如下对于覆盖密度的定义。

**定义 3.2**　覆盖密度(Density of Cover):

$$Densiy(C_0^l) = \frac{|C_0^l|}{\pi * R_0^l * R_0^l}, \text{ s.t. } t \in [1, 2, \cdots, n_0] \tag{3.3}$$

其中,$R_0^l$ 表示少数类样本形成的第 $t$ 个覆盖对应的半径,$|C_0^l|$ 表示少数类样本形成覆盖的势,即覆盖内样本的个数。覆盖具有高密度表示该覆盖中的少数类样本具有明显聚集效应,而少数类中的噪声样本或者孤立样本可能属于具有较低密度的覆盖。根据少数类分布对不平衡数据的影响,可以进一步将少数类分为三类:

(1) 少数类中具有明显聚集效应的样本,选择它们进行过采样对模型性能影响不大。

(2) 少数类中的噪声样本或者孤立样本,即远离具有聚集效应的少数类样本,选择这些少数类样本进行过采样不但不能提高模型的性能,反而会对模型性能产生不利的影响。

(3) 介于两者之间的少数类样本,对少数类的分类能力具有至关重要的作用,对刻画分类边界起着重要的支撑作用,高效地选择这些少数类样本进行过采样能很好地提升模型性能。

受到三支决策思想的启发,将上述三种少数类样本分别对应三支决策中的三个域,少数类中具有明显聚集效应的样本对应三支决策中的正域,即 POS 域;少数类中的那些噪声样本或者孤立样本对应三支决策中的负域,即 NEG 域;介于两者之间的少数类样本对应三支决策中的边界域,即 BND 域。

令 $x_t^{(i)}$ 表示覆盖 $C_0^l$ 中的第 $i$ 个样本且 $i \in [1, 2, \cdots |C_0^l|]$,$t \in [1, 2, \cdots, n_0]$,那么可以得到如下的定义:

**定义 3.3**　$C_0$ 的正域(POS):

$$\text{POS}(C_0) = \{x_t^{(i)} \mid x_t^{(i)} \in C_0^l \wedge Density(C_0^l) > \beta\} \tag{3.4}$$

**定义 3.4**　$C_0$ 的负域(NEG):

$$\text{NEG}(C_0) = \{x_t^{(i)} \mid x_t^{(i)} \in C_0^l \wedge Density(C_0^l) < \alpha\} \tag{3.5}$$

**定义 3.5**　$C_0$ 的边界域(BND):

$$\text{BND}(C_0) = \{x_t^{(i)} \mid x_t^{(i)} \in C_0^l \wedge (\alpha \leqslant Density(C_0^l) \leqslant \beta)\} \tag{3.6}$$

图 3.1 给出构造性三支决策模型构建少数类 POS、BND、NEG 域的示意图。其中,POS 域内的少数类样本为明显具有聚集效应的样本,对这些样本过采样对分类结果不会产生显著影响;NEG 内的样本为离散程度较高的少数类样本,有可能为潜在的噪声样本。因此,我们提出基于构造性三支决策模型的过采样方法,即不利用 POS、NEG 域中的样本过采样,而以 BND 内的少数类样本为合成种子,使用 SMOTE 算法进行过采样以提高不平衡数据的分类性能。模型框架见算法 3.1。

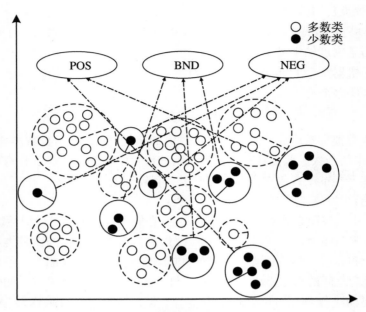

图 3.1 CTD 构造过程示意图

**算法 3.1 基于构造性覆盖算法不平衡数据分类的三支决策模型(CTD)**

输入:数据集 $D = \{(x_1, y_1), (x_2, y_2), \cdots, (x_n, y_n)\}$;阈值 $\alpha$ 和 $\beta$;采样倍率 $Rate$。
输出:合成少数类的样本集 $S$。

1. 初始化覆盖集合 $C = \{\ \}$,样本集 $S = \{\ \}$。
2. For $x_i$ in D
3. 　根据样本 $x_i$ 与 CCA,构造一个覆盖 $C_i$; $//x_i$ 是覆盖 $C_i$ 的覆盖中心
4. 　$C \leftarrow C_i$;
5. End For
6. 从 $C$ 中获取少数类样本形成的覆盖 $C_0 = \{C_0^1, C_0^2, C_0^3, \cdots, C_0^{n_0}\}$。
7. For $C_0^i$ in $C_0$
8. 　根据公式(3.3)计算 $C_0^i$ 对应的覆盖密度;
9. End For
10. 根据公式(3.6)获取少数类覆盖对应的边界域 $BND(C_0)$;
11. For $x_k$ in $BND(C_0)$
12. 　根据 SMOTE 和采样倍率 $Rate$ 合成新的少数类样本;
13. 　获取合成少数类样本集合 $[S_k^1, S_k^2, \cdots, S_k^{Rate}]$;
14. 　$S \leftarrow [S_k^1, S_k^2, \cdots, S_k^{Rate}]$;
15. End For
16. 输出 $S$;

## 3.3.2　构造性 SMOTE 过采样集成模型

集成学习是机器学习中一种有效的技术[4-8]。与训练单一分类器的方法不同，集成学习的基本机制是训练多个分类器并结合这些分类器的学习结果。集成学习的性能优于单一分类器，学习系统的泛化能力得到显著提高。如果将一个基分类器作为决策者，那么集成学习就相当于由多个决策者共同进行决策。基分类器的多样性是影响集成模型性能的一个重要因素。

根据 CCA 构造覆盖随机选择覆盖中心的原则，不同的初始化会导致构成 BND 域的样本集合不同。在图 3.2(a) 中，CCA 选择 A 和 D 作为覆盖中心构造两个覆盖，样本 A、B 和 C 属于同一个覆盖，样本 D、E 和 F 属于另一个覆盖，这两个覆盖中的样本被划分 BND 域。然而，在图 3.2(b) 中，CCA 选择 C 和 E 作为覆盖中心，然后分别获得样本 A 和 C、D 和 E 构成的两个覆盖，这两个覆盖中的样本属于 BND 域。样本 B 和 F 分别属于两个不同的覆盖，且被划分为 NEG 域。由此可见，BND 域中的少数类样本具有多样性，利用其进行 SMOTE 过采样后得到的平衡训练集也不相同，可满足集成学习对训练基分类器多样性的需求。

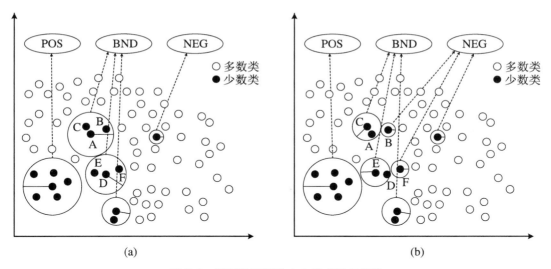

图 3.2　随机选取覆盖中心造成的多样性

为此，我们进一步提出了一种基于构造性 SMOTE 三支决策模型的过采样集成方法 CTDE，如图 3.3 所示。首先，对原始不平衡数据进行 $T$ 次 CCA（随机选择覆盖中心），得到 $T$ 个 BND 域。然后，使用 SMOTE 算法对每一个 BND 域得到一个平衡的数据集，在 $T$ 个平衡数据集上分别训练得到 $T$ 个基分类器。最后，采用少数服从多数的投票法对多个分类模型的结果进行融合。

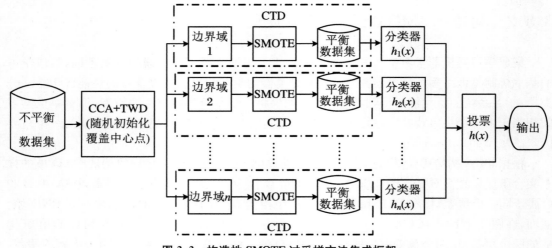

图 3.3　构造性 SMOTE 过采样方法集成框架

## 3.4　模型分析与性能评估

### 3.4.1　模型评估基本设置

为了验证所提方法的有效性,实验选取 10 个典型的不平衡数据集。表 3.1 总结了数据集的基本信息,包括数据集名称、数据集缩写、样本个数、属性个数以及数据集的不平衡率(imbalance rate,IR)。实验采用 C 4.5 决策树分类算法作为基分类器,从评估指标 Precision、Recall、F-measure、G-mean、Accuracy 和 AUC 上验证方法的有效性。主要对比方法包括 SMOTE[9]、Borderline-SMOTE[10](BSMO)、MWMOTE[11](MWMO)、ADASYN[12](ASYN)、SMOTE + Tomek link[13](SM-T)。采用十折交叉验证的方法进行实验,并对每个算法重复了 10 次,实验结果取 10 次十折交叉的均值。

### 3.4.2　参数敏感性分析

本章提出的 CTDE 算法性能对于不同的 $[\alpha,\beta]$ 取值十分敏感,$[\alpha,\beta]$ 取值范围直接影响模型的性能。具体地说,$[\alpha,\beta]$ 的取值会影响容易被误分的少数类样本的数量,进而对后续 SMOTE 合成新的少数类样本产生影响。对于不同的数据集,考虑到不平衡数据的空间分布特征的差异,$[\alpha,\beta]$ 的取值也不尽相同。针对不同的数据集,我们以最终分类器的 AUC 值作为参考标准对参数 $[\alpha,\beta]$ 进行寻优,得到 $[\alpha,\beta]$ 最优的正负阈值设定,如表 3.2 所示。正负阈值 $[\alpha,\beta]$ 控制着容易被误分的少数类样本,一般情况下,正负阈值 $[\alpha,\beta]$ 范围越小,容易被误分的少数类样本个数将越少。从表 3.2 中可以看出,不同的数据集对应的正负阈值[$\alpha$, $\beta$]不同,该表中的正负阈值[$\alpha$, $\beta$]的差异较大,这是由数据集的空间结构所决定的。

表 3.1　数据集信息

| 数据集 | 数据集简称 | 样本个数 | 属性个数 | 不平衡率 |
|---|---|---|---|---|
| Balance_0_B | B0b | 625 | 4 | 11.76 |
| Vehicle_0_van | Veh | 846 | 18 | 3.25 |
| Yeast05679vs4 | Y04 | 528 | 8 | 9.35 |
| Wdbc_0_malignant | W0m | 569 | 30 | 1.68 |
| Breast_0_CARFAD | B0c | 106 | 9 | 1.95 |
| Wisconsin | Wis | 683 | 9 | 1.86 |
| Segment0 | Seg | 2308 | 19 | 6.02 |
| Page-blocks0 | Pb | 5472 | 10 | 8.78 |
| Wine_0_3 | W03 | 178 | 13 | 2.71 |
| Yeast2vs4 | Y24 | 514 | 8 | 9.08 |

表 3.2　不同数据集对应的阈值[$\alpha$, $\beta$]

| | B0b | Veh | Y04 | W0m | B0c |
|---|---|---|---|---|---|
| [$\alpha,\beta$] | $[5\times10^{-5},$ $1.5\times10^{-3}]$ | $[1.8\times10^{-13},$ $5\times10^{-13}]$ | $[0.09, 0.54]$ | $[2\times10^{-15},$ $1.5\times10^{-14}]$ | $[7.9\times10^{-18},$ $1.1\times10^{-14}]$ |
| | Wis | Seg | Pb | W03 | Y24 |
| [$\alpha,\beta$] | $[4.97\times10^{-7},$ $2.6\times10^{-6}]$ | $[8\times10^{-10},$ $1.3\times10^{-8}]$ | $[2.3\times10^{-17},$ $1.38\times10^{-13}]$ | $[1.2\times10^{-12},$ $6.3\times10^{-12}]$ | $[0.004,0.2]$ |

SMOTE 的采样倍率也是所提 CTDE 中的重要参数。由于数据集不平衡程度的差异,在进行过采样的时候,不同数据集上的采样倍率也有所不同,表 3.3 给出了 10 个数据集上进行过采样的采样倍率。

表 3.3　10 个数据集的采样倍率

| 数据集 | B0b | Veh | Y04 | W0m | B0c |
|---|---|---|---|---|---|
| 采样倍率 | 20 | 15 | 10 | 2 | 4 |
| 数据集 | Wis | Seg | Pb | W03 | Y24 |
| 采样倍率 | 3 | 34 | 14 | 12 | 30 |

集成学习通过组合多个弱监督模型以期待得到一个更好更全面的强监督模型,集成学习潜在的思想是即便某一个弱分类器得到了错误的预测,其他的弱分类器也可以将错误纠正回来。因此,学习独立集成的次数 $T$ 与 CTDE 算法的整体精度之间的关系是至关重要的。

我们对集成次数 $T$ 与 CTDE 模型性能之间的关系进行了研究。集成的次数 $T$ 从 2～50 以间隔 2 逐渐增加,对于每一个集成次数 $T$,我们均做了 50 次实验。为了使实验结果的表述更加清晰,我们给出了前五个数据集(B0b、Veh、B0c、Y04、W0m)上集成个数与 CTDE

模型性能的关系。图 3.4 给出了 50 次实验的平均值与集成次数 $T$ 的关系图。

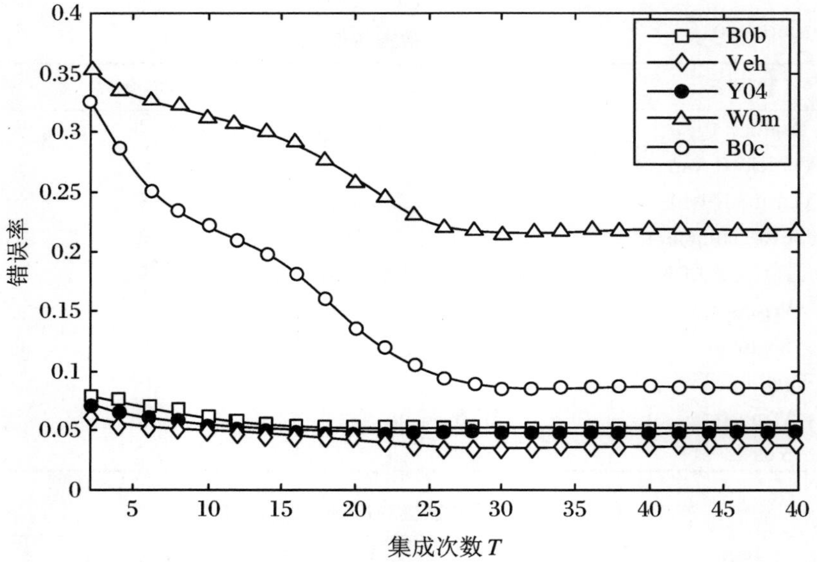

图 3.4  5 个数据集上集成次数 $T$ 与错误率之间的关系

从图 3.4 可以看出，5 个数据集上的错误率随集成次数 $T$ 的增加而单调递减，而且在开始阶段的错误率随 $T$ 的增加递减速度更为明显。例如，对于数据集 W0m，当 $T$ 从 2 增加到 25 时，错误率从 0.3515 减少到 0.2225（约 13%），随着 $T$ 从 26 增加到 50，错误率的降低仅为 0.00277，小于 0.3%。由于 $T=50$ 的训练时间约是 $T=25$ 的 2 倍，所以我们认为在数据集 W0m 上选择 $T=25$ 是最佳的集成次数。其他 4 个数据集上也有相似的结果，为了表述的清晰，本节我们将不再讨论，图 3.4 给出了详细的实验结果。表 3.4 给出了 10 个数据集上的最佳集成次数 $T$。

表 3.4  10 个数据集上的最佳集成次数 $T$

| 数据集 | B0b | Veh | Y04 | W0m | B0c |
|---|---|---|---|---|---|
| T | 14 | 23 | 14 | 24 | 24 |
| 数据集 | Wis | Seg | Pb | W03 | Y24 |
| T | 20 | 21 | 18 | 27 | 14 |

## 3.4.3  模型性能评估

表 3.5 至表 3.10 给出了使用 C4.5 分类器时 7 个算法（SMOTE、BSMO、MWMO、ASYN、SM-T、CTD、CTDE）在 10 个数据集上的 Precision、Recall、F-measure、G-mean、Accuracy 和 AUC 评估指标的结果。每个表格的最后一行表示各个指标在 10 个数据集上的平均值，每个数据集上最佳的实验值用粗体突出，表示强调。从整体上来看，CTDE 方法与

对比算法相比较取得了较好的结果，对于指标 Precision，CTDE 方法在 10 个数据集中的 4 个取得最佳的结果；对于指标 Recall，CTDE 方法在 10 个数据集中的 6 个取得最佳的结果；对于指标 F-measure，CTDE 方法在 10 个数据集中的 5 个取得最佳的结果；对于指标 G-mean，CTDE 方法在 10 个数据集中的 9 个取得最佳的结果；对于指标 Accuracy，CTDE 方法在 10 个数据集上均取得最佳的结果；对于指标 AUC，CTDE 方法在 10 个数据集中的 6 个取得最佳的结果。从均值结果来看，对于不同的评估指标，本章提出的 CTDE 方法与对比算法相比较均取得了最好的实验结果。

　　表 3.5 给出了评估指标 Precision 的实验对比结果，Precision 表示不平衡数据中少数类的查准率。从表 3.5 中可以看出，对于数据集 B0b、W0m 和 B0c，CTDE 方法与其他对比算法相比较都有超过 5.88% 的提升；对于数据集 W03，CTDE 与 MWMO 方法相比较也有 2.3% 的提升；特别地，在数据集 Veh、Y04、Wis、Seg、Pb 和 Y24，CTDE 的实验结果在指标 Precision 上不如其他对比方法的实验结果，但结果差异不大。例如，对于数据集 Veh，SM-T 比 CTDE 高出 1%；对于数据集 Pb，SMOTE 比 CTDE 高出 1.33%。值得关注的是，在均值方面，CTDE 方法在所有的对比方法中最优。整体而言，均值上的最优说明该方法在 Precision 指标下有最好的结果。

**表 3.5　Precision 上的实验对比结果**

| 数据集 | Origin | SMOTE | BSMO | MWMO | ASYN | SM-T | CTD | CTDE |
|---|---|---|---|---|---|---|---|---|
| B0b | 0.0669 | 0.4707 | 0.6230 | 0.6965 | 0.5197 | 0.5076 | 0.6087 | **0.7553** |
| Veh | 0.8247 | 0.9539 | 0.9485 | 0.9368 | 0.9451 | **0.9620** | 0.8817 | 0.9610 |
| Y04 | 0.3636 | 0.9183 | 0.9107 | **0.9315** | 0.8910 | 0.9261 | 0.6851 | 0.8619 |
| W0m | 0.6295 | 0.8144 | 0.8399 | 0.7618 | 0.8200 | 0.6446 | 0.8301 | **0.9121** |
| B0c | 0.3571 | 0.6750 | 0.7586 | 0.8102 | 0.8086 | 0.8000 | 0.7931 | **0.8697** |
| Wis | 0.7419 | **0.9593** | 0.9356 | 0.9280 | 0.9345 | 0.9415 | 0.7786 | 0.9108 |
| Seg | 0.9416 | 0.9685 | 0.9674 | 0.9729 | **0.9920** | 1.000 | 0.9698 | 0.9766 |
| Pb | 0.8823 | **0.9931** | 0.9441 | 0.8130 | 0.9747 | 0.9846 | 0.9169 | 0.9798 |
| W03 | 0.6670 | 0.9032 | 0.8542 | 0.9218 | 0.8903 | 0.8965 | 0.8947 | **0.9488** |
| Y24 | 0.6773 | 0.9545 | **0.9736** | 0.9684 | 0.9701 | 0.9737 | 0.8414 | 0.9685 |
| 均值 | 0.6152 | 0.8641 | 0.8756 | 0.8741 | 0.8746 | 0.8636 | 0.8200 | **0.9145** |

　　表 3.6 和表 3.7 分别给出了在评估指标 Recall 和 F-measure 下的实验对比结果，F-measure 衡量了整体分类性能。从表 3.6 中可以看出，对于数据集 Y04、Y24 和 W0m，CTDE 方法与其他对比算法相比较都有超过 5.98% 的提升；对于数据集 Seg 和 B0c，CTDE 方法得到的实验结果值小于其他对比算法中的最优值，但是两者的差距较小。例如，在数据集 B0c 上，SMOTE 方法的实验结果值仅比 CTDE 方法的实验结果值高出 0.43%。从表 3.7 中可以很清晰地看出，相对于其他对比方法，CTDE 在数据集 B0b、Veh、B0c、W03 和 Y04 上均取得了最佳的实验结果值，对于数据集 Wis、Seg、Pb、Y24 和 W0m，CTDE 方法的结果值与其他对比方法的结果值相比较，尽管没有达到最好的结果值，但是 CTDE 的实验结果值与其他方法中的最优值相差不大。从均值来看，CTDE 在整体上达到了最好的结果，特别地，与对比方法 MWMO、ASYN、SM-T 相比较，有超过 10% 的提升。

表 3.6  Recall 上的实验对比结果

| 数据集 | Origin | SMOTE | BSMO | MWMO | ASYN | SM-T | CTD | CTDE |
|---|---|---|---|---|---|---|---|---|
| B0b | 0.4200 | 0.7600 | 0.7130 | 0.7000 | 0.5690 | 0.7414 | 0.6100 | **0.7800** |
| Veh | 0.7431 | 0.8735 | 0.8638 | 0.7658 | 0.7805 | 0.8554 | 0.9163 | **0.9165** |
| Y04 | 0.1905 | 0.5138 | 0.6296 | 0.5445 | 0.3689 | 0.3814 | 0.6000 | **0.7619** |
| W0m | 0.4612 | 0.6171 | 0.7955 | 0.6014 | 0.5507 | 0.5542 | 0.6224 | **0.8553** |
| B0c | 0.3334 | **0.9310** | 0.8461 | 0.4678 | 0.7686 | 0.7231 | 0.8214 | 0.9267 |
| Wis | **0.9583** | 0.8593 | 0.8988 | 0.8857 | 0.8266 | 0.9332 | 0.8916 | 0.9146 |
| Seg | 0.8560 | 0.9389 | 0.9823 | **0.9974** | 0.9000 | 0.9057 | 0.9265 | 0.9613 |
| Pb | 0.5357 | 0.8338 | 0.8073 | 0.7373 | 0.7522 | 0.7542 | 0.6675 | **0.8375** |
| W03 | 0.6000 | 0.7179 | **0.8723** | 0.7976 | 0.6154 | 0.6794 | 0.7900 | 0.8250 |
| Y24 | 0.4428 | 0.5122 | 0.7400 | 0.6784 | 0.5065 | 0.7233 | 0.7000 | **0.8095** |
| 均值 | 0.5541 | 0.7558 | 0.8149 | 0.7176 | 0.6638 | 0.7251 | 0.7546 | **0.8484** |

表 3.7  F-measure 上的实验对比结果

| 数据集 | Origin | SMOTE | BSMO | MWMO | ASYN | SM-T | CTD | CTDE |
|---|---|---|---|---|---|---|---|---|
| B0b | 0.1148 | 0.5814 | 0.6653 | 0.1266 | 0.5235 | 0.6174 | 0.6084 | **0.7570** |
| Veh | 7810 | 0.9120 | 0.9042 | 0.8479 | 0.8528 | 0.9037 | 0.8971 | **0.9188** |
| Y04 | 0.2500 | 0.6667 | 0.7445 | 0.6765 | 0.4061 | 0.5076 | 0.6185 | **0.7898** |
| W0m | 0.5126 | 0.7022 | **0.7936** | 0.6643 | 0.6406 | 0.5733 | 0.5817 | 0.7838 |
| B0c | 0.3448 | 0.7826 | 0.8000 | 0.5179 | 0.7673 | 0.6768 | 0.8070 | **0.8901** |
| Wis | 0.8363 | 0.9065 | 0.9169 | 0.906 | 0.8764 | **0.9361** | 0.8151 | 0.9026 |
| Seg | 0.8968 | 0.9534 | 0.9748 | **0.9850** | 0.9401 | 0.9504 | 0.9475 | 0.9631 |
| Pb | 0.6667 | **0.9065** | 0.8703 | 0.7487 | 0.8527 | 0.8541 | 0.7726 | 0.8561 |
| W03 | 0.6315 | 0.8000 | 0.8632 | 0.8574 | 0.7166 | 0.7380 | 0.7719 | **0.8947** |
| Y24 | 0.5273 | 0.6667 | **0.8409** | 0.7951 | 0.6552 | 0.8092 | 0.7580 | 0.8282 |
| 均值 | 0.5562 | 0.7878 | 0.8384 | 0.7125 | 0.72313 | 0.7567 | 0.7578 | **0.8585** |

表 3.8 与表 3.9 给出了在评估指标 G-mean 和 Accuracy 上的对比实验结果,这两个指标都是从不平衡数据集的整体分类性能考虑。从表 3.8 中可以看出,本章提出的 CTDE 方法在大多数的数据集(10 个数据集中的 9 个取得最优值)上取得最佳的实验结果,仅在数据集 Seg 上没有达到最好的结果。在数据集 Seg 上,MWMO 方法取得了最好的实验结果,CTDE 方法与 MWMO 方法有 0.71% 的差异,与 BSMO 方法有 0.41% 的差异。从 G-mean 指标上的均值来看,CTDE 方法与其他方法相比较取得了最好的结果。具体来说,CTDE 与 CTD、SM-T、ASYN、MWMO、BSMO 和 SMOTE 对比方法相比较,分别有 8.22%,16.99%,16.5%,16.16%,0.904% 和 13.6% 的提升。

表 3.8　G-mean 上的实验对比结果

| 数据集 | Origin | SMOTE | BSMO | MWMO | ASYN | SM-T | CTD | CTDE |
|---|---|---|---|---|---|---|---|---|
| B0b | 0.4440 | 0.3904 | 0.6283 | 0.3651 | 0.4948 | 0.4182 | 0.7601 | **0.8869** |
| Veh | 0.8372 | 0.9139 | 0.9089 | 0.8522 | 0.8609 | 0.9083 | 0.9349 | **0.9426** |
| Y04 | 0.8867 | 0.7797 | 0.8713 | 0.7523 | 0.6240 | 0.5839 | 0.9283 | **0.9610** |
| W0m | 0.5942 | 0.7329 | 0.7183 | 0.6808 | 0.6744 | 0.5903 | 0.6476 | **0.8241** |
| B0c | 0.4618 | 0.6823 | 0.6249 | 0.5022 | 0.7237 | 0.6392 | 0.7849 | **0.9178** |
| Wis | 0.8876 | 0.9086 | 0.9183 | 0.9077 | 0.8806 | 0.9205 | 0.8458 | **0.9262** |
| Seg | 0.9211 | 0.9640 | 0.9817 | **0.9847** | 0.9434 | 0.9516 | 0.9578 | 0.9776 |
| Pb | 0.7289 | 0.9012 | 0.8916 | 0.8265 | 0.8600 | 0.8632 | 0.8124 | **0.9083** |
| W03 | 0.7285 | 0.8215 | 0.8647 | 0.8631 | 0.7521 | 0.7607 | 0.8416 | **0.9279** |
| Y24 | 0.6514 | 0.7080 | 0.8508 | 0.8126 | 0.6995 | 0.8283 | 0.8279 | **0.8909** |
| 均值 | 0.7141 | 0.7803 | 0.8259 | 0.7547 | 0.7513 | 0.7464 | 0.8341 | **0.9163** |

表 3.9　Accuracy 上的实验对比结果

| 数据集 | Origin | SMOTE | BSMO | MWMO | ASYN | SM-T | CTD | CTDE |
|---|---|---|---|---|---|---|---|---|
| B0b | 0.4828 | 0.4711 | 0.6421 | 0.2311 | 0.5407 | 0.5112 | 0.9386 | **0.9602** |
| Veh | 0.8923 | 0.9140 | 0.9117 | 0.8571 | 0.8643 | 0.9110 | 0.9458 | **0.9585** |
| Y04 | 0.8867 | 0.7797 | 0.8713 | 0.7523 | 0.6240 | 0.6715 | 0.9283 | **0.9610** |
| W0m | 0.6917 | 0.7491 | 0.7765 | 0.6898 | 0.6965 | 0.6199 | 0.7438 | **0.8241** |
| B0c | 0.5250 | 0.7273 | 0.7179 | 0.5846 | 0.7203 | 0.6583 | 0.7885 | **0.9186** |
| Wis | 0.8695 | 0.9081 | 0.9185 | 0.9082 | 0.8819 | 0.9111 | 0.8467 | **0.9303** |
| Seg | 0.9718 | 0.9770 | 0.9815 | 0.9848 | 0.9465 | 0.9528 | 0.9745 | **0.9895** |
| Pb | 0.9452 | 0.9286 | 0.9417 | 0.9523 | 0.8694 | 0.8712 | 0.9386 | **0.9714** |
| W03 | 0.8056 | 0.8426 | 0.8646 | 0.8667 | 0.7715 | 0.7884 | 0.8694 | **0.9299** |
| Y24 | 0.9216 | 0.7614 | 0.8541 | 0.8275 | 0.7457 | 0.8488 | 0.9551 | **0.9661** |
| 均值 | 0.7992 | 0.8059 | 0.8480 | 0.7654 | 0.7661 | 0.7744 | 0.8929 | **0.9410** |

从表 3.9 中可以很明显地看出，CTDE 方法在所有的数据集上均取得最佳的实验结果，特别地，对于数据集 B0b，CTDE 与其他方法相比较有超过 30% 的提升，幅度较大，这可能是由数据的空间分布造成的，同时，也在一定程度上反应了采用 CCA 和三支决策思想对不平衡数据集少数类中的关键样本选择在某些数据集分布情况下的有效性。另外，CTDE 方法在其他的数据集上也有相应幅度的提升。从均值方面可以很直观地看出，本章提出的 CTDE 方法与其他对比方法相比较取得了最好的结果，即 CTDE 与 CTD、SM-T、ASYN、MWMO、BSMO 和 SMOTE 对比方法相比较，分别有 4.81%、16.66%、17.49%、17.56%、9.3% 和 13.51% 的提升。

最后，表 3.10 给出了对比方法在评估指标 AUC 上的实验结果。在数据集 B0b、Wis、Veh、B0c、W03 和 Y04 上，CTDE 都取得了较好的实验结果。值得关注的是，在数据集 B0b

上，CTDE 与 MWMO 相比较，有 17.9% 的提升。

除此之外，本章提出的 CTDE 方法在某些数据集上的实验结果与其他方法相比较，其结果略差。例如，在数据集 Seg 上，MWMO 实验结果比 CTDE 结果高 1.15%；对于数据集 Pb、Y24 和 W0m，BSMO 实验结果比 CTDE 结果高 3.98%，BSMO 实验结果比 CTDE 结果高 4.27%，MWMO 实验结果比 CTDE 结果高 6.09%。除此之外，从 10 个数据集上的均值来看，CTDE 方法相对其他的方法都有超过 3% 的提升，在一些特别情况下，CTDE 实验结果比 SMOT 有 8.44% 的提高。总而言之，CTDE 方法取得了较为理想的结果。

表 3.10　AUC 上的实验对比结果

| 数据集 | Origin | SMOTE | BSMO | MWMO | ASYN | SM-T | CTD | CTDE |
|---|---|---|---|---|---|---|---|---|
| B0b | 0.5068 | 0.5146 | 0.5287 | 0.5767 | 0.5224 | 0.5112 | 0.7369 | **0.7557** |
| Veh | 0.7102 | 0.8873 | 0.9072 | 0.9024 | 0.8993 | 0.9111 | 0.9048 | **0.9185** |
| Y04 | 0.5221 | 0.8839 | 0.8071 | 0.8042 | 0.7510 | 0.6716 | 0.8301 | **0.8891** |
| W0m | 0.5088 | 0.8035 | 0.8214 | 0.8611 | 0.7083 | 0.6199 | 0.7658 | 0.8002 |
| B0c | 0.5078 | 0.5439 | 0.5833 | 0.5714 | 0.5625 | 0.6583 | 0.6267 | **0.6602** |
| Wis | 0.8416 | 0.8811 | 0.9204 | 0.9122 | 0.9083 | 0.9365 | 0.8913 | **0.9551** |
| Seg | 0.9848 | 0.9898 | 0.9846 | **0.9974** | 0.9672 | 0.9528 | 0.9662 | 0.9859 |
| Pb | 0.7896 | 0.9100 | **0.9462** | 0.8561 | 0.8406 | 0.8711 | 0.8946 | 0.9064 |
| W03 | 0.8000 | 0.8223 | 0.7971 | 0.8589 | 0.8205 | 0.7884 | 0.8431 | **0.8809** |
| Y24 | 0.5727 | 0.8457 | **0.9037** | 0.8671 | 0.8394 | 0.8489 | 0.8513 | 0.8610 |
| 均值 | 0.7135 | 0.8024 | 0.8199 | 0.8108 | 0.7820 | 0.7769 | 0.8311 | **0.8613** |

从表 3.5 至表 3.10 可以看出，与 CTD 方法相比较，CTDE 方法在所有的数据集和评估指标上有较好的性能。具体而言，从均值结果可以看出，CTDE 与 CTD 在评估指标上相比较均有明显的提升（在 Precision 指标上大约为 9.5%，在 Recall 指标上大约为 9.4%，在 F-measure 指标上大约为 10.1%，在 G-mean 指标上大约为 8.2%，在 Accuracy 指标上大约为 4.9%，在 AUC 指标上大约为 3%）。

为了进一步阐述本章提出的 CTDE 方法在不同的评估指标上与其他对比方法有较好的实验结果，将统计显著性检验的方法应用到对比的实验中。表 3.11 给出了 CTDE 与其他方法在统计显著性检验上的实验结果值，并将 $p$ 值低于 0.05 的实验结果用加粗表示。从表中的实验结果可以看出，与其他对比方法相比较，在 Recall、G-mean 和 Accuracy 指标上均有显著性差异，即在这三个指标上均有 7 个较好的显著性差异值；在 F-measure 指标上，CTDE 方法也有显著性的差异结果值，即在这个指标上有 6 个较好的显著性差异值；在 Precision 指标上，CTDE 方法的显著性差异不明显，仅有 2 个较好的显著性差异值，这也与不平衡数据集内部少数类样本的空间分布有关；在 AUC 指标上，CTDE 方法同样有显著性差异结果值，即在这个指标上有 4 个较好的显著性差异值。另外，CTDE 与 CTD 之间存在显著性差异，这直接说明集成思想在 CTD 方法上得到有效的应用，同时也说明了基于 CCA 的三支决策集成模型的有效性。

表 3.11　CTDE 与 7 个算法之间的 Welch 度量的 $p$ 值

| 算法 | Precision | Recall | F-measure | G-mean | Accuracy | AUC |
|------|-----------|--------|-----------|--------|----------|-----|
| Origin | **0.0014** | **$8.9772 \times 10^{-4}$** | **0.0012** | **0.0020** | **0.0209** | **$5.4691 \times 10^{-4}$** |
| SMOTE | 0.1578 | **0.0191** | **0.0166** | **0.0189** | **0.0156** | 0.0577 |
| BSMO | 0.0742 | **0.0251** | 0.1506 | **0.0224** | **0.0145** | 0.1418 |
| MWMO | 0.1129 | **0.0119** | 0.0489 | **0.0167** | **0.0319** | 0.0855 |
| ASYN | 0.1481 | **$3.3906 \times 10^{-4}$** | **0.0051** | **0.0021** | **0.0015** | **0.0044** |
| SMOT | 0.1969 | **0.0084** | **0.0180** | **0.0095** | **0.0037** | **0.0197** |
| CTD | **$2.2536 \times 10^{-4}$** | **0.0023** | **$5.3721 \times 10^{-4}$** | **$9.1666 \times 10^{-4}$** | **0.0040** | **$7.6085 \times 10^{-4}$** |

## 本章小结

首先,针对 SMOTE 方法所存在的缺陷,本章引入构造性覆盖算法,挖掘少数类样本空间分布信息,并利用少数类覆盖的密度和三支决策挖掘不平衡数据集中的关键样本;然后,以这些少数类关键样本为 SMOTE 算法的合成种子获得新的少数类样本,新产生的样本与原数据集组成平衡的数据集;最后,考虑到 CCA 形成覆盖时随机化覆盖中心,本章引入了集成学习的思想,并提出构造性 SMOTE 过采样方法的三支决策模型 CTDE。

## 参 考 文 献

［1］ YAO Y. An outline of a theory of three-way decisions[C]//International Conference on Rough Sets and Current Trends in Computing, 2012:1-17.

［2］ PAWLAK Z. Rough sets[J]. International Journal of Computer & Information Sciences, 1982,11(5):341-356.

［3］ YAO Y. The superiority of three-way decisions in probabilistic rough set models[J]. Information Sciences, 2011,181(6):1080-1096.

［4］ CHEN Z, LIN T, XIA X, et al. A synthetic neighborhood generation based ensemble learning for the imbalanced data classification[J]. Applied Intelligence, 2018,48(8): 2441-2457.

［5］ DIETTERICH T G. Ensemble learning[J]. The Handbook of Brain Theory and Neural Networks, 2002,2:110-125.

［6］ ZHOU Z. Ensemble learning[J]. Encyclopedia of Biometrics, 2015:411-416.

［7］ NÁPOLES G, FALCON R, PAPAGEORGIOU E, et al. Rough cognitive ensembles[J]. International Journal of Approximate Reasoning, 2017,85:79-96.

［8］ LIU B, WANG S, LONG R, et al. iRSpot-EL: identify recombination spots with an ensemble learning approach[J]. Bioinformatics, 2016,33(1): 35-41.

［9］ CHAWLA N V，BOWYER K W，HALL L O，et al. SMOTE：synthetic minority over-sampling technique［J］. Journal of Artificial Intelligence Research，2002，16：321-357.

［10］ HAN H，WANG W Y，MAO B H. Borderline-SMOTE：a new over-sampling method in imbalanced data sets learning［C］//International Conference on Intelligent Computing，2005：878-887.

［11］ BARUA S，ISLAM M M，Yao X，et al. MWMOTE：majority weighted minority oversampling technique for imbalanced data set learning［J］. IEEE Transactions on Knowledge and Data Engineering，2012，26(2)：405-425.

［12］ HE H，BAI Y，GARCIA E A，et al. ADASYN：adaptive synthetic sampling approach for imbalanced learning［C］//2008 IEEE International Joint Conference on Neural Networks（IEEE World Congress on Computational Intelligence）. IEEE，2008：1322-1328.

［13］ BATISTA G E，PRATI R C，MONARD M C. A study of the behavior of several methods for balancing machine learning training data［J］. ACM SIGKDD Explorations Newsletter，2004，6(1)：20-29.

# 第 4 章　构造性 SMOTE 混合采样方法

## 4.1　问　题　描　述

通过选择关键样本作为过采样种子,是一种普遍的针对 SMOTE 的改进算法,此类方法在一定程度上提高了少数类的分类性能,但仍不可避免地会引入不恰当的少数类样本,对分类产生负面影响。与此同时,多数类样本可能会侵入少数类区域,影响对少数类的分类。研究表明,不平衡数据的学习性能不仅与类不平衡率有关,也受一些数据困难因子,如重叠、小样本等的影响。因此,一些混合采样方法,如 SMOTE + Tomek Link、SMOTE + ENN[1] 等将 SMOTE 算法与欠采样方法结合起来,通过数据清洗的方式提高少数类的分类性能。但是,如何尽可能保留样本有效信息,同时利用数据清洗策略提高分类性能仍然是一个挑战。

本章提出一种构造性 SMOTE 混合采样方法(SMOTE + CCA),首先用 SMOTE 对不平衡数据进行处理,得到平衡的数据集,然后利用 CCA 对新数据集构造邻域覆盖,利用 CCA 构造过程的特点,删除一些被认为会影响分类性能的样本,通过清洗数据集,提高分类性能。

## 4.2　构造性 SMOTE 混合采样方法

### 4.2.1　SMOTE 及其改进算法分析

经典的 SMOTE 算法通过在少数类样本及其近邻之间线性插值生成新的少数类样本,但具有合成重叠样本、噪声样本的风险。图 4.1 给出不平衡数据的分布示意图,假设 SMOTE 合成样本过程取近邻参数 $k = 5$,则 A 点和 F 点都在 E 点的最近邻少数类样本集合中,如果基于 E 点生成新的合成样本,则 SMOTE 会在 E 点的 5 个最近邻少数类样本中随机选择一个来合成样本。若 F 点被选中,则在 E 点和 F 点之间合成样本,生成 P 点。很明显,P 点在多数类样本区域内,此类样本会影响后续分类的精度。

为解决 SMOTE 合成不恰当少数类样本的问题,一些改进算法,如 SMOTE + Tomek Link 等,提出了数据清洗的策略,但这些方法在删除样本的过程中可能会将原始样本中带有重要信息的样本删除。例如,Tomek Link 会将图 4.1 中的 C、D 两点删除,而样本 D 恰好处于一个少数类样本比较集中的区域,表现出了一定聚集现象,具有较为典型的代表意义。

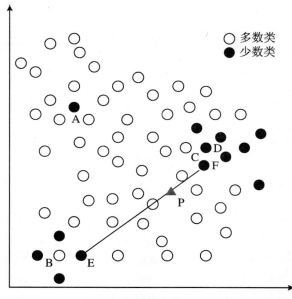

图 4.1　SMOTE 算法分析

## 4.2.2　CCA 清洗策略

构造性覆盖算法可以有效挖掘样本的空间分布特征,为尽可能保留少数类有效信息,同时降低不恰当合成样本对分类的影响,本章提出使用 CCA 方法对 SMOTE 算法获得的平衡数据集进行数据清洗。

CCA 方法根据多数类样本和少数类样本的距离构造覆盖半径,将多数类和少数类样本划分到不同覆盖中,其中重叠样本、噪声样本以较大的概率形成单覆盖。对图 4.1 所示的样本构造覆盖如图 4.2 所示,C、D 点分别属于两个覆盖,且 D 点处于少数类聚集区域的覆盖,能够反映少数类的样本信息,而 A、B 和 P 点分别属于单样本覆盖,可能对分类性能有负面影响。因此,我们提出清洗单覆盖中的样本,以期能够提高分类器的性能,降低数据预处理的复杂性。

## 4.2.3　成对清洗策略

在不平衡数据分类问题中,不管是过采样方法还是欠采样方法,其目的都是为了使得不平衡数据集的样本分布趋于平衡。根据上述数据清洗方法的描述,每一个孤立的多数类样本或少数类样本都会被 CCA 划分到一个只包含其自身的覆盖中。为了确保该清洗方法最后得到的数据集是一个平衡的数据集,所以本节提出了一种成对清洗的策略。

数据集在 CCA 处理之后,得到一组覆盖集合为 $C = \{C_1, C_2\}$,其中 $C_1$ 表示少数类样本的覆盖集合,$C_2$ 表示多数类样本的覆盖集合。$C_i = \{C_i^1, C_i^2, \cdots, C_i^{n_i}\}$ 表示样本类别为 $i$ 的

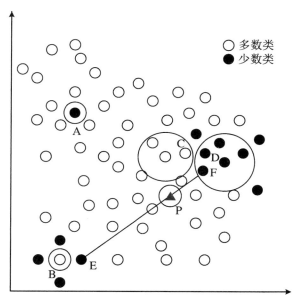

**图 4.2　CCA 数据清洗示意图**

覆盖集合。假设 $C_{\min}^1$ 和 $C_{\mathrm{maj}}^1$ 分别表示少数类的单样本覆盖集合和多数类的单样本覆盖集合,如公式(4.1)和公式(4.2)所示。

$$C_{\min}^1 = \{x_i \mid |C_1^i| = 1 \wedge x_i \in C_1^i\} \tag{4.1}$$

$$C_{\mathrm{maj}}^1 = \{x_j \mid |C_2^j| = 1 \wedge x_j \in C_2^j\} \tag{4.2}$$

令 $t = \min\{|C_{\min}^1|, |C_{\min}^1|\}$,其中 $|\cdot|$ 表示集合的势,本节提出成对删除策略,分别从集合 $C_{\min}^1$ 和 $C_{\mathrm{maj}}^1$ 中挑出 $t$ 个样本进行删除。假设 $t = |C_{\min}^1|$,则根据以上描述,成对删除策略将删除 $C_{\min}^1$ 集合中的所有样本,并且在集合 $C_{\mathrm{maj}}^1$ 中挑出 $t$ 个样本进行删除。为此,提出了一种距离度量的方法来选择在集合 $C_{\mathrm{maj}}^1$ 中需要删除的样本。对于集合 $C_{\mathrm{maj}}^1$ 中的任意一个样本 $x_i$,首先计算其与集合 $C_{\min}^1$ 中所有样本的距离和 Dist_SC,如公式(4.3)所示。

$$\mathrm{Dist\_SC} = \sum_{j=1}^{|C_{\min}^1|} \mathrm{dist}(x_i, x_j) \tag{4.3}$$

其中,$\mathrm{dist}(x_i, x_j)$ 表示样本 $x_i$ 和样本 $x_j$ 的欧式距离。最后,本方法在集合 $C_{\mathrm{maj}}^1$ 中选择距离和最小的 $t$ 个多数类样本进行删除。

为了更加方便理解,以二维图的形式对成对删除策略加以说明。图 4.3 给出了 11 个少数类单样本覆盖,14 个多数类单样本覆盖。根据以上描述,11 个少数类单样本覆盖会被删除,同时根据公式(4.3),计算出 14 个多数类单样本覆盖的 Dist_SC 值,并在其中选择 11 个 Dist_SC 值最小的单样本覆盖进行删除。如图 4.3 所示,因为覆盖 A 的 Dist_SC 值要小于覆盖 B、覆盖 C 和覆盖 D 的 Dist_SC 值,所以在本方法中,覆盖 A 中的样本应该删除,而覆盖 B、覆盖 C 和覆盖 D 中的样本应该被保留下来。

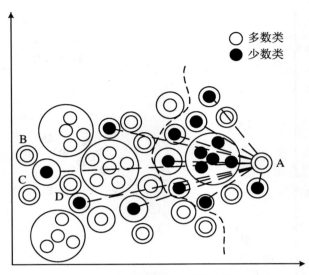

图 4.3　成对删除策略示意图

## 4.2.4　SMOTE + CCA 算法

构造性 SMOTE 混合采样(SMOTE + CCA)提出利用数据清洗的方法构建更有利于分类的数据分布,创建更具泛化能力的分类模型。SMOTE + CCA 主要包括两部分:① 利用 SMOTE 过采样技术得到平衡数据集;② 利用 CCA 成对清洗方法删除多数类样本的同时获得再平衡。算法 4.1 给出了构造性 SMOTE 混合采样方法(SMOTE + CCA)的伪代码。

**算法 4.1　构造性 SMOTE 混合采样方法(SMOTE + CCA)**

输入:训练集 $S = \{(x_1, y_1), (x_2, y_2), \cdots, (x_n, y_n)\}$;样本近邻数 $k$;

输出:平衡数据集 BS;

初始化:少数类样本覆盖集合 $C_1 = \{\ \}$,多数类样本覆盖集合 $C_2 = \{\ \}$;

1.　$S' \leftarrow \mathrm{SMOTE}(S, k)$;　　　// 用 SMOTE 对 S 进行过采样

2.　$C_1, C_2 \leftarrow \mathrm{CCA}(S')$;　　// 对 $S'$ 构造覆盖

3.　For $c_i$ in $C_1$

4.　　If $|c_i| = 1$

5.　　　将覆盖 $c_i$ 中的样本加入到集合 $C_{\min}^1$ 中;

6.　　End If

7.　End For

8.　For $c_i$ in $C_2$

9.　　If $|c_i| = 1$

10.　　将覆盖 $c_i$ 中的样本加入到集合 $C_{\mathrm{maj}}^1$ 中;

11.　　End If

12. End For

13. If ($|C_{\min}^1| \leqslant |C_{\mathrm{maj}}^1|$)

14.　　For $x_i$ in $C_{\mathrm{maj}}^1$

15.　　　　计算 $x_i$ 到集合 $C_{\min}^1$ 中所有样本的距离和 Dist_SC；

16.　　　　将 Dist_SC 加入到距离集合 Dist 中；

17.　　End For

18.　　在 $C_{\mathrm{maj}}^1$ 中选出距离最小的 $|C_{\min}^1|$ 个样本加入到多数类样本集合 $S_{\mathrm{maj}}$ 中；

19.　　$S_{\min} \leftarrow C_{\min}^1$；　　　// 将 $C_{\min}^1$ 中的样本加入到少数类样本集合 $S_{\min}$ 中；

20. Else If ($|C_{\mathrm{maj}}^1| \leqslant |C_{\min}^1|$)

21.　　For $x_i$ in $C_{\min}^1$

22.　　　　计算 $x_i$ 到集合 $C_{\mathrm{maj}}^1$ 中所有样本的距离和 Dist_SC；

23.　　　　将 Dist_SC 加入到距离集合 Dist 中；

24.　　End For

25.　　在 $C_{\min}^1$ 中选出距离最小的 $|C_{\mathrm{maj}}^1|$ 个样本加入到少数类样本集合 $S_{\min}$ 中；

26.　　$S_{\mathrm{maj}} \leftarrow C_{\mathrm{maj}}^1$；　　　// 将 $C_{\mathrm{maj}}^1$ 中的样本加入到多数类样本集合 $S_{\mathrm{maj}}$ 中；

27.　　End If

28.　　$\mathrm{BS} = \{x_i \mid x_i \in S' \wedge x_i \notin (S_{\min} \bigcup S_{\mathrm{maj}})\}$；　　　//成对删除挑选出的样本

29. 输出平衡数据集 BS。

## 4.3　模型分析与性能评估

### 4.3.1　模型评估基本设置

为了验证所提方法的有效性,实验选取了表 4.1 中的数据集进行验证,表 4.1 中给出了数据集名称、数据集缩写、属性个数、样本个数以及数据集的不平衡率。因为不平衡数据分类主要是研究二分类问题,而有一些数据集并不是二分类,所以从数据集中选取一些类别作为少数类,剩余的作为多数类。对于数据集 yeast、glass、ecoli、satimage 和 vehical,由于选择的少数类的类别不一样,可以从每个原始数据集中产生多个二分类数据集。

实验采用 F-measure、G-mean、Recall、AUC 和 Precision 5 个指标来评估算法的性能,同时对比方法包括 5 个经典的采样方法和 2 个经典的集成方法,分别是 SMOTE + Tomek Links[1]、MWMOTE[2]、SMOTE[3]、ADASYN[4]、Borderline-SMOTE[5]、SMOTEBoost[6] 和 RUSBoost[7]。其中 MWMOTE 方法的作者提供了源码,其他的 6 个对比算法都是来自于开源的不平衡数据分类的工具包[8]。实验采用 C 4.5 分类器对预处理之后的数据集进行训练和测试,C 4.5 分类器是来自 WEKA 工具[9],参数设置都默认为原始参数。为了保证实验结果的稳定性与有效性,采用 10 次十折交叉验证的方式,最终得出的结果是 10 次的平均值。

**表 4.1　数据集的基本描述**

| 数据集 | 数据集简称 | 属性个数 | 样本个数 | 不平衡率 |
| --- | --- | --- | --- | --- |
| wdbc | wdbc | 30 | 569 | 1.7 |
| ionosphere | ionos | 33 | 351 | 1.8 |
| breast | breast | 9 | 106 | 1.9 |
| pima | pima | 8 | 768 | 1.9 |
| satimage | sat1 | 36 | 6435 | 2.2 |
| glass | glas11 | 9 | 214 | 2.7 |
| wine | wine | 13 | 178 | 2.7 |
| haberman | haber | 3 | 306 | 2.8 |
| Vehical | veh1 | 18 | 846 | 3 |
| Vehical | veh2 | 18 | 846 | 3.3 |
| cmc | cmc | 9 | 1473 | 3.4 |
| ecoli | ecoli1 | 7 | 336 | 3.4 |
| housing | hous | 13 | 506 | 3.8 |
| yeast | yeast1 | 8 | 1484 | 3.9 |
| new-thyroid | n-thy | 5 | 215 | 6.2 |
| ecoli | ecoli2 | 7 | 336 | 8.6 |
| mf-morph | mf-m | 6 | 2000 | 9 |
| satimage | sat2 | 36 | 6435 | 9.3 |
| glass | glas2 | 9 | 214 | 11.6 |
| pageblocks | pbs | 10 | 5476 | 22.7 |
| yesast | yeast2 | 8 | 1484 | 28.1 |
| winequality | winqua | 11 | 1599 | 29.17 |
| ecoli | ecoli3 | 7 | 281 | 39.14 |
| abalone | abalon | 8 | 2388 | 40.2 |
| poker | poker | 10 | 1477 | 85.88 |

## 4.3.2　数据清洗结果分析

　　表 4.2 展示了在数据清洗之后,删除了样本数量的详细信息。表中除了数据集名称(Datasets),还给出了总共删除样本的数量(D-total)、删除多数类样本的数量(D-maj)、删除 SMOTE 合成少数类样本的数量(D-syn)、删除原始数据集中少数类样本的数量(D-ori)、所有少数类单样本覆盖的数量(min-C1)以及所有多数类单样本覆盖的数量(maj-C1)。表 4.2 中给出的是 10 次实验结果的平均值,为了方便理解,将其四舍五入为整数。

　　在表 4.2 中的 25 个数据集中,少数类单样本覆盖的数量远远小于多数类单样本覆盖的数量,只有在数据集 ionos、mf-m、pbs 和 winqua 上所表现的数据是相反的。依据 CCA 构造覆盖的过程来看,不论是 SMOTE 合成的噪声样本还是原始样本的分布,都会影响到单样本覆盖的数量,因此,在删除的少数类样本中就包含了 SMOTE 合成的少数类样本与数据集中的原始少数类样本。

**表 4.2　数据清洗统计信息**

| 数据集 | D-total | D-maj | D-syn | D-org | min-C1 | maj-C1 |
|---|---|---|---|---|---|---|
| wdbc | 86 | 43 | 11 | 32 | 43 | 49 |
| ionos | 114 | 57 | 6 | 51 | 60 | 57 |
| breast | 28 | 14 | 5 | 9 | 14 | 23 |
| pima | 256 | 128 | 40 | 88 | 128 | 188 |
| sat1 | 748 | 374 | 35 | 339 | 374 | 1224 |
| glas1 | 16 | 8 | 5 | 3 | 8 | 19 |
| wine | 34 | 17 | 7 | 10 | 17 | 29 |
| haber | 106 | 53 | 29 | 24 | 53 | 79 |
| veh1 | 158 | 79 | 38 | 41 | 79 | 195 |
| veh2 | 104 | 52 | 24 | 28 | 52 | 92 |
| cmc | 340 | 170 | 89 | 81 | 170 | 396 |
| ecoli1 | 46 | 23 | 11 | 12 | 23 | 54 |
| hous | 120 | 60 | 39 | 21 | 60 | 105 |
| yeast1 | 174 | 87 | 54 | 33 | 87 | 326 |
| n-thy | 18 | 9 | 7 | 2 | 9 | 20 |
| ecoli2 | 32 | 16 | 14 | 2 | 16 | 57 |
| mf-m | 458 | 229 | 169 | 60 | 281 | 229 |
| sat2 | 546 | 273 | 234 | 39 | 273 | 1347 |
| glas2 | 32 | 16 | 15 | 1 | 16 | 35 |
| pbs | 402 | 201 | 193 | 8 | 229 | 201 |
| yeast2 | 134 | 67 | 66 | 1 | 67 | 105 |
| winqua | 248 | 124 | 122 | 2 | 127 | 124 |
| ecoli3 | 6 | 3 | 3 | 0 | 3 | 57 |
| abalon | 162 | 81 | 80 | 1 | 81 | 156 |
| poker | 52 | 26 | 25 | 1 | 26 | 201 |

## 4.3.3　模型性能评估

表 4.3 至表 4.7 分别给出了 5 个指标上的实验结果,表中结果最好的值都加粗表示。将 25 个数据集按照不平衡率大小分为三个部分,即 IR<2、2≤IR≤4 以及 IR>4。各表中标注了三个部分各自的平均值,以及在最后标注了表示所有数据集实验结果的平均值。为了便于理解,将 SMOTE + CCA 简写为 SM + CCA,将 Borderline-SMOTE、ADASYN、MWMOTE、SMOTE + Tomek、RUSBoost 和 SMOTEBoost 分别简写为 B-SMOT、ADASY、MWMOT、SM + Tmk、RUSBst 和 SMBst。

从实验结果可以看出,总体来说 SM + CCA 的性能表现是优于其他 7 个对比算法的。从各个指标来说,F-measure 指标上有 21 个数据集是最优的(表 4.3),G-mean 指标上有 18 个数据集是最优的(表 4.4),Recall 指标上有 13 个数据集是最优的(表 4.5),AUC 指标上有 14 个数据集是最优的(表 4.6),Precision 指标上有 18 个数据集是最优的(表 4.7)。接下来,以 Recall 指标为例,详细分析实验结果。

表 4.3　F-measure 实验结果

| 数据集 | ADAS | SMOTE | B-SMOT | MWMOT | RUBst | SMBst | SM + Tmk | SM + CCA |
|---|---|---|---|---|---|---|---|---|
| wdbc | 0.9379 | 0.9498 | 0.9439 | 0.9508 | 0.9583 | 0.9509 | 0.9530 | **0.9694** |
| ionos | 0.8979 | 0.8997 | 0.8978 | 0.8961 | 0.9017 | 0.8744 | 0.9009 | **0.9144** |
| breast | 0.6998 | 0.8376 | 0.8337 | 0.8143 | 0.7486 | 0.8154 | 0.8537 | **0.8642** |
| pima | 0.6752 | 0.7712 | 0.7730 | 0.7618 | 0.7364 | 0.7527 | 0.7988 | **0.8277** |
| 均值 | 0.8027 | 0.8646 | 0.8621 | 0.8558 | 0.8362 | 0.8484 | 0.8766 | **0.8939** |
| sat1 | 0.8728 | 0.9133 | 0.9072 | 0.9056 | 0.8761 | 0.8358 | 0.9157 | **0.9256** |
| glas1 | 0.8504 | 0.9509 | 0.9379 | 0.9527 | 0.9262 | 0.9443 | 0.9537 | **0.9602** |
| wine | 0.8831 | 0.9753 | 0.9624 | 0.9703 | 0.9611 | **0.9879** | 0.9817 | 0.9796 |
| haber | 0.7339 | 0.7363 | 0.7502 | 0.7457 | 0.6053 | 0.6761 | 0.7628 | **0.8049** |
| veh1 | 0.7857 | 0.8369 | 0.8399 | 0.8332 | 0.7557 | 0.7233 | 0.8396 | **0.8509** |
| veh2 | 0.9559 | 0.9567 | 0.9636 | 0.9578 | 0.9532 | 0.9260 | 0.9577 | **0.9651** |
| cmc | 0.8034 | 0.8034 | 0.8051 | 0.8026 | 0.6414 | 0.7096 | 0.8017 | **0.8312** |
| ecoli1 | 0.8326 | 0.9268 | 0.9248 | 0.9319 | 0.8505 | 0.9084 | 0.9308 | **0.9396** |
| hous | 0.8390 | 0.8341 | 0.8344 | 0.8411 | 0.7120 | 0.7887 | 0.8426 | **0.8553** |
| yeast1 | 0.8821 | 0.8974 | 0.9042 | 0.9003 | 0.8278 | 0.8352 | 0.9032 | **0.9104** |
| 均值 | 0.8439 | 0.8831 | 0.8830 | 0.8841 | 0.8109 | 0.8335 | 0.8889 | **0.9023** |
| n-thy | 0.8150 | 0.9647 | 0.9734 | 0.9733 | 0.9414 | 0.9726 | 0.9680 | **0.9761** |
| ecoli2 | 0.9299 | 0.9436 | 0.9432 | 0.9401 | 0.8178 | 0.9137 | 0.9502 | **0.9504** |
| mf-m | 0.9381 | 0.9386 | 0.9422 | 0.9439 | 0.8977 | 0.9337 | 0.9433 | **0.9857** |
| sat2 | 0.9086 | 0.9454 | **0.9484** | 0.9400 | 0.8439 | 0.8626 | 0.9467 | 0.9470 |
| glas2 | 0.8427 | 0.9434 | 0.9279 | 0.9401 | 0.5860 | 0.8699 | 0.9403 | **0.9461** |
| pbs | 0.9534 | 0.9840 | 0.9842 | 0.7850 | 0.9470 | 0.9374 | 0.9843 | **0.9890** |
| yeast2 | 0.9603 | 0.9599 | 0.9692 | 0.9586 | 0.7910 | 0.8671 | 0.9592 | **0.9720** |
| winqua | 0.9130 | 0.9179 | 0.9228 | 0.9219 | 0.5956 | 0.7502 | 0.9192 | **0.9284** |
| ecoli3 | 0.9817 | 0.9827 | **0.9890** | 0.9800 | / | 0.9785 | 0.9812 | 0.9873 |
| abalon | 0.9624 | 0.9627 | 0.9674 | 0.9659 | 0.8027 | 0.8081 | 0.9633 | **0.9723** |
| poker | 0.9745 | 0.9958 | 0.9857 | **0.9968** | 0.4107 | 0.7619 | 0.9960 | 0.9954 |
| 均值 | 0.9254 | 0.9581 | 0.9594 | 0.9405 | 0.7634 | 0.8778 | 0.9593 | **0.9682** |
| 总平均值 | 0.8732 | 0.9131 | 0.9133 | 0.9044 | 0.7953 | 0.8554 | 0.9179 | **0.9299** |

**表 4.4　G-mean 实验结果**

| 数据集 | ADAS | SMOTE | B-SMOT | MWMOT | RUBst | SMBst | SM + Tmk | SM + CCA |
|---|---|---|---|---|---|---|---|---|
| wdbc | 0.9368 | 0.9499 | 0.9434 | 0.9503 | 0.9571 | 0.9508 | 0.9530 | **0.9694** |
| ionos | 0.8967 | 0.9010 | 0.8979 | 0.8977 | 0.8963 | 0.8809 | 0.9023 | **0.9191** |
| breast | 0.7068 | 0.8282 | 0.8246 | 0.8021 | 0.7376 | 0.8004 | 0.8453 | **0.8613** |
| pima | 0.6751 | 0.7610 | 0.7517 | 0.7481 | 0.7345 | 0.7527 | 0.7878 | **0.8196** |
| 均值 | 0.8038 | 0.8600 | 0.8544 | 0.8496 | 0.8314 | 0.8462 | 0.8721 | **0.8924** |
| sat1 | 0.8732 | 0.9130 | 0.9059 | 0.9051 | 0.8757 | 0.8338 | 0.9149 | **0.9250** |
| glas1 | 0.8424 | 0.9509 | 0.9373 | 0.9523 | 0.9247 | 0.9422 | 0.9533 | **0.9600** |
| wine | 0.8831 | 0.9753 | 0.9624 | 0.9701 | 0.9602 | **0.9875** | 0.9818 | 0.9794 |
| haber | 0.7099 | 0.7297 | 0.7310 | 0.7283 | 0.5884 | 0.6755 | 0.7421 | **0.7980** |
| veh1 | 0.7831 | 0.8282 | 0.8298 | 0.8228 | 0.7557 | 0.7223 | 0.8317 | **0.8436** |
| veh2 | 0.9552 | 0.9559 | 0.9632 | 0.9572 | 0.9535 | 0.9201 | 0.9571 | **0.9647** |
| cmc | 0.8011 | 0.8057 | 0.8040 | 0.8054 | 0.6524 | 0.7021 | 0.8024 | **0.8300** |
| ecoli1 | 0.8166 | 0.9240 | 0.9207 | 0.9284 | 0.8478 | 0.9026 | 0.9282 | **0.9376** |
| hous | 0.8173 | 0.8230 | 0.8238 | 0.8312 | 0.7176 | 0.7622 | 0.8322 | **0.8463** |
| yeast1 | 0.8833 | 0.8957 | 0.9031 | 0.9003 | 0.8188 | 0.8425 | 0.9011 | **0.9094** |
| 均值 | 0.8365 | 0.8801 | 0.8781 | 0.8801 | 0.8095 | 0.8291 | 0.8845 | **0.8994** |
| n-thy | 0.8024 | 0.9640 | 0.9729 | 0.9730 | 0.9386 | **0.9823** | 0.9680 | 0.9760 |
| ecoli2 | 0.9273 | 0.9419 | 0.9416 | 0.9382 | 0.8173 | 0.9109 | 0.9493 | **0.9493** |
| mf-m | 0.9400 | 0.9330 | 0.9373 | 0.9396 | 0.9010 | 0.9292 | 0.9390 | **0.9859** |
| sat2 | 0.9086 | 0.9449 | **0.9479** | 0.9394 | 0.8479 | 0.8535 | 0.9459 | 0.9463 |
| glas2 | 0.8297 | 0.9423 | 0.9266 | 0.9381 | 0.5575 | 0.8427 | 0.9390 | **0.9452** |
| pbs | 0.9534 | 0.9840 | 0.9841 | 0.8670 | 0.9469 | 0.9379 | 0.9843 | **0.9890** |
| yeast2 | 0.9597 | 0.9592 | **0.9689** | 0.9578 | 0.7758 | 0.8694 | 0.9585 | 0.9679 |
| winqua | 0.9113 | 0.9160 | **0.9226** | 0.9212 | 0.5917 | 0.7465 | 0.9174 | 0.9203 |
| ecoli3 | 0.9813 | 0.9824 | **0.9890** | 0.9756 | / | 0.9782 | 0.9810 | 0.9859 |
| abalon | 0.9616 | 0.9619 | 0.9666 | 0.9651 | 0.7970 | 0.7864 | 0.9625 | **0.9696** |
| poker | 0.9744 | 0.9958 | 0.9858 | **0.9968** | 0.3344 | 0.7188 | 0.9960 | 0.9948 |
| 均值 | 0.9227 | 0.9569 | 0.9585 | 0.9465 | 0.7971 | 0.8687 | 0.9583 | **0.9664** |
| 总平均值 | 0.8692 | 0.9107 | 0.9097 | 0.9045 | 0.8084 | 0.8493 | 0.9150 | **0.9277** |

表 4.5 Recall 实验结果

| 数据集 | ADAS | SMOTE | B-SMOT | MWMOT | RUBst | SMBst | SM+Tmk | SM+CCA |
|---|---|---|---|---|---|---|---|---|
| wdbc | 0.9488 | 0.9479 | 0.9474 | 0.9572 | 0.9633 | 0.9520 | 0.9543 | **0.9722** |
| ionos | 0.8960 | 0.8853 | 0.8963 | 0.8784 | **0.9305** | 0.8030 | 0.8887 | 0.9041 |
| breast | 0.6807 | 0.8794 | 0.8730 | 0.8586 | 0.7517 | 0.8685 | **0.8931** | 0.8821 |
| pima | 0.6937 | 0.8018 | 0.8322 | 0.7998 | 0.7410 | 0.7528 | 0.8360 | **0.8626** |
| 均值 | 0.8048 | 0.8786 | 0.8872 | 0.8735 | 0.8466 | 0.8441 | 0.8930 | **0.9053** |
| sat1 | 0.8706 | 0.9171 | 0.9191 | 0.9093 | 0.8781 | 0.8451 | 0.9221 | **0.9308** |
| glas1 | 0.8773 | 0.9509 | 0.9476 | 0.9612 | 0.9223 | **0.9712** | 0.9602 | 0.9604 |
| wine | 0.8846 | 0.9753 | 0.9643 | 0.9734 | 0.9555 | **0.9960** | 0.9803 | 0.9806 |
| haber | 0.7763 | 0.7534 | 0.7986 | 0.7886 | 0.6286 | 0.6768 | 0.8171 | **0.8347** |
| veh1 | 0.7964 | 0.8754 | 0.8847 | 0.8780 | 0.7511 | 0.7261 | 0.8749 | **0.8871** |
| veh2 | 0.9684 | 0.9669 | 0.9700 | 0.9683 | 0.9418 | **0.9768** | 0.9676 | 0.9752 |
| cmc | 0.8059 | 0.7937 | 0.8089 | 0.7907 | 0.6161 | 0.7257 | 0.7987 | **0.8343** |
| ecoli1 | 0.8672 | 0.9559 | 0.9631 | **0.9670** | 0.8500 | 0.9550 | 0.9592 | 0.9620 |
| hous | **0.8991** | 0.8806 | 0.8791 | 0.8844 | 0.6960 | 0.8650 | 0.8870 | 0.8978 |
| yeast1 | 0.8992 | 0.9111 | 0.9139 | 0.9022 | 0.8621 | 0.7895 | 0.9177 | **0.9188** |
| 均值 | 0.8645 | 0.8980 | 0.9049 | 0.9023 | 0.8102 | 0.8527 | 0.9085 | **0.9182** |
| n-thy | 0.8596 | 0.9748 | 0.9766 | 0.9850 | 0.9400 | **0.9898** | 0.9734 | 0.9811 |
| ecoli2 | 0.9586 | 0.9663 | 0.9637 | 0.9646 | 0.8108 | 0.9400 | 0.9656 | **0.9679** |
| mf-m | 0.8837 | 0.9931 | 0.9939 | 0.9929 | 0.8625 | 0.9789 | 0.9921 | **0.9939** |
| sat2 | 0.9124 | 0.9566 | **0.9590** | 0.9468 | 0.8199 | 0.9072 | 0.9567 | 0.9579 |
| glas2 | 0.8957 | 0.9597 | 0.9436 | 0.9627 | 0.5950 | **0.9845** | 0.9573 | 0.9564 |
| pbs | 0.9576 | 0.9907 | 0.9908 | 0.7580 | 0.9415 | 0.9265 | 0.9913 | **0.9927** |
| yeast2 | 0.9758 | 0.9751 | 0.9772 | 0.9742 | 0.8153 | 0.8501 | 0.9733 | **0.9817** |
| winqua | 0.9321 | 0.9372 | 0.9362 | 0.9338 | 0.5960 | 0.7599 | 0.9375 | **0.9438** |
| ecoli3 | 0.9855 | 0.9871 | 0.9836 | 0.9563 | / | 0.9868 | 0.9853 | **0.9875** |
| abalon | 0.9791 | 0.9778 | 0.9791 | **0.9839** | 0.8023 | 0.8759 | 0.9777 | 0.9824 |
| poker | 0.9763 | 0.9981 | 0.9830 | **0.9995** | 0.4400 | 0.8610 | 0.9979 | 0.9989 |
| 均值 | 0.9378 | 0.9742 | 0.9715 | 0.9507 | 0.7623 | 0.9146 | 0.9735 | **0.9767** |
| 总平均值 | 0.8872 | 0.9284 | 0.9314 | 0.9190 | 0.7963 | 0.8786 | 0.9346 | **0.9419** |

**表 4.6 AUC 实验结果**

| 数据集 | ADAS | SMOTE | B-SMOT | MWMOT | RUBst | SMBst | SM + Tmk | SM + CCA |
|---|---|---|---|---|---|---|---|---|
| wdbc | 0.9410 | 0.9522 | 0.9493 | 0.9550 | 0.9579 | **0.9880** | 0.9484 | 0.9704 |
| ionos | 0.9122 | 0.9101 | 0.9081 | 0.9073 | 0.8990 | 0.9311 | 0.9157 | **0.9312** |
| breast | 0.7282 | 0.8562 | 0.8477 | 0.8338 | 0.7625 | 0.8827 | 0.8774 | **0.8860** |
| pima | 0.7104 | 0.7956 | 0.7671 | 0.7692 | 0.7366 | 0.8294 | 0.8177 | **0.8439** |
| 均值 | 0.8230 | 0.8785 | 0.8681 | 0.8663 | 0.8390 | 0.9078 | 0.8898 | **0.9079** |
| sat1 | 0.8721 | 0.9112 | 0.9097 | 0.9034 | 0.8759 | 0.9169 | 0.9144 | **0.9259** |
| glas1 | 0.8663 | 0.9552 | 0.9412 | 0.9620 | 0.9293 | **0.9760** | 0.9574 | 0.9662 |
| wine | 0.8874 | 0.9757 | 0.9664 | 0.9667 | 0.9625 | **0.9999** | 0.9822 | 0.9819 |
| haber | 0.7416 | 0.7354 | 0.7533 | 0.7541 | 0.6005 | 0.7233 | 0.7610 | **0.8114** |
| veh1 | 0.8218 | 0.8518 | 0.8519 | 0.8500 | 0.7586 | 0.8036 | 0.8583 | **0.8630** |
| veh2 | 0.9612 | 0.9662 | 0.9663 | 0.9694 | 0.9541 | **0.9736** | 0.9668 | 0.9717 |
| cmc | 0.8539 | 0.8540 | 0.8560 | 0.8611 | 0.6580 | 0.7588 | 0.8536 | **0.8714** |
| ecoli1 | 0.8541 | 0.9321 | 0.9207 | 0.9472 | 0.8521 | **0.9616** | 0.9458 | 0.9498 |
| hous | 0.8316 | 0.8428 | 0.8394 | 0.8451 | 0.7238 | 0.8225 | 0.8489 | **0.8630** |
| yeast1 | 0.9064 | 0.9207 | 0.9170 | 0.9204 | 0.8210 | 0.8928 | 0.9217 | **0.9317** |
| 均值 | 0.8596 | 0.8945 | 0.8922 | 0.8980 | 0.8136 | 0.8829 | 0.9010 | **0.9136** |
| n-thy | 0.8599 | 0.9632 | 0.9733 | 0.9742 | 0.9433 | 0.9768 | 0.9703 | **0.9783** |
| ecoli2 | 0.9371 | 0.9536 | 0.9494 | 0.9352 | 0.8304 | **0.9637** | 0.9548 | 0.9564 |
| mf-m | **0.9906** | 0.9324 | 0.9351 | 0.9387 | 0.9030 | 0.9288 | 0.9377 | 0.9881 |
| sat2 | 0.9123 | 0.9449 | **0.9504** | 0.9374 | 0.8490 | 0.9190 | 0.9464 | 0.9469 |
| glas2 | 0.8537 | 0.9452 | 0.9414 | 0.9487 | 0.7025 | 0.8935 | 0.9386 | **0.9544** |
| pbs | 0.9668 | 0.9898 | 0.9870 | 0.8950 | 0.9476 | 0.9844 | 0.9891 | **0.9932** |
| yeast2 | 0.9668 | 0.9677 | 0.9746 | 0.9649 | 0.7895 | 0.9489 | 0.9678 | **0.9759** |
| winqua | 0.9217 | 0.9249 | **0.9339** | 0.9332 | 0.6122 | 0.8229 | 0.9279 | 0.9321 |
| ecoli3 | 0.9768 | 0.9784 | 0.9827 | 0.9936 | / | **0.9978** | 0.9796 | 0.9890 |
| abalon | 0.9653 | 0.9660 | 0.9713 | 0.9719 | 0.8058 | 0.8877 | 0.9666 | **0.9743** |
| poker | 0.9798 | 0.9976 | 0.9870 | **0.9989** | 0.5325 | 0.7771 | 0.9981 | 0.9971 |
| 均值 | 0.9392 | 0.9603 | 0.9624 | 0.9538 | 0.7916 | 0.9182 | 0.9615 | **0.9714** |
| 总平均值 | 0.8888 | 0.9209 | 0.9192 | 0.9175 | 0.8086 | 0.9024 | 0.9258 | **0.9381** |

**表 4.7　Precision 实验结果**

| 数据集 | ADAS | SMOTE | B-SMOT | MWMOT | RUBst | SMBst | SM + Tmk | SM + CCA |
|---|---|---|---|---|---|---|---|---|
| wdbc | 0.9270 | 0.9516 | 0.9407 | 0.9446 | 0.9558 | 0.9496 | 0.9518 | **0.9669** |
| ionos | 0.8997 | 0.9148 | 0.8997 | 0.9144 | 0.8804 | **0.9599** | 0.9136 | 0.9259 |
| breast | 0.7246 | 0.8008 | 0.7987 | 0.7763 | 0.7888 | 0.7693 | 0.8191 | **0.8480** |
| pima | 0.6587 | 0.7433 | 0.7221 | 0.7274 | 0.7362 | 0.7531 | 0.7651 | **0.7960** |
| 均值 | 0.8025 | 0.8526 | 0.8403 | 0.8407 | 0.8403 | 0.8580 | 0.8624 | **0.8842** |
| sat1 | 0.8749 | 0.9093 | 0.8958 | 0.9017 | 0.8746 | 0.8269 | 0.9092 | **0.9204** |
| glas1 | 0.8251 | 0.9511 | 0.9287 | 0.9443 | 0.9457 | 0.9189 | 0.9473 | 0.9602 |
| wine | 0.8821 | 0.9750 | 0.9609 | 0.9670 | 0.9747 | 0.9797 | **0.9832** | 0.9784 |
| haber | 0.6964 | 0.7208 | 0.7081 | 0.7081 | 0.5986 | 0.6789 | 0.7161 | **0.7846** |
| veh1 | 0.7760 | 0.8018 | 0.7998 | 0.7932 | 0.7668 | 0.7213 | 0.8067 | **0.8181** |
| veh2 | 0.9436 | 0.9463 | 0.9572 | 0.9476 | **0.9668** | 0.8804 | 0.9479 | 0.9553 |
| cmc | 0.8012 | 0.8134 | 0.8011 | 0.8151 | 0.6778 | 0.6960 | 0.8048 | **0.8280** |
| ecoli1 | 0.8009 | 0.8997 | 0.8898 | 0.8991 | 0.8636 | 0.8669 | 0.9039 | **0.9187** |
| hous | 0.7869 | 0.7929 | 0.7944 | 0.8022 | 0.7421 | 0.7257 | 0.8027 | **0.8172** |
| yeast1 | 0.8654 | 0.8843 | 0.8944 | 0.8988 | 0.7986 | 0.8866 | 0.8890 | **0.9020** |
| 均值 | 0.8253 | 0.8695 | 0.8630 | 0.8677 | 0.8209 | 0.8181 | 0.8711 | **0.8883** |
| n-thy | 0.7756 | 0.9544 | 0.9698 | 0.9619 | 0.9575 | 0.9689 | 0.9627 | **0.9711** |
| ecoli2 | 0.9031 | 0.9219 | 0.9236 | 0.9168 | 0.8663 | 0.8890 | 0.9328 | **0.9336** |
| mf-m | **0.9997** | 0.8894 | 0.8954 | 0.8994 | 0.9403 | 0.8928 | 0.8988 | 0.9779 |
| sat2 | 0.9047 | 0.9347 | **0.9381** | 0.9330 | 0.8717 | 0.8221 | 0.9369 | 0.9364 |
| glas2 | 0.7963 | 0.9278 | 0.9128 | 0.9187 | 0.6233 | 0.9128 | 0.9238 | **0.9361** |
| pbs | 0.9490 | 0.9776 | 0.9777 | 0.8140 | 0.9549 | 0.9484 | 0.9779 | **0.9852** |
| yeast2 | 0.9453 | 0.9450 | 0.9614 | 0.9437 | 0.7963 | 0.8852 | 0.9458 | **0.9627** |
| winqua | 0.8948 | 0.8994 | 0.9037 | 0.9001 | 0.6265 | 0.7404 | 0.9017 | **0.9134** |
| ecoli3 | 0.9775 | 0.9779 | **0.9890** | 0.9797 | / | 0.9703 | 0.9767 | 0.9872 |
| abalon | 0.9462 | 0.9478 | 0.9556 | 0.9488 | 0.8252 | 0.7510 | 0.9492 | **0.9626** |
| poker | 0.9728 | 0.9933 | 0.9883 | 0.9939 | 0.4200 | 0.6863 | **0.9942** | 0.9924 |
| 均值 | 0.9150 | 0.9427 | 0.9469 | 0.9282 | 0.7882 | 0.8607 | 0.9455 | **0.9599** |
| 总平均值 | 0.8611 | 0.8990 | 0.8963 | 0.8900 | 0.8105 | 0.8432 | 0.9024 | **0.9191** |

在表 4.5 中,对于 IR<2 这一部分的数据集,SM + CCA 的 Recall 值要明显好于其他对比算法,而且算法稳定性也要好于其他算法。IR<2 意味着多数类样本数量大约接近少数类样本数量的两倍,在这种情况下,过采样之后进行数据清洗的策略有明显的优势。

如 Recall 实验结果所示,SM + CCA 和 SM + Tmk 两种算法的结果比其他算法结果要好,而 SM + CCA 的结果略好于 SM + Tmk 的实验结果。对于 2≤IR≤4 这一部分的数据集,多数类样本数量与少数类样本数量有相对较大的差异。如表 4.5 所示,SM + CCA 仍然能够保持相对较好的性能。在 ecoli1 数据集上,MWMOT 表现出了最好的效果。在 hous 数据集上,ADASY 表现出了最好的效果。SMBst 分别在 glas1、wine 和 veh2 数据集上表现优异。总体来说,此部分的 10 个数据集中,SM + CCA 在 5 个数据集上表现最好。对于 IR>4 这部分数据集来说,多数类样本数量是少数类样本数量的 4 倍以上。在这种情况下,由于数据分布的复杂性增大,算法在各个数据集上所表现的波动相对较大。比如,MWMOT 算法在 abalon 和 poker 数据集上表现最好,而在数据集 ecoli2、mf-m 和 sat2 上,MWMOT 与其他算法的性能差异非常小,而在数据集 pbs 上,MWMOTE 表现出比其他算法都低的结果。从表中可以看出,ADASY 方法也表现出了同样的现象。B-SMOT 在 sat2 数据集上表现出了最好的结果,SMBst 在 n-thy 和 glas2 数据集上表现出了最好的结果。从总的结果来看,SM + CCA 在 6 个数据集上的表现相对于其他对比算法,其平均值最佳。

从全部的实验结果来看,对 SMOTE 采样之后的数据集进行数据清洗的策略要优于选择关键样本进行 SMOTE 过采样的策略。出现这种结果的潜在因素可能是在选择少数类关键样本的时候忽略了多数类样本的分布,也可能是因为 SMOTE 合成的噪声样本会影响分类器的正确决策。SM + CCA 既考虑到了少数类样本的分布也考虑到了多数类样本的分布。采用 CCA 进行数据清洗之后,数据集中的重叠样本和噪音样本会被删除,这样学习器构造分类边界的时候会更加简单。对于 SM + CCA 与 SM + Tmk 两种算法,从实验结果来看,SM + CCA 算法要好于 SM + Tmk 算法。这也可以说明,同样作为数据清洗一类的方法,CCA 的清洗效果好于 Tomek Links。尤其是当移除 SMOTE 合成样本的数量远远大于移除数据集原始少数类样本数量的时候,SM + CCA 算法比 SM + Tmk 算法的表现要好很多。例如,在数据集 haber、hous 和 n-thy 上,D-syn 的数量分别是 D-org 数量的 1.2、1.8 和 2.3 倍,在实验结果上 SM + CCA 的值要明显高于 SM + Tmk 的值。

为了进一步验证本章提出的算法的有效性,表 4.8 给出了 SM + CCA 与其他所有方法在所有指标上的差异显著性检验结果。在表 4.8 中,将 $p$ 值小于 0.05 的都加粗表示。从表 4.8 中可以看出,所有的 $p$ 值都小于 0.05,因此可以判定 SM + CCA 方法与所有对比算法存在差异且有显著性差异。

表 4.8 差异显著性检验结果

| 数据集 | ADAS | SMOTE | B-SMOT | MWMOT | RUBst | SMBst | SM + Tmk |
|---|---|---|---|---|---|---|---|
| F-measure | $1.82 \times 10^{-5}$ | $2.07 \times 10^{-5}$ | $2.07 \times 10^{-5}$ | $2.07 \times 10^{-5}$ | $1.82 \times 10^{-5}$ | $2.35 \times 10^{-5}$ | $4.39 \times 10^{-5}$ |
| G-mean | $1.82 \times 10^{-5}$ | $2.07 \times 10^{-5}$ | $4.97 \times 10^{-5}$ | $2.67 \times 10^{-5}$ | $1.82 \times 10^{-5}$ | $2.67 \times 10^{-5}$ | $5.22 \times 10^{-5}$ |
| Recall | $2.07 \times 10^{-5}$ | $4.39 \times 10^{-5}$ | $4.02 \times 10^{-5}$ | 0.000491 | $2.67 \times 10^{-5}$ | 0.000355 | 0.000228 |
| AUC | $2.07 \times 10^{-5}$ | $2.07 \times 10^{-5}$ | $3.88 \times 10^{-5}$ | $2.67 \times 10^{-5}$ | $1.82 \times 10^{-5}$ | 0.003565 | $3.02 \times 10^{-5}$ |
| Precision | $3.88 \times 10^{-5}$ | $2.07 \times 10^{-5}$ | $4.39 \times 10^{-5}$ | $2.07 \times 10^{-5}$ | $2.67 \times 10^{-5}$ | $4.39 \times 10^{-5}$ | $4.97 \times 10^{-5}$ |

表 4.9　IR>4 时数据集的检验结果

| 数据集 | ADAS 差异 | ADAS 序 | SMOTE 差异 | SMOTE 序 | B-SMOT 差异 | B-SMOT 序 | MWMOT 差异 | MWMOT 序 | SMBst 差异 | SMBst 序 | SMBst 差异 | SMBst 序 | SM+Tmk 差异 | SM+Tmk 序 |
|---|---|---|---|---|---|---|---|---|---|---|---|---|---|---|
| n-thy | 0.1184 | +11 | 0.0151 | +10 | 0.0050 | +5 | 0.0041 | +5 | 0.0350 | +1 | 0.0015 | +3 | 0.0080 | +7 |
| ecoli2 | 0.0193 | +7 | 0.0029 | +3 | 0.0070 | +8 | 0.0212 | +9 | 0.1260 | +5 | -0.0073 | -2 | 0.0017 | +3 |
| mf-m | -0.0024 | -1 | 0.0557 | +11 | 0.0530 | +11 | 0.0494 | +10 | 0.0851 | +3 | 0.0593 | +7 | 0.0504 | +11 |
| sat2 | 0.0346 | +9 | 0.0020 | +2 | -0.0036 | -1 | 0.0094 | +7 | 0.0978 | +4 | 0.0279 | +6 | 0.0004 | +2 |
| glas2 | 0.1008 | +10 | 0.0092 | +8 | 0.0130 | +10 | 0.0058 | +6 | 0.2519 | +8 | 0.0609 | +8 | 0.0159 | +10 |
| pbs | 0.0264 | +8 | 0.0034 | +4 | 0.0062 | +6 | 0.0982 | +11 | 0.0456 | +2 | 0.0088 | +4 | 0.0041 | +4 |
| yeast2 | 0.0091 | +3 | 0.0082 | +6 | 0.0013 | +3 | 0.0110 | +8 | 0.1864 | +7 | 0.0270 | +5 | 0.0081 | +8 |
| winqua | 0.0104 | +4 | 0.0072 | +5 | -0.0018 | -2 | -0.0011 | -3 | 0.3199 | +9 | 0.1092 | +10 | 0.0042 | +5 |
| ecoli3 | 0.0122 | +5 | 0.0106 | +9 | 0.0063 | +7 | -0.0046 | -1 |  | / | -0.0088 | -1 | 0.0094 | +9 |
| abalon | 0.0090 | +2 | 0.0083 | +7 | 0.0030 | +4 | 0.0024 | +4 | 0.1685 | +6 | 0.0866 | +9 | 0.0077 | +6 |
| poker | 0.0173 | +6 | -0.0005 | -1 | 0.0101 | +9 | -0.0018 | -2 | 0.4646 | +10 | 0.2200 | +11 | -0.0010 | -1 |
| | $T=\min\{65,1\}$ $=1$ | | $T=\min\{65,1\}$ $=1$ | | $T=\min\{63,3\}$ $=3$ | | $T=\min\{60,6\}$ $=6$ | | $T=\min\{55,0\}$ $=0$ | | $T=\min\{63,3\}$ $=3$ | | $T=\min\{65,1\}$ $=1$ | |

表 4.9 给出了 AUC 指标在 IR>4 时,这部分数据集上的威尔科克森符号秩检验(Wilcoxon signed rank test)结果,总结了 SM+CCA 方法与其他所有对比算法的正负差异排序。查表可得,在数据集个数为 11 时,Wilcoxon 双侧检验的 $T$ 值为 10,从实验结果来看,SM+CCA 算法的性能要好于其他对比算法。

## 本章小结

本章提出了构造性 SMOTE 混合采样方法(SMOTE+CCA)。通过对 SMOTE 算法平衡后的数据构造覆盖识别单样本覆盖中的多数类样本和少数类样本,使用成对清洗策略删除不具代表性的样本再平衡数据集。为了验证 SMOTE+CCA 方法的性能,本章就 CCA 进行数据清洗的结果进行了详细的分析,且在 F-measure、G-mean、Recall、AUC、Precision 指标上与已有的方法进行对比,并进行显著性检验说明了 SMOTE+CCA 方法与其他对比方法相比较有较好的提升。

# 参 考 文 献

[1]　BATISTA G E, PRATI R C, MONARD M C. A study of the behavior of several methods for balancing machine learning training data[J]. ACM SIGKDD Explorations Newsletter, 2004,6(1): 20-29.

[2]　BARUA S, ISLAM M M, YAO X, et al. MWMOTE: majority weighted minority oversampling technique for imbalanced data set learning[J]. IEEE Transactions on Knowledge and Data Engineering, 2012,26(2): 405-425.

[3]　CHAWLA N V, BOWYER K W, HALL L O, et al. SMOTE: synthetic minority over-sampling technique[J]. Journal of Artificial Intelligence Research, 2002,16: 321-357.

[4]　HE H B, BAI Y, GARCIA E A, et al. ADASYN: adaptive synthetic sampling approach for imbalanced learning[C]//2008 IEEE International Joint Conference on Neural Networks, 2008: 1322-1328.

[5]　HAN H, WANG W Y, MAO B H. Borderline-SMOTE: a new over-sampling method in imbalanced data sets learning[J]. Advances in Intelligent Computing, 2005,3644: 878-887.

[6]　CHAWLA N V, LAZAREVIC A, HALL L O, et al. SMOTEBoost: improving prediction of the minority class in boosting[J]. Lecture Notes in Computer Science, 2003(1): 107-119.

[7]　SEIFFERT C, KHOSHGOFTAAR T M, VAN H J, et al. RUSBoost: a hybrid approach to alleviating class imbalance[J]. IEEE Transactions on Systems, Man, and Cybernetics-Part A: Systems and Humans, 2009,40(1): 185-197.

[8]　Lemaître G, NOGUEIRA F, ARIDAS C K. Imbalanced-learn: a python toolbox to tackle the curse of imbalanced datasets in machine learning[J]. The Journal of Machine Learning Research, 2017,18 (1): 559-563.

[9]　HALL M, FRANK E, HOLMES G, et al. The WEKA data mining software: an update[J]. ACM SIGKDD Explorations Newsletter, 2009,11(1): 10-18.

# 第 5 章　构造性欠采样集成方法

## 5.1　问　题　描　述

　　欠采样是处理类不平衡问题主流技术之一,尽管在过去的几十年里,出现了不少欠采样方法,但是如何选择代表性的多数类样本使其保持原始数据的结构仍然是一个挑战。针对如何保持样本结构的问题,本章提出了一种基于空间分布的欠采样集成方法(SDUS)。SDUS采用一种有监督的构造过程,以空间邻域(SPN)来学习多数类局部模式,从不同角度提出了两种样本选择策略,即自上而下的策略和自下而上的策略,用于在选择多数类样本子集时保持原始数据的分布模式。针对邻域模式学习过程的随机性问题,本章引入 bagging集成技术,通过利用局部模式学习过程中的随机性引起的多样性来提高学习性能。

## 5.2　SDUS　算　法

　　SDUS算法包括以下三个步骤:
　　(1) 通过有监督的构造过程,以一组空间邻域学习多数类局部模式。
　　(2) 根据空间邻域选取具有代表性的多数类样本子集(两种样本选择策略之一)。
　　(3) 在欠采样得到的平衡数据集上训练集成分类器。

### 5.2.1　空间邻域挖掘

　　受构造神经网络[1]的启发,我们提出了一种简化的构造方法来学习多数类的局部模式。与前文提到的构造性覆盖算法不同,该方法是一个简化的构造性过程,避免了对少数类的构造化学习和参数的调整。在构造性神经网络中,学习过程主要集中在如何减少学习错误。因此,确定每个神经元(超球)的参数是一个关键问题。我们的方法集中于检测多数类的局部模式,以便于样本选择,也就是说,我们关注多数类中的哪些样本构成了局部模式。

**定义 5.1**　空间邻域(SPN)

一个给定的多数类样本 $x_k$ 的空间邻域表示一个以 $x_k$ 为中心的空间超球体,在距离 $x_k$ 最近的少数类样本距离的约束下,其半径等于 $x_k$ 与最远多数类样本的距离。一个 *SPN* 由来自同一类的样本组成,这些样本被标记为学习过的样本,不会被包含在后续的 *SPN* 中。寻找 $x_k$ 的 *SPN* 的具体过程如下:

(1) 首先找出 $x_k$ 的最近少数类样本($x_j$),然后计算 $x_k$ 与 $x_j$ 之间的欧氏距离。

$$r_1 = \arg \min_{x_j \in S_{\min}} dist(x_k, x_j) \tag{5.1}$$

(2) 接着找出 $x_k$ 的最远同类点,然后计算两个样本之间的距离。

$$r_2 = \arg \max_{x_j \in S_{\max}} dist(x_k, x_j) \quad \text{s.t.} \ r_2 < r_1 \tag{5.2}$$

(3) 构造一个 *SPN*。

$$SPN_{x_k} = \{x_j | dist(x_j, x_k) \leqslant r_2\} \tag{5.3}$$

图 5.1 显示了在二维空间中计算半径的过程。在图中,$r_1$ 代表 $x_k$ 与异类的最近样本之间的距离,而 $r_2$ 代表 $x_k$ 与受 $r_1$ 约束的同类最远样本之间的距离,显然,$r_2$ 不能大于 $r_1$。特别地,对于一个中心样本,其最近的邻居是异类样本,以该样本为中心的 *SPN* 的半径被设定为该样本和其最近的邻居之间距离的一半。

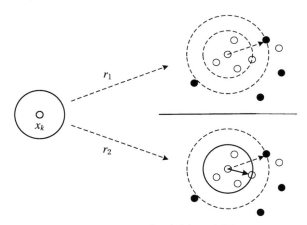

**图 5.1　SPN 探测过程示意图**

通过迭代探测原始数据空间中的 *SPN*,直到所有样本都被标记,可以得到一组 *SPN*。每个 *SPN* 代表了多数类的一个局部模式。在图 5.2 中,样本 A 表示 $SPN_1$ 的中心,$r_1$ 表示 A 与异类最近点(C)之间的距离,$r_2$ 表示 A 与同类最远点(B)之间的距离(如前所述,$r_2$ 应该不大于 $r_1$)。同样,对于 $SPN_2$,D 代表 $SPN_2$ 的中心,$r_1$ 表示 D 与异类样本 C 之间的距离。在 $r_1$ 的范围内没有属于同类样本,因此,$r_2 = 0.5 r_1$。

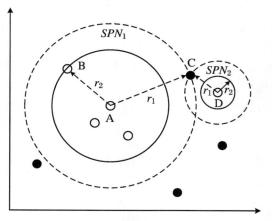

图 5.2　SPN 探测过程示意图

## 5.2.2　样本选择

对于多数类样本可以得到一组 SPN，其中每个 SPN 代表多数类的一个局部模式。SPN 内样本个数是不同的，我们试图选择一个多数类样本子集，使其保持原始分布。因此，很容易想到从 SPN 中按比例选择多数类样本。也就是说，对于样本密度较高的 SPN，要比样本密度相对较小的 SPN 选择更多的样本。

对于一个给定的 $SPN_k$ 来说，首先计算 $SPN_k$ 中的样本在所有多数类样本中所占的比例，如公式（5.4）所示，其中$|SPN_k|$表示 $SPN_k$ 中所包含的样本数量，$N_n$ 表示多数类样本的数量。然后可以根据公式（5.5）计算出在 $SPN_k$ 中应该选择的样本数量 $N_{SPN_k}$，其中 $N_p$ 表示少数类样本的数量。根据公式（5.4）和（5.5）可以计算出任意一个 $SPN_k$ 中应该选择的样本数量。但是每一个 SPN 中样本的分布并不是相同的，所以从 SPN 中选择哪些样本是至关重要的。

$$n_k = |SPN_k|/N_n \tag{5.4}$$

$$N_{SPN_k} = N_p * n_k \tag{5.5}$$

本章从不同的角度研究了两种样本选择策略：一种是从自上而下的角度，另一种是自下而上的角度，两者都是为了保持数据集的原始分布特征。

第一种被称为基于多样性的样本选择（SDUS₁），其前提是所有 SPN 构成了多数类的全局分布模式，从这些 SPN 中按比例选择一个多数类的样本子集，就足以维持原有的多数类分布。在这个前提下，SDUS₁ 通过考虑非均匀的内部样本分布特征，为 SPN 内的每个区域提供优先权。当从一个给定的 SPN 中选择样本时，SPN 内样本量较小的区域的样本被选中的概率更高。

第二种被称为基于余弦相似度的样本选择（SDUS₂），它集中于通过保留每个 SPN 的局部模式来保持全局多数类分布特征。也就是说，SDUS₂ 试图根据内部分布特征，从 SPN 内的各个区域按比例选择多数类样本。为了实现这一目标，SDUS₂ 通过基于余弦相似度的方

法进一步研究每个 $SPN$ 的内部样本分布,将 $SPN$ 分为空间大小相等的四个区域。之后,它根据这四个区域的样本数量递减顺序,用一个循环过程从这四个区域中选择样本。

### 5.2.2.1　基于多样性的样本选择($\text{SDUS}_1$)

自上而下的视角对 $SPN$ 内的所有区域一视同仁,它试图提高从样本量较小的区域选择的概率。由于样本的分布可能是不均匀的,这种策略试图为样本数量较少的区域的样本提供更高的选择优先权。因此,对于 $SPN_k$ 中的任意一个样本 $x_i$,定义一个度量样本之间多样性的函数,如公式(5.6)所示。

$$D(x_i) = \sum_{j=1}^{|SPN_k|} dist(x_i, x_j) \tag{5.6}$$

对于 $SPN_k$ 中的任意一个样本 $x_i$ 来说,都可以计算它的多样性值,并得到其在整个 $SPN$ 中的权重,如公式(5.7)所示。

$$w(x_i) = \frac{D(x_i)}{\sum\limits_{i=1}^{|SPN_k|} D(x_i)} \tag{5.7}$$

图 5.3 提供了一个基于多样性的样本选择过程的说明。在图 5.3 中,O 代表 $SPN$ 的中心,对于样本 A,其多样性函数值可以用公式(5.6)来计算。同样地,可以得到 B 和其余样本的多样性函数值。通过公式(5.7),我们可以得到 $SPN$ 中每个样本的权重,采用加权随机采样[2] 的方法可以得到权重最大的 $N_{SPN_k}$ 个多数类样本。选择这种策略的根本原因是我们试图平等地选择 $SPN$ 内的所有区域,位于 $SPN$ 内相对偏远区域的样本应该比样本密度较高的区域的样本分配更大的权重。如图 5.3 所示,样本 A 和 B 被选中的概率比 $SPN$ 右半区的样本高。然而,由于右半区包含更多的样本,当 $\text{SDUS}_1$ 在样本选择中应用加权随机抽样时,因右半区的累积概率较高,故也能保证右半区的样本被选中的概率较高。

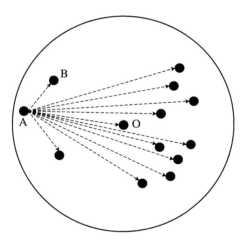

**图 5.3　基于多样性的样本选择过程的说明**

需要强调的是,有些 $SPN$ 可能包含非常少的多数类样本,此 $SPN$ 应该选择的样本数量要小于 1。我们将所有具有上述特征的 $SPN$ 视为一个整体,并将 $SPN_{rest}$ 作为这些 $SPN$ 中所有样本的集合。因此,要从 $SPN_{rest}$ 中选择的样本数为

$$N_{SPN_{rest}} = \frac{|SPN_{rest}|}{N_n} * N_p \tag{5.8}$$

对于 $SPN_{rest}$ 中的样本 $x_i$,使用公式(5.9)得到权重。然后,利用加权随机抽样从 $SPN_{rest}$ 中选择 $N_{SPN_{rest}}$ 个样本。

$$w(x_i) = \frac{1/D(x_i)}{\sum\limits_{i=1}^{|SPN_{rest}|} 1/D(x_i)} \tag{5.9}$$

噪声样本或重叠样本对模型训练有不利影响,这些样本更有可能被划分到基数小的 $SPN$ 中,因为它们受到最近的少数类样本的限制。因此,在基数较小的 $SPN$ 中,与其他样本距离较远的样本(在其余势较小的 $SPN$ 中)的权重较小。这种机制可以减少选择难以学习的多数类样本的数量。

通过这些步骤,最终会得到一个和少数类样本数量一致的多数类样本集合,然后将其与少数类样本集合合并,从而可以得到一个平衡的数据集。

### 5.2.2.2　基于余弦相似度的样本选择(SDUS₂)

SDUS₂ 是一个从自下而上的角度选择样本的策略。SDUS₂ 根据每个 $SPN$ 的内部分布特征按比例选择样本,以保持多数类的全局模式特征。更重要的是,$SPN$ 中具有较高样本密度的区域在样本选择中被赋予更高的优先权。

对于任意的 $SPN_k$,假设其中心是 $x_i$。SDUS₂ 首先确定一个样本 $x_j$,满足以下条件:

$$\underset{x_j \in SPN_k}{\arg\max} \{dist(x_j, x_i)\} \tag{5.10}$$

显然,公式(5.10)中的样本 $x_j$ 是距离中心最远的样本,由公式(5.2)确定。对于 $SPN_k$ 中除 $x_i$ 和 $x_j$ 之外的任意样本 $x_k$,根据余弦公式(5.11)可以计算出向量 $\overrightarrow{x_i x_k}$ 与 $\overrightarrow{x_i x_j}$ 之间的余弦值。基于余弦相似度的性质可以得知,当余弦值大于 0 时,意味着两向量之间的角度小于 90°,而当余弦值小于 0 时,意味着两向量之间的角度大于 90°。因此,根据 $\overrightarrow{x_i x_k}$ 与 $\overrightarrow{x_i x_j}$ 之间的余弦值的大小,可以将 $SPN_k$ 分隔成两部分,且两部分空间中所包含的数据集分别为 $S_1$ 和 $S_2$。

$$\cos(\theta) = \frac{A \cdot B}{|A||B|} = \frac{\sum\limits_{i=1}^{n} A_i \times B_i}{\sqrt{\sum\limits_{i=1}^{n} A_i^2} \times \sqrt{\sum\limits_{i=1}^{n} B_i^2}} \tag{5.11}$$

对于样本集合 $S_1$ 来说,假设其中的样本向量 $\overrightarrow{x_i x_k}$ 与基准向量 $\overrightarrow{x_i x_j}$ 的余弦值是大于 0 的,由此可以计算出 $S_1$ 中的样本向量与基准向量之间最小的余弦值,如公式(5.12)所示。对于样本集合 $S_2$ 同样如此,可以计算出 $S_2$ 中的样本向量与基准向量之间最大的余弦值,如公式(5.13)所示。

$$\underset{x_k \in S_1}{\arg\min} \{\cos(\overrightarrow{x_i x_j}, \overrightarrow{x_i x_k})\} \tag{5.12}$$

$$\underset{x_k \in S_2}{\arg\max} \{\cos(\overrightarrow{x_i x_j}, \overrightarrow{x_i x_k})\} \tag{5.13}$$

之后,可以得到样本和基准向量之间的弧度:

$$rad_{AOB} = \arccos\frac{OA \cdot OB}{|OA||OB|} \tag{5.14}$$

其中，$A$ 表示基准点，$O$ 表示中心样本，$B$ 是用公式(5.12)或(5.13)得到的样本。

　　我们以 $S_1$ 样本集合为例，说明如何将一个集合进一步划分为两个集合。在不丧失一般性的情况下，假设 $B$ 是使用公式(5.12)得到的样本，$OB$ 的长度等于 $SPN_k$ 的半径，如图 5.4 所示。

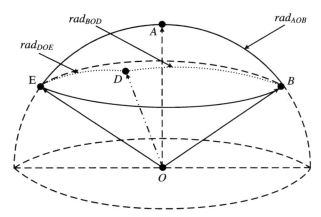

**图 5.4　基于余弦相似度的划分过程的说明**

　　假设 $E$ 点是 $B$ 的对称点，垂直于 $OA$。在空间区域 $BOEA$，$\overrightarrow{OE}$ 和 $\overrightarrow{OB}$ 间的角度是最大的，而且 $rad_{BOE} = 2 \times rad_{AOB}$。

　　$D$ 是 $S_1$ 集合中除 $A$、$O$、$B$ 之外的任意一个样本点，根据弧度计算公式(5.14)可以计算出 $OB$ 与 $OD$ 之间的弧度 $rad_{BOD}$。然后，根据公式(5.15)，可以将 $S_1$ 样本集合划分成两个子集合 $S_{11}$ 和 $S_{12}$。

$$\begin{cases} rad_{BOD} > rad_{AOB} \\ rad_{BOD} < rad_{AOB} \end{cases} \tag{5.15}$$

　　其中 $S_{11}$ 由 $S_1$ 样本集合中满足 $rad_{BOD} > rad_{AOB}$ 条件的样本组成，$S_{12}$ 由 $S_1$ 样本集合中满足 $rad_{BOD} < rad_{AOB}$ 的样本组成。同样地，$S_2$ 也可以划分成两个样本集合 $S_{21}$ 和 $S_{22}$。很容易观察到 $S_{11}$、$S_{12}$、$S_{21}$ 和 $S_{22}$ 对应于 $SPN_k$ 的四个体积相等(二维面积相等)的空间区域。

　　根据上述提到的划分方法，在 $SPN$ 中样本均匀分布的情况下，划分出来的四个样本集合中的样本数量是相等的，但是大部分情况下，样本都不是均匀分布的，因此提出使用轮盘法从四个区域中选择样本。按照四个样本集合中样本的数量给 $S_{11}$、$S_{12}$、$S_{21}$ 和 $S_{22}$ 按照降序排序。在 $SPN_k$ 中选择样本时，先选择 $SPN_k$ 的中心样本，剩下 $(N_{SPN_k} - 1)$ 个样本将会从四个样本集合中按照降序分别选择一个样本，如果所有的样本集合中都选出了一个样本之后，还没有达到应该选择的样本数量，则会进行下一轮选择。为了便于理解，在此给出一个二维图形，展示了选择样本的过程，如图 5.5 所示。

　　图 5.5(a)给出了原始样本的分布。根据公式(5.10)，首先能够计算出距离中心样本最远的样本，在图中表示为 $A$，所以 $\overrightarrow{OA}$ 被称为基准向量。然后可将 $SPN$ 划分成上下两部分，如图 5.5(b)所示。根据公式(5.12)和公式(5.13)，可以计算出：在上半部分中，$\overrightarrow{OB}$ 与 $\overrightarrow{OA}$ 的余弦值最小；在下半部分中，$\overrightarrow{OC}$ 与 $\overrightarrow{OA}$ 的余弦值最大。根据公式(5.14)和公式(5.15)，进一

步将 *SPN* 划分成四个样本集合,如图 5.5(c)所示。按照集合中样本数量对集合进行排序,图中集合①中有两个样本,集合②中有一个样本,集合③中有四个样本,集合④中有五个样本,所以排序的顺序是④—③—①—②。在从四个集合中进行样本选择时,首先选择 *SPN* 的中心样本 $O$,如果应选择的样本多余一个,按照④—③—①—②的集合顺序进行样本选择。算法 5.1 给出了基于余弦相似度的样本选择过程的伪代码。

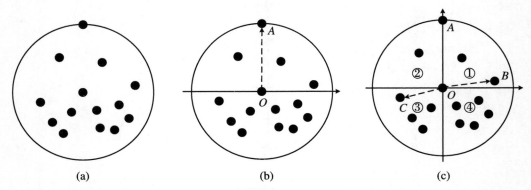

(a)　　　　　　　　　(b)　　　　　　　　　(c)

**图 5.5　划分 SPN 和选择样本的示意图**

**算法 5.1　基于余弦相似度的样本选择**

输入:一个以 $x_o$ 为中心的空间邻域 $SPN_k$;

输出:多数类采样子集;

1.　初始化:$S_1 = [\ ], S_2 = [\ ], S_{11} = [\ ], S_{12} = [\ ], S_{21} = [\ ], S_{22} = [\ ]$;

2.　选择 $SPN_k$ 内与 $x_o$ 距离最大的样本 $x_a$ 作为基准;

3.　For $x_i \in SPN_k (i \leftarrow 1 \text{ to } |SPN_k|)$ do

4.　　　计算向量 $\langle x_i, x_o \rangle$ 与 $\langle x_a, x_o \rangle$ 之间的余弦值 $\cos_i$;

5.　　　If $\cos_i \geqslant 0$ then

6.　　　　　$S_1 \leftarrow [S_1, x_i], S_1\_cos \leftarrow [S_1\_cos, \cos_i]$;

7.　　　End

8.　　　Else

9.　　　　　$S_2 \leftarrow [S_2, x_i], S_2\_cos \leftarrow [S_2\_cos, \cos_i]$;

10.　　End

11. End For

12. $x_b = \arg \min\limits_{\cos_i \in S_1\_cos} \{\cos_i\}$;

13. $x_c = \arg \max\limits_{\cos_i \in S_2\_cos} \{\cos_i\}$;

14. 计算 $rad_{boa}$ 和 $rad_{coa}$;

15. For $x_i \in S_1 (i \leftarrow 1 \text{ to } |S_1|)$ do

16.　　计算向量 $\langle x_b, x_o \rangle$ 与 $\langle x_i, x_o \rangle$ 之间的弧度 $rad_{iob}$;

17.　　If $rad_{iob} > rad_{boa}$ then

18.　　　　$S_{11} \leftarrow [S_{11}, x_i]$;

19.　　　End

20.　　　Else

21.　　　　$S_{12} \leftarrow [S_{12}, x_i]$;

22.　　　End

23. End For

24. For $x_i \in S_2 (i \leftarrow 1\ to\ |S_2|)$ do

25.　　　计算向量$\langle x_c, x_o \rangle$与$\langle x_i, x_o \rangle$之间的弧度 $rad_{ioc}$;

26.　　　If $rad_{ioc} > \pi - rad_{coa}$ then

27.　　　　$S_{21} \leftarrow [S_{21}, x_i]$;

28.　　　End

29.　　　Else

30.　　　　$S_{22} \leftarrow [S_{22}, x_i]$;

31.　　　End

31. End For

31. 将 $S_{11}$, $S_{12}$ 和 $S_{21}$, $S_{22}$ 按基数降序排序;

34. 从 $S_o$、$S_{11}$、$S_{12}$ 和 $S_{21}$、$S_{22}$ 中选择 $N_{SPN_k}$ 个样本;

## 5.2.3　欠采样集成框架

集成学习通过训练多个分类器而非单个分类器来获得更强大的性能。分类器集成因此成为类不平衡问题[3]的流行解决方案。在不平衡欠采样中,由于样本选择结果的变化或不确定性,常常采用分类器集成。在 SDUS 中,用于探测局部模式的构造过程涉及随机初始化,导致了多数类的 SPN 的多样性。

如图 5.6(a)所示,如果 SDUS 选择样本 $A$ 作为中心,那么样本 $E$ 就无法被具有 $r_1$ 约束条件的 SPN 所覆盖。在图 5.6(b)中,样本 $E$ 被以样本 $D$ 为中心的 SPN 所覆盖。由于所提

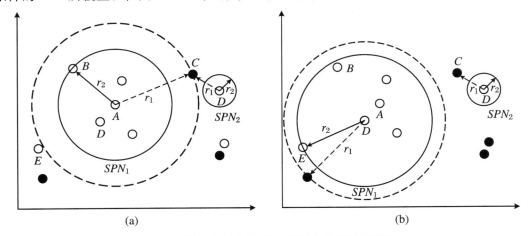

图 5.6　随机初始化在 SPN 探测中引起的多样性

出的两种样本选择策略都依赖于局部模式探测结果,因此所选择的多数类子集可能会不同。

我们引入了集成学习来进一步提高 SDUS 的性能。通过 SDUS 获得的平衡数据集被用来训练一个基础分类器,其中的样本选择过程被多次进行。然后,通过多数投票可以得到最终的预测结果。伪代码见算法 5.2。

**算法 5.2　SDUS 集成分类框架**

输入:不平衡数据集 $S$,集成训练次数 $T$;

输出:集成分类器 H;

1. 从 $S$ 中分出多数类样本集合 $S_{maj}$和少数类样本集合 $S_{min}$;
2. $S'_{maj} \leftarrow S_{maj}$;$t \leftarrow 0$;
3. Repeat
4. 　$t \leftarrow t + 1$;$k \leftarrow 1$;
5. 　$SPN$ 是一个二维数组;
6. 　F 是一个一维数组;
7. 　Step 1:探测空间邻域
8. 　While $S'_{maj} \neq \varnothing$ do
9. 　　随机选择一个样本 $x_i \in S'_{maj}$;
10. 　　构造以 $x_i$ 为中心的 $SPN_k$;
11. 　　更新 $S'_{maj}:S'_{maj} = S'_{maj} - SPN_k$;
12. 　　$SPN \leftarrow [SPN, SPN_k]$;
13. 　　更新 $k:k = k + 1$;
14. 　End While
15. 　Step 2:样本选择
16. 　For $SPN_k \in SPN(k \leftarrow 1 \ to \ |SPN|)$ do
17. 　　计算从 $SPN_k$ 中应该采样的样本个数 $N_{SPN_k}$;
18. 　　Strategy 1:根据 SDUS$_1$ 选择样本
19. 　　F $\leftarrow$ SDUS$_1$;
20. 　End
21. 　　Strategy 2:根据 SDUS$_2$ 选择样本
22. 　　F $\leftarrow$ SDUS$_2$;
23. 　End
24. End For
25. Step 3:SDUS 集成框架
26. 将索引为 F$[1:N_{SPN_k}]$元素的样本添加到 $S_{und}$;
27. 将 $S_{und}$ 和 $S_{min}$合并:$S_{bal} = S_{und} + S_{min}$;
28. 训练基分类器 H$[t]$;
29. 构建集成分类器 H = H + H$[t]$;
30. Until t = T;

## 5.3　模型复杂度分析

给定训练集,总数为 $N$,多数类和少数类样本的数量分别为 $N_n$ 和 $N_p$,特征的数量为 $m$。分析 SDUS 的计算复杂度主要有以下两个步骤。

### 5.3.1　邻域挖掘复杂度分析

在这一步中,SDUS 将多数类样本迭代地划分为一组 $SPN_s$,因此,可以得到的两个极端的任意 $SPN_s$ 分组的复杂性是不同的。在最好的情况下,所有多数类样本只包含在一个 $SPN$ 中,探测过程需要 $(N-1)$ 个距离计算,每个距离计算的复杂度为 $O(m)$。因此,总的复杂度等于 $O[(N-1)m]$。在最坏的情况下,每个 $SPN$ 只包含一个多数类样本,也就是说,有 $N_n$ 个 $SPN$。在这种情况下,$SPN$ 探测过程的复杂性涉及 $N_n$ 次迭代。对于第 1 个 $SPN$,探测复杂性等于 $O[(N-1)m]$。同样,对于第 $i$ 个 $SPN$,其复杂度等于 $O[(N-i)m]$,而对于最后一个 $SPN$,其复杂度为 $O[(N-N_n)m]$。$N_n$ 个探测步骤的复杂度形成一个等差数列。因此,总复杂度为 $O\{[(N-1)m+(N-N_n)m]N_n/2\}$。

### 5.3.2　欠采样复杂度分析

得到 $SPN$ 后,SDUS 采用两种采样策略:SDUS$_1$ 和 SDUS$_2$。与 $SPN$ 探测一样,每种策略都涉及两个极端。

(1) 对于 SDUS$_1$,如果只有一个 $SPN$,那么复杂度主要基于两个子步骤:$SPN$ 中样本多样性的计算,需要 $O[(N_n-1+N_n-2+\cdots+1)m]=O[N_n(N_n-1)m/2]$,以及加权随机采样,需要 $O[N_p\log(N_n/N_p)]$。因此,总的复杂度是 $O[N_n(N_n-1)m/2]+O[N_p\log(N_n/N_p)]$。

如果有 $N_n$ 个 $SPN$,SDUS$_1$ 从 $N_n$ 个多数类样本中选择 $N_p$ 个样本,并根据公式(5.8)和公式(5.9)计算权重。同样,它的复杂度包括计算多样性的复杂度,为 $O[N_n(N_n-1)m/2]$,以及加权随机抽样的复杂度,为 $O[N_p\log(N_n/N_p)]$。因此,总的复杂度等于 $O[N_n(N_n-1)m/2]+O[N_p\log(N_n/N_p)]$。

SDUS$_1$ 的两个极端情况的复杂度都等于 $O[N_n(N_n-1)m/2]+O[N_p\log(N_n/N_p)]$。然而,通常情况下,多数类样本并不都包含在一个 $SPN$ 中,它们也不形成仅包含自身的 $SPN$。换句话说,有 $k$ 个 $SPN(k<N_n)$,这就降低了复杂度。

(2) 对于 SDUS$_2$,其复杂度主要基于寻找基准向量、基于余弦相似度的样本划分和随机样本选择的复杂度。一方面,如果只有一个 $SPN$,这个 $SPN$ 的基准向量由公式(5.2)决定,因此复杂度为 $O(1)$。当 $SPN$ 被分成两个样本集时,需要进行 $(N_n-2)$ 次余弦相似度计算,每次计算的复杂度为 $O(m^2)$,因此总复杂度为 $O(N_n-2)m^2$。然后,这两个样本集将进一步被分为两个子集。基于每个样本相对于基准向量的余弦相似度,根据公式(5.12)和公式(5.13)的定义,寻找样本的总复杂度为 $O(N_n-1)$。最后,随机选择 $N_p$ 个样本需要 $O(N_p)$ 的复杂度。因此,总的复杂度是 $O(1)+O(N_n-2)m^2+O(N_n-1)+O(N_p)$。

另一方面,当有 $N_n$ 个 $SPN$ 时,没有基准向量,因此不能使用基于余弦相似度的样本选择。在本章中,我们采用基于多样性的样本选择,其复杂度为 $O[N_n(N_n-1)m/2]+O[N_p\log(N_n/N_p)]$。

当多数类样本在同一个 $SPN$ 中时,SDUS$_1$ 和 SDUS$_2$ 的总复杂度分别为 $O[(N-1)m]+O[N_n(N_n-1)m/2]+O[N_p\log(N_n/N_p)]$ 和 $O[(N-1)m]+O(1)+O(N_n-2)m^2+O(N_n-1)+O(N_p)$。如果有 $N_n$ 个 $SPN$,SDUS$_1$ 和 SDUS$_2$ 的总复杂度为 $O\{[(N-1)m+N_pm]N_n/2\}+O[N_n(N_n-1)m/2]+O[N_p\log(N_n/N_p)]$ 和 $O\{[(N-1)m+N_pm]N_n/2\}+O[N_n(N_n-1)m/2]+O[N_p\log(N_n/N_p)]$。因此,SDUS$_1$ 的总复杂度可以简化为 $O(N^2m)$,而 SDUS$_2$ 的复杂度可以简化为 $O(N^2m)$ 或 $O(Nm^2)$,这取决于 $N$ 更大,还是 $m$ 更大。

# 5.4　模型分析与性能评估

## 5.4.1　模型评估基本设置

为了便于实验展示和比较分析,我们从 KEEL[4] 中选择了 38 个典型的二分类数据集,对于那些由同一源数据构建的变体数据集,我们选择了其中的两个:不平衡率最高及最低的一个,由此得到了 38 个数据集,如表 5.1 所示。

表 5.1　数据集基本信息

| 数据集 | 数据集简称 | 属性个数 | 样本个数 | 不平衡率 |
| --- | --- | --- | --- | --- |
| abalone19 | abal19 | 8 | 4173 | 129.41 |
| abalone9-18 | abal918 | 8 | 730 | 16.38 |
| car-good | car-g | 6 | 1727 | 24.03 |
| car-vgood | car-v | 6 | 1727 | 25.57 |
| cleveland-0_vs_4 | clev04 | 13 | 176 | 12.54 |
| dermatology-6 | derm-6 | 34 | 357 | 16.85 |
| ecoli-0-1-3-7_vs_2-6 | ecoli26 | 7 | 280 | 39.00 |
| ecoli-0_vs_1 | ecoli01 | 7 | 219 | 1.84 |
| flare-F | flare-F | 11 | 1065 | 23.77 |
| glass1 | glass1 | 9 | 213 | 1.80 |
| glass5 | glass5 | 9 | 213 | 22.67 |
| haberman | haber | 3 | 305 | 2.77 |

续表

| 数据集 | 数据集简称 | 属性个数 | 样本个数 | 不平衡率 |
|---|---|---|---|---|
| iris0 | iris0 | 4 | 149 | 2.04 |
| kddcup-guess_passwd_vs_satan | kddsat | 41 | 1641 | 30.56 |
| kddcup-rootkit-imap_vs_back | kddbac | 41 | 2224 | 100.09 |
| kr-vs-k-zero-one_vs_draw | kr_dra | 6 | 2900 | 26.88 |
| kr-vs-k-zero_vs_fifteen | kr_fift | 6 | 2192 | 80.19 |
| led7digit-0-2-4-5-6-7-8-9_vs_1 | led71 | 7 | 442 | 10.95 |
| lymphography-normal-fibrosis | lymp | 18 | 147 | 23.50 |
| new-thyroid1 | newt1 | 5 | 214 | 5.11 |
| newthyroid2 | newt2 | 5 | 214 | 5.11 |
| page-blocks-1-3_vs_4 | pb_4 | 10 | 471 | 15.82 |
| page-blocks0 | pb0 | 10 | 5471 | 8.79 |
| pima | pima | 8 | 767 | 1.87 |
| poker-8_vs_6 | pok86 | 10 | 1476 | 85.82 |
| poker-9_vs_7 | pok97 | 10 | 243 | 29.38 |
| segment0 | segm0 | 19 | 2307 | 6.01 |
| shuttle-2_vs_5 | shut25 | 9 | 3315 | 66.65 |
| shuttle-c0-vs-c4 | shut04 | 9 | 1828 | 13.86 |
| vehicle0 | vehi0 | 18 | 845 | 3.27 |
| vehicle1 | vehi1 | 18 | 845 | 2.89 |
| vowel0 | vowe0 | 13 | 987 | 10.09 |
| winequality-red-3_vs_5 | win35 | 11 | 690 | 68.00 |
| winequality-red-4 | win-4 | 11 | 1598 | 29.15 |
| wisconsin | wisc | 9 | 682 | 1.85 |
| yeast1 | yeast1 | 8 | 1483 | 2.46 |
| yeast6 | yeast6 | 8 | 1483 | 41.37 |
| zoo-3 | zoo-3 | 16 | 100 | 19.00 |

　　由于提出的方法结合了欠采样和集成学习,我们采用了以下算法来验证 SDUS 的性能: ① 7 种集成方法:RUSBoost(RUSB)[6],EasyEnsemble(EE)[7],BalanceCascade(BC)[7], AdaC2[8],UnderBagging(UB)[9],EUSBoost(EUSB)[10] 和 IIVotes(IIV)[11];② 2 种过采样方法:MWMOTE[12] 和 GDO[13];③ 2 种欠采样方法:基于聚类的欠采样(CU)[14] 和 RBU[15];④ 1 个算法层面的方法:GSE[16]。

　　一方面,在对比方法中,有些(EE、BC、RUSB、AdaC2、UB、EUSB 和 IIV)是与特定的分类器结合使用的。例如,对于 EE 和 BC,使用分类回归树(CART)算法训练弱分类器。这些对比方法的参数配置与他们的原始研究相同。另一方面,GSE 是一种特殊的算法,它是一种分类器,不依赖于任何传统的分类器。在本章中,考虑到评估的稳定性和保真度,对每个数据集进行了 10 次五折交叉验证,并给出了这 10 次运行结果的平均值。

## 5.4.2 参数敏感性分析

我们通过实验分析了最终集成性能与基分类器独立训练数之间的关系。独立训练次数 $T$ 设置为 1、5、10 或 20，为了实验的稳定性，每个 $T$ 都进行了 10 次实验，最终结果取均值。使用决策树(DT)分类器时，$\text{SDUS}_1$ 在 6 个数据集上的结果如图 5.7 所示。

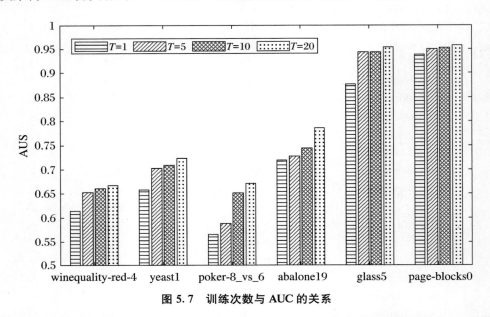

**图 5.7 训练次数与 AUC 的关系**

如图 5.7 所示，算法的性能(就 AUC 而言)随着独立训练数的增加而增加。一般来说，性能的提高在开始时比结束时更明显，除了数据集"abalone19"，当 $T$ 从 10 增加到 20 时有更大的提高，数据集"porker-8_vs_6"，当 $T$ 从 5 增加到 10 时有更明显的提高。对于其他 4 个数据集，当 $T$ 从 1 增加到 5 时，AUC 提升较为明显；当 $T$ 增加到 10 时，AUC 仍然有一些改善，当 $T$ 从 10 增加到 20 时，也出现了类似的现象(尽管改善没有前者那么明显)。从实验结果来看，选择 5～20 之间的 $T$ 是合理的。然而，$T=20$ 的训练时间是 $T=10$ 的 2 倍，考虑到算法性能和运行时间之间的折中，本章实验设置 $T=10$。

## 5.4.3 模型性能评估

### 5.4.3.1 基分类器选择

为了验证所提方法的性能，我们使用 6 个分类器：RF[16]、SVM[18]、KNN[19]、GNB[20]、DT[21] 和 AdaBoost[22]。如 5.2.2 节所述，一些对比方法，包括 CU、RBU、MWMOTE 和 GDO 没有指定分类器。因此，本节比较了上述 4 种对比方法和 SDUS 在上述 6 种分类器上的性能。

为了确定每种方法的最佳分类器,首先,我们利用了文献[10][23][24]中建议的弗里德曼对齐排名。排名可以通过计算算法的性能水平与所有算法在给定数据集上的平均性能之间的差异来获得。这些差异从 1 到 $k*n$(其中 $k$ 为数据集的数量,$n$ 为方法的数量)进行排名;其次,将相应的排名分配给计算差异的方法。排名越低,该方法越好。最后,计算每个算法在所有数据集上的平均排名,以显示其整体性能。我们的目标是确定每个比较方法的最佳分类器。根据 AUC 计算的弗里德曼对齐排名如图 5.8 所示。详细的统计比较将在 5.4.3.6 小节中介绍。

如图 5.8 所示,$SDUS_1$ 和 $SDUS_2$ 在 6 个分类器上表现出相似的性能水平。这两种方法都在 RF 分类器上取得了最好的性能,其次是 AdaBoost 和 DT,其全局性能优于 SVM、GNB 和 KNN。同样,RF 也是 $CU_1$、$CU_2$、RBU 和 GDO 的最佳分类器,而 MWMOTE 采用 AdaBoost 作为基分类器时性能最好。因此,在接下来的研究中,我们对 MWMOTE 采用了 AdaBoost,而对 SDUS、CU、RBU 和 GDO 采用了 RF。

### 5.4.3.2　合成数据集的可视化比较

为了以更直观的方式阐述我们提出的方法,我们使用 Python 库中的 scikit-learn 生成的二维数据集展示不同采样方法的差异,结果如图 5.9 所示。

从图 5.9 中,我们主要观察到以下几点:① RBU 和 $CU_s$ 在重叠区域选择的样本均较多,RBU 选择的数据集重叠程度高于 $CU_s$;② $SDUS_1$ 和 $SDUS_2$ 采样后的数据分布均衡,决策边界清晰。因此,相比于对比方法选取样本更加均匀,我们所提出的方法在一定程度上选择了更能反映原始分布特征的样本。

### 5.4.3.3　实验结果分析

在本节中,我们将 SDUS 与 13 种最先进的方法在三个评价指标上进行比较。表 5.2 给出了 AUC 指标的比较结果,每个数据集中的最佳结果以粗体突出。最后一行为所有数据集上每种算法的平均 AUC。

与其他方法相比,$SDUS_1$ 和 $SDUS_2$ 的平均整体性能是最好的。其中"iris0""kddsat""shut25"和"shut04"很容易分类,并使大多数方法的性能达到 100%。除了 GSE 是唯一一种没有采样过程的方法外,其他算法都在至少两个数据集上获得了最佳性能。具体来说,$SDUS_1$ 和 $SDUS_2$ 分别在 13 个数据集和 12 个数据集上取得了最佳 AUC。同时,MWMOTE 也在 10 个数据集上取得了最佳性能。我们还观察到,SDUS 几乎在所有数据集上都取得了最佳性能。表 5.3 给出了对比方法在数据集上的排名[23],在这里只列出了平均排名小于 8 的算法结果。

根据该表,SDUS 在几乎所有数据集上都取得了靠前的排名(排名小于 8)。例如,除了"ecoli01""pb4"和"vowe0"外,$SDUS_1$ 在 35 个数据集上排名在前半部分。$SDUS_2$ 也有类似的趋势,它在 34 个数据集上的排名在前半部分。此外,MWMOTE 在所有测试数据集上的表现并不一致,有 14 个数据集的排名超过了 10。

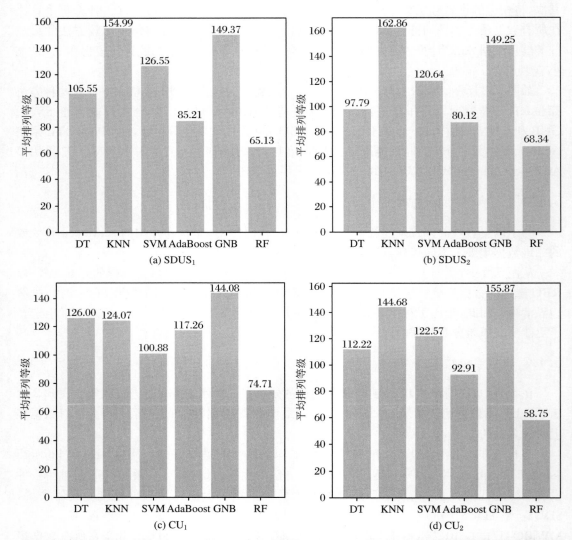

图 5.8  在 38 个数据集上，SDUS 和其他 5 种对比方法在 6 个分类器上的 AUC 的弗里德曼对齐排名

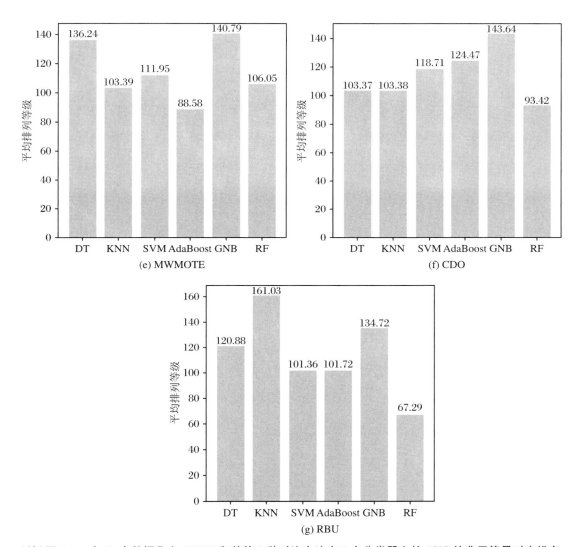

(e) MWMOTE

(f) CDO

(g) RBU

(续)图 5.8 在 38 个数据集上,SDUS 和其他 5 种对比方法在 6 个分类器上的 AUC 的弗里德曼对齐排名

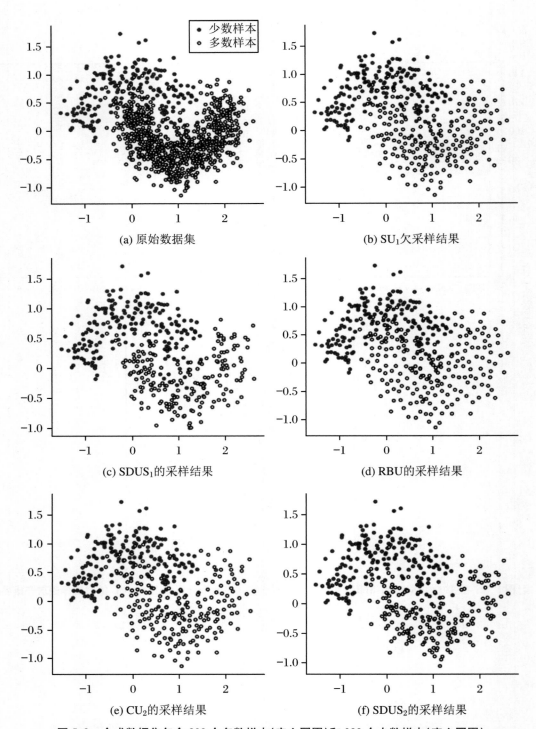

(a) 原始数据集

(b) SU$_1$欠采样结果

(c) SDUS$_1$的采样结果

(d) RBU的采样结果

(e) CU$_2$的采样结果

(f) SDUS$_2$的采样结果

**图 5.9　合成数据集包含 800 个多数样本(空心圆圈)和 200 个少数样本(实心圆圈)**

表 5.2　对比算法的详细测试结果（AUC）

| 数据集 | SDUS1 | SDUS2 | RBU | GSE | CU1 | CU2 | BC | EE | RUSB | UB | MWMOTE | GDO | AdaC2 | IIV | EUSB |
|---|---|---|---|---|---|---|---|---|---|---|---|---|---|---|---|
| aball19 | 0.7154 | 0.7537 | 0.5304 | 0.7619 | 0.6997 | 0.7245 | 0.5561 | **0.7730** | 0.6217 | 0.7476 | 0.5225 | 0.4973 | 0.5093 | 0.4989 | 0.5904 |
| abal918 | 0.7653 | **0.7667** | 0.6913 | 0.7433 | 0.7438 | 0.7443 | 0.6982 | 0.7405 | 0.6571 | 0.7230 | 0.6947 | 0.7032 | 0.6498 | 0.6348 | 0.6951 |
| car-g | 0.9638 | 0.9634 | 0.9469 | 0.8335 | 0.8547 | 0.9596 | **0.9865** | 0.9660 | 0.8704 | 0.9735 | 0.8958 | 0.8598 | 0.8646 | 0.8860 | 0.9537 |
| car-v | 0.9894 | 0.9904 | 0.9883 | 0.8140 | 0.9179 | 0.9764 | 0.9966 | 0.9906 | 0.9712 | 0.9910 | **0.9993** | 0.9860 | 0.9120 | 0.9508 | 0.9753 |
| clev04 | 0.8730 | 0.8877 | 0.8619 | 0.6089 | 0.8075 | **0.9155** | 0.9098 | 0.8360 | 0.8154 | 0.8327 | 0.7733 | 0.7755 | 0.7455 | 0.8416 | 0.8064 |
| derm-6 | **1.0000** | 1.0000 | **1.0000** | 0.9441 | 0.9719 | 0.9997 | 0.9985 | 0.9979 | 0.9829 | **1.0000** | 0.9950 | 0.9997 | 0.9750 | 0.9500 | 0.9956 |
| ecoli26 | 0.8924 | **0.9267** | 0.8303 | 0.8619 | 0.8785 | 0.8624 | 0.8045 | 0.8743 | 0.8575 | 0.7614 | 0.6389 | 0.8963 | 0.8191 | 0.7390 | 0.6387 |
| ecoli01 | 0.9798 | 0.9831 | 0.9822 | 0.9526 | 0.9852 | **0.9864** | 0.9772 | 0.9758 | 0.9843 | 0.9783 | 0.9822 | 0.9806 | 0.9836 | 0.9696 | 0.9801 |
| flare-F | 0.8149 | 0.8054 | 0.7253 | 0.6954 | 0.6475 | **0.8321** | 0.7355 | 0.8043 | 0.7918 | 0.8226 | 0.5978 | 0.5282 | 0.5000 | 0.6444 | 0.8087 |
| glass1 | 0.8032 | **0.8215** | 0.7773 | 0.7379 | 0.7504 | 0.7598 | 0.7637 | 0.7607 | 0.7180 | 0.7537 | 0.8160 | 0.8163 | 0.7294 | 0.7064 | 0.7780 |
| glass5 | 0.9346 | 0.9342 | 0.8958 | 0.9049 | 0.9141 | 0.9356 | **0.9844** | 0.9429 | 0.9488 | 0.9012 | 0.9171 | 0.9576 | 0.8976 | 0.9451 | 0.9488 |
| haber | **0.6647** | 0.6198 | 0.6465 | 0.5561 | 0.5599 | 0.5750 | 0.5930 | 0.5774 | 0.5553 | 0.6136 | 0.6062 | 0.5928 | 0.5537 | 0.6432 | 0.5878 |
| iris0 | **1.0000** | 1.0000 | 1.0000 | 0.9950 | 1.0000 | 1.0000 | 1.0000 | 1.0000 | 1.0000 | 1.0000 | 1.0000 | 1.0000 | 0.9900 | 0.9800 | 0.9900 |
| kddsat | **1.0000** | 0.9998 | 1.0000 | 0.9991 | 1.0000 | 1.0000 | 0.9998 | 0.9999 | 0.9993 | 0.9998 | 1.0000 | 1.0000 | 0.9991 | 0.9909 | 0.9943 |
| kddbac | **1.0000** | 0.9990 | 0.9983 | 0.9991 | 0.9377 | 0.9986 | 1.0000 | 0.9996 | 0.9829 | 0.9996 | 1.0000 | 1.0000 | 0.9300 | 0.9750 | 0.9580 |
| kr_dra | 0.9851 | 0.9858 | 0.9835 | 0.9126 | 0.8170 | 0.9823 | **0.9953** | 0.9854 | 0.9772 | 0.9875 | 0.9699 | 0.9582 | 0.9417 | 0.9700 | 0.9794 |
| kr_fift | 0.9987 | 0.9981 | 0.9965 | 0.9968 | 0.9831 | 0.9721 | 0.9997 | 0.9950 | 0.9975 | 0.9908 | 1.0000 | 1.0000 | 0.8900 | **1.0000** | 0.9825 |
| led71 | 0.8780 | 0.8807 | **0.8966** | 0.8604 | 0.8418 | 0.8756 | 0.8902 | 0.8572 | 0.8688 | 0.8824 | 0.8937 | 0.8699 | 0.6187 | 0.8744 | 0.8940 |
| lymp | 0.8670 | **0.8785** | 0.7706 | 0.7635 | 0.8201 | 0.8147 | 0.7566 | 0.8580 | 0.6670 | 0.6666 | 0.6993 | 0.8500 | 0.7394 | 0.7929 | 0.6544 |
| newt1 | **0.9898** | 0.9649 | 0.9887 | 0.9639 | 0.9539 | 0.9672 | 0.9574 | 0.9663 | 0.9734 | 0.9832 | 0.9612 | 0.9534 | 0.9381 | 0.9286 | 0.9294 |
| newt2 | 0.9684 | **0.9933** | 0.9853 | 0.9639 | 0.9583 | 0.9553 | 0.9722 | 0.9517 | 0.9706 | 0.9746 | 0.9527 | 0.9385 | 0.9492 | 0.9401 | 0.9579 |
| pb_4 | 0.9712 | 0.9727 | 0.9637 | 0.8930 | 0.9811 | 0.9818 | 0.9973 | 0.9874 | 0.9942 | 0.9885 | 0.9900 | 0.9897 | **0.9978** | 0.9178 | 0.9628 |
| pb0 | 0.9618 | **0.9629** | 0.9598 | 0.8885 | 0.8742 | 0.8905 | 0.9562 | 0.9555 | 0.8693 | 0.9601 | 0.9487 | 0.9339 | 0.8937 | 0.9533 | 0.9515 |
| pima | **0.7649** | 0.7454 | 0.7373 | 0.6943 | 0.7463 | 0.7445 | 0.7217 | 0.7580 | 0.7086 | 0.7420 | 0.7457 | 0.7504 | 0.7259 | 0.7209 | 0.7252 |

续表

| 数据集 | SDUS1 | SDUS2 | RBU | GSE | CU1 | CU2 | BC | EE | RUSB | UB | MWMOTE | GDO | AdaC2 | IIV | EUSB |
|---|---|---|---|---|---|---|---|---|---|---|---|---|---|---|---|
| pok86 | 0.7204 | 0.7296 | 0.6404 | 0.4486 | 0.5000 | 0.5859 | 0.7947 | 0.4406 | 0.4459 | 0.7139 | 0.5917 | **0.9467** | 0.5123 | 0.5243 | 0.7248 |
| pok97 | **0.8556** | 0.8361 | 0.7586 | 0.7469 | 0.6105 | 0.7896 | 0.7559 | 0.7154 | 0.5211 | 0.7071 | 0.5700 | 0.5800 | 0.6122 | 0.6416 | 0.6482 |
| segm0 | 0.9939 | 0.9895 | 0.9918 | 0.9793 | 0.9920 | 0.9932 | 0.9908 | 0.9947 | 0.9865 | 0.9905 | 0.9897 | **0.9953** | 0.9866 | 0.9899 | 0.9924 |
| shut25 | **1.0000** | 1.0000 | 1.0000 | 0.9972 | 1.0000 | 0.9990 | 1.0000 | 1.0000 | 0.9975 | 1.0000 | 1.0000 | 1.0000 | 1.0000 | 1.0000 | 1.0000 |
| shut04 | **1.0000** | 1.0000 | 1.0000 | 0.9974 | 1.0000 | 1.0000 | 1.0000 | 1.0000 | 1.0000 | 1.0000 | 1.0000 | 1.0000 | 0.9997 | 0.9994 | 1.0000 |
| vehi0 | 0.9609 | 0.9645 | 0.9620 | 0.9212 | 0.9562 | 0.9568 | 0.9562 | 0.9653 | 0.9377 | 0.9654 | **0.9685** | 0.9684 | 0.9365 | 0.9525 | 0.9412 |
| vehi1 | **0.7978** | 0.7758 | 0.7973 | 0.6953 | 0.7749 | 0.7673 | 0.7727 | 0.7620 | 0.6865 | 0.7772 | 0.7646 | 0.7504 | 0.7415 | 0.7268 | 0.7929 |
| vowe0 | 0.9769 | 0.9812 | 0.9773 | 0.7117 | 0.9812 | 0.9786 | 0.9782 | 0.9800 | 0.9491 | 0.9720 | **0.9952** | 0.9876 | 0.9344 | 0.9572 | 0.9705 |
| win35 | 0.7438 | 0.6734 | 0.7038 | 0.7209 | 0.6400 | 0.6382 | 0.6145 | **0.7734** | 0.5421 | 0.7549 | 0.4993 | 0.5478 | 0.6640 | 0.5912 | 0.7553 |
| win-4 | 0.6920 | **0.7003** | 0.6982 | 0.5360 | 0.6127 | 0.6555 | 0.6356 | 0.6998 | 0.5436 | 0.6642 | 0.5503 | 0.5058 | 0.5701 | 0.5151 | 0.5969 |
| wisc | 0.9769 | **0.9774** | 0.9699 | 0.9643 | 0.9735 | 0.9704 | 0.9568 | 0.9736 | 0.9467 | 0.9650 | 0.9734 | 0.9764 | 0.9611 | 0.9577 | 0.9694 |
| yeast1 | **0.7346** | 0.7293 | 0.7150 | 0.6628 | 0.7019 | 0.7084 | 0.6993 | 0.7237 | 0.6947 | 0.7287 | 0.7311 | 0.6970 | 0.6427 | 0.7098 | 0.7084 |
| yeast6 | **0.8801** | 0.8754 | 0.7738 | 0.8542 | 0.7841 | 0.8485 | 0.8318 | 0.8594 | 0.7996 | 0.8611 | 0.8063 | 0.6712 | 0.7805 | 0.7506 | 0.8400 |
| zoo-3 | 0.7081 | 0.7296 | 0.4725 | 0.7408 | 0.5935 | 0.7855 | 0.6773 | 0.6397 | 0.7679 | 0.5729 | **0.8000** | 0.5927 | 0.5950 | 0.6539 | 0.4489 |
| 均值 | **0.8901** | 0.8894 | 0.8583 | 0.8242 | 0.8359 | 0.8719 | 0.8662 | 0.8706 | 0.8316 | 0.8670 | 0.8379 | 0.8436 | 0.8076 | 0.8269 | 0.8454 |

**表 5.3　平均排名小于 8 的方法的排名结果**

| 数据集 | SDUS$_1$ | SDUS$_2$ | RBU | CU$_2$ | BC | EE | UB | MWM | GDO |
|---|---|---|---|---|---|---|---|---|---|
| abal19 | 6 | 3 | 11 | 5 | 10 | 1 | 4 | 12 | 15 |
| abal918 | 2 | 1 | 12 | 3 | 9 | 6 | 7 | 11 | 8 |
| car-g | 4 | 5 | 8 | 6 | 1 | 3 | 2 | 9 | 13 |
| car-v | 6 | 5 | 7 | 9 | 2 | 4 | 3 | 1 | 8 |
| clev04 | 4 | 3 | 5 | 1 | 2 | 7 | 8 | 13 | 12 |
| derm-6 | 2.5 | 2.5 | 2.5 | 5.5 | 7 | 8 | 2.5 | 10 | 5.5 |
| ecoli26 | 3 | 1 | 9 | 6 | 11 | 5 | 12 | 14 | 2 |
| ecoli01 | 10 | 5 | 6.5 | 1 | 12 | 13 | 11 | 6.5 | 8 |
| flare-F | 3 | 5 | 9 | 1 | 8 | 6 | 2 | 13 | 14 |
| glass1 | 4 | 1 | 6 | 9 | 7 | 8 | 10 | 3 | 2 |
| glass5 | 8 | 9 | 15 | 7 | 1 | 6 | 13 | 10 | 2 |
| haber | 1 | 4 | 2 | 11 | 7 | 10 | 5 | 6 | 8 |
| iris0 | 6 | 6 | 6 | 6 | 6 | 6 | 6 | 6 | 6 |
| kddsat | 3.5 | 9 | 3.5 | 3.5 | 9 | 7 | 9 | 3.5 | 3.5 |
| kddbac | 2.5 | 8 | 10 | 9 | 2.5 | 5.5 | 5.5 | 2.5 | 2.5 |
| kr_dra | 5 | 3 | 6 | 7 | 1 | 4 | 2 | 11 | 12 |
| kr_fift | 5 | 6 | 9 | 14 | 4 | 10 | 11 | 2 | 2 |
| led71 | 7 | 6 | 1 | 8 | 4 | 13 | 5 | 3 | 10 |
| lymp | 2 | 1 | 8 | 6 | 10 | 3 | 14 | 12 | 4 |
| newt1 | 1 | 7 | 2 | 5 | 10 | 6 | 3 | 9 | 12 |
| newt2 | 6 | 1 | 2 | 10 | 4 | 12 | 3 | 11 | 15 |
| pb_4 | 11 | 10 | 12 | 8 | 2 | 7 | 6 | 4 | 5 |
| pb0 | 2 | 1 | 4 | 12 | 5 | 6 | 3 | 9 | 10 |
| pima | 1 | 6 | 9 | 7 | 12 | 2 | 8 | 5 | 3 |
| pok86 | 5 | 3 | 7 | 9 | 2 | 15 | 6 | 8 | 1 |
| pok97 | 1 | 2 | 4 | 3 | 5 | 7 | 8 | 14 | 13 |
| segm0 | 3 | 12 | 7 | 4 | 8 | 2 | 9 | 11 | 1 |
| shut25 | 6.5 | 6.5 | 6.5 | 13 | 6.5 | 6.5 | 6.5 | 6.5 | 6.5 |
| shut04 | 6.5 | 6.5 | 6.5 | 6.5 | 6.5 | 6.5 | 6.5 | 6.5 | 6.5 |
| vehi0 | 7 | 5 | 6 | 8 | 9.5 | 4 | 3 | 1 | 2 |
| vehi1 | 1 | 5 | 2 | 8 | 7 | 10 | 4 | 9 | 11 |
| vowe0 | 9 | 3.5 | 8 | 6 | 7 | 5 | 10 | 1 | 2 |
| win35 | 4 | 7 | 6 | 10 | 11 | 1 | 3 | 15 | 13 |
| win-4 | 4 | 1 | 3 | 6 | 7 | 2 | 5 | 11 | 15 |
| wisc | 2 | 1 | 8 | 7 | 14 | 4 | 10 | 6 | 3 |
| yeast1 | 1 | 3 | 6 | 8.5 | 11 | 5 | 4 | 2 | 12 |
| yeast6 | 1 | 2 | 13 | 6 | 8 | 4 | 3 | 9 | 15 |
| zoo-3 | 6 | 5 | 14 | 2 | 7 | 9 | 13 | 1 | 12 |
| 平均排名 | 4.28 | 4.50 | 6.91 | 6.76 | 6.74 | 6.30 | 6.47 | 7.57 | 7.78 |

　　表 5.4 给出了所有方法在三个评价指标上的平均排名。根据该表,SDUS 在 AUC 和 G-mean 上都有最好的平均排名。但是,F-measure 的结果略有不同。具体来说,两种过采样方法,即 GDO 和 MWMOTE,在平均排名方面取得了最好的性能。一个可能的原因是,过采样能够提供大量的安全样本,以保证在学习过程中获得更好的预测结果。此外,一些数据集含有少量的少数类样本(如"ecoli26"中含有 7 个少数类样本,"lymp"中含有 6 个少数类样本),当对这些数据集欠采样时,训练数据可能不足以训练出一个好的预测模型。同时,在这些情况下可能出现了欠拟合。此外,可以观察到 IIV 在 F-measure 上的平均排名比在 AUC 和 G-mean 的排名更好,应该指出的是,IIV 是专门为优化灵敏度而设计的。该方法将 Ivotes 自适应集成与 SPIDER 的选择性数据预处理整合在一起,SPIDER 放大了所选的少数类样本,以提高算法的学习性能。这可能是 IIV 在 G-mean 和 AUC 方面的表现与在 F-measure 方面差别很大的原因。

**表 5.4　对比方法在三个指标上的平均排名**

| | $SDUS_1$ | $SDUS_2$ | RBU | GSE | $CU_1$ | $CU_2$ | BC | EE |
|---|---|---|---|---|---|---|---|---|
| AUC | 4.27632 | 4.5 | 6.90789 | 11.2763 | 9.03947 | 6.76316 | 6.73684 | 6.30263 |
| | RUSB | UB | MWM | GDO | AdaC2 | IIV | EUSB | / |
| | 10.3421 | 6.47368 | 7.56579 | 7.77632 | 11.9605 | 11.0658 | 9.01316 | / |
| | $SDUS_1$ | $SDUS_2$ | RBU | GSE | $CU_1$ | $CU_2$ | BC | EE |
| G-mean | 4.11842 | 4.73684 | 6.23684 | 11.0132 | 9.06579 | 6.75 | 6.59211 | 5.97368 |
| | RUSB | UB | MWM | GDO | AdaC2 | IIV | EUSB | / |
| | 10.3289 | 6.22368 | 8 | 8.07895 | 12.3816 | 11.4868 | 9.01316 | / |
| | $SDUS_1$ | $SDUS_2$ | RBU | GSE | $CU_1$ | $CU_2$ | BC | EE |
| F-measure | 5.46053 | 5.88158 | 8.51316 | 12.0526 | 11.0395 | 8.71053 | 7.40789 | 8.07895 |
| | RUSB | UB | MWM | GDO | AdaC2 | IIV | EUSB | / |
| | 9.25 | 7 | 4.31579 | 5.15789 | 9.69737 | 6.63158 | 10.8026 | / |

### 5.4.3.4　运行时间对比

　　我们还比较了算法的运行时间,本实验在 CPU 型号是 AMD Ryzen 7 2700x、RAM 是 16GB 的硬件上进行的。表 5.5 给出了 15 种算法在每个数据集上的运行时间。由于一些比较方法是针对特定的嵌入式分类器而开发的,而其他的是采样方法,因此我们从采样时间和总运行时间,包括采样运行时间和训练运行时间来评估 SDUS(用 $SDUS_1'$ 和 $SDUS_2'$ 表示)。

　　整体而言,SDUS 的运行时间明显优于 RBU 和 EUSB,但不如其他对比方法。运行时间长的原因可能有两个:① 两个样本选择过程都很耗时;② 在我们的框架中使用的集成策略进一步增加了运行时间。因此,我们提出的方法以较高的运行成本实现了高性能。为了提高算法的运行效率,一种可能的解决方案是使用并行化。

### 5.4.3.5　统计分析

　　我们采用非参数检验来适当地比较不同的算法[23][25]。对于这种评估,参数统计分析不具有足够的可信度,因为初始条件不能保证其可靠性[23]。因此,本小节为了系统探讨所有对比方

表 5.5　SDUS 和对比方法在测试数据集上的运行时间

| 数据集 | SDUS$_1$ | SDUS$_1'$ | SDUS$_2$ | SDUS$_2'$ | RBU | GSE | CU$_1$ | CU$_2$ | BC | EE | RUSB | UB | MWM | GDO | AdaC2 | IIV | EUSB |
|---|---|---|---|---|---|---|---|---|---|---|---|---|---|---|---|---|---|
| abal19 | 214.28 | 219.96 | 215.92 | 210.19 | 866.64 | 5.0605 | 1.4483 | 1.5399 | 0.6948 | 12.582 | 0.7477 | 0.8149 | 1.0790 | 0.7744 | 10.502 | 62.907 | 2526.5 |
| abal918 | 19.894 | 25.431 | 19.408 | 24.950 | 24.696 | 2.5083 | 0.6376 | 0.5688 | 0.6015 | 12.217 | 0.5375 | 0.6646 | 0.3321 | 0.1210 | 3.7140 | 8.7370 | 223.43 |
| car-g | 117.03 | 122.59 | 116.57 | 122.21 | 144.44 | 1.7683 | 1.7556 | 1.7266 | 0.6216 | 12.434 | 0.5956 | 0.7096 | 1.0227 | 0.3481 | 4.1480 | 13.856 | 669.11 |
| car-v | 137.09 | 142.57 | 135.91 | 141.51 | 145.87 | 1.7287 | 1.5514 | 1.6678 | 0.6146 | 12.122 | 0.6216 | 0.6916 | 1.1716 | 0.3323 | 5.1500 | 12.761 | 644.66 |
| clev04 | 1.9428 | 7.2794 | 1.9754 | 7.4277 | 1.4827 | 1.4442 | 0.1766 | 0.1952 | 0.5555 | 11.639 | 0.4924 | 0.6186 | 0.1782 | 0.0300 | 1.8160 | 0.8300 | 9.9820 |
| derm-6 | 1.8066 | 7.2071 | 2.0081 | 7.4482 | 6.1546 | 0.9614 | 0.2602 | 0.2783 | 0.5475 | 9.0998 | 0.4215 | 0.6127 | 0.1972 | 0.0601 | 2.3500 | 1.7450 | 16.200 |
| ecoli26 | 1.7099 | 7.0755 | 1.8702 | 7.3061 | 3.9752 | 1.0442 | 0.1541 | 0.1521 | 0.5445 | 7.1837 | 0.5245 | 0.0200 | 0.1451 | 0.0450 | 1.4930 | 1.0420 | 14.111 |
| ecoli01 | 0.8222 | 6.3031 | 0.9859 | 6.5094 | 1.2829 | 0.8677 | 0.8187 | 0.7617 | 0.5555 | 12.610 | 0.5250 | 0.6206 | 0.2180 | 0.0260 | 1.8270 | 0.8740 | 33.408 |
| flare-F | 37.969 | 43.488 | 37.241 | 42.841 | 55.382 | 1.8569 | 0.6326 | 0.5975 | 0.6106 | 11.834 | 0.5765 | 0.6796 | 0.4794 | 0.2012 | 9.1720 | 12.650 | 416.03 |
| glass1 | 2.9193 | 8.5958 | 2.8582 | 8.6711 | 1.2407 | 1.3664 | 0.8557 | 0.7997 | 0.6192 | 11.984 | 0.5335 | 0.6628 | 0.3213 | 0.0260 | 2.6620 | 3.9720 | 126.32 |
| glass5 | 1.1326 | 6.4753 | 1.2975 | 6.7415 | 2.2260 | 0.9973 | 0.1501 | 0.1471 | 0.5660 | 6.2078 | 0.4945 | 0.0180 | 0.1431 | 0.0360 | 1.0050 | 0.8860 | 6.2240 |
| haber | 10.211 | 15.947 | 9.9200 | 15.616 | 3.0710 | 2.1273 | 0.8735 | 0.8394 | 0.6004 | 12.208 | 0.5425 | 0.6352 | 0.4870 | 0.0410 | 2.0120 | 2.2150 | 107.31 |
| iris0 | 0.2052 | 5.6081 | 0.3098 | 5.7666 | 0.6243 | 0.3600 | 0.5545 | 0.4716 | 0.5415 | 0.7428 | 0.0160 | 0.6005 | 0.1620 | 0.0200 | 0.7750 | 0.5660 | 7.4120 |
| kddsat | 10.357 | 15.857 | 9.647 | 15.214 | 133.33 | 0.9474 | 0.9238 | 1.0013 | 0.6373 | 0.7325 | 0.1291 | 0.6976 | 0.5995 | 0.4925 | 7.8120 | 9.1760 | 152.77 |
| kddbac | 18.138 | 23.742 | 15.129 | 20.628 | 255.07 | 1.0362 | 0.4224 | 0.4359 | 0.6856 | 0.7667 | 0.0341 | 0.7457 | 0.8127 | 0.7004 | 11.198 | 15.693 | 206.99 |
| kr_dra | 25.515 | 31.155 | 26.533 | 32.138 | 391.24 | 1.8308 | 2.8888 | 2.9381 | 0.6876 | 12.290 | 0.7137 | 0.7498 | 1.1080 | 0.6726 | 8.1800 | 24.042 | 1454.2 |
| kr_fift | 72.671 | 78.377 | 74.389 | 80.121 | 231.87 | 0.9108 | 1.0079 | 0.9648 | 0.5985 | 9.3078 | 0.6718 | 0.6906 | 0.5845 | 0.3658 | 4.3670 | 16.411 | 293.33 |
| led71 | 4.8856 | 10.303 | 5.2850 | 10.809 | 8.5758 | 1.1130 | 0.3941 | 0.4094 | 0.5550 | 11.712 | 0.5465 | 0.6326 | 0.2312 | 0.0721 | 4.9230 | 3.7330 | 114.76 |
| lymp | 0.8599 | 6.1839 | 0.9474 | 6.3866 | 1.0470 | 1.1150 | 0.1161 | 0.1181 | 0.5413 | 8.1868 | 0.5235 | 0.0180 | 0.0871 | 0.0240 | 1.4630 | 1.4830 | 10.762 |
| newt1 | 0.8744 | 6.2499 | 1.0359 | 6.5292 | 1.8106 | 0.9185 | 0.3874 | 0.3924 | 0.5495 | 10.792 | 0.5129 | 0.6240 | 0.1882 | 0.0360 | 1.3970 | 1.0260 | 9.5180 |
| newt2 | 0.9354 | 6.2926 | 1.0509 | 6.4810 | 1.7976 | 0.8966 | 0.3803 | 0.3551 | 0.5521 | 10.957 | 0.5606 | 0.6096 | 0.1832 | 0.0390 | 1.3430 | 0.6820 | 13.071 |

续表

| 数据集 | $SDUS_1$ | $SDUS_1'$ | $SDUS_2$ | $SDUS_2'$ | RBU | GSE | $CU_1$ | $CU_2$ | BC | EE | RUSB | UB | MWM | GDO | AdaC2 | IIV | EUSB |
|---|---|---|---|---|---|---|---|---|---|---|---|---|---|---|---|---|---|
| pb_4 | 4.1061 | 9.5564 | 4.1885 | 9.6180 | 10.154 | 1.4092 | 0.3053 | 0.2953 | 0.5699 | 11.509 | 0.6206 | 0.6266 | 0.2452 | 0.0765 | 1.5040 | 1.8080 | 35.479 |
| pb0 | 429.42 | 438.36 | 429.22 | 438.16 | 1270.2 | 9.9843 | 17.997 | 18.108 | 1.6565 | 19.933 | 1.0150 | 1.6363 | 7.8185 | 3.4304 | 117.38 | 126.88 | 17175 |
| pima | 56.157 | 62.858 | 54.257 | 60.976 | 15.304 | 3.8307 | 2.9740 | 3.3551 | 0.9115 | 13.928 | 0.6176 | 0.9018 | 2.5213 | 0.1491 | 11.324 | 8.9160 | 1604.0 |
| pok86 | 43.995 | 49.450 | 43.574 | 49.098 | 105.36 | 2.5304 | 0.5405 | 0.5413 | 0.5972 | 11.566 | 0.5791 | 0.6846 | 0.4634 | 0.3027 | 5.9500 | 12.421 | 406.51 |
| pok97 | 0.7888 | 6.1541 | 0.9734 | 6.3547 | 2.8496 | 1.0875 | 0.1449 | 0.1907 | 0.6005 | 10.355 | 0.5295 | 0.6185 | 0.1331 | 0.0410 | 1.3640 | 1.8940 | 17.695 |
| segm0 | 72.306 | 79.339 | 72.069 | 79.074 | 211.83 | 3.5984 | 6.3026 | 6.6156 | 1.1630 | 18.599 | 0.8167 | 1.1130 | 3.2792 | 1.1570 | 17.800 | 48.225 | 5640.2 |
| shut25 | 45.207 | 50.748 | 44.388 | 49.918 | 530.59 | 1.4371 | 1.0221 | 1.0650 | 0.6366 | 0.7797 | 0.1001 | 0.7627 | 0.8438 | 0.7587 | 6.2970 | 6.8350 | 207.89 |
| shut04 | 14.506 | 20.101 | 13.463 | 19.045 | 149.87 | 1.0691 | 2.4658 | 2.5164 | 0.6256 | 0.7577 | 0.0140 | 0.7297 | 0.5945 | 0.4860 | 3.7160 | 3.4820 | 216.58 |
| vehi0 | 20.887 | 27.281 | 20.822 | 27.128 | 23.953 | 1.9510 | 2.4212 | 2.3141 | 0.8378 | 14.626 | 0.6293 | 1.0176 | 1.2714 | 0.2190 | 8.4370 | 16.121 | 2068.0 |
| vehi1 | 62.594 | 69.586 | 61.253 | 68.082 | 23.154 | 4.6735 | 2.3922 | 2.6664 | 1.1275 | 14.642 | 0.6256 | 1.0780 | 2.7118 | 0.2024 | 18.342 | 17.526 | 2076.0 |
| vowe0 | 8.4635 | 14.221 | 9.1517 | 14.871 | 42.443 | 1.4202 | 1.3063 | 1.1966 | 0.6616 | 12.905 | 0.6066 | 0.7587 | 0.8229 | 0.2462 | 4.9580 | 6.6850 | 810.84 |
| win35 | 8.8547 | 14.251 | 9.0996 | 14.587 | 23.151 | 1.8116 | 0.2883 | 0.2542 | 0.5645 | 11.469 | 0.5482 | 0.6456 | 0.2402 | 0.1351 | 3.0840 | 4.8750 | 57.627 |
| win-4 | 96.475 | 102.12 | 94.403 | 100.12 | 120.21 | 4.7888 | 1.1248 | 1.0649 | 0.7036 | 12.074 | 0.6586 | 0.7653 | 0.4864 | 0.3702 | 6.4510 | 25.255 | 1081.1 |
| wisc | 5.4287 | 11.319 | 5.8931 | 11.693 | 11.980 | 1.2666 | 12.473 | 10.935 | 0.6690 | 12.822 | 0.5825 | 0.7006 | 0.3964 | 0.1311 | 4.8910 | 5.9210 | 1406.7 |
| yeast1 | 184.92 | 192.26 | 182.76 | 189.97 | 63.344 | 7.0952 | 6.5167 | 5.6433 | 1.0880 | 14.476 | 0.6796 | 1.1095 | 9.3298 | 0.5480 | 21.165 | 19.294 | 3650.0 |
| yeast6 | 38.663 | 44.128 | 38.699 | 44.219 | 98.074 | 2.2370 | 1.0571 | 0.8146 | 0.6215 | 11.877 | 0.5995 | 0.6812 | 0.6301 | 0.3403 | 6.3430 | 11.636 | 690.67 |
| zoo-3 | 0.5321 | 5.8534 | 0.5035 | 5.8272 | 0.4834 | 0.9880 | 0.0781 | 0.0691 | 0.5315 | 10.256 | 0.4778 | 0.0170 | 0.1031 | 0.0240 | 0.6960 | 0.7420 | 21.132 |
| 均值 | 46.70 | 52.48 | 46.30 | 52.10 | 131.18 | 2.16 | 1.99 | 1.95 | 0.69 | 10.32 | 0.53 | 0.68 | 1.10 | 0.34 | 8.61 | 13.52 | 1163.72 |

法的 AUC、G-mean 和 F-measure 的统计性能,进行了弗里德曼检验和相应的事后检验[23]。

表 5.6 给出了 15 种算法的平均排名以及相应的自由度为 $(k-1)$ 的弗里德曼统计量 $(\chi_F^2)$ 和在 $(k-1)$ 和 $(k-1)(N-1)$ 自由度下的 $F$ 统计量 $(F_F)$。这里 $k$ 表示算法的数量,$N$ 表示数据集的数量。当显著性水平为 0.05 时,$\chi_F^2(14)$ 的值为 23.6848,$F(14,37)$ 的值为 1.9692。所有数值都大于相应的临界值,因此,所有的零假设都被拒绝。

**表 5.6　15 种方法在三个评价指标上的统计测试**

| | SDUS$_1$ | SDUS$_2$ | RBU | GSE | CU$_1$ | CU$_2$ | BC | EE | $\chi_F^2$ |
|---|---|---|---|---|---|---|---|---|---|
| AUC | 4.2763 | 4.5 | 6.9079 | 11.276 | 9.0395 | 6.7632 | 6.7368 | 6.3026 | 150.6599 |
| | RUSB | UB | MWM | GDO | AdaC2 | IIV | EUSB | / | $F_F$ |
| | 10.342 | 6.4737 | 7.5658 | 7.7763 | 11.961 | 11.0658 | 9.0132 | / | 14.618 |
| | SDUS$_1$ | SDUS$_2$ | RBU | GSE | CU$_1$ | CU$_2$ | BC | EE | $\chi_F^2$ |
| G-mean | 4.1184 | 4.7368 | 6.2368 | 11.013 | 9.0658 | 6.75 | 6.5921 | 5.9737 | 166.5493 |
| | RUSB | UB | MWM | GDO | AdaC2 | IIV | EUSB | / | $F_F$ |
| | 10.329 | 6.2237 | 8 | 8.0789 | 12.382 | 11.4868 | 9.0132 | / | 16.8623 |
| | SDUS$_1$ | SDUS$_2$ | RBU | GSE | CU$_1$ | CU$_2$ | BC | EE | $\chi_F^2$ |
| F-measure | 5.4605 | 5.8816 | 8.5132 | 12.053 | 11.04 | 8.7105 | 7.4079 | 8.0789 | 141.6368 |
| | RUSB | UB | MWM | GDO | AdaC2 | IIV | EUSB | / | $F_F$ |
| | 9.25 | 7 | 4.3158 | 5.1579 | 9.6974 | 6.6316 | 10.8026 | / | 13.4248 |

为了更直观地说明结果,我们使用临界差异图来直观地展示对比算法之间差异的统计显著性。图 5.10 为在显著性水平为 0.05 的情况下,所有测试方法在三个评价指标上的比较结果。在每个子图中,顶线代表相应的临界差异,坐标轴显示每个方法的平均排名,其中最低的平均排名位于左侧,横线用于连接分类性能无显著差异的方法组。

如图 5.10 所示,AUC 和 G-mean 的结果是相似的。例如,对于 AUC,SDUS$_1$ 的排名最好,SDUS$_2$ 的排名次之,等等。此外,从排名可以看出 SDUS$_1$ 的表现明显好于 GDO、EUSB、CU1、RUSB、IIV、GSE 和 AdaC2,与 SDUS$_2$、EE、UB、BC、CU$_2$、RBU 和 MWM 的表现相似。此外,在同一组中,SDUS$_1$ 和 SDUS$_2$ 均优于其他 6 种方法。在图 5.10(b)中可以看到类似的趋势。F-measure 结果说明,两种过采样方法的排名最好;它们的表现与 SDUS$_1$、SDUS$_2$、IIV、UB、BC 和 EE 相似,而比后 6 种算法好。

## 5.4.3.6　SDUS$_1$ 与 SDUS$_2$ 对比

如前所述,这两种样本选择方法是从不同角度设计的。前面的统计比较结果显示,SDUS$_1$ 和 SDUS$_2$ 在学习性能方面没有明显的差异,尽管 SDUS$_1$ 的平均排名比 SDUS$_2$ 好。本节将在所有测试数据集上对这两种算法进行一对一的比较,以分析两种方法的性能差异。

图 5.11 为两种方法在所有测试数据集上使用分类器 RF、AdaBoost 和 DT 的对比图。在分类器 AdaBoost 和 DT 的情况下,SDUS$_1$ 在 20～22 个测试数据集上的性能较好,而 SDUS$_2$ 在 14～16 个测试数据集上的性能较好。当使用 RF 作为分类器时,SDUS$_1$ 在 19 个数据集上获得了最佳的 G-mean,SDUS$_2$ 在 19 个数据集上获得了最佳的 AUC,而每种方法在 17 个数据集上产生了最佳的 F-measure。

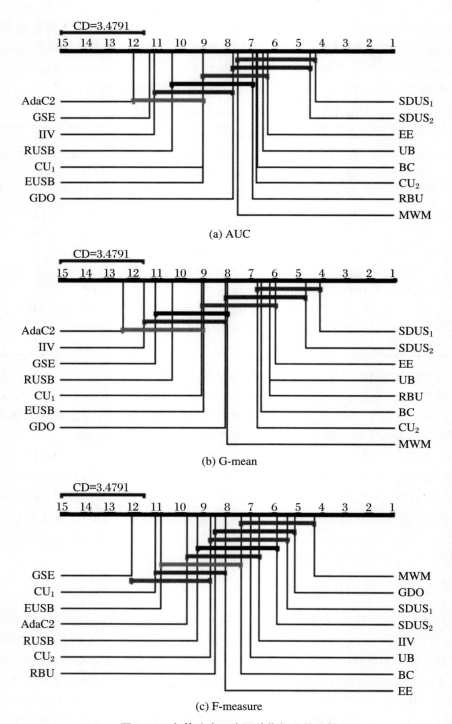

(a) AUC

(b) G-mean

(c) F-measure

图 5.10 各算法在三个评价指标上的比较

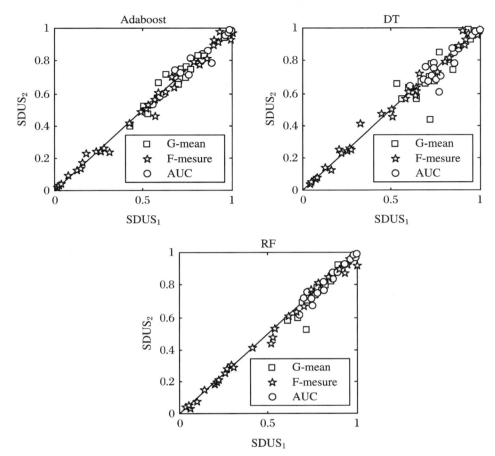

**图 5.11　SDUS$_1$ 和 SDUS$_2$ 对比散点图**

注:线 $x = y$ 代表两种策略获得相同的值。线 $x = y$ 以上的点表示 SDUS$_2$ 获得了更好的结果,反之亦然。

表 5.7 列出了关于一对一比较结果的细节,表中的每个元素都代表一个特定分类器的比较结果。例如,分类器 RF 的第一个元素 15-4-19 表示 SDUS$_1$ 在 15 个数据集上有最好的性能,SDUS$_2$ 在 19 个数据集上有最好的性能,而两者在 4 个数据集上有相同的性能。

**表 5.7　一对一对比结果**

| 分类器 | AUC | G-mean | F-measure |
|---|---|---|---|
| RF | 15-4-19 | 19-4-15 | 17-4-17 |
| Adaboost | 22-2-14 | 22-2-14 | 22-2-14 |
| DT | 21-2-15 | 20-2-16 | 21-2-15 |

### 5.4.3.7　不同距离度量下 SDUS 的性能对比

本小节进行了一个实验来检验欧氏距离(Euclidean)与另外两种常用的距离度量,包括切比雪夫距离(Chebyshev)和曼哈顿距离(Manhatlan)是否存在差异,实验详细结果如表 5.8 和表 5.9 所示。结果表明,SDUS 的性能相对于三个指标几乎没有差异。

表 5.8　SDUS₁ 在欧氏距离、切比雪夫距离和曼哈顿距离之间的性能比较

| 数据集 | Euclidean | | | Chebyshev | | | Manhattan | | |
|---|---|---|---|---|---|---|---|---|---|
| | G-mean | AUC | F-measure | G-mean | AUC | F-measure | G-mean | AUC | F-measure |
| abal19 | 0.770 | 0.774 | 0.043 | 0.762 | 0.765 | 0.042 | 0.750 | 0.753 | 0.041 |
| abal918 | 0.732 | 0.738 | 0.267 | 0.727 | 0.733 | 0.265 | 0.733 | 0.739 | 0.273 |
| car-g | 0.963 | 0.964 | 0.538 | 0.963 | 0.964 | 0.536 | 0.963 | 0.964 | 0.537 |
| car-v | 0.990 | 0.990 | 0.797 | 0.989 | 0.989 | 0.790 | 0.990 | 0.990 | 0.796 |
| clev04 | 0.886 | 0.889 | 0.593 | 0.878 | 0.882 | 0.582 | 0.902 | 0.905 | 0.621 |
| derm-6 | 1.000 | 1.000 | 1.000 | 1.000 | 1.000 | 1.000 | 1.000 | 1.000 | 1.000 |
| ecoli26 | 0.896 | 0.903 | 0.283 | 0.892 | 0.899 | 0.296 | 0.889 | 0.896 | 0.290 |
| ecoli01 | 0.987 | 0.987 | 0.987 | 0.987 | 0.987 | 0.987 | 0.987 | 0.987 | 0.987 |
| flare-F | 0.822 | 0.824 | 0.268 | 0.833 | 0.835 | 0.270 | 0.824 | 0.826 | 0.270 |
| glass1 | 0.795 | 0.799 | 0.737 | 0.785 | 0.790 | 0.725 | 0.792 | 0.796 | 0.734 |
| glass5 | 0.924 | 0.927 | 0.387 | 0.924 | 0.927 | 0.392 | 0.936 | 0.938 | 0.437 |
| haber | 0.633 | 0.642 | 0.482 | 0.609 | 0.619 | 0.454 | 0.634 | 0.642 | 0.484 |
| iris0 | 1.000 | 1.000 | 1.000 | 1.000 | 1.000 | 1.000 | 1.000 | 1.000 | 1.000 |
| kddsat | 1.000 | 1.000 | 1.000 | 1.000 | 1.000 | 1.000 | 1.000 | 1.000 | 1.000 |
| kddbac | 1.000 | 1.000 | 0.991 | 1.000 | 1.000 | 0.996 | 1.000 | 1.000 | 0.996 |
| kr_dra | 1.000 | 1.000 | 0.997 | 1.000 | 1.000 | 0.997 | 1.000 | 1.000 | 0.999 |
| kr_fift | 0.985 | 0.985 | 0.716 | 0.986 | 0.986 | 0.725 | 0.986 | 0.986 | 0.729 |
| led71 | 0.872 | 0.879 | 0.630 | 0.870 | 0.876 | 0.616 | 0.872 | 0.879 | 0.628 |
| lymp | 0.919 | 0.942 | 0.629 | 0.870 | 0.913 | 0.621 | 0.884 | 0.927 | 0.617 |
| newt1 | 0.990 | 0.990 | 0.953 | 0.993 | 0.993 | 0.969 | 0.987 | 0.987 | 0.950 |
| newt2 | 0.990 | 0.990 | 0.954 | 0.989 | 0.989 | 0.959 | 0.990 | 0.991 | 0.957 |
| pb_4 | 0.968 | 0.968 | 0.672 | 0.967 | 0.967 | 0.665 | 0.971 | 0.971 | 0.693 |
| pb0 | 0.961 | 0.961 | 0.804 | 0.961 | 0.961 | 0.804 | 0.962 | 0.962 | 0.807 |
| pima | 0.754 | 0.755 | 0.681 | 0.749 | 0.750 | 0.675 | 0.751 | 0.752 | 0.678 |
| pok86 | 0.554 | 0.653 | 0.036 | 0.569 | 0.671 | 0.039 | 0.553 | 0.649 | 0.036 |
| pok97 | 0.803 | 0.827 | 0.199 | 0.824 | 0.834 | 0.199 | 0.821 | 0.830 | 0.195 |
| segm0 | 0.994 | 0.994 | 0.981 | 0.994 | 0.994 | 0.981 | 0.994 | 0.994 | 0.981 |
| shut25 | 1.000 | 1.000 | 1.000 | 1.000 | 1.000 | 1.000 | 1.000 | 1.000 | 1.000 |
| shut04 | 1.000 | 1.000 | 1.000 | 1.000 | 1.000 | 1.000 | 1.000 | 1.000 | 1.000 |
| vehi0 | 0.963 | 0.963 | 0.897 | 0.962 | 0.962 | 0.894 | 0.963 | 0.964 | 0.896 |
| vehi1 | 0.795 | 0.797 | 0.657 | 0.796 | 0.798 | 0.658 | 0.792 | 0.794 | 0.654 |
| vowe0 | 0.978 | 0.978 | 0.849 | 0.980 | 0.980 | 0.859 | 0.980 | 0.980 | 0.852 |
| win35 | 0.558 | 0.682 | 0.073 | 0.549 | 0.658 | 0.066 | 0.619 | 0.712 | 0.081 |
| win-4 | 0.700 | 0.703 | 0.141 | 0.698 | 0.701 | 0.140 | 0.699 | 0.702 | 0.140 |
| wisc | 0.973 | 0.973 | 0.960 | 0.974 | 0.974 | 0.962 | 0.972 | 0.972 | 0.960 |
| yeast1 | 0.732 | 0.732 | 0.613 | 0.730 | 0.730 | 0.610 | 0.731 | 0.731 | 0.612 |
| yeast6 | 0.867 | 0.875 | 0.287 | 0.861 | 0.870 | 0.277 | 0.861 | 0.869 | 0.285 |
| zoo-3 | 0.675 | 0.772 | 0.256 | 0.626 | 0.727 | 0.206 | 0.628 | 0.733 | 0.194 |
| 均值 | 0.880 | 0.891 | 0.641 | 0.876 | 0.887 | 0.638 | 0.879 | 0.890 | 0.642 |

表 5.9　SDUS$_2$ 在欧氏距离、切比雪夫距离和曼哈顿距离之间的性能比较

| 数据集 | Euclidean | | | Chebyshev | | | Manhattan | | |
|---|---|---|---|---|---|---|---|---|---|
| | G-mean | AUC | F-measure | G-mean | AUC | F-measure | G-mean | AUC | F-measure |
| abal19 | 0.777 | 0.780 | 0.046 | 0.769 | 0.771 | 0.045 | 0.759 | 0.762 | 0.044 |
| abal918 | 0.718 | 0.729 | 0.278 | 0.720 | 0.731 | 0.284 | 0.727 | 0.736 | 0.282 |
| car-g | 0.962 | 0.963 | 0.532 | 0.962 | 0.963 | 0.532 | 0.963 | 0.964 | 0.537 |
| car-v | 0.989 | 0.989 | 0.791 | 0.990 | 0.990 | 0.793 | 0.991 | 0.991 | 0.810 |
| clev04 | 0.893 | 0.897 | 0.631 | 0.877 | 0.882 | 0.615 | 0.885 | 0.890 | 0.616 |
| derm-6 | 1.000 | 1.000 | 1.000 | 1.000 | 1.000 | 1.000 | 1.000 | 1.000 | 1.000 |
| ecoli26 | 0.882 | 0.890 | 0.274 | 0.900 | 0.905 | 0.276 | 0.876 | 0.884 | 0.270 |
| ecoli01 | 0.987 | 0.987 | 0.987 | 0.986 | 0.986 | 0.985 | 0.987 | 0.987 | 0.987 |
| flare-F | 0.827 | 0.829 | 0.270 | 0.822 | 0.824 | 0.257 | 0.823 | 0.825 | 0.266 |
| glass1 | 0.792 | 0.800 | 0.738 | 0.787 | 0.794 | 0.730 | 0.781 | 0.789 | 0.725 |
| glass5 | 0.929 | 0.932 | 0.406 | 0.932 | 0.935 | 0.418 | 0.935 | 0.938 | 0.451 |
| haber | 0.590 | 0.608 | 0.433 | 0.626 | 0.636 | 0.474 | 0.619 | 0.631 | 0.468 |
| iris0 | 1.000 | 1.000 | 1.000 | 1.000 | 1.000 | 1.000 | 1.000 | 1.000 | 1.000 |
| kddsat | 1.000 | 1.000 | 1.000 | 1.000 | 1.000 | 1.000 | 1.000 | 1.000 | 1.000 |
| kddbac | 0.999 | 0.999 | 0.946 | 0.999 | 0.999 | 0.946 | 0.999 | 0.999 | 0.934 |
| kr_dra | 1.000 | 1.000 | 0.998 | 1.000 | 1.000 | 0.995 | 1.000 | 1.000 | 0.998 |
| kr_fift | 0.986 | 0.986 | 0.728 | 0.985 | 0.985 | 0.723 | 0.985 | 0.986 | 0.724 |
| led71 | 0.867 | 0.873 | 0.604 | 0.871 | 0.877 | 0.620 | 0.868 | 0.875 | 0.611 |
| lymp | 0.732 | 0.837 | 0.482 | 0.701 | 0.824 | 0.536 | 0.735 | 0.839 | 0.520 |
| newt1 | 0.989 | 0.989 | 0.948 | 0.990 | 0.990 | 0.953 | 0.990 | 0.991 | 0.956 |
| newt2 | 0.990 | 0.990 | 0.953 | 0.992 | 0.992 | 0.964 | 0.990 | 0.990 | 0.954 |
| pb_4 | 0.970 | 0.971 | 0.689 | 0.967 | 0.968 | 0.667 | 0.969 | 0.970 | 0.681 |
| pb0 | 0.963 | 0.963 | 0.820 | 0.963 | 0.964 | 0.818 | 0.963 | 0.963 | 0.821 |
| pima | 0.743 | 0.745 | 0.668 | 0.740 | 0.742 | 0.664 | 0.743 | 0.745 | 0.668 |
| pok86 | 0.593 | 0.685 | 0.046 | 0.566 | 0.664 | 0.040 | 0.575 | 0.674 | 0.043 |
| pok97 | 0.831 | 0.854 | 0.221 | 0.767 | 0.808 | 0.185 | 0.767 | 0.808 | 0.189 |
| segm0 | 0.994 | 0.994 | 0.981 | 0.993 | 0.993 | 0.978 | 0.994 | 0.994 | 0.980 |
| shut25 | 1.000 | 1.000 | 1.000 | 1.000 | 1.000 | 1.000 | 1.000 | 1.000 | 1.000 |
| shut04 | 1.000 | 1.000 | 1.000 | 1.000 | 1.000 | 1.000 | 1.000 | 1.000 | 1.000 |
| vehi0 | 0.964 | 0.965 | 0.900 | 0.961 | 0.962 | 0.895 | 0.964 | 0.965 | 0.899 |
| vehi1 | 0.785 | 0.786 | 0.647 | 0.781 | 0.782 | 0.642 | 0.789 | 0.790 | 0.653 |
| vowe0 | 0.981 | 0.982 | 0.856 | 0.979 | 0.979 | 0.845 | 0.978 | 0.979 | 0.848 |
| win35 | 0.550 | 0.678 | 0.082 | 0.543 | 0.670 | 0.075 | 0.516 | 0.659 | 0.080 |
| win-4 | 0.699 | 0.705 | 0.155 | 0.692 | 0.698 | 0.151 | 0.696 | 0.702 | 0.151 |
| wisc | 0.973 | 0.973 | 0.961 | 0.975 | 0.975 | 0.963 | 0.973 | 0.973 | 0.961 |
| yeast1 | 0.730 | 0.731 | 0.612 | 0.727 | 0.728 | 0.608 | 0.727 | 0.727 | 0.608 |
| yeast6 | 0.863 | 0.871 | 0.282 | 0.857 | 0.866 | 0.282 | 0.862 | 0.870 | 0.279 |
| zoo-3 | 0.571 | 0.710 | 0.229 | 0.667 | 0.752 | 0.243 | 0.614 | 0.729 | 0.240 |
| 均值 | 0.872 | 0.887 | 0.637 | 0.871 | 0.885 | 0.637 | 0.870 | 0.885 | 0.638 |

### 5.4.3.8　高维数据下的性能对比

为了探究 SDUS 在数据高维情况下是否仍然有效,我们收集了来自 UCI 数据库中的 13 个高维数据集,数据详细信息如表 5.10 所示。

**表 5.10　13 个高维数据集的信息**

| 数据集 | 数据集简称 | 属性个数 | 样本个数 | 不平衡率 |
|---|---|---|---|---|
| Internet Advertisements | AD | 1558 | 3279 | 6.14 |
| PubChem bioassay data | AID362 | 144 | 4279 | 70.32 |
| Subjectivity of articles | Articles | 59 | 1000 | 1.74 |
| DBWorld e-mails | dbworld | 4702 | 64 | 1.21 |
| Libras Movement | libra | 90 | 360 | 4.00 |
| Musks of molecules | Musk2 | 166 | 6598 | 5.49 |
| Androgen receptor | QSAR2 | 1024 | 1687 | 7.48 |
| secom | secom | 590 | 1567 | 14.07 |
| Connectionist Bench (Sonar, Mines vs. Rocks) | sonar | 60 | 208 | 1.14 |
| spambase | spambase | 57 | 4601 | 1.54 |
| LSVT_voice_rehabilitation | LSVT_vr | 310 | 126 | 2.00 |
| Parkinson_Disease_Classification | PDC | 754 | 756 | 2.94 |
| SCADI | SCADI | 205 | 70 | 3.38 |

表 5.11～表 5.13 分别给出了对比算法在 AUC、G-mean 和 F-measure 上的结果。从实验结果可以看出,SDUS 在大多数数据集上都获得了最佳性能。

### 🎯 本章小结

本章提出了 SDUS 作为一种解决类平衡问题的方法。该框架包括一种基于空间分布的欠采样和分类器集成过程。从不同的角度研究了两种保持类内结构的样本选择策略。在 6 种常用的基分类器上的实验表明,RF、AdaBoost 和 DT 在我们提出的框架中具有更好的性能。数值实验从 AUC、G-mean 和 F-measure 三个常用评价指标验证了 SDUS 的有效性。一般来说,$SDUS_2$ 在计算上比 $SDUS_1$ 更复杂,尽管当样本量 $N$ 大于数据维度 $m$ 时,它们具有相同的时间复杂度 $O(N^2 m)$。此外,本章提出的两种样本选择策略在部分数据集上显示了各自的优势。

表 5.11　13 个高维数据集的 AUC 指标的比较结果和各算法的相应平均排名

| 数据集 | SDUS1 | SDUS2 | RBU | GSE | CU1 | CU2 | BC | EE | RUSB | UB | MWM | GDO | AdaC2 | IIV | EUSB |
|---|---|---|---|---|---|---|---|---|---|---|---|---|---|---|---|
| AD | 0.9526 | 0.9531 | 0.9462 | 0.7069 | 0.8705 | 0.9304 | 0.9352 | 0.9370 | 0.8752 | 0.9413 | 0.9060 | 0.9352 | 0.5000 | / | / |
| AID362 | 0.7645 | 0.7749 | 0.7271 | 0.5711 | 0.5000 | 0.7175 | 0.7563 | 0.7819 | 0.6673 | 0.8054 | 0.5653 | 0.5595 | 0.5000 | 0.5000 | 0.6400 |
| Articles | 0.8162 | 0.8159 | 0.8159 | 0.7143 | 0.7298 | 0.8003 | 0.7952 | 0.8134 | 0.7726 | 0.8161 | 0.7962 | 0.8178 | 0.7806 | 0.8171 | 0.8049 |
| dbworld | 0.8805 | 0.8971 | 0.8751 | 0.8310 | 0.9010 | 0.8672 | 0.8549 | 0.8648 | 0.8202 | 0.8455 | 0.8328 | 0.8585 | 0.5200 | / | 0.5000 |
| libra | 0.8882 | 0.8800 | 0.8456 | 0.7862 | 0.8697 | 0.8663 | 0.8215 | 0.8520 | 0.7687 | 0.8211 | 0.8203 | 0.8950 | 0.8772 | 0.7830 | 0.8932 |
| Musk2 | 0.9472 | 0.9467 | 0.9371 | 0.7777 | 0.9278 | 0.9451 | 0.9421 | 0.9448 | 0.9246 | 0.9513 | 0.8931 | 0.9389 | 0.5462 | 0.7363 | / |
| QSAR2 | 0.8005 | 0.8005 | 0.7804 | 0.6648 | 0.5103 | 0.7818 | 0.7433 | 0.7785 | 0.7068 | 0.7617 | 0.6960 | 0.6355 | 0.5000 | 0.5058 | / |
| secom | 0.6866 | 0.6753 | 0.6513 | 0.5571 | 0.5145 | 0.6323 | 0.6342 | 0.6467 | 0.5569 | 0.6646 | 0.5437 | 0.4996 | 0.4582 | 0.4986 | 0.4814 |
| sonar | 0.8507 | 0.8567 | 0.8473 | 0.6549 | 0.8337 | 0.8230 | 0.8049 | 0.8421 | 0.7985 | 0.8137 | 0.8205 | 0.8157 | 0.7694 | 0.7200 | 0.8107 |
| spambase | 0.9553 | 0.9547 | 0.9503 | 0.7639 | 0.9497 | 0.9489 | 0.9336 | 0.9405 | 0.9298 | 0.9417 | 0.9364 | 0.9492 | 0.9422 | 0.9494 | / |
| LSVT_vr | 0.8260 | 0.8141 | 0.8230 | 0.5455 | 0.7929 | 0.8365 | 0.7970 | 0.8363 | 0.7840 | 0.8289 | 0.8107 | 0.8040 | 0.5606 | 0.7003 | 0.7020 |
| PDC | 0.8337 | 0.8262 | 0.8133 | 0.5984 | 0.7497 | 0.8093 | 0.8110 | 0.7820 | 0.7634 | 0.8390 | 0.8170 | 0.8014 | 0.4946 | 0.5338 | 0.5291 |
| SCADI | 0.8899 | 0.8845 | 0.8929 | 0.8112 | 0.9090 | 0.9022 | 0.9018 | 0.8887 | 0.8858 | 0.8892 | 0.8205 | 0.8981 | 0.6485 | 0.6703 | 0.8006 |
| 平均排名 | 2.6538 | 3.3846 | 4.9615 | 12.2308 | 8.3846 | 5.6154 | 7.7308 | 5.8462 | 10.7692 | 5.2308 | 9.3846 | 7.0385 | 12.6923 | 12.1154 | 11.9615 |

注：表中的"/"表示相应的算法由于内存不足而无法在数据集上执行。

表 5.12　13 个高维数据集的 G-mean 指标的比较结果和各算法的相应平均排名

| 数据集 | SDUS1 | SDUS2 | RBU | GSE | CU1 | CU2 | BC | EE | RUSB | UB | MWM | GDO | AdaC2 | IIV | EUSB |
|---|---|---|---|---|---|---|---|---|---|---|---|---|---|---|---|
| AD | 0.9523 | 0.9528 | 0.9460 | 0.6817 | 0.8669 | 0.9301 | 0.9350 | 0.9369 | 0.8705 | 0.9410 | 0.9021 | 0.9331 | 0.0000 | / | / |
| AID362 | 0.7598 | 0.7695 | 0.7247 | 0.5248 | 0.0000 | 0.7116 | 0.7549 | 0.7807 | 0.6273 | 0.8024 | 0.3632 | 0.3068 | 0.0000 | 0.0000 | 0.6141 |
| Articles | 0.8161 | 0.8156 | 0.8158 | 0.7120 | 0.7262 | 0.7989 | 0.7948 | 0.8128 | 0.7703 | 0.8158 | 0.7943 | 0.8163 | 0.7795 | 0.8164 | 0.8040 |
| dbworld | 0.8735 | 0.8908 | 0.8749 | 0.8218 | 0.8948 | 0.8553 | 0.8488 | 0.8632 | 0.8077 | 0.8397 | 0.8178 | 0.8532 | 0.3030 | / | 0.0000 |
| libra | 0.8874 | 0.8792 | 0.8453 | 0.7699 | 0.8681 | 0.8650 | 0.8181 | 0.8504 | 0.7533 | 0.8124 | 0.8141 | 0.8929 | 0.8744 | 0.7654 | 0.8919 |
| Musk2 | 0.9471 | 0.9467 | 0.9368 | 0.7636 | 0.9266 | 0.9450 | 0.9420 | 0.9448 | 0.9244 | 0.9512 | 0.8903 | 0.9370 | 0.1986 | 0.6854 | / |
| QSAR2 | 0.8002 | 0.8002 | 0.7802 | 0.6522 | 0.3245 | 0.7786 | 0.7408 | 0.7782 | 0.6967 | 0.7562 | 0.6484 | 0.5247 | 0.0000 | 0.0947 | / |
| secom | 0.6831 | 0.6632 | 0.6513 | 0.5281 | 0.1961 | 0.6277 | 0.6250 | 0.6024 | 0.4938 | 0.6366 | 0.3850 | 0.0000 | 0.0519 | 0.0434 | 0.0823 |
| sonar | 0.8482 | 0.8551 | 0.8472 | 0.6325 | 0.8309 | 0.8169 | 0.8038 | 0.8395 | 0.7962 | 0.8090 | 0.8190 | 0.8129 | 0.7584 | 0.7154 | 0.8086 |
| spambase | 0.9552 | 0.9547 | 0.9502 | 0.7589 | 0.9497 | 0.9488 | 0.9336 | 0.9405 | 0.9297 | 0.9417 | 0.9363 | 0.9490 | 0.9422 | 0.9493 | / |
| LSVT_vr | 0.8237 | 0.8097 | 0.8216 | 0.5239 | 0.7873 | 0.8309 | 0.7905 | 0.8297 | 0.7697 | 0.8255 | 0.8002 | 0.7910 | 0.3194 | 0.5874 | 0.5963 |
| PDC | 0.8326 | 0.8241 | 0.8132 | 0.5970 | 0.7350 | 0.8076 | 0.8097 | 0.7780 | 0.7552 | 0.8373 | 0.8124 | 0.7820 | 0.1843 | 0.1636 | 0.3719 |
| SCADI | 0.8811 | 0.8785 | 0.8922 | 0.7148 | 0.9035 | 0.8941 | 0.8959 | 0.8776 | 0.8717 | 0.8831 | 0.8013 | 0.8833 | 0.3464 | 0.5394 | 0.7833 |
| 平均排名 | 2.8077 | 3.2692 | 4.5000 | 12.0769 | 8.3846 | 5.7692 | 7.5385 | 6.0000 | 10.8462 | 5.3462 | 9.5385 | 7.4615 | 12.6538 | 12.1923 | 11.6154 |

注：表中的"/"表示相应的算法由于内存不足而无法在数据集上执行。

表 5.13　13 个高维数据集的 G-mean 指标的比较结果和各算法的相应平均排名

| 数据集 | SDUS1 | SDUS2 | RBU | GSE | CU1 | CU2 | BC | EE | RUSB | UB | MWM | GDO | AdaC2 | IIV | EUSB |
|---|---|---|---|---|---|---|---|---|---|---|---|---|---|---|---|
| AD | 0.8884 | 0.8913 | 0.8685 | 0.3709 | 0.5969 | 0.8164 | 0.8217 | 0.8190 | 0.7444 | 0.8466 | 0.8679 | 0.9171 | 0.2456 | / | / |
| AID362 | 0.0841 | 0.0955 | 0.0626 | 0.0395 | 0.0277 | 0.0648 | 0.0840 | 0.0897 | 0.0870 | 0.1208 | 0.1541 | 0.1924 | 0.0277 | 0.0055 | 0.0584 |
| Articles | 0.7650 | 0.7651 | 0.7642 | 0.6513 | 0.6675 | 0.7462 | 0.7392 | 0.7609 | 0.7112 | 0.7654 | 0.7415 | 0.7684 | 0.7211 | 0.7658 | 0.7500 |
| dbworld | 0.8645 | 0.8842 | 0.8631 | 0.8228 | 0.8855 | 0.8464 | 0.8438 | 0.8505 | 0.8056 | 0.8273 | 0.8084 | 0.8444 | 0.3581 | / | 0.1263 |
| libra | 0.7594 | 0.7531 | 0.6730 | 0.6127 | 0.7394 | 0.7172 | 0.6629 | 0.7117 | 0.6240 | 0.6749 | 0.6921 | 0.7907 | 0.7589 | 0.6657 | 0.7911 |
| Musk2 | 0.8344 | 0.8398 | 0.7886 | 0.5441 | 0.7410 | 0.8344 | 0.8176 | 0.8513 | 0.8052 | 0.8673 | 0.8106 | 0.9287 | 0.2932 | 0.6114 | / |
| QSAR2 | 0.4766 | 0.4958 | 0.4452 | 0.3382 | 0.2125 | 0.4941 | 0.4265 | 0.4543 | 0.3998 | 0.4745 | 0.4810 | 0.4095 | 0.2110 | 0.0707 | / |
| secom | 0.2319 | 0.2490 | 0.1984 | 0.1409 | 0.1277 | 0.1817 | 0.1985 | 0.2506 | 0.1498 | 0.2609 | 0.1462 | 0.0000 | 0.0130 | 0.0160 | 0.0136 |
| sonar | 0.8358 | 0.8450 | 0.8366 | 0.6700 | 0.8158 | 0.7996 | 0.7937 | 0.8267 | 0.7792 | 0.7955 | 0.8073 | 0.7988 | 0.7395 | 0.6988 | 0.8052 |
| spambase | 0.9448 | 0.9443 | 0.9393 | 0.7268 | 0.9377 | 0.9370 | 0.9171 | 0.9264 | 0.9135 | 0.9284 | 0.9223 | 0.9393 | 0.9274 | 0.9359 | / |
| LSVT_vr | 0.7739 | 0.7620 | 0.7624 | 0.4443 | 0.7174 | 0.7658 | 0.7319 | 0.7786 | 0.7073 | 0.7795 | 0.7466 | 0.7470 | 0.4110 | 0.6295 | 0.5391 |
| PDC | 0.7156 | 0.7244 | 0.6873 | 0.4294 | 0.5868 | 0.6795 | 0.6908 | 0.6609 | 0.6428 | 0.7421 | 0.7232 | 0.7290 | 0.1338 | 0.1098 | 0.3073 |
| SCADI | 0.7979 | 0.7945 | 0.7709 | 0.6433 | 0.7830 | 0.8100 | 0.8183 | 0.8131 | 0.8117 | 0.8101 | 0.7030 | 0.8051 | 0.3937 | 0.4324 | 0.6610 |
| 平均排名 | 4.1154 | 3.4615 | 6.5769 | 12.7692 | 9.1923 | 6.5769 | 8.1538 | 5.4615 | 10.0769 | 4.8462 | 7.4615 | 4.9615 | 12.5000 | 12.1923 | 11.6538 |

注：表中的 "/" 表示相应的算法由于内存不足而无法在数据集上执行。

# 参 考 文 献

［ 1 ］ ZHANG L，ZHANG B. A geometrical representation of mcculloch-pitts neural model and its applications［J］. IEEE Transactions on Neural Networks，1999，10(4)：925-929.

［ 2 ］ WANG D. Fast constructive-covering algorithm for neural networks and its implement in classification［J］. Applied Soft Computing，2008，8(1)：166-173.

［ 3 ］ EFRAIMIDIS P S，SPIRAKIS P G. Weighted random sampling with a reservoir［J］. Information Processing Letters，2006，97(5)：181-185.

［ 4 ］ GUO H X，LI Y J，SHANG J，et al. Learning from class-imbalanced data：review of methods and applications［J］. Expert Systems with Applications，2019，73：220-239.

［ 5 ］ Alcal'a-Fdez J L. SANCHEZ S，GARCIA M J，et al. Keel：a software tool to assess evolutionary algorithms for data mining problems［J］. Soft Computing，2009，13(3)：307-318.

［ 6 ］ SEIFFERT C，KHOSHGOFTAAR T M，VAN H J，et al. RUSBoost：a hybrid approach to alle-viating class imbalance［J］. IEEE Transactions on Systems，Man，and Cybernetics-Part A：Systems and Humans，2009，40(1)：185-197.

［ 7 ］ LIU X Y，WU J，ZHOU Z H. Exploratory undersampling for class-imbalance learning［J］. IEEE Transactions on Systems，Man，and Cybernetics，Part B (Cybernetics)，2008，39(2)：539-550.

［ 8 ］ SUN Y，KAMEL M S，WONG A K C，et al. Cost-sensitive boosting for classification of imbalanced data［J］. Pattern Recognition，2007，40(12)：3358-3378.

［ 9 ］ BARANDELA R，VALDOVINOS R M，SÁNCHEZ J S. New applications of ensembles of classifiers［J］. Pattern Analysis & Applications，2003，6(3)：245-256.

［10］ GALAR M A，FERN'ANDEZ E，BARRENECHEA，et al. Eusboost：Enhancing ensembles for highly imbalanced data-sets by evolutionary undersampling［J］. Pattern Recognition，2013，46(12)：3460-3471.

［11］ BŁASZCZY'NSKI J M，DECKERT J，STEFANOWSKI，et al. Iivotes ensemble for imbalanced data［J］. Intelligent Data Analysis，2012，16(5)：777-801.

［12］ BARUA S M，ISLAM M X，YAO，et al. Mwmote-majority weighted minority oversampling technique for imbalanced data set learning［J］. IEEE Transactions on Knowledge and Data Engineering，2012，26(2)：405-425.

［13］ XIE Y，QIU M，ZHANG H，et al. Gaussian distribution based oversampling for imbalanced data classification［C］//IEEE Transactions on Knowledge and Data Engineering，2020：1-1.

［14］ LIN W C，TSAI C F，HU Y H，et al. Clustering-based undersampling in class-imbalanced data［J］. Information Sciences，2017，49：17-26.

［15］ KOZIARSKI M. Radial-based undersampling for imbalanced data classification［J］. Pattern Recognition，2020，102：107262.

［16］ ZHU Z，WANG Z，LI D，et al. Geometric structural ensemble learning for imbalanced problems［J］. IEEE Transactions on Cyberne-tics，2020，50(4)：1617-1629.

［17］ BREIMAN L. Random forests［J］. Machine Learning，2001，45(1)：5-32.

[18]　FAN R E, CHANG K W, HSIEH C J, et al. Liblinear: A library for large linear classification[J]. Journal of machine learning research, 2008, 9(8):1871-1874.

[19]　COVER T, HART P. Nearest neighbor pattern classification[J]. IEEE Transactions on Information Theory, 1967, 13(1):21-27.

[20]　CHAN T F, GOLUB G H, LEVEQUE R J. Updating formulae and a pairwise algorithm for computing sample variances[C]//COMPSTAT 1982 5th Symposium Held at Toulouse, 1982:30-41.

[21]　STEINBERGD. Cart: classification and regression trees[C]//The Top Ten Algorithms in Data Mining. Chapman and Hall/CRC, 2009:193-216.

[22]　FREUND Y, SCHAPIRE R E. A desicion-theoretic generalization of on-line learning and an application to boosting[C]//European Conference on Computational Learning Theory, 1995: 23-37.

[23]　Demšar J. Statistical comparisons of classifiers over multiple data sets[J]. Journal of Machine Learning Research, 2006, 7(1):1-30.

[24]　DERRACJ, Garc'ıa S, MOLINA D, et al. A practical tutorial on the use of nonparametric statistical tests as a methodology for comparing evolutionary and swarm intelligence algorithms[J]. Swarm and Evolutionary Computation, 2011, 1(1):3-18.

[25]　WILCOXON F, KATTI S, WILCOX R A. Critical values and probability levels for the wilcoxon rank sum test and the Wilcoxon signed rank test[J]. Selected Tables in Mathematical Statistics, 1970, 1:171-259.

# 第 6 章　构造性集成过采样方法

## 6.1　问　题　描　述

SMOTE 的随机性可能增加新噪声样本和重叠样本。为了提升不平衡数据过采样的有效性，本章考虑利用样本的邻域信息，将过采样过程中的合成样本约束在少数类样本邻域内，从而避免引入额外的噪声和异类重叠样本。

构造性神经网络[1]与传统神经网络的不同之处在于，它能够构造性的完成网络模型的自动确定，而不需要预先对网络结构参数进行设定。张铃等[2]给出了 M-P 神经元结点的几何意义，也就是说，利用三层神经网络来构造分类器，即等同于寻找能够划分不同类型的输入向量的邻域集合。构造性神经网络中以超球体作为样本的邻域，每一个超球体都是一个局部模式的学习函数。

借鉴上述构造性神经网络中局部模式的学习方法，本章提出一种针对少数类样本邻域的学习方法。如图 6.1 所示，假设图中圆形区域表示学习的少数类样本邻域，$A$、$B$、$H$、$D$、$E$ 为学习到的邻域中心。设种子样本为 $C$，对 $C$ 与其近邻样本 $B$ 使用线性插值并控制合成样本的位置，使其落入少数类局部邻域内，如样本 $x_4$。此外，合成的样本也可落入以 $B$ 或 $D$ 为

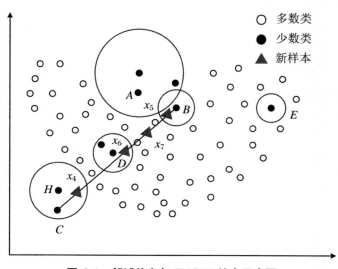

**图 6.1　邻域信息与 SMOTE 结合示意图**

中心的邻域中,如样本 $x_5$ 和 $x_6$。本章方法控制样本合成的位置,使得新样本既不会与多数类样本发生重叠,也不会成为噪声样本,即不会产生图中样本 $x_7$ 的情况。

# 6.2　NA-SMOTE 算法

本章从样本空间分布的角度出发,提出一种有监督的样本空间分布学习方法,用以学习少数类样本的局部邻域信息,并以局部邻域信息约束过采样过程中样本的合成,以减少线性插值可能带来的噪声以及样本重叠等不利因素,从而提高过采样的效率。此外,本章采用了集成策略来克服随机初始化所造成的邻域挖掘过程的不确定性,提高邻域挖掘范围和噪声样本的识别能力。改算法主要包括少数类邻域挖掘、少数类邻域融合和噪声样本检测三个主要步骤。

## 6.2.1　少数类邻域挖掘

假设训练集为 $D$,记少数类样本集为 $D_m$,多数类样本集为 $D_n$。

首先,从 $D_m$ 中随机选择样本 $x_i$ 作为邻域中心。利用欧式距离计算离 $x_i$ 最近的异类样本的距离,记为 $d_1$。计算方法如公式(6.1)所示。

$$d_1(i) = \min_{y_m \neq y_i} dist(x_i, x_m)$$ (6.1)

其中,$m \in \{1, 2, \cdots, p\}$。

以 $d_1$ 为约束,计算以 $x_i$ 为中心,$d_1$ 为半径的邻域范围内同类样本与 $x_i$ 的最远距离,记为 $d_2$。计算方法如公式(6.2)所示。

$$d_2(i) = \max_{y_m = y_i} \{dist(x_i, x_m) | (x_i, x_m) < d_1(i)\}$$ (6.2)

其中,$m \in \{1, 2, \cdots, p\}$。

通过上述过程,我们能够得到一个以 $x_i$ 为邻域中心,$\theta_i$ 为半径的少数类样本邻域,本章采取折中半径[3-4]的办法得到其半径 $\theta_i$。计算方法如公式(5.3)所示。

$$\theta_i = \frac{[d_1(i) + d_2(i)]}{2}$$ (6.3)

通过标记落在邻域中的样本,能够得到一个少数类样本邻域。重复上述学习过程,直到数据集中的所有样本均被标记为止,此时学习任务结束,获得少数类样本邻域集合 $\{N^1, N^2, \cdots, N^n\}$。

## 6.2.2　少数类邻域融合

由于邻域信息的挖掘过程带有随机性,所以不同的初始化对应的邻域信息挖掘有所差异,如图 6.2 中(a)、(b)、(c)所示,圆形区域表示的是对应的邻域。以图 6.2(a)和(b)为例,在图 6.2(a)中,一次邻域信息挖掘后,得到以 $A$、$C$、$D$、$E$、$F$ 为邻域中心的样本邻域。此时,以 $A$ 为中心的邻域包含样本 $G$,以 $C$ 为中心的邻域包含样本 $H$,以 $D$ 为中心的邻域包含样本 $I$,以 $F$ 为中心的邻域包含样本 $B$,以 $E$ 为中心的邻域为单样本邻域;图 6.2(b)给出的是另一次邻域信息挖掘后得到的以 $B$、$D$、$E$、$G$、$H$ 为邻域中心的样本邻域。此时,样本 $F$ 被划分到以 $G$ 为中心的样本邻域里,样本 $B$ 形成单样本邻域。所以,不同的中心样本选择产生的样本邻域存在一定的差异。为避免随机初始化造成的不确定性,我们利用集成策略,尽可能地学习少数类样本的邻域范围。图 6.2(a)、(b)、(c)分别表示 3 次邻域信息挖掘结果,图 6.2(d)表示 3 次邻域信息融合结果。

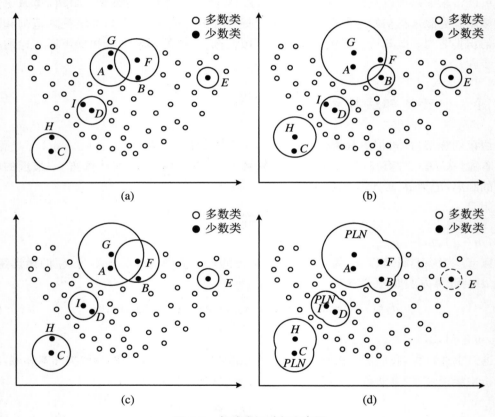

图 6.2　邻域感知过程示意图

我们对样本进行多次邻域信息挖掘,每一次形成的邻域都不尽相同。其中一次信息挖掘所形成的少数类样本邻域如公式(6.4)所示。

$$N_l = \bigcup N_i^l \tag{6.4}$$

其中,$N_i^l = (x_i, \theta_i)$,$l \in \{0, 1, \cdots, W\}$,$W$ 表示邻域信息挖掘的次数。该次形成的少数类样本邻域包含邻域中心集合 $X_l = \bigcup x_i$,邻域半径集合 $\Theta_l = \bigcup \theta_i$。

本章将少数类样本所在的局部邻域称为 $PLN$(positive local neighborhood),即

$$PLN = \bigcup N_l \tag{6.5}$$

其中,样本邻域的中心集为 $X = \bigcup X_l$,半径集为 $\Theta = \bigcup \Theta_l$。该邻域是合成新少数类样本的安全域。在合成新样本时,严格控制新样本的空间位置,使得新合成的样本仅落入 $PLN$ 中,从而有效避免噪声样本的产生。

## 6.2.3　噪声样本检测

SMOTE 的随机性增加了产生新噪声样本和样本间发生重叠的可能性。本章提出的方法可控制合成的新少数类样本落入 $PLN$ 中,有效地避免了新噪声的产生。但是,当种子样本中有噪声样本时,上述控制合成样本的过程无法有效识别噪声样本,从而使得新合成的样本落入到噪声样本的邻域。为此,本章提出如下策略检测噪声样本:对样本 $x_i$,假设邻域信息挖掘次数为 $W$,那么,若 $W$ 次邻域挖掘过程都满足公式(6.6),则定义该样本为噪声样本。

$$NOISE(x_i) = \left\{ x_i \,\middle|\, (x_i \in N_i^l) \wedge (|N_i^l| = 1) \right\} \tag{6.6}$$

其中,$|N_i^l|$ 表示邻域的势,即邻域中样本的个数。

由公式(6.6)可知,对于任意一个少数类样本 $x_i$,如果在 $W$ 次的邻域信息学习过程中,该样本所处的邻域中都仅包含该样本,那么该样本所处的邻域则被视为噪声,该噪声域会被排除在局部邻域的形成过程之外,从而避免噪声样本附近合成新的少数类样本。合成的样本集合 $x$ 如公式(6.7)所示。

$$x = \left\{ x_i \,\middle|\, (x_i \in PLN) \wedge (x_i \notin NOISE) \right\} \tag{6.7}$$

图 6.3 为噪声域处理的示意图。假设 $E$ 为噪声样本,选择 $E$ 与其近邻样本 $B$ 合成新样本 $x_8$,由于限制了样本落在 $PLN$ 区域内,而在噪声域外,因此该样本最终不会落入 $E$ 的附近区域,而是落在以 $B$ 为中心的邻域内,从而有效避免了新噪声样本的引入。通过融合多次

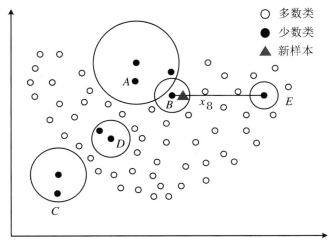

**图 6.3　噪声域处理的示意图**

邻域信息的挖掘过程,得到最终的少数类样本邻域,并在此过程中判断出高概率的噪声样本,利用邻域信息约束后续的样本合成过程,最终得到平衡数据。

具体步骤如算法 6.1 所示。

**算法 6.1　邻域感知的过采样技术(NA-SMOTE)**

输入:训练集 $D$,训练次数 $W$;

输出:输出平衡数据集。

1.　数据预处理:少数类和多数类训练集 $D_m$ 和 $D_n$ 以及对应样本数 $N_m$ 和 $N_n$;
2.　For $l \leftarrow 0$ to $W$:
3.　　For ANY $x_i \in D$:
4.　　　计算邻域半径 $\theta_i$　　/ * 公式(6.1)~(6.3) * /;
5.　　　$N^i = (x_i, \theta_i)$
6.　　End For
7.　　$N_l = \bigcup N^i_i, X_l = \bigcup x_i, \Theta_l = \bigcup \theta_i$;
8.　End For
9.　$PLN = \bigcup N_l, X = \bigcup X_l, \Theta = \bigcup \Theta_l$;
10.　While $D'_m \bigcup D_m < D_n$:
11.　　For random $x_q \in D_m$:
12.　　　计算 $x_q$ 的 $k$ 近邻样本,存入 $distk$ 中;
13.　　　For random $x_j \in distk$:
14.　　　　根据 SMOTE 算法,合成新样本 $x'_q$;
15.　　　　If $x'_q$ in $PLN$:
16.　　　　　$D'_m \leftarrow x'_q$;
17.　　　　Else:
18.　　　　　$j - = 1$;
19.　　　　End If
20.　　　End For
21.　　End For
22.　End While
23.　$D' \leftarrow D'_m \bigcup D_m \bigcup D_n$;
24.　输出平衡数据集。

# 6.3　模型分析与性能评估

## 6.3.1　模型评估基本设置

本节介绍了实验所使用的数据集、常用的评估指标以及所使用的分类器,并分析了集成次数与性能的关系、噪声数据探测的结果以及对比实验的结果。实验环境为 AMD 锐龙 2700X(8 核 16 线程、主频 3.7GHz)、24GB DDR4 RAM,编程语言为 Python(Pycharm1.4)。

实验中数据集来自 KEEL[5] 和 UCI[6],其中 KEEL 数据集样本容量从 108～2935 不等, 不平衡率为 1.8～100.2。表 6.1 给出了 KEEL 数据集的具体信息。UCI 数据集样本容量 从 4873～45211 不等,不平衡率为 7.5～113.1。表 6.2 给出了 UCI 数据集的具体信息。部 分数据集根据选择作为少数类的标签属性的不同可以作为不同数据集使用。

表 6.1　KEEL 数据集详细信息

| 数据集 | 数据集缩写 | 样本容量 | 样本特征 | 少数类样本 | 多数类样本 | 不平衡率 |
|---|---|---|---|---|---|---|
| glass1 | glass1 | 214 | 9 | 76 | 138 | 1.8158 |
| wisconsin | wiscon | 683 | 9 | 239 | 444 | 1.8577 |
| glass0 | glass2 | 214 | 9 | 70 | 144 | 2.0571 |
| yeast1 | yeast1 | 1484 | 8 | 429 | 1055 | 2.4592 |
| new-thyroid1 | nthyd1 | 215 | 5 | 35 | 180 | 5.1429 |
| newthyroid2 | nthyd2 | 215 | 5 | 35 | 180 | 5.1429 |
| segment0 | segmt0 | 2308 | 19 | 329 | 1979 | 6.0152 |
| glass6 | glass3 | 214 | 9 | 29 | 185 | 6.3793 |
| ecoli3 | ecoli1 | 336 | 7 | 35 | 301 | 8.6000 |
| ecoli-0-3-4_vs_5 | ecoli2 | 200 | 7 | 20 | 180 | 9.0000 |
| ecoli-0-6-7_vs_3-5 | ecoli3 | 222 | 7 | 22 | 200 | 9.0909 |
| ecoli-0-2-3-4_vs_5 | ecoli4 | 202 | 7 | 20 | 182 | 9.1000 |
| yeast-0-3-5-9_vs_7-8 | yeast2 | 506 | 8 | 50 | 456 | 9.1200 |
| yeast-0-2-5-6_vs_3-7-8-9 | yeast3 | 1004 | 8 | 99 | 905 | 9.1414 |
| yeast-0-2-5-7-9_vs_3-6-8 | yeast4 | 1004 | 8 | 99 | 905 | 9.1414 |
| ecoli-0-4-6_vs_5 | ecoli5 | 203 | 6 | 20 | 183 | 9.1500 |
| ecoli-0-2-6-7_vs_3-5 | ecoli6 | 224 | 7 | 22 | 202 | 9.1818 |
| ecoli-0-3-4-6_vs_5 | ecoli7 | 205 | 7 | 20 | 185 | 9.2500 |
| ecoli-0-3-4-7_vs_5-6 | ecoli8 | 257 | 7 | 25 | 232 | 9.2800 |
| yeast-0-5-6-7-9_vs_4 | yeast5 | 528 | 8 | 51 | 477 | 9.3529 |
| vowel0 | vowel0 | 988 | 13 | 90 | 898 | 9.9778 |
| ecoli-0-6-7_vs_5 | ecoli9 | 220 | 6 | 20 | 200 | 10.000 |
| glass-0-1-6_vs_2 | glass5 | 192 | 9 | 17 | 175 | 10.2941 |
| glass-0-6_vs_5 | glass6 | 108 | 9 | 9 | 99 | 11.0000 |
| glass-0-1-4-6_vs_2 | glass7 | 205 | 9 | 17 | 188 | 11.0588 |
| glass2 | glass8 | 214 | 9 | 17 | 197 | 11.5882 |
| ecoli-0-1-4-7_vs_5-6 | ecoli10 | 332 | 6 | 25 | 307 | 12.2800 |
| ecoli-0-1-4-6_vs_5 | ecoli11 | 280 | 6 | 20 | 260 | 13.0000 |
| yeast-1_vs_7 | yeast6 | 459 | 7 | 30 | 429 | 14.3000 |
| glass4 | glass9 | 214 | 9 | 13 | 201 | 15.4615 |

续表

| 数据集 | 数据集缩写 | 样本容量 | 样本特征 | 少数类样本 | 多数类样本 | 不平衡率 |
|---|---|---|---|---|---|---|
| page-blocks-1-3_vs_4 | pageb0 | 472 | 10 | 28 | 444 | 15.8571 |
| abalone9-18 | abalone0 | 731 | 8 | 42 | 689 | 16.4048 |
| dermatology-6 | dermat | 358 | 34 | 20 | 338 | 16.9000 |
| glass5 | glass10 | 214 | 9 | 9 | 205 | 22.7778 |
| yeast-2_vs_8 | yeast7 | 482 | 8 | 20 | 462 | 23.1000 |
| flare-F | flare | 1066 | 11 | 43 | 1023 | 23.7907 |
| car-good | cargod | 1728 | 6 | 69 | 1659 | 24.0435 |
| car-vgood | carvgod | 1728 | 6 | 65 | 1663 | 25.5846 |
| yeast4 | yeast8 | 1484 | 8 | 51 | 1433 | 28.0980 |
| kddcup-guess_passwd_vs_satan | kddgps | 1642 | 41 | 53 | 1589 | 29.9811 |
| yeast-1-2-8-9_vs_7 | yeast9 | 947 | 8 | 30 | 917 | 30.5667 |
| yeast5 | yeast10 | 1484 | 8 | 44 | 1440 | 32.7273 |
| kr-vs-k-three_vs_eleven | krk0 | 2935 | 6 | 81 | 2854 | 35.2346 |
| winequality-red-8_vs_6 | wineqr | 656 | 11 | 18 | 638 | 35.4444 |
| abalone-21_vs_8 | abalone1 | 581 | 8 | 14 | 567 | 40.5000 |
| yeast6 | yeast11 | 1484 | 8 | 35 | 1449 | 41.4000 |
| kddcup-land_vs_portsweep | kddlp | 1061 | 41 | 21 | 1040 | 49.5238 |
| kr-vs-k-zero_vs_eight | krk1 | 1460 | 6 | 27 | 1433 | 53.0741 |
| poker-8-9_vs_6 | poker0 | 1485 | 10 | 25 | 1460 | 58.4000 |
| abalone-20_vs_8-9-10 | abalone2 | 1916 | 8 | 26 | 1890 | 72.6923 |
| kddcup-buffer_overflow_vs_back | kddbob | 2233 | 41 | 30 | 2203 | 73.4333 |
| kddcup-land_vs_satan | kddls | 1610 | 41 | 21 | 1589 | 75.6667 |
| kr-vs-k-zero_vs_fifteen | krk2 | 2193 | 6 | 27 | 2166 | 80.2222 |
| poker-8_vs_6 | poker1 | 1477 | 10 | 17 | 1460 | 85.8824 |
| kddcup-rootkit-imap_vs_back | kddrib | 2225 | 41 | 22 | 2203 | 100.1364 |

**表 6.2　UCI 数据集详细信息**

| 数据集 | 数据集缩写 | 样本容量 | 样本特征 | 少数类样本 | 多数类样本 | 不平衡率 |
|---|---|---|---|---|---|---|
| bank | bank | 45211 | 11 | 5289 | 39922 | 7.5481 |
| optical_digits | poti_d | 5620 | 64 | 554 | 5066 | 9.1444 |
| win-whtie | win_w | 4873 | 11 | 338 | 4535 | 13.4172 |
| isolet | isolet | 7797 | 617 | 300 | 7497 | 24.99 |
| parkinsons telemonitoring | park_tel | 5875 | 26 | 138 | 5737 | 41.5725 |
| Chesscking_Rook vs. King | chess_rk | 28056 | 6 | 246 | 27810 | 113.0488 |

## 6.3.2　参数敏感性分析

本节对邻域信息挖掘次数与最终分类性能的关系进行了研究。为简便起见,我们列出了其中 4 个典型数据集(glass9、wineqr、yeast11、krk1)上的实验结果,并分别对每组实验重复 10 次并取其均值。图 6.4 给出了邻域信息挖掘次数与算法最终性能之间的关系,其中的邻域信息挖掘次数分别为 1、2、5、10、15、20。我们以图 6.4(a)的 Recall 指标为例,Recall 在 $W=5$ 时明显升高,随着 $W$ 的进一步增加,Recall 值虽然仍然能够有一些增长,但是效果不明显,整体性能趋于稳定。当 $W=20$ 时,邻域信息挖掘所耗费的时间大约为 $W=5$ 时的 4 倍,但是性能的提升却很小。我们可以在另外 3 个数据集上也发现类似的现象。同时,我们注意到,在数据集 wineqr 上,邻域挖掘次数为 10 的时候算法性能提升较明显,随着次数的增加,性能逐步稳定。综合考虑后,本章选择 10 为最终的邻域信息挖掘次数。

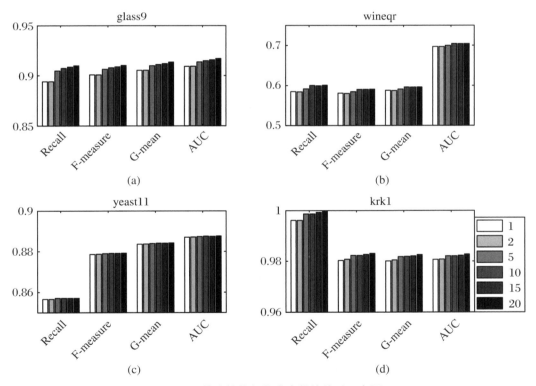

**图 6.4　算法性能与集成次数的关系示意图**

## 6.3.3　模型性能评估

### 6.3.3.1　噪声数据探测结果

表 6.3 给出了本章算法在 KEEL 数据集上的实验过程中探测出可能是噪声样本的个

数。其中,$\text{Num}_{\text{ori}}$表示原始数据中探测的噪声样本数量,$\text{Num}_{\text{fol}}$表示训练集中的噪声数量。从表 6.3 中可以看出,训练集中的噪声数量大部分多于原始数据集,对样本进行划分训练集和测试集时,会稀疏原数据集的少数类样本,使原始数据中处于多数类附近的多个少数类样本稀疏至单个样本,从而增加了该样本被误判为噪声样本的概率。

表 6.3　KEEL 数据集对应的少数类噪声样本数量

| 数据集 | 噪声样本数量 （$\text{Num}_{\text{ori}}$） | 噪声数量 （$\text{Num}_{\text{fol}}$） | 数据集 | 噪声样本数量 （$\text{Num}_{\text{ori}}$） | 噪声数量 （$\text{Num}_{\text{fol}}$） | 数据集 | 噪声样本数量 （$\text{Num}_{\text{ori}}$） | 噪声数量 （$\text{Num}_{\text{fol}}$） |
|---|---|---|---|---|---|---|---|---|
| glass1 | 2 | 12 | yeast5 | 0 | 15 | yeast8 | 2 | 16 |
| wiscon | 0 | 0 | vowel0 | 7 | 0 | kddgps | 0 | 0 |
| glass2 | 3 | 5 | ecoli9 | 0 | 0 | yeast9 | 1 | 11 |
| yeast1 | 1 | 23 | glass5 | 1 | 2 | yeast10 | 0 | 0 |
| nthyd1 | 0 | 0 | glass6 | 0 | 0 | krk0 | 1 | 0 |
| nthyd2 | 0 | 0 | glass7 | 3 | 2 | wineqr | 1 | 11 |
| segmt0 | 1 | 0 | glass8 | 1 | 4 | abalone1 | 0 | 0 |
| glass3 | 0 | 0 | ecoli10 | 0 | 0 | yeast11 | 1 | 10 |
| ecoli1 | 1 | 8 | ecoli11 | 0 | 0 | kddlp | 0 | 0 |
| ecoli2 | 0 | 0 | yeast6 | 0 | 12 | krk1 | 1 | 0 |
| ecoli3 | 0 | 0 | glass9 | 0 | 0 | poker0 | 0 | 0 |
| ecoli4 | 0 | 0 | pageb0 | 0 | 0 | abalone2 | 1 | 12 |
| yeast2 | 1 | 12 | abalone0 | 1 | 11 | kddbob | 0 | 0 |
| yeast3 | 5 | 16 | dermat | 0 | 0 | kddls | 0 | 0 |
| yeast4 | 0 | 12 | glass10 | 0 | 0 | krk2 | 0 | 0 |
| ecoli5 | 0 | 0 | yeast7 | 0 | 0 | poker1 | 0 | 0 |
| ecoli6 | 0 | 0 | flare | 1 | 11 | kddrib | 0 | 0 |
| ecoli7 | 0 | 0 | cargod | 1 | 18 | / | / | / |
| ecoli8 | 2 | 0 | carvgod | 1 | 13 | / | / | / |

由表 6.4 可知,训练集中噪声的产生与划分数据集的选择有关,使得原始数据集中的正常少数类样本被误分为噪声样本。同时,在五折交叉中也出现了某一次或多次训练集中噪声样本数量为 0 的情况,说明在某次划分数据集时,并未使原数据集中的正常少数类样本孤立。为了避免这种由交叉验证过程中产生的样本分布的变化,本章方法并不删除测试集上探测出的可能的噪声样本,而是在过采样时避免在此类可能的噪声样本形成的邻域附近合成少数类样本,从而达到避免引入新的噪声样本的可能。

表 6.4　五折交叉训练中噪声样本数量

| 数据集 | 1 | 2 | 3 | 4 | 5 |
|---|---|---|---|---|---|
| glass1 | 16 | 15 | 12 | 17 | 0 |
| ecoli1 | 0 | 8 | 12 | 11 | 11 |
| glass5 | 0 | 0 | 0 | 10 | 0 |
| yeast4 | 18 | 11 | 14 | 15 | 0 |
| glass7 | 0 | 0 | 0 | 10 | 0 |

### 6.3.3.2　性能对比

本章中,我们选择 5 种常用的过采样方法 Random Over Sampling[7]、SMOTE[8]、BorderlineSMOTE[9]、ADASYN[10] 和 MWMOTE[11],以及 3 种混合采样方法 SMOTE-Tomek[12]、SMOTEENN[13]、CCR[14]与本章算法进行对比。在对比实验中,我们分别用缩写 ROS、SMO、B-SMO、ADAS、MWMO、SMO-T、SMO-E、CCR 代替上述 8 个算法,用 NA-SMO 代替本章的 NA-SMOTE。实验中,利用 SMOTE 合成样本时,其最近邻个数均采用 SMOTE 算法中的值,即 $k=5$。

图 6.5 给出了各个算法在所有数据集上的均值,可以看出,NA-SMO 方法整体上要优于其他对比方法。表 6.5～表 6.8 给出了各个算法分别在 KEEL 数据集上 10 次实验的 Recall、F-measure、G-mean、AUC 均值及对应的标准差。以 F-measure 指标结果为例,由表 6.6 可以看出,NA-SMOTE 在 19 个数据集上取得最佳效果。在 Recall、G-mean 和 AUC 上分别在 39、19 和 19 个数据集上达到最佳效果。表 6.9 给出了各个算法在 UCI 数据集上 10 次实验的 Recall、F-measure、G-mean、AUC 均值及对应的标准差。其中,MWMO 算法在计算多个 UCI 数据集时出现内存溢出情况,导致无结果。从表 6.9 可以看出,NA-SMOTE 也取得较好的效果(Recall:4/6、F-measure:5/6、G-mean:5/6、AUC:5/6)。

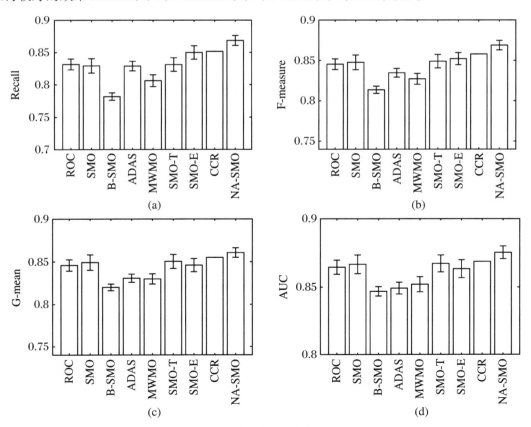

图 6.5　算法性能及其标准差

表 6.5　9 种对比方法在 Recall 上的结果

| 数据集 | ROS | SMO | B-SMO | ADAS | MWMO | SMO-T | SMO-E | CCR | NA-SMO |
|---|---|---|---|---|---|---|---|---|---|
| glass1 | 0.8010 ± 0.0251 | 0.8138 ± 0.0112 | 0.7866 ± 0.0262 | 0.7971 ± 0.0179 | 0.8054 ± 0.0090 | 0.8088 ± 0.0130 | 0.8435 ± 0.0093 | 0.8167 ± 0.0000 | **0.8580 ±** 0.0126 |
| wiscon | 0.9782 ± 0.0025 | 0.9803 ± 0.0027 | **0.9958 ±** 0.0000 | **0.9958 ±** 0.0000 | 0.9808 ± 0.0033 | 0.9799 ± 0.0025 | 0.9849 ± 0.0034 | 0.9791 ± 0.0000 | 0.9753 ± 0.0012 |
| glass2 | 0.9757 ± 0.0129 | 0.9700 ± 0.0149 | **0.9857 ±** 0.0000 | **0.9857 ±** 0.0000 | 0.9743 ± 0.0154 | 0.9700 ± 0.0077 | 0.9743 ± 0.0086 | **0.9857 ±** 0.0000 | **0.9857 ±** 0.0000 |
| yeast1 | 0.7403 ± 0.0083 | 0.7500 ± 0.0037 | 0.8305 ± 0.0091 | 0.8392 ± 0.0061 | 0.7771 ± 0.0046 | 0.7486 ± 0.0047 | **0.8613 ±** 0.0054 | 0.7739 ± 0.0000 | 0.7578 ± 0.0042 |
| nthyd1 | 0.9743 ± 0.0086 | 0.9743 ± 0.0086 | **0.9971 ±** 0.0086 | 0.9829 ± 0.0140 | 0.9743 ± 0.0086 | 0.9714 ± 0.0000 | 0.9686 ± 0.0086 | 0.9714 ± 0.0000 | 0.9714 ± 0.0000 |
| nthyd2 | 0.9914 ± 0.0131 | 0.9943 ± 0.0114 | **1.000 ±** .0000 | **1.000 ±** .0000 | 0.9971 ± 0.0086 | 0.9971 ± 0.0086 | 0.9943 ± 0.0114 | **10.000 ±** 0.0000 | 0.9971 ± 0.0086 |
| segmt0 | 0.9876 ± 0.0009 | 0.9848 ± .0000 | **0.9970 ±** .0000 | **0.9970 ±** .0000 | 0.9879 ± 0.0000 | 0.9845 ± 0.0009 | 0.9852 ± 0.0009 | 0.9879 ± 0.0000 | 0.9848 ± 0.0000 |
| glass3 | 0.8300 ± 0.0100 | **0.8333 ±** 0.0000 | **0.8333 ±** 0.0000 | **0.8333 ±** 0.0000 | **0.8333 ±** 0.0000 | **0.8333 ±** 0.0000 | 0.8300 ± 0.0100 | **0.8333 ±** 0.0000 | **0.8333 ±** 0.0000 |
| ecoli1 | **0.9200 ±** 0.0114 | 0.9029 ± 0.0140 | 0.9343 ± 0.0131 | 0.9171 ± 0.0086 | 0.9057 ± 0.0183 | 0.9057 ± 0.0183 | 0.9171 ± 0.0086 | 0.9143 ± 0.0000 | 0.9143 ± 0.0000 |
| ecoli2 | **0.8500 ±** 0.0000 | **0.8500 ±** 0.0000 | 0.8000 ± 0.0000 | **0.8500 ±** 0.0000 | 0.8450 ± 0.0150 | **0.8500 ±** 0.0000 | 0.8450 ± 0.0150 | **0.8500 ±** 0.0000 | **0.8500 ±** 0.0000 |
| ecoli3 | 0.8620 ± 0.0160 | 0.8300 ± 0.0253 | 0.7400 ± 0.0000 | 0.7940 ± 0.0120 | 0.7360 ± 0.0215 | 0.8420 ± 0.0183 | 0.8330 ± 0.0297 | 0.9100 ± 0.0000 | **0.9140 ±** 0.0120 |
| ecoli4 | **0.8500 ±** 0.0000 | **0.8500 ±** 0.0000 | 0.8000 ± 0.0000 | **0.8500 ±** 0.0000 | **0.8500 ±** 0.0000 | **0.8500 ±** 0.0000 | **0.8500 ±** 0.0000 | **0.8500 ±** 0.0000 | **0.8500 ±** 0.0000 |

| 数据集 | ROS | SMO | B-SMO | ADAS | MWMO | SMO-T | SMO-E | CCR | NA-SMO |
|---|---|---|---|---|---|---|---|---|---|
| yeast2 | 0.6380±0.0209 | 0.6380±0.0060 | 0.6280±0.0183 | 0.6620±0.0227 | 0.6600±0.0179 | 0.6380±0.0108 | **0.7460**±0.0220 | 0.6400±0.0000 | 0.7220±0.0108 |
| yeast3 | 0.6734±0.0072 | 0.6704±0.0076 | 0.6714±0.0110 | 0.6673±0.0069 | 0.6746±0.0099 | 0.6694±0.0066 | **0.6926**±0.0000 | **0.6926**±0.0000 | 0.6916±0.0030 |
| yeast4 | 0.8388±0.0030 | 0.8344±0.0078 | 0.8223±0.0068 | 0.8399±0.0040 | 0.8427±0.0052 | 0.8394±0.0061 | 0.8497±0.0061 | **0.8779**±0.0000 | 0.8669±0.0030 |
| ecoli5 | **0.8500**±0.0000 | 0.8450±0.0150 | 0.8000±0.0000 | 0.8450±0.0150 | **0.8500**±0.0000 | 0.8450±0.0150 | 0.8400±0.0200 | 0.8500±0.0000 | **0.8500**±0.0000 |
| ecoli6 | 0.8580±0.0312 | 0.8180±0.0183 | 0.7400±0.0000 | 0.7980±0.0160 | 0.7360±0.0215 | 0.8260±0.0215 | 0.8280±0.0256 | 0.8700±0.0000 | **0.8940**±0.0196 |
| ecoli7 | **0.8500**±0.0000 | **0.8500**±0.0000 | 0.8000±0.0000 | **0.8500**±0.0000 | **0.8500**±0.0000 | **0.8500**±0.0000 | **0.8500**±0.0000 | **0.8500**±0.0000 | **0.8500**±0.0000 |
| ecoli8 | **0.8400**±0.0000 | **0.8400**±0.0000 | **0.8400**±0.0000 | **0.8400**±0.0000 | **0.8400**±0.0000 | **0.8400**±0.0000 | **0.8400**±0.0000 | **0.8400**±0.0000 | **0.8400**±0.0000 |
| yeast5 | 0.7316±0.0176 | 0.7120±0.0123 | 0.6851±0.0162 | 0.7318±0.0195 | 0.6944±0.0095 | 0.7058±0.0150 | **0.7633**±0.0221 | 0.7455±0.0000 | 0.7238±0.0085 |
| vowel0 | 0.9333±0.0000 | 0.9333±0.0000 | 0.8444±0.0000 | 0.9333±0.0000 | 0.9333±0.0000 | 0.9333±0.0000 | 0.9333±0.0000 | 0.9333±0.0000 | **0.9433**±0.0033 |
| ecoli9 | 0.7500±0.0000 | 0.7650±0.0229 | 0.7500±0.0000 | 0.7900±0.0200 | 0.7500±0.0000 | 0.7650±0.0229 | 0.7650±0.0229 | 0.8000±0.0000 | **0.8400**±0.0200 |
| glass5 | 0.8133±0.0332 | 0.7633±0.0245 | 0.7083±0.0310 | 0.7933±0.0200 | 0.6667±0.0298 | 0.8033±0.0332 | 0.8233±0.0436 | 0.7333±0.0000 | **0.8333**±0.0000 |

续表

| 数据集 | ROS | SMO | B-SMO | ADAS | MWMO | SMO-T | SMO-E | CCR | NA-SMO |
|---|---|---|---|---|---|---|---|---|---|
| glass6 | 0.8800 ± 0.0600 | 0.8200 ± 0.0980 | 0.7000 ± 0.0000 | 0.9000 ± 0.0000 | 0.7000 ± 0.0000 | 0.8600 ± 0.0800 | 0.9000 ± 0.0000 | 0.9000 ± 0.0000 | **0.9500 ±** 0.0500 |
| glass7 | 0.8333 ± 0.0000 | 0.8233 ± 0.0490 | 0.7267 ± 0.0200 | 0.8583 ± 0.0335 | 0.7067 ± 0.0442 | 0.8383 ± 0.0415 | 0.8433 ± 0.0436 | 0.8333 ± 0.0000 | **0.8783 ±** 0.0150 |
| glass8 | 0.8133 ± 0.0306 | 0.7817 ± 0.0369 | 0.6167 ± 0.0000 | 0.8267 ± 0.0467 | 0.6767 ± 0.0200 | 0.7917 ± 0.0382 | 0.8267 ± 0.0554 | 0.8333 ± 0.0000 | **0.9000 ±** 0.0000 |
| ecoli10 | **0.8400 ±** 0.0000 | **0.8400 ±** 0.0000 | 0.8000 ± 0.0000 | **0.8400 ±** 0.0000 | **0.8400 ±** 0.0000 | **0.8400 ±** 0.0000 | **0.8400 ±** 0.0000 | **0.8400 ±** 0.0000 | **0.8400 ±** 0.0000 |
| ecoli11 | **0.8500 ±** 0.0000 | 0.8400 ± 0.0200 | 0.8000 ± 0.0000 | 0.8000 ± 0.0000 | 0.8250 ± 0.0250 | 0.8500 ± 0.0000 | 0.8500 ± 0.0000 | 0.8500 ± 0.0000 | 0.8500 ± 0.0000 |
| yeast6 | 0.7200 ± 0.0221 | 0.7167 ± 0.0167 | 0.6567 ± 0.0300 | 0.7300 ± 0.0233 | 0.7067 ± 0.0327 | 0.7100 ± 0.0213 | **0.7733 ±** 0.0249 | 0.7333 ± 0.0000 | 0.7333 ± 0.0000 |
| glass9 | 0.8667 ± 0.0000 | 0.8667 ± 0.0000 | 0.8000 ± 0.0000 | 0.8667 ± 0.0000 | 0.7333 ± 0.0000 | 0.8667 ± 0.0000 | 0.8633 ± 0.0379 | 0.8667 ± 0.0000 | **0.9133 ±** 0.0306 |
| pageb0 | **10.000 ±** 0.0000 | 0.9667 ± 0.0000 | 0.9333 ± 0.0000 | **10.000 ±** 0.0000 | 0.9187 ± 0.0588 | 0.9667 ± 0.0000 | 0.9667 ± 0.0000 | **10.000 ±** 0.0000 | 0.9967 ± 0.0100 |
| abalone0 | 0.7014 ± 0.0147 | 0.7025 ± 0.0229 | 0.4822 ± 0.0111 | 0.7064 ± 0.0125 | 0.5869 ± 0.0306 | 0.6908 ± 0.0196 | **0.7664 ±** 0.0157 | 0.6611 ± 0.0186 | 0.7114 ± 0.0186 |
| dermat | **10.000 ±** 0.0000 | **10.000 ±** 0.0000 | **10.000 ±** 0.0000 | **10.000 ±** 0.0000 | / | **10.000 ±** 0.0000 | **10.000 ±** 0.0000 | **10.000 ±** 0.0000 | **10.000 ±** 0.0000 |
| glass10 | 0.7000 ± 0.0000 | 0.7000 ± 0.0000 | 0.7000 ± 0.0000 | 0.7000 ± 0.0000 | 0.7000 ± 0.0000 | 1.7000 ± 0.0000 | 0.7000 ± 0.0000 | **0.8000 ±** 0.0000 | **0.8000 ±** 0.0000 |

续表

| 数据集 | ROS | SMO | B-SMO | ADAS | MWMO | SMO-T | SMO-E | CCR | NA-SMO |
|---|---|---|---|---|---|---|---|---|---|
| yeast7 | 0.5400 ± 0.0300 | 0.5150 ± 0.0229 | 0.2500 ± 0.0000 | 0.5350 ± 0.0320 | 0.5050 ± 0.0150 | 0.5250 ± 0.0250 | 0.5300 ± 0.0245 | **0.5500** ± 0.0000 | **0.5500** ± 0.0000 |
| flare | 0.7294 ± 0.0089 | 0.6714 ± 0.0180 | 0.6528 ± 0.0000 | 0.6856 ± 0.0118 | 0.6900 ± 0.0229 | 0.6672 ± 0.0221 | 0.7508 ± 0.0176 | 0.6750 ± 0.0000 | **0.7511** ± 0.0172 |
| cargod | **10.000** ± 0.0000 | 0.9986 ± 0.0043 | 0.9957 ± 0.0065 | **10.000** ± 0.0000 | 0.9986 ± 0.0043 | **10.000** ± 0.0000 | **10.000** ± 0.0000 | **10.000** ± 0.0000 | **10.000** ± 0.0000 |
| carvgod | 0.8769 ± 0.0000 | 0.8677 ± 0.0075 | 0.8769 ± 0.0000 | 0.8738 ± 0.0062 | 0.8600 ± 0.0046 | 0.8662 ± 0.0071 | 0.9185 ± 0.0099 | **10.000** ± 0.0000 | 0.9692 ± 0.0000 |
| yeast8 | 0.7418 ± 0.0055 | 0.7196 ± 0.0174 | 0.6396 ± 0.0120 | 0.7576 ± 0.0092 | 0.7336 ± 0.0100 | 0.7116 ± 0.0223 | **0.7875** ± 0.0148 | 0.8018 ± 0.0000 | 0.7718 ± 0.0100 |
| kddgps | **0.9818** ± 0.0000 | **0.9818** ± 0.0000 | 0.9455 ± 0.0000 | 0.9636 ± 0.0000 | 0.9818 ± 0.0000 | 0.9818 ± 0.0000 | 0.9818 ± 0.0000 | 0.9818 ± 0.0000 | 0.9818 ± 0.0000 |
| yeast9 | 0.5533 ± 0.0163 | 0.6300 ± 0.0277 | 0.4533 ± 0.0163 | 0.6600 ± 0.0133 | 0.6000 ± 0.0211 | 0.6367 ± 0.0180 | 0.7300 ± 0.0233 | 0.5667 ± 0.0000 | 0.7200 ± 0.0163 |
| yeast10 | 0.9778 ± 0.0000 | 0.9733 ± 0.0089 | 0.9178 ± 0.0102 | 0.9778 ± 0.0000 | 0.9711 ± 0.0102 | 0.9711 ± 0.0142 | 0.9978 ± 0.0067 | **10.000** ± 0.0000 | **10.000** ± 0.0000 |
| krk0 | 0.9500 ± 0.0000 | 0.9500 ± 0.0000 | 0.9382 ± 0.0000 | 0.9500 ± 0.0000 | 0.9500 ± 0.0000 | 0.9512 ± 0.0038 | 0.9601 ± 0.0073 | **10.000** ± 0.0000 | 0.9625 ± 0.0000 |
| wineqr | 0.4167 ± 0.0000 | 0.3667 ± 0.0000 | 0.2167 ± 0.0000 | 0.3667 ± 0.0000 | 0.3167 ± 0.0000 | 0.3667 ± 0.0000 | 0.4833 ± 0.0000 | 0.4167 ± 0.0000 | **0.6517** ± 0.0497 |
| abalone1 | 0.7200 ± 0.0306 | **0.7667** ± 0.0000 | 0.6600 ± 0.0327 | **0.7667** ± 0.0000 | **0.7667** ± 0.0000 | **0.7667** ± 0.0000 | **0.7667** ± 0.0000 | **0.7667** ± 0.0000 | **0.7667** ± 0.0000 |

续表

| 数据集 | ROS | SMO | B-SMO | ADAS | MWMO | SMO-T | SMO-E | CCR | NA-SMO |
|---|---|---|---|---|---|---|---|---|---|
| yeast11 | 0.8286 ± 0.0000 | 0.8000 ± 0.0000 | 0.7600 ± 0.0140 | 0.8000 ± 0.0000 | 0.8286 ± 0.0000 | 0.8000 ± 0.0000 | 0.8000 ± 0.0000 | 0.8571 ± 0.0000 | 0.8571 ± 0.0000 |
| kddlp | 10.000 ± 0.0000 | 10.000 ± 0.0000 | 10.000 ± 0.0000 | / | 10.000 ± 0.0000 | 10.000 ± 0.0000 | 10.000 ± 0.0000 | 10.000 ± 0.0000 | 10.000 ± 0.0000 |
| krk1 | 10.000 ± 0.0000 | 0.9733 ± 0.0133 | 0.9667 ± 0.0000 | 0.9933 ± 0.0133 | 10.000 ± 0.0000 | 0.9767 ± 0.0153 | 0.9667 ± 0.0000 | 10.000 ± 0.0000 | 10.000 ± 0.0000 |
| poker0 | 0.5200 ± 0.0000 | 0.5600 ± 0.0000 | 0.5200 ± 0.0000 | 0.5600 ± 0.0000 | 0.5600 ± 0.0000 | 0.5600 ± 0.0000 | 0.5600 ± 0.0000 | 0.7200 ± 0.0000 | 0.7360 ± 0.0265 |
| abalone2 | 0.6667 ± 0.0163 | 0.6807 ± 0.0165 | 0.5267 ± 0.0133 | 0.6800 ± 0.0000 | 0.6467 ± 0.0000 | 0.6700 ± 0.0153 | 0.6840 ± 0.0120 | 0.7600 ± 0.0000 | 0.7600 ± 0.0473 |
| kddbob | 0.9667 ± 0.0000 | 0.9667 ± 0.0000 | 0.9667 ± 0.0000 | / | 0.9667 ± 0.0000 | 0.9667 ± 0.0000 | 0.9667 ± 0.0000 | 10.000 ± 0.0000 | 10.000 ± 0.0000 |
| kddls | 10.000 ± 0.0000 | 10.000 ± 0.0000 | 0.9600 ± 0.0000 | / | 10.000 ± 0.0000 | 10.000 ± 0.0000 | 10.000 ± 0.0000 | 10.000 ± 0.0000 | 10.000 ± 0.0000 |
| krk2 | 10.000 ± 0.0000 | 10.000 ± 0.0000 | 0.8333 ± 0.0000 | 10.000 ± 0.0000 | 10.000 ± 0.0000 | 10.000 ± 0.0000 | 10.000 ± 0.0000 | 10.000 ± 0.0000 | 10.000 ± 0.0000 |
| poker1 | 0.5333 ± 0.0000 | 0.7367 ± 0.0306 | 0.7167 ± 0.0000 | 0.7167 ± 0.0000 | 0.6000 ± 0.0000 | 0.7367 ± 0.0306 | 0.7167 ± 0.0000 | 0.7167 ± 0.0000 | 0.7650 ± 0.0263 |
| kddrib | 10.000 ± 0.0000 | 10.000 ± 0.0000 | 10.000 ± 0.0000 | 10.000 ± 0.0000 | 10.000 ± 0.0000 | 10.000 ± 0.0000 | 10.000 ± 0.0000 | 10.000 ± 0.0000 | 10.000 ± 0.0000 |
| 均值 | 0.8317 ± 0.0083 | 0.8294 ± 0.0112 | 0.7819 ± 0.0056 | 0.8290 ± 0.0074 | 0.8062 ± 0.0092 | 0.8314 ± 0.0105 | 0.8500 ± 0.0103 | 0.8516 ± 0.0000 | 0.8684 ± 0.0077 |

表 6.6  9 种对比方法在 F_measure 上的结果

| 数据集 | ROS | SMO | B-SMO | ADAS | MWMO | SMO-T | SMO-E | CCR | NA-SMO |
|---|---|---|---|---|---|---|---|---|---|
| glass1 | 0.7079± 0.0109 | 0.7167± 0.0085 | 0.6957± 0.0168 | 0.7025± 0.0123 | **0.7176±** 0.0061 | 0.7088± 0.0093 | 0.7138± 0.0123 | 0.6981± 0.0000 | 0.7172± 0.0059 |
| wiscon | 0.9716± 0.0014 | 0.9730± 0.0017 | 0.9740± 0.0007 | **0.9751±** 0.0009 | 0.9732± 0.0019 | 0.9723± 0.0014 | 0.9749± 0.0018 | 0.9718± 0.0000 | 0.9731± 0.0006 |
| glass2 | 0.7990± 0.0080 | 0.7971± 0.0073 | **0.8042±** 0.0014 | 0.7998± 0.0020 | 0.7990± 0.0077 | 0.7989± 0.0044 | 0.7867± 0.0043 | **0.8065±** 0.0000 | 0.7908± 0.0017 |
| yeast1 | 0.7183± 0.0039 | 0.7196± 0.0028 | 0.7396± 0.0041 | 0.7443± 0.0026 | 0.7249± 0.0023 | 0.7190± 0.0027 | **0.7461±** 0.0029 | 0.7252± 0.0000 | 0.7231± 0.0023 |
| nthyd1 | 0.9788± 0.0042 | 0.9801± 0.0051 | **0.9862±** 0.0044 | 0.9793± 0.0075 | 0.9785± 0.0058 | 0.9786± 0.0011 | 0.9746± 0.0066 | 0.9737± 0.0000 | 0.9767± 0.0015 |
| nthyd2 | 0.9829± 0.0084 | 0.9868± 0.0069 | 0.9804± 0.0016 | 0.9783± 0.0014 | 0.9798± 0.0050 | 0.9871± 0.0058 | 0.9831± 0.0062 | 0.9664± 0.0000 | **0.9908±** 0.0061 |
| segmt0 | 0.9931± 0.0004 | 0.9921± 0.0000 | 0.9866± 0.0002 | 0.9867± 0.0001 | **0.9933±** 0.0001 | 0.9919± 0.0005 | 0.9921± 0.0004 | 0.9926± 0.0000 | 0.9918± 0.0000 |
| glass3 | 0.8800± 0.0080 | 0.8837± 0.0018 | 0.8812± 0.0011 | 0.8798± 0.0020 | **0.8842±** 0.0022 | 0.8833± 0.0010 | 0.8809± 0.0067 | 0.8826± 0.0000 | 0.8826± 0.0000 |
| ecoli1 | 0.8929± 0.0050 | 0.8849± 0.0103 | **0.9049±** 0.0074 | 0.8886± 0.0047 | 0.8883± 0.0123 | 0.8863± 0.0129 | 0.8870± 0.0057 | 0.8982± 0.0000 | 0.8895± 0.0018 |
| ecoli2 | 0.8893± 0.0007 | **0.8947±** 0.0011 | 0.8657± 0.0000 | 0.8884± 0.0027 | 0.8895± 0.0090 | 0.8942± 0.0012 | 0.8893± 0.0090 | 0.8891± 0.0000 | 0.8909± 0.0014 |
| ecoli3 | 0.8950± 0.0113 | 0.8766± 0.0166 | 0.8347± 0.0015 | 0.8130± 0.0094 | 0.8222± 0.0183 | 0.8829± 0.0106 | 0.8738± 0.0192 | **0.9237±** 0.0000 | 0.9202± 0.0060 |
| ecoli4 | 0.8853± 0.0000 | 0.8855± 0.0008 | 0.8612± 0.0000 | 0.8811± 0.0020 | **0.8880±** 0.0021 | 0.8855± 0.0006 | 0.8873± 0.0028 | 0.8853± 0.0000 | 0.8863± 0.0010 |

续表

| 数据集 | ROS | SMO | B-SMO | ADAS | MWMO | SMO-T | SMO-E | CCR | NA-SMO |
|---|---|---|---|---|---|---|---|---|---|
| yeast2 | 0.6831 ± 0.0150 | 0.6823 ± 0.0072 | 0.6831 ± 0.0147 | 0.6661 ± 0.0128 | 0.6744 ± 0.0124 | 0.6794 ± 0.0093 | 0.7042 ± 0.0110 | 0.6830 ± 0.0000 | **0.7183** ± 0.0102 |
| yeast3 | 0.7239 ± 0.0099 | 0.7310 ± 0.0126 | 0.6785 ± 0.0093 | 0.6674 ± 0.0075 | 0.7080 ± 0.0086 | 0.7290 ± 0.0117 | 0.6981 ± 0.0043 | 0.7269 ± 0.0000 | **0.7535** ± 0.0024 |
| yeast4 | 0.8938 ± 0.0020 | 0.8927 ± 0.0047 | 0.8542 ± 0.0053 | 0.8618 ± 0.0043 | 0.8947 ± 0.0035 | 0.8956 ± 0.0035 | 0.8982 ± 0.0034 | **0.9095** ± 0.0000 | 0.9047 ± 0.0020 |
| ecoli5 | 0.8834 ± 0.0009 | 0.8825 ± 0.0080 | 0.8684 ± 0.0000 | 0.8790 ± 0.0085 | **0.8874** ± 0.0028 | 0.8828 ± 0.0089 | 0.8734 ± 0.0115 | 0.8849 ± 0.0000 | 0.8780 ± 0.0006 |
| ecoli6 | 0.8852 ± 0.0173 | 0.8664 ± 0.0114 | 0.8353 ± 0.0010 | 0.8152 ± 0.0132 | 0.8231 ± 0.0170 | 0.8710 ± 0.0139 | 0.8705 ± 0.0164 | **0.9436** ± 0.0000 | 0.9106 ± 0.0111 |
| ecoli7 | 0.8769 ± 0.0008 | 0.8858 ± 0.0020 | 0.8636 ± 0.0000 | 0.8741 ± 0.0012 | **0.8867** ± 0.0059 | 0.8856 ± 0.0011 | 0.8773 ± 0.0026 | 0.8765 ± 0.0000 | 0.8794 ± 0.0014 |
| ecoli8 | 0.8615 ± 0.0092 | 0.8687 ± 0.0060 | 0.8693 ± 0.0010 | 0.8413 ± 0.0021 | 0.8629 ± 0.0086 | **0.8709** ± 0.0042 | 0.8576 ± 0.0078 | 0.8518 ± 0.0000 | 0.8639 ± 0.0041 |
| yeast5 | 0.7609 ± 0.0142 | 0.7561 ± 0.0079 | 0.7401 ± 0.0088 | 0.7536 ± 0.0127 | 0.7523 ± 0.0077 | 0.7515 ± 0.0101 | 0.7601 ± 0.0127 | **0.7727** ± 0.0000 | 0.7524 ± 0.0063 |
| vowel0 | 0.9423 ± 0.0003 | 0.9435 ± 0.0004 | 0.8992 ± 0.0000 | **0.9489** ± 0.0003 | 0.9426 ± 0.0004 | 0.9434 ± 0.0003 | 0.9418 ± 0.0007 | 0.9359 ± 0.0000 | 0.9467 ± 0.0022 |
| ecoli9 | 0.8263 ± 0.0052 | 0.8425 ± 0.0162 | 0.8431 ± 0.0007 | 0.8306 ± 0.0163 | 0.8370 ± 0.0024 | 0.8406 ± 0.0148 | 0.8393 ± 0.0155 | 0.8567 ± 0.0000 | **0.8808** ± 0.0116 |
| glass5 | **0.7218** ± 0.0243 | 0.6928 ± 0.0178 | 0.6895 ± 0.0184 | 0.7090 ± 0.0104 | 0.6409 ± 0.0193 | 0.7204 ± 0.0207 | 0.7007 ± 0.0299 | 0.6645 ± 0.0000 | 0.6941 ± 0.0034 |

续表

| 数据集 | ROS | SMO | B-SMO | ADAS | MWMO | SMO-T | SMO-E | CCR | NA-SMO |
|---|---|---|---|---|---|---|---|---|---|
| glass6 | 0.9050± 0.0600 | 0.8454± 0.0983 | 0.7250± 0.0000 | 0.9250± 0.0000 | 0.7250± 0.0000 | 0.8854± 0.0802 | 0.9250± 0.0000 | 0.9250± 0.0000 | **0.9608±** 0.0327 |
| glass7 | 0.7205± 0.0063 | 0.7197± 0.0342 | 0.6911± 0.0131 | **0.7397±** 0.0222 | 0.6588± 0.0251 | 0.7327± 0.0271 | 0.7121± 0.0320 | 0.7206± 0.0000 | 0.7136± 0.0090 |
| glass8 | 0.7327± 0.0144 | 0.7229± 0.0226 | 0.5831± 0.0041 | **0.7387±** 0.0228 | 0.5946± 0.0099 | 0.7222± 0.0225 | 0.7262± 0.0271 | 0.7253± 0.0000 | 0.7216± 0.0027 |
| ecoli10 | 0.8677± 0.0048 | 0.8797± 0.0063 | 0.8612± 0.0005 | 0.8613± 0.0019 | **0.8830±** 0.0028 | 0.8807± 0.0025 | 0.8709± 0.0047 | 0.8657± 0.0000 | 0.8760± 0.0011 |
| ecoli11 | 0.8945± 0.0022 | 0.8931± 0.0116 | 0.8743± 0.0000 | 0.8668± 0.0009 | 0.8905± 0.0145 | **0.8967±** 0.0016 | 0.8926± 0.0019 | 0.8924± 0.0000 | 0.8923± 0.0013 |
| yeast6 | 0.7452± 0.0132 | 0.7410± 0.0131 | 0.7157± 0.0210 | 0.7429± 0.0177 | 0.7166± 0.0229 | 0.7383± 0.0142 | 0.7435± 0.0146 | **0.7506±** 0.0000 | 0.7430± 0.0013 |
| glass9 | 0.8944± 0.0000 | 0.8963± 0.0015 | 0.8625± 0.0019 | 0.8963± 0.0018 | 0.8028± 0.0009 | 0.8966± 0.0019 | 0.8779± 0.0238 | 0.8804± 0.0000 | **0.9110±** 0.0171 |
| pageb0 | 0.9631± 0.0010 | 0.9495± 0.0006 | 0.9446± 0.0003 | **0.9729±** 0.0015 | 0.9145± 0.0419 | 0.9499± 0.0012 | 0.9495± 0.0009 | 0.9564± 0.0000 | 0.9528± 0.0054 |
| abalone0 | 0.7476± 0.0113 | 0.7506± 0.0173 | 0.6043± 0.0096 | 0.7490± 0.0084 | 0.6746± 0.0220 | 0.7397± 0.0139 | **0.7743±** 0.0155 | 0.7144± 0.0000 | 0.7629± 0.0120 |
| dermat | **10.000±** 0.0000 | **10.000±** 0.0000 | **10.000±** 0.0000 | **10.000±** 0.0000 | / | **10.000±** 0.0000 | **10.000±** 0.0000 | **10.000±** 0.0000 | **10.000±** 0.0000 |
| glass10 | 0.6994± 0.0000 | 0.7098± 0.0024 | 0.7100± 0.0029 | 0.7084± 0.0009 | 0.7102± 0.0032 | 0.7093± 0.0021 | 0.6944± 0.0013 | **0.8241±** 0.0000 | 0.8215± 0.0016 |

续表

| 数据集 | ROS | SMO | B-SMO | ADAS | MWMO | SMO-T | SMO-E | CCR | NA-SMO |
|---|---|---|---|---|---|---|---|---|---|
| yeast7 | 0.6216±0.0400 | 0.6007±0.0369 | 0.3215±0.0010 | 0.5313±0.0267 | 0.5104±0.0103 | 0.6166±0.0415 | 0.5859±0.0401 | **0.6341**±0.0000 | **0.6341**±0.0007 |
| flare | 0.7809±0.0059 | 0.7544±0.0116 | 0.7450±0.0008 | 0.7546±0.0087 | 0.7651±0.0140 | 0.7522±0.0149 | **0.7999**±0.0089 | 0.7282±0.0000 | 0.7938±0.0092 |
| cargod | 0.9791±0.0001 | 0.9795±0.0023 | 0.9775±0.0033 | **0.9800**±0.0003 | 0.9796±0.0022 | **0.9800**±0.0003 | 0.9797±0.0003 | 0.9586±0.0000 | 0.9660±0.0000 |
| carvgod | 0.9060±0.0001 | 0.8981±0.0074 | 0.9079±0.0001 | 0.9041±0.0060 | 0.8918±0.0028 | 0.8966±0.0069 | 0.9351±0.0063 | **0.9766**±0.0000 | 0.9643±0.0004 |
| yeast8 | 0.7833±0.0028 | 0.7791±0.0101 | 0.7315±0.0118 | 0.7890±0.0048 | 0.7952±0.0074 | 0.7723±0.0147 | 0.8039±0.0081 | **0.8091**±0.0000 | 0.8065±0.0058 |
| kddgps | **0.9905**±0.0000 | **0.9905**±0.0000 | 0.9705±0.0000 | 0.9810±0.0000 | **0.9905**±0.0000 | **0.9905**±0.0000 | **0.9905**±0.0000 | **0.9905**±0.0000 | **0.9905**±0.0000 |
| yeast9 | 0.6068±0.0098 | 0.6586±0.0245 | 0.5616±0.0208 | 0.6781±0.0124 | 0.6374±0.0174 | 0.6652±0.0141 | 0.7047±0.0150 | 0.6137±0.0000 | **0.7241**±0.0125 |
| yeast10 | 0.9613±0.0003 | 0.9616±0.0048 | 0.9291±0.0068 | 0.9627±0.0003 | 0.9601±0.0055 | 0.9599±0.0078 | **0.9740**±0.0035 | 0.9642±0.0000 | 0.9711±0.0003 |
| krk0 | 0.9661±0.0000 | 0.9665±0.0002 | 0.9600±0.0000 | 0.9663±0.0002 | 0.9663±0.0001 | 0.9673±0.0023 | 0.9708±0.0039 | **0.9819**±0.0000 | 0.9660±0.0003 |
| wineqr | 0.4867±0.0005 | 0.4362±0.0012 | 0.2862±0.0002 | 0.4363±0.0010 | 0.3895±0.0009 | 0.4350±0.0008 | 0.5166±0.0016 | 0.4778±0.0000 | **0.6262**±0.0373 |
| abalone1 | 0.7843±0.0223 | 0.8221±0.0007 | 0.7526±0.0294 | 0.8218±0.0004 | **0.8270**±0.0004 | 0.8220±0.0006 | 0.8213±0.0008 | 0.7966±0.0000 | 0.8222±0.0009 |

续表

| 数据集 | ROS | SMO | B-SMO | ADAS | MWMO | SMO-T | SMO-E | CCR | NA-SMO |
|---|---|---|---|---|---|---|---|---|---|
| yeast11 | 0.8503± 0.0017 | 0.8451± 0.0013 | 0.8286± 0.0076 | 0.8259± 0.0007 | 0.8695± 0.0006 | 0.8443± 0.0013 | 0.8357± 0.0012 | 0.8674± 0.0000 | **0.8793**± 0.0007 |
| kddlp | **10.000**± 0.0000 | **10.000**± 0.0000 | **10.000**± 0.0000 | / | **10.000**± 0.0000 | **10.000**± 0.0000 | **10.000**± 0.0000 | **10.000**± 0.0000 | **10.000**± 0.0000 |
| krk1 | 0.9867± 0.0002 | 0.9745± 0.0073 | 0.9718± 0.0000 | 0.9854± 0.0073 | **0.9873**± 0.0002 | 0.9763± 0.0084 | 0.9702± 0.0002 | 0.9759± 0.0000 | 0.9831± 0.0002 |
| poker0 | 0.5944± 0.0000 | 0.6421± 0.0000 | 0.5944± 0.0000 | 0.6421± 0.0000 | 0.6421± 0.0000 | 0.6421± 0.0000 | 0.6421± 0.0000 | 0.8000± 0.0000 | **0.8118**± 0.0243 |
| abalone2 | 0.7374± 0.0088 | 0.7479± 0.0106 | 0.6524± 0.0106 | 0.7465± 0.0002 | 0.7287± 0.0006 | 0.7417± 0.0084 | 0.7482± 0.0081 | 0.8112± 0.0000 | **0.8164**± 0.0411 |
| kddbob | 0.9814± 0.0000 | 0.9814± 0.0000 | 0.9814± 0.0000 | / | 0.9816± 0.0000 | 0.9814± 0.0000 | 0.9814± 0.0000 | 0.9995± 0.0000 | **0.9998**± 0.0000 |
| kddls | **10.000**± 0.0000 | **10.000**± 0.0000 | 0.9778± 0.0000 | / | **10.000**± 0.0000 | **10.000**± 0.0000 | **10.000**± 0.0000 | **10.000**± 0.0000 | **10.000**± 0.0000 |
| krk2 | **0.9998**± 0.0000 | **0.9998**± 0.0000 | 0.8569± 0.0000 | **0.9998**± 0.0000 | **0.9998**± 0.0000 | **0.9998**± 0.0000 | **0.9998**± 0.0000 | 0.9986± 0.0000 | 0.9996± 0.0001 |
| poker1 | 0.6514± 0.0000 | 0.8368± 0.0183 | 0.8248± 0.0000 | 0.8248± 0.0000 | 0.7114± 0.0000 | 0.8368± 0.0183 | 0.8248± 0.0000 | 0.8248± 0.0000 | **0.8528**± 0.0207 |
| kddrib | **10.000**± 0.0000 | **10.000**± 0.0000 | **10.000**± 0.0000 | **10.000**± 0.0000 | **10.000**± 0.0000 | **10.000**± 0.0000 | **10.000**± 0.0000 | **10.000**± 0.0000 | **10.000**± 0.0000 |
| 均值 | 0.8453± 0.0067 | 0.8476± 0.0091 | 0.8135± 0.0044 | 0.8345± 0.0055 | 0.8269± 0.0068 | 0.8489± 0.0083 | 0.8520± 0.0075 | 0.8579± 0.0000 | **0.8687**± 0.0059 |

表 6.7　9 种对比方法在 G_mean 上的结果

| 数据集 | ROS | SMO | B-SMO | ADAS | MWMO | SMO-T | SMO-E | CCR | NA-SMO |
|---|---|---|---|---|---|---|---|---|---|
| glass1 | 0.6338 ± 0.0111 | 0.6403 ± 0.0147 | 0.6124 ± 0.0147 | 0.6141 ± 0.0115 | **0.6488** ± 0.0096 | 0.6261 ± 0.0144 | 0.6035 ± 0.0211 | 0.5989 ± 0.0000 | 0.5993 ± 0.0087 |
| wiscon | 0.9713 ± 0.0014 | 0.9727 ± 0.0017 | 0.9731 ± 0.0007 | 0.9742 ± 0.0010 | 0.9729 ± 0.0019 | 0.9720 ± 0.0014 | **0.9744** ± 0.0018 | 0.9714 ± 0.0000 | 0.9730 ± 0.0006 |
| glass2 | 0.6977 ± 0.0111 | 0.6987 ± 0.0085 | 0.7056 ± 0.0035 | 0.6892 ± 0.0053 | 0.6988 ± 0.0070 | 0.7022 ± 0.0069 | 0.6683 ± 0.0072 | **0.7059** ± 0.0000 | 0.6647 ± 0.0048 |
| yeast1 | **0.7071** ± 0.0027 | 0.7046 ± 0.0047 | 0.6947 ± 0.0037 | 0.6980 ± 0.0015 | 0.6995 ± 0.0024 | 0.7042 ± 0.0049 | 0.6874 ± 0.0038 | 0.7007 ± 0.0000 | 0.7061 ± 0.0019 |
| nthyd1 | 0.9791 ± 0.0041 | 0.9805 ± 0.0049 | **0.9859** ± 0.0042 | 0.9793 ± 0.0072 | 0.9788 ± 0.0057 | 0.9790 ± 0.0011 | 0.9751 ± 0.0061 | 0.9739 ± 0.0000 | 0.9770 ± 0.0015 |
| nthyd2 | 0.9827 ± 0.0083 | 0.9867 ± 0.0066 | 0.9794 ± 0.0019 | 0.9771 ± 0.0016 | 0.9787 ± 0.0049 | 0.9867 ± 0.0057 | 0.9827 ± 0.0059 | 0.9624 ± 0.0000 | **0.9907** ± 0.0059 |
| segmt0 | 0.9932 ± 0.0004 | 0.9921 ± 0.0000 | 0.9864 ± 0.0002 | 0.9865 ± 0.0001 | **0.9933** ± 0.0001 | 0.9920 ± 0.0005 | 0.9921 ± 0.0004 | 0.9926 ± 0.0000 | 0.9919 ± 0.0000 |
| glass3 | 0.8860 ± 0.0066 | 0.8896 ± 0.0022 | 0.8874 ± 0.0014 | 0.8859 ± 0.0020 | **0.8902** ± 0.0027 | 0.8891 ± 0.0013 | 0.8871 ± 0.0057 | 0.8882 ± 0.0000 | 0.8882 ± 0.0000 |
| ecoli1 | 0.8898 ± 0.0045 | 0.8841 ± 0.0089 | **0.9019** ± 0.0069 | 0.8844 ± 0.0043 | 0.8878 ± 0.0105 | 0.8856 ± 0.0113 | 0.8821 ± 0.0057 | 0.8915 ± 0.0000 | 0.8868 ± 0.0025 |
| ecoli2 | 0.8941 ± 0.0008 | **0.9001** ± 0.0012 | 0.8780 ± 0.0000 | 0.8937 ± 0.0029 | 0.8947 ± 0.0086 | 0.8996 ± 0.0014 | 0.8946 ± 0.0086 | 0.8938 ± 0.0000 | 0.8960 ± 0.0016 |
| ecoli3 | 0.8994 ± 0.0096 | 0.8852 ± 0.0137 | 0.8492 ± 0.0014 | 0.8061 ± 0.0105 | 0.8380 ± 0.0149 | 0.8896 ± 0.0084 | 0.8806 ± 0.0169 | **0.9249** ± 0.0000 | 0.9202 ± 0.0050 |
| ecoli4 | 0.8890 ± 0.0000 | 0.8893 ± 0.0009 | 0.8733 ± 0.0000 | 0.8849 ± 0.0022 | **0.8919** ± 0.0022 | 0.8893 ± 0.0008 | 0.8915 ± 0.0033 | 0.8890 ± 0.0000 | 0.8904 ± 0.0013 |

续表

| 数据集 | ROS | SMO | B-SMO | ADAS | MWMO | SMO-T | SMO-E | CCR | NA-SMO |
|---|---|---|---|---|---|---|---|---|---|
| yeast2 | 0.7011± 0.0120 | 0.6994± 0.0072 | 0.7042± 0.0126 | 0.6681± 0.0081 | 0.6822± 0.0100 | 0.6966± 0.0083 | 0.6819± 0.0111 | 0.7006± 0.0000 | **0.7198**± 0.0084 |
| yeast3 | 0.7430± 0.0111 | 0.7561± 0.0168 | 0.6807± 0.0079 | 0.6607± 0.0063 | 0.7143± 0.0096 | 0.7541± 0.0137 | 0.6931± 0.0085 | 0.7399± 0.0000 | **0.7800**± 0.0020 |
| yeast4 | 0.8995± 0.0019 | 0.8986± 0.0041 | 0.8553± 0.0055 | 0.8641± 0.0046 | 0.9003± 0.0032 | 0.9014± 0.0031 | 0.9034± 0.0031 | **0.9131**± 0.0000 | 0.9089± 0.0017 |
| ecoli5 | 0.8875± 0.0012 | 0.8872± 0.0075 | 0.8807± 0.0000 | 0.8834± 0.0079 | **0.8923**± 0.0032 | 0.8875± 0.0084 | 0.8770± 0.0109 | 0.8894± 0.0000 | 0.8814± 0.0008 |
| ecoli6 | 0.8871± 0.0159 | 0.8759± 0.0098 | 0.8497± 0.0010 | 0.8068± 0.0101 | 0.8389± 0.0136 | 0.8796± 0.0117 | 0.8773± 0.0149 | **0.9419**± 0.0000 | 0.9120± 0.0099 |
| ecoli7 | 0.8791± 0.0011 | 0.8898± 0.0021 | 0.8758± 0.0000 | 0.8774± 0.0012 | **0.8910**± 0.0070 | 0.8896± 0.0011 | 0.8798± 0.0029 | 0.8786± 0.0000 | 0.8827± 0.0018 |
| ecoli8 | 0.8616± 0.0137 | 0.8724± 0.0083 | 0.8728± 0.0011 | 0.8239± 0.0029 | 0.8635± 0.0132 | **0.8756**± 0.0057 | 0.8562± 0.0120 | 0.8462± 0.0000 | 0.8668± 0.0054 |
| yeast5 | 0.7700± 0.0131 | 0.7704± 0.0069 | 0.7582± 0.0074 | 0.7609± 0.0108 | 0.7716± 0.0067 | 0.7657± 0.0084 | 0.7565± 0.0098 | **0.7797**± 0.0000 | 0.7619± 0.0054 |
| vowel0 | 0.9448± 0.0003 | 0.9461± 0.0004 | 0.9067± 0.0000 | **0.9519**± 0.0003 | 0.9452± 0.0005 | 0.9460± 0.0004 | 0.9442± 0.0008 | 0.9381± 0.0000 | 0.9484± 0.0019 |
| ecoli9 | 0.8407± 0.0057 | 0.8550± 0.0128 | 0.8572± 0.0007 | 0.8194± 0.0150 | 0.8516± 0.0025 | 0.8530± 0.0114 | 0.8507± 0.0132 | 0.8633± 0.0000 | **0.8851**± 0.0103 |
| glass5 | 0.6714± 0.0204 | 0.6507± 0.0160 | **0.6822**± 0.0138 | 0.6604± 0.0101 | 0.6086± 0.0146 | 0.5764± 0.0193 | 0.6122± 0.0363 | 0.6105± 0.0000 | 0.5749± 0.0129 |

续表

| 数据集 | ROS | SMO | B-SMO | ADAS | MWMO | SMO-T | SMO-E | CCR | NA-SMO |
|---|---|---|---|---|---|---|---|---|---|
| glass6 | 0.9142 ± 0.0600 | 0.8545 ± 0.0983 | 0.7342 ± 0.0000 | 0.9342 ± 0.0000 | 0.7342 ± 0.0000 | 0.8945 ± 0.0802 | 0.9342 ± 0.0000 | 0.9342 ± 0.0000 | **0.9650** ± 0.0280 |
| glass7 | 0.6266 ± 0.0199 | 0.6439 ± 0.0343 | **0.6693** ± 0.0112 | 0.6547 ± 0.0236 | 0.6204 ± 0.0156 | 0.6546 ± 0.0294 | 0.5987 ± 0.0403 | 0.6316 ± 0.0000 | 0.5522 ± 0.0144 |
| glass8 | 0.6827 ± 0.0068 | **0.6877** ± 0.0198 | 0.5632 ± 0.0063 | 0.6864 ± 0.0139 | 0.5453 ± 0.0083 | 0.6815 ± 0.0165 | 0.6630 ± 0.0144 | 0.6452 ± 0.0000 | 0.5853 ± 0.0062 |
| ecoli10 | 0.8679 ± 0.0074 | 0.8843 ± 0.0087 | 0.8688 ± 0.0004 | 0.8594 ± 0.0022 | **0.8891** ± 0.0033 | 0.8860 ± 0.0037 | 0.8721 ± 0.0075 | 0.8661 ± 0.0000 | 0.8806 ± 0.0015 |
| ecoli11 | 0.9003 ± 0.0023 | 0.8994 ± 0.0108 | 0.8862 ± 0.0000 | 0.8749 ± 0.0009 | 0.8972 ± 0.0135 | **0.9026** ± 0.0016 | 0.8978 ± 0.0020 | 0.8982 ± 0.0000 | 0.8979 ± 0.0014 |
| yeast6 | 0.7563 ± 0.0105 | 0.7526 ± 0.0121 | 0.7364 ± 0.0166 | 0.7510 ± 0.0148 | 0.7238 ± 0.0184 | 0.7507 ± 0.0121 | 0.7364 ± 0.0108 | **0.7600** ± 0.0000 | 0.7506 ± 0.0017 |
| glass9 | 0.9019 ± 0.0000 | 0.9038 ± 0.0015 | 0.8735 ± 0.0020 | 0.9038 ± 0.0018 | 0.8260 ± 0.0007 | 0.9040 ± 0.0019 | 0.8844 ± 0.0209 | 0.8870 ± 0.0000 | **0.9136** ± 0.0146 |
| pageb0 | 0.9580 ± 0.0011 | 0.9459 ± 0.0008 | 0.9458 ± 0.0004 | **0.9689** ± 0.0018 | 0.9157 ± 0.0358 | 0.9464 ± 0.0017 | 0.9459 ± 0.0012 | 0.9506 ± 0.0000 | 0.9472 ± 0.0051 |
| abalone0 | 0.7678 ± 0.0093 | 0.7754 ± 0.0143 | 0.6584 ± 0.0075 | 0.7729 ± 0.0076 | 0.7129 ± 0.0181 | 0.7657 ± 0.0117 | **0.7877** ± 0.0136 | 0.7414 ± 0.0000 | 0.7820 ± 0.0104 |
| dermat | 10.000 ± 0.0000 | 10.000 ± 0.0000 | 10.000 ± 0.0000 | 10.000 ± 0.0000 | / | 10.000 ± 0.0000 | 10.000 ± 0.0000 | 10.000 ± 0.0000 | 10.000 ± 0.0000 |
| glass10 | 0.7041 ± 0.0000 | 0.7167 ± 0.0028 | 0.7168 ± 0.0032 | 0.7151 ± 0.0009 | 0.7172 ± 0.0036 | 0.7162 ± 0.0023 | 0.6982 ± 0.0017 | **0.8369** ± 0.0000 | 0.8325 ± 0.0021 |

续表

| 数据集 | ROS | SMO | B-SMO | ADAS | MWMO | SMO-T | SMO-E | CCR | NA-SMO |
| --- | --- | --- | --- | --- | --- | --- | --- | --- | --- |
| yeast7 | 0.6389±0.0424 | 0.6373±0.0460 | 0.3590±0.0011 | 0.5416±0.0199 | 0.5297±0.0079 | **0.6571**±0.0513 | 0.6249±0.0507 | 0.6523±0.0000 | 0.6524±0.0006 |
| flare | 0.7947±0.0057 | 0.7747±0.0097 | 0.7672±0.0008 | 0.7227±0.0074 | 0.7835±0.0116 | 0.7730±0.0124 | **0.8134**±0.0078 | 0.7490±0.0000 | 0.8064±0.0080 |
| cargod | 0.9773±0.0001 | 0.9778±0.0022 | 0.9759±0.0031 | 0.9782±0.0003 | 0.9779±0.0020 | **0.9783**±0.0004 | 0.9779±0.0003 | 0.9540±0.0000 | 0.9611±0.0000 |
| carvgod | 0.9155±0.0001 | 0.9097±0.0057 | 0.9174±0.0001 | 0.9143±0.0047 | 0.9048±0.0026 | 0.9085±0.0053 | 0.9397±0.0056 | **0.9756**±0.0000 | 0.9644±0.0004 |
| yeast8 | 0.7960±0.0024 | 0.7952±0.0082 | 0.7608±0.0092 | 0.8008±0.0045 | 0.8109±0.0063 | 0.7894±0.0125 | 0.8116±0.0072 | 0.8150±0.0000 | **0.8174**±0.0050 |
| kddgps | **0.9907**±0.0000 | **0.9907**±0.0000 | 0.9716±0.0000 | 0.9814±0.0000 | **0.9907**±0.0000 | **0.9907**±0.0000 | **0.9907**±0.0000 | **0.9907**±0.0000 | **0.9907**±0.0000 |
| yeast9 | 0.6420±0.0080 | 0.6744±0.0190 | 0.6191±0.0168 | 0.6867±0.0094 | 0.6600±0.0131 | 0.6790±0.0108 | 0.6932±0.0121 | 0.6409±0.0000 | **0.7232**±0.0098 |
| yeast10 | 0.9608±0.0003 | 0.9614±0.0046 | 0.9321±0.0059 | 0.9623±0.0004 | 0.9599±0.0053 | 0.9598±0.0072 | **0.9731**±0.0033 | 0.9621±0.0000 | 0.9697±0.0003 |
| krk0 | 0.9680±0.0000 | 0.9684±0.0002 | 0.9621±0.0000 | 0.9682±0.0002 | 0.9682±0.0001 | 0.9691±0.0021 | 0.9719±0.0038 | **0.9812**±0.0000 | 0.9669±0.0003 |
| wineqr | 0.5171±0.0006 | 0.4792±0.0017 | 0.3299±0.0003 | 0.4795±0.0015 | 0.4434±0.0013 | 0.4774±0.0013 | 0.5388±0.0023 | 0.5067±0.0000 | **0.6254**±0.0300 |
| abalone1 | 0.8111±0.0206 | 0.8462±0.0007 | 0.7873±0.0234 | 0.8459±0.0004 | **0.8512**±0.0003 | 0.8461±0.0007 | 0.8454±0.0008 | 0.8189±0.0000 | 0.8466±0.0008 |

续表

| 数据集 | ROS | SMO | B-SMO | ADAS | MWMO | SMO-T | SMO-E | CCR | NA-SMO |
|---|---|---|---|---|---|---|---|---|---|
| yeast11 | 0.8584 ± 0.0019 | 0.8561 ± 0.0014 | 0.8439 ± 0.0072 | 0.8353 ± 0.0007 | 0.8788 ± 0.0006 | 0.8553 ± 0.0014 | 0.8462 ± 0.0013 | 0.8713 ± 0.0000 | **0.8843** ± 0.0008 |
| kddlp | **10.000** ± 0.0000 | 10.000 ± 0.0000 | 10.000 ± 0.0000 | / | **10.000** ± 0.0000 | 10.000 ± 0.0000 | 10.000 ± 0.0000 | 10.000 ± 0.0000 | 10.000 ± 0.0000 |
| krk1 | 0.9864 ± 0.0002 | 0.9749 ± 0.0069 | 0.9725 ± 0.0000 | 0.9854 ± 0.0069 | **0.9870** ± 0.0002 | 0.3767 ± 0.0080 | 0.9708 ± 0.0002 | 0.9749 ± 0.0000 | 0.9825 ± 0.0002 |
| poker0 | 0.6232 ± 0.0000 | 0.6603 ± 0.0000 | 0.6232 ± 0.0000 | 0.6603 ± 0.0000 | 0.6603 ± 0.0000 | 0.6603 ± 0.0000 | 0.6603 ± 0.0000 | 0.8261 ± 0.0000 | **0.8355** ± 0.0195 |
| abalone2 | 0.7713 ± 0.0081 | 0.7810 ± 0.0094 | 0.6993 ± 0.0086 | 0.7798 ± 0.0002 | 0.7633 ± 0.0006 | 0.7754 ± 0.0078 | 0.7810 ± 0.0069 | 0.8264 ± 0.0000 | **0.8353** ± 0.0330 |
| kddbob | 0.9821 ± 0.0000 | 0.9821 ± 0.0000 | 0.9821 ± 0.0000 | / | 0.9823 ± 0.0000 | 0.9821 ± 0.0000 | 0.9821 ± 0.0000 | 0.9995 ± 0.0000 | **0.9998** ± 0.0000 |
| kddls | **10.000** ± 0.0000 | 10.000 ± 0.0000 | 0.9789 ± 0.0000 | / | 10.000 ± 0.0000 | 10.000 ± 0.0000 | 10.000 ± 0.0000 | 10.000 ± 0.0000 | 10.000 ± 0.0000 |
| krk2 | **0.9998** ± 0.0000 | 0.9998 ± 0.0000 | 0.8814 ± 0.0000 | **0.9998** ± 0.0000 | 0.9998 ± 0.0000 | 0.9998 ± 0.0000 | 0.9998 ± 0.0000 | 0.9986 ± 0.0000 | 0.9996 ± 0.0001 |
| poker1 | 0.7041 ± 0.0000 | 0.8522 ± 0.0168 | 0.8412 ± 0.0000 | 0.8412 ± 0.0000 | 0.7520 ± 0.0000 | 0.8522 ± 0.0168 | 0.8412 ± 0.0000 | 0.8412 ± 0.0000 | **0.8648** ± 0.0171 |
| kddrib | **10.000** ± 0.0000 | 10.000 ± 0.0000 | 10.000 ± 0.0000 | 10.000 ± 0.0000 | 10.000 ± 0.0000 | 10.000 ± 0.0000 | 10.000 ± 0.0000 | 10.000 ± 0.0000 | 10.000 ± 0.0000 |
| 均值 | 0.8459 ± 0.0066 | 0.8493 ± 0.0090 | 0.8202 ± 0.0039 | 0.8309 ± 0.0048 | 0.8300 ± 0.0060 | 0.8504 ± 0.0082 | 0.8460 ± 0.0077 | 0.8551 ± 0.0000 | **0.8607** ± 0.0056 |

表 6.8　9 种对比方法在 AUC 上的结果

| 数据集 | ROS | SMO | B-SMO | ADAS | MWMO | SMO-T | SMO-E | CCR | NA-SMO |
|---|---|---|---|---|---|---|---|---|---|
| glass1 | 0.6635±0.0078 | 0.6702±0.0098 | 0.6519±0.0127 | 0.6544±0.0106 | .6764±0.0073 | 0.6599±0.0109 | 0.6527±0.0159 | 0.6411±0.0000 | 0.6516±0.0065 |
| wiscon | 0.9713±0.0014 | 0.9727±0.0017 | 0.9734±0.0007 | 0.9745±0.0010 | 0.9729±0.0019 | 0.9721±0.0014 | **0.9746**±0.0018 | 0.9715±0.0000 | 0.9730±0.0006 |
| glass2 | 0.7477±0.0091 | 0.7463±0.0076 | 0.7538±0.0022 | 0.7454±0.0033 | 0.7481±0.0078 | 0.7489±0.0054 | 0.7279±0.0054 | **0.7560**±0.0000 | 0.7303±0.0028 |
| yeast1 | 0.7102±0.0028 | 0.7079±0.0043 | 0.7071±0.0036 | .7111±0.0020 | 0.7050±0.0022 | 0.7076±0.0042 | 0.7060±0.0033 | 0.7064±0.0000 | 0.7100±0.0020 |
| nthyd1 | 0.9796±0.0040 | 0.9810±0.0048 | **0.9861**±0.0040 | 0.9798±0.0070 | 0.9794±0.0055 | 0.9796±0.0011 | 0.9760±0.0056 | 0.9746±0.0000 | 0.9777±0.0015 |
| nthyd2 | 0.9829±0.0081 | 0.9869±0.0065 | 0.9797±0.0018 | 0.9775±0.0015 | 0.9791±0.0048 | 0.9869±0.0055 | 0.9830±0.0058 | 0.9639±0.0000 | **0.9908**±0.0058 |
| segmt0 | 0.9932±0.0004 | 0.9922±0.0000 | 0.9865±0.0002 | 0.9866±0.0001 | **0.9934**±0.0001 | 0.9920±0.0005 | 0.9922±0.0004 | 0.9927±0.0000 | 0.9919±0.0000 |
| glass3 | 0.8934±0.0050 | 0.8964±0.0022 | 0.8937±0.0014 | 0.8921±0.0022 | **0.8969**±0.0027 | 0.8959±0.0012 | 0.8939±0.0056 | 0.8950±0.0000 | 0.8950±0.0000 |
| ecoli1 | 0.8936±0.0046 | 0.8888±0.0073 | 0.9055±0.0070 | 0.8886±0.0044 | 0.8924±0.0093 | 0.8902±0.0099 | 0.8866±0.0056 | **0.8966**±0.0000 | 0.8904±0.0022 |
| ecoli2 | 0.8975±0.0008 | **0.9036**±0.0013 | 0.8889±0.0000 | 0.8969±0.0029 | 0.8983±0.0081 | 0.9031±0.0015 | 0.8983±0.0081 | 0.8972±0.0000 | 0.8994±0.0017 |
| ecoli3 | 0.9018±0.0091 | 0.8898±0.0122 | 0.8610±0.0017 | 0.8242±0.0077 | 0.8505±0.0118 | 0.8935±0.0075 | 0.8850±0.0154 | **0.9275**±0.0000 | 0.9228±0.0054 |
| ecoli4 | 0.8923±0.0000 | 0.8926±0.0008 | 0.8837±0.0000 | 0.8879±0.0022 | **0.8951**±0.0022 | 0.8926±0.0008 | 0.8948±0.0033 | 0.8923±0.0000 | 0.8937±0.0014 |

续表

| 数据集 | ROS | SMO | B-SMO | ADAS | MWMO | SMO-T | SMO-E | CCR | NA-SMO |
|---|---|---|---|---|---|---|---|---|---|
| yeast2 | 0.7071 ± 0.0118 | 0.7058 ± 0.0078 | 0.7103 ± 0.0121 | 0.6702 ± 0.0077 | 0.6859 ± 0.0094 | 0.7030 ± 0.0082 | 0.6869 ± 0.0101 | 0.7060 ± 0.0000 | **0.7247** ± 0.0074 |
| yeast3 | 0.7765 ± 0.0087 | 0.7889 ± 0.0134 | 0.7065 ± 0.0072 | 0.7078 ± 0.0038 | 0.7535 ± 0.0077 | 0.7866 ± 0.0111 | 0.7350 ± 0.0065 | 0.7734 ± 0.0000 | **0.8087** ± 0.0016 |
| yeast4 | 0.9031 ± 0.0018 | 0.9026 ± 0.0038 | 0.8581 ± 0.0050 | 0.8658 ± 0.0045 | 0.9038 ± 0.0029 | 0.9053 ± 0.0028 | 0.9067 ± 0.0028 | **0.9152** ± 0.0000 | 0.9113 ± 0.0015 |
| ecoli5 | 0.8905 ± 0.0012 | 0.8905 ± 0.0069 | 0.8918 ± 0.0000 | 0.8863 ± 0.0074 | **0.8954** ± 0.0033 | 0.8907 ± 0.0079 | 0.8807 ± 0.0102 | 0.8924 ± 0.0000 | 0.8846 ± 0.0008 |
| ecoli6 | 0.8910 ± 0.0146 | 0.8812 ± 0.0088 | 0.8617 ± 0.0012 | 0.8241 ± 0.0076 | 0.8504 ± 0.0104 | 0.8842 ± 0.0104 | 0.8816 ± 0.0137 | **0.9450** ± 0.0000 | 0.9143 ± 0.0103 |
| ecoli7 | 0.8823 ± 0.0011 | 0.8928 ± 0.0022 | 0.8865 ± 0.0000 | 0.8799 ± 0.0012 | **0.8942** ± 0.0072 | 0.8926 ± 0.0012 | 0.8828 ± 0.0030 | 0.8818 ± 0.0000 | 0.8858 ± 0.0018 |
| ecoli8 | 0.8679 ± 0.0126 | 0.8779 ± 0.0079 | 0.8787 ± 0.0011 | 0.8372 ± 0.0025 | 0.8698 ± 0.0121 | **0.8809** ± 0.0055 | 0.8631 ± 0.0108 | 0.8540 ± 0.0000 | 0.8721 ± 0.0052 |
| yeast5 | 0.7789 ± 0.0132 | 0.7804 ± 0.0065 | 0.7696 ± 0.0075 | 0.7700 ± 0.0107 | 0.7839 ± 0.0062 | 0.7759 ± 0.0083 | 0.7677 ± 0.0105 | **0.7891** ± 0.0000 | 0.7715 ± 0.0053 |
| vowel0 | 0.9484 ± 0.0003 | 0.9497 ± 0.0004 | 0.9127 ± 0.0000 | **0.9553** ± 0.0003 | 0.9488 ± 0.0005 | 0.9495 ± 0.0004 | 0.9478 ± 0.0007 | 0.9416 ± 0.0000 | 0.9508 ± 0.0016 |
| ecoli9 | 0.8495 ± 0.0068 | 0.8638 ± 0.0106 | 0.8698 ± 0.0007 | 0.8310 ± 0.0121 | 0.8628 ± 0.0031 | 0.8615 ± 0.0096 | 0.8592 ± 0.0119 | 0.8675 ± 0.0000 | **0.8895** ± 0.0105 |
| glass5 | **0.7075** ± 0.0159 | 0.6788 ± 0.0148 | 0.7047 ± 0.0155 | 0.6875 ± 0.0094 | 0.6388 ± 0.0150 | 0.7028 ± 0.0180 | 0.6560 ± 0.0273 | 0.6524 ± 0.0000 | 0.6427 ± 0.0062 |

续表

| 数据集 | ROS | SMO | B-SMO | ADAS | MWMO | SMO-T | SMO-E | CCR | NA-SMO |
|---|---|---|---|---|---|---|---|---|---|
| glass6 | 0.9300 ± 0.0300 | 0.9005 ± 0.0494 | 0.8400 ± 0.0000 | 0.9400 ± 0.0000 | 0.8400 ± 0.0000 | 0.9205 ± 0.0403 | 0.9400 ± 0.0000 | 0.9400 ± 0.0000 | **0.9685 ±** 0.0247 |
| glass7 | 0.6808 ± 0.0124 | 0.6843 ± 0.0293 | 0.6961 ± 0.0138 | **0.6972 ±** 0.0193 | 0.6570 ± 0.0175 | 0.6960 ± 0.0236 | 0.6594 ± 0.0293 | 0.6841 ± 0.0000 | 0.6381 ± 0.0096 |
| glass8 | 0.7067 ± 0.0118 | 0.7032 ± 0.0200 | 0.6581 ± 0.0051 | **0.7104 ±** 0.0185 | 0.6512 ± 0.0099 | 0.7013 ± 0.0176 | 0.6907 ± 0.0227 | 0.6869 ± 0.0000 | 0.6555 ± 0.0044 |
| ecoli10 | 0.8752 ± 0.0067 | 0.8909 ± 0.0083 | 0.8756 ± 0.0005 | 0.8674 ± 0.0021 | **0.8954 ±** 0.0034 | 0.8923 ± 0.0035 | 0.8792 ± 0.0068 | 0.8731 ± 0.0000 | 0.8868 ± 0.0015 |
| ecoli11 | 0.9040 ± 0.0025 | 0.9037 ± 0.0102 | 0.8981 ± 0.0000 | 0.8800 ± 0.0009 | 0.9027 ± 0.0127 | **0.9063 ±** 0.0017 | 0.9012 ± 0.0021 | 0.9019 ± 0.0000 | 0.9015 ± 0.0014 |
| yeast6 | 0.7598 ± 0.0095 | 0.7562 ± 0.0117 | 0.7457 ± 0.0142 | 0.7535 ± 0.0139 | 0.7270 ± 0.0171 | 0.7544 ± 0.0115 | 0.7403 ± 0.0108 | **0.7629 ±** 0.0000 | 0.7531 ± 0.0017 |
| glass9 | 0.9059 ± 0.0000 | 0.9081 ± 0.0018 | 0.8816 ± 0.0020 | 0.9081 ± 0.0021 | 0.8477 ± 0.0012 | 0.9084 ± 0.0022 | 0.8892 ± 0.0191 | 0.8910 ± 0.0000 | **0.9174 ±** 0.0142 |
| pageb0 | 0.9600 ± 0.0010 | 0.9483 ± 0.0007 | 0.9499 ± 0.0003 | **0.9704 ±** 0.0017 | 0.9234 ± 0.0294 | 0.9487 ± 0.0015 | 0.9483 ± 0.0011 | 0.9528 ± 0.0000 | 0.9494 ± 0.0049 |
| abalone0 | 0.7844 ± 0.0079 | 0.7959 ± 0.0117 | 0.7046 ± 0.0054 | 0.7931 ± 0.0070 | 0.7413 ± 0.0155 | 0.7876 ± 0.0100 | **0.8004 ±** 0.0106 | 0.7602 ± 0.0000 | 0.7913 ± 0.0099 |
| dermat | **10.000 ±** 0.0000 | **10.000 ±** 0.0000 | **10.000 ±** 0.0000 | **10.000 ±** 0.0000 | / | **10.000 ±** 0.0000 | **10.000 ±** 0.0000 | **10.000 ±** 0.0000 | **10.000 ±** 0.0000 |
| glass10 | 0.8110 ± 0.0000 | 0.8227 ± 0.0026 | 0.8229 ± 0.0032 | 0.8212 ± 0.0010 | 0.8232 ± 0.0034 | 0.8222 ± 0.0022 | 0.8054 ± 0.0016 | **0.8537 ±** 0.0000 | 0.8505 ± 0.0019 |

续表

| 数据集 | ROS | SMO | B-SMO | ADAS | MWMO | SMO-T | SMO-E | CCR | NA-SMO |
|---|---|---|---|---|---|---|---|---|---|
| yeast7 | 0.7656±0.0150 | 0.7460±0.0130 | 0.5260±0.0032 | 0.6159±0.0147 | 0.6126±0.0088 | 0.7515±0.0159 | 0.7014±0.0235 | **0.7707**±0.0000 | 0.7701±0.0011 |
| flare | 0.8006±0.0058 | 0.7843±0.0087 | 0.7785±0.0010 | 0.7801±0.0069 | 0.7920±0.0106 | 0.7828±0.0113 | **0.8202**±0.0076 | 0.7583±0.0000 | 0.8127±0.0081 |
| cargod | 0.9780±0.0001 | 0.9784±0.0022 | 0.9765±0.0032 | **0.9789**±0.0003 | 0.9785±0.0021 | **0.9789**±0.0004 | 0.9786±0.0003 | 0.9557±0.0000 | 0.9630±0.0000 |
| carvgod | 0.9256±0.0001 | 0.9222±0.0037 | 0.9277±0.0001 | 0.9253±0.0030 | 0.9190±0.0025 | 0.9215±0.0035 | 0.9441±0.0049 | **0.9760**±0.0000 | 0.9649±0.0004 |
| yeast8 | 0.8029±0.0022 | 0.8035±0.0076 | 0.7823±0.0061 | 0.8077±0.0046 | 0.8194±0.0055 | 0.7979±0.0117 | 0.8186±0.0073 | 0.8210±0.0000 | **0.8238**±0.0051 |
| kddgps | **0.9909**±0.0000 | **0.9909**±0.0000 | 0.9727±0.0000 | 0.9818±0.0000 | **0.9909**±0.0000 | **0.9909**±0.0000 | **0.9909**±0.0000 | **0.9909**±0.0000 | **0.9909**±0.0000 |
| yeast9 | 0.6681±0.0079 | 0.6867±0.0140 | 0.6649±0.0099 | 0.6945±0.0065 | 0.6756±0.0101 | 0.6888±0.0080 | 0.7024±0.0123 | 0.6569±0.0000 | **0.7296**±0.0081 |
| yeast10 | 0.9611±0.0003 | 0.9617±0.0046 | 0.9344±0.0051 | 0.9627±0.0004 | 0.9603±0.0053 | 0.9603±0.0070 | **0.9734**±0.0033 | 0.9628±0.0000 | 0.9702±0.0003 |
| krk0 | 0.9696±0.0000 | 0.9700±0.0002 | 0.9637±0.0001 | 0.9698±0.0002 | 0.9698±0.0002 | 0.9706±0.0019 | 0.9727±0.0038 | **0.9814**±0.0000 | 0.9676±0.0003 |
| wineqr | 0.6368±0.0007 | 0.6125±0.0019 | 0.5585±0.0009 | 0.6125±0.0015 | 0.5965±0.0010 | 0.6103±0.0012 | 0.6587±0.0021 | 0.6229±0.0000 | **0.7299**±0.0241 |
| abalone1 | 0.8370±0.0198 | 0.8714±0.0007 | 0.8247±0.0163 | 0.8710±0.0006 | **0.8763**±0.0004 | 0.8712±0.0007 | 0.8704±0.0009 | 0.8427±0.0000 | 0.8708±0.0009 |

续表

| 数据集 | ROS | SMO | B-SMO | ADAS | MWMO | SMO-T | SMO-E | CCR | NA-SMO |
|---|---|---|---|---|---|---|---|---|---|
| yeast11 | 0.8641 ± 0.0019 | 0.8640 ± 0.0015 | 0.8557 ± 0.0071 | 0.8423 ± 0.0008 | 0.8855 ± 0.0006 | 0.8631 ± 0.0015 | 0.8535 ± 0.0013 | 0.8744 ± 0.0000 | **0.8876** ± 0.0008 |
| kddlp | **10.000** ± 0.0000 | 10.000 ± 0.0000 | 10.000 ± 0.0000 | / | 10.000 ± 0.0000 | 10.000 ± 0.0000 | 10.000 ± 0.0000 | 10.000 ± 0.0000 | 10.000 ± 0.0000 |
| krk1 | 0.9865 ± 0.0002 | 0.9755 ± 0.0067 | 0.9732 ± 0.0000 | 0.9856 ± 0.0067 | **0.9871** ± 0.0002 | 0.9772 ± 0.0077 | 0.9715 ± 0.0002 | 0.9752 ± 0.0000 | 0.9827 ± 0.0002 |
| poker0 | 0.7600 ± 0.0000 | 0.7800 ± 0.0000 | 0.7600 ± 0.0000 | 0.7800 ± 0.0000 | 0.7800 ± 0.0000 | 0.7800 ± 0.0000 | 0.7800 ± 0.0000 | 0.8600 ± 0.0000 | **0.8619** ± 0.0129 |
| abalone2 | 0.8070 ± 0.0081 | 0.8171 ± 0.0085 | 0.7490 ± 0.0067 | 0.8162 ± 0.0001 | 0.7998 ± 0.0006 | 0.8119 ± 0.0077 | 0.8169 ± 0.0057 | 0.8374 ± 0.0000 | **0.8515** ± 0.0234 |
| kddbob | 0.9829 ± 0.0000 | 0.9829 ± 0.0000 | 0.9829 ± 0.0000 | / | 0.9830 ± 0.0000 | 0.9829 ± 0.0000 | 0.9829 ± 0.0000 | 0.9995 ± 0.0000 | **0.9998** ± 0.0000 |
| kddls | **10.000** ± 0.0000 | 10.000 ± 0.0000 | 0.9800 ± 0.0000 | / | 10.000 ± 0.0000 | 10.000 ± 0.0000 | 10.000 ± 0.0000 | 10.000 ± 0.0000 | 10.000 ± 0.0000 |
| krk2 | **0.9998** ± 0.0000 | 0.9998 ± 0.0000 | 0.9164 ± 0.0000 | **0.9998** ± 0.0000 | 0.9998 ± 0.0000 | 0.9998 ± 0.0000 | 0.9998 ± 0.0000 | 0.9986 ± 0.0000 | 0.9996 ± 0.0001 |
| poker1 | 0.7667 ± 0.0000 | 0.8683 ± 0.0153 | 0.8583 ± 0.0000 | 0.8583 ± 0.0000 | 0.8000 ± 0.0000 | 0.8683 ± 0.0153 | 0.8583 ± 0.0000 | 0.8583 ± 0.0000 | **0.8752** ± 0.0132 |
| kddrib | **10.000** ± 0.0000 | 10.000 ± 0.0000 | 10.000 ± 0.0000 | 10.000 ± 0.0000 | 10.000 ± 0.0000 | 10.000 ± 0.0000 | 10.000 ± 0.0000 | 10.000 ± 0.0000 | 10.000 ± 0.0000 |
| 均值 | 0.8646 ± 0.0052 | 0.8667 ± 0.0068 | 0.8469 ± 0.0040 | 0.8492 ± 0.0043 | 0.8520 ± 0.0056 | 0.8673 ± 0.0062 | 0.8634 ± 0.0066 | 0.8688 ± 0.0000 | **0.8754** ± 0.0046 |

表 6.9　算法在 UCI 数据集上的结果

| | 数据集 | ROS | SMO | B-SMO | ADAS | MWMO | SMO-T | SMO-E | CCR | NA-SMO |
|---|---|---|---|---|---|---|---|---|---|---|
| Recall | bank | 0.8036 ± 0.0000 | 0.8036 ± 0.0000 | 0.7782 ± 0.0000 | 0.8062 ± 0.0000 | / | 0.7907 ± 0.0000 | **0.8202 ±** 0.0000 | 0.8113 ± 0.0000 | 0.7949 ± 0.0000 |
| | poti_d | **10.000 ±** 0.0000 | **10.000 ±** 0.0000 | **10.000 ±** 0.0000 | / | **10.000 ±** 0.0000 | **10.000 ±** 0.0000 | **10.000 ±** 0.0000 | / | **10.000 ±** 0.0000 |
| | win_w | 0.5013 ± 0.0133 | 0.5013 ± 0.0088 | 0.4287 ± 0.0147 | 0.5099 ± 0.005 | / | 0.4871 ± 0.0074 | **0.6155 ±** 0.0084 | 0.4083 ± 0.0111 | 0.5741 ± 0.0042 |
| | isolet | 0.9800 ± 0.0000 | 0.9800 ± 0.0016 | 0.9567 ± 0.0000 | 0.9767 ± 0.0000 | / | 0.9789 ± 0.0016 | 0.9833 ± 0.0000 | / | **0.9844 ±** 0.0016 |
| | park_tel | **10.000 ±** 0.0000 | **10.000 ±** 0.0000 | **10.000 ±** 0.0000 | **10.000 ±** 0.0000 | 0.9852 ± 0.0000 | **10.000 ±** 0.0000 | **10.000 ±** 0.0000 | **10.000 ±** 0.0000 | **10.000 ±** 0.0000 |
| | chess_rk | 0.9429 ± 0.0000 | 0.9429 ± 0.0019 | 0.8857 ± 0.0000 | 0.9388 ± 0.0000 | / | 0.9361 ± 0.0019 | 0.9279 ± 0.0019 | **0.9633 ±** 0.0000 | **0.9633 ±** 0.0000 |
| F_measure | bank | 0.7444 ± 0.0000 | 0.7444 ± 0.0000 | 0.7454 ± 0.0000 | 0.7658 ± 0.0000 | / | 0.7568 ± 0.0000 | 0.7546 ± 0.0000 | 0.7385 ± 0.0000 | **0.7737 ±** 0.0000 |
| | poti_d | **10.000 ±** 0.0000 | **10.000 ±** 0.0000 | **10.000 ±** 0.0000 | / | **10.000 ±** 0.0000 | **10.000 ±** 0.0000 | **10.000 ±** 0.0000 | **10.000 ±** 0.0000 | **10.000 ±** 0.0000 |
| | win_w | 0.5527 ± 0.0108 | 0.5527 ± 0.0078 | 0.5044 ± 0.0129 | 0.5490 ± 0.0036 | / | 0.5372 ± 0.0057 | 0.6029 ± 0.0053 | 0.5047 ± 0.0096 | **0.6047 ±** 0.0031 |
| | isolet | 0.9895 ± 0.0000 | 0.9895 ± 0.0008 | 0.9773 ± 0.0000 | 0.9877 ± 0.0000 | / | 0.9889 ± 0.0008 | **0.9910 ±** 0.0001 | / | 0.9909 ± 0.0008 |
| | park_tel | **10.000 ±** 0.0000 | **10.000 ±** 0.0000 | **10.000 ±** 0.0000 | **10.000 ±** 0.0000 | 0.9764 ± 0.0000 | **10.000 ±** 0.0000 | **10.000 ±** 0.0000 | **10.000 ±** 0.0000 | **10.000 ±** 0.0000 |
| | chess_rk | 0.9606 ± 0.0000 | 0.9606 ± 0.0013 | 0.9264 ± 0.0000 | 0.9580 ± 0.0000 | / | 0.9563 ± 0.0013 | 0.9506 ± 0.0013 | 0.9674 ± 0.0002 | **0.9683 ±** 0.0000 |

续表

| | 数据集 | ROS | SMO | B-SMO | ADAS | MWMO | SMO-T | SMO-E | CCR | NA-SMO |
|---|---|---|---|---|---|---|---|---|---|---|
| G-mean | bank | 0.7184 ± 0.0000 | 0.7184 ± 0.0000 | 0.7292 ± 0.0000 | 0.7487 ± 0.0000 | / | 0.7424 ± 0.0000 | 0.7243 ± 0.0000 | 0.7034 ± 0.0000 | **0.7626** ± 0.0000 |
| | poti_d | **10.000** ± 0.0000 | **10.000** ± 0.0000 | **10.000** ± 0.0000 | / | **10.000** ± 0.0000 | **10.000** ± 0.0000 | **10.000** ± 0.0000 | / | **10.000** ± 0.0000 |
| | win_w | 0.5880 ± 0.0078 | 0.5880 ± 0.0063 | 0.5594 ± 0.0096 | 0.5760 ± 0.0024 | / | 0.5727 ± 0.0038 | 0.5940 ± 0.0034 | 0.5684 ± 0.0068 | **0.6214** ± 0.0024 |
| | isolet | 0.9895 ± 0.0000 | 0.9895 ± 0.0008 | 0.9777 ± 0.0000 | 0.9878 ± 0.0000 | / | 0.9890 ± 0.0008 | **0.9911** ± 0.0001 | / | 0.9910 ± 0.0008 |
| | park_tel | **10.000** ± 0.0000 | **10.000** ± 0.0000 | **10.000** ± 0.0000 | **10.000** ± 0.0000 | 0.9759 ± 0.0000 | **10.000** ± 0.0000 | **10.000** ± 0.0000 | **10.000** ± 0.0000 | **10.000** ± 0.0000 |
| | chess_rk | 0.9619 ± 0.0000 | 0.9619 ± 0.0011 | 0.9317 ± 0.0000 | 0.9596 ± 0.0000 | / | 0.9581 ± 0.0011 | 0.9531 ± 0.0011 | 0.9674 ± 0.0002 | **0.9683** ± 0.0000 |
| AUC | bank | 0.7257 ± 0.0000 | 0.7257 ± 0.0000 | 0.7355 ± 0.0000 | 0.7541 ± 0.0000 | / | 0.7472 ± 0.0000 | 0.7339 ± 0.0000 | 0.7139 ± 0.0000 | **0.7676** ± 0.0000 |
| | poti_d | **10.000** ± 0.0000 | **10.000** ± 0.0000 | **10.000** ± 0.0000 | / | **10.000** ± 0.0000 | **10.000** ± 0.0000 | **10.000** ± 0.0000 | / | **10.000** ± 0.0000 |
| | win_w | 0.5992 ± 0.0061 | 0.5992 ± 0.0057 | 0.5818 ± 0.007 | 0.5823 ± 0.002 | / | 0.5807 ± 0.0033 | 0.5956 ± 0.0039 | 0.6042 ± 0.0039 | **0.6258** ± 0.0022 |
| | isolet | 0.9896 ± 0.0000 | 0.9896 ± 0.0008 | 0.9781 ± 0.0000 | 0.9879 ± 0.0000 | / | 0.9890 ± 0.0008 | **0.9911** ± 0.0001 | / | 0.9910 ± 0.0008 |
| | park_tel | **10.000** ± 0.0000 | **10.000** ± 0.0000 | **10.000** ± 0.0000 | **10.000** ± 0.0000 | 0.9762 ± 0.0000 | **10.000** ± 0.0000 | **10.000** ± 0.0000 | **10.000** ± 0.0000 | **10.000** ± 0.0000 |
| | chess_rk | 0.9635 ± 0.0000 | 0.9635 ± 0.0009 | 0.9371 ± 0.0000 | 0.9614 ± 0.0000 | / | 0.9602 ± 0.001 | 0.9559 ± 0.0009 | 0.9668 ± 0.0002 | **0.9689** ± 0.0000 |

本章将 50 个数据集按不平衡率从大到小均分为 5 组,如图 6.6 所示。在图 6.6(a)中(不平衡率为 1～6),NA-SMO 和 ROS、SMOTE、MWMOTE、SMO-T 的效果相差无几,B-SMO、ADASYN、SMO-E 表现稍差;图 6.6(b)、(c)、(d)、(e)中(不平衡率为 6～100),NA-SMO 的效果明显好于其他算法,B-SMO 效果较差,其他算法的结果相近,说明本章方法更适用于高不平衡率的数据集;图 6.6(f)是所有数据集的均值,可以看出,NA-SMO 的性能最好。

### 6.3.3.3　显著性对比

为进一步对比算法的性能,我们将 8 种对比算法分别与 NA-SMO 进行了 Wilcoxon 符号秩检验,显著性水平选取 0.05。表 6.10 给出了 KEEL 数据集上的检验结果,由于在 UCI 数据集上,存在部分方法没有得到实验结果,因此无法符号秩和检验。如表 6.10 所示,从检验结果来看,我们的算法在绝大多数(26/28)的对比中都与对比算法有显著的差异。结合前文的详细性能对比结果可知,NA-SMOTE 与其他算法相比,具有一定的优势。

**表 6.10　Wilcoxon 符号秩检验的结果**

| | ROS | SMO | B-SMO | ADAS | MWMO | SMO-T | SMO-E | CCR |
|---|---|---|---|---|---|---|---|---|
| Recall | $2.19 \times 10^{-7}$ | $4.22 \times 10^{-8}$ | $1.74 \times 10^{-8}$ | $7.15 \times 10^{-6}$ | $1.71 \times 10^{-7}$ | $9.08 \times 10^{-8}$ | $1.70 \times 10^{-3}$ | $7.72 \times 10^{-3}$ |
| F-measure | $2.14 \times 10^{-4}$ | $2.54 \times 10^{-4}$ | $2.13 \times 10^{-8}$ | $7.74 \times 10^{-5}$ | $3.31 \times 10^{-5}$ | $9.08 \times 10^{-8}$ | $2.54 \times 10^{-4}$ | $1.21 \times 10^{-2}$ |
| G-mean | $7.39 \times 10^{-3}$ | $2.71 \times 10^{-2}$ | $6.27 \times 10^{-6}$ | $4.24 \times 10^{-4}$ | $1.88 \times 10^{-3}$ | $9.08 \times 10^{-8}$ | $5.29 \times 10^{-4}$ | $7.18 \times 10^{-2}$ |
| AUC | $7.50 \times 10^{-3}$ | $4.26 \times 10^{-2}$ | $1.52 \times 10^{-5}$ | $6.16 \times 10^{-4}$ | $1.12 \times 10^{-3}$ | $9.08 \times 10^{-8}$ | $20.02 \times 10^{-4}$ | $4.83 \times 10^{-2}$ |

为进一步验证 NA-SMOTE 算法的效果,我们用 Wilcoxon 符号秩检验对实验结果进行分析[15]。我们选择 25 个数据集在 Recall 指标上进行了 Wilcoxon T 值检验,结果如表 6.11 所示。

我们以其中一个 $T$ 值为例进行分析,例如,ROS 有 4 个数据集的效果好于 NA-SMO,但 NA-SMO 有 21 个好于 ROS,将正 Rank 累加后得值 299,负 Rank 累加后取绝对值 26,得到 $T$ 值为最小值 26,由威尔科克森符号秩检验 $T$ 值临界值表可得,在显著性水平为 0.05 时 25 个数据集上 $T$ 的临界值为 89,当 $T$ 值低于或等于该临界值时,拒绝零假设。因此,NA-SMO 在此 25 个数据集上的效果好于 ROS。

## 🎯 本章小结

本章介绍了基于 SMOTE 算法的邻域信息挖掘过采样方法(NA-SMOTE),用以学习少数类样本的局部邻域信息,并以局部邻域信息约束过采样过程中样本的合成,以降低线性插值可能带来的噪声以及样本重叠等不利因素,从而提高过采样的效率。首先,对数据集中的少数类样本进行多次邻域信息挖掘,以获取每一次挖掘后少数类样本的邻域信息;然后,将多次挖掘的邻域信息进行融合,获取少数类样本的不规则局部邻域;最后,在局部邻域中利用 SMOTE 方法合成新样本。其中在邻域信息挖掘过程中探测了噪声样本的分布情况,使得在合成新样本的时候有效地避免噪声样本的合成。

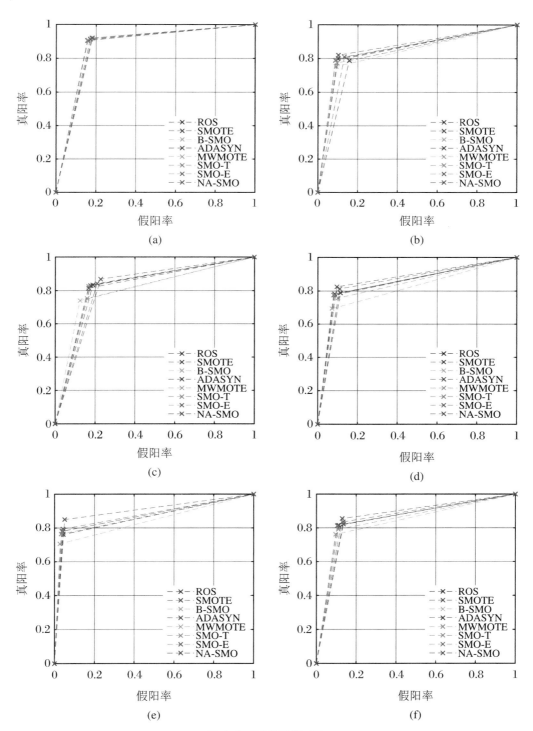

**图 6.6　ROC 性能对比**

表 6.11　Wilcoxon T 值检验对比结果

| 数据集 | ROS vs. NA-SMO 差异 | 序 | SMO vs. NA-SMO 差异 | 序 | B-SMO vs. NA-SMO 差异 | 序 | ADAS vs. NA-SMO 差异 | 序 | MWMO vs. NA-SMO 差异 | 序 | SMO-T vs. NA-SMO 差异 | 序 | CCR vs. NA-SMO 差异 | 序 | SMO-E vs. NA-SMO 差异 | 序 |
|---|---|---|---|---|---|---|---|---|---|---|---|---|---|---|---|---|
| glass1 | 0.057 | 20 | 0.0442 | 14 | 0.0714 | 10 | 0.0609 | 18 | 0.0526 | 14 | 0.0492 | 16 | 0.0413 | 20 | 0.0145 | 13 |
| glass2 | 0.01 | 9 | 0.0157 | 9 | 0 | 1 | 0 | 1 | 0.0114 | 9 | 0.0157 | 9 | 0 | 1 | 0.0114 | 12 |
| nthyd1 | −0.0029 | −6 | −0.0029 | −6 | −0.0257 | −5 | −0.0115 | −9 | −0.0029 | −5 | 0 | 1 | 0 | 2 | 0.0028 | 8 |
| segmt0 | −0.0028 | −5 | 0 | 1 | −0.0122 | −3 | −0.0122 | −10 | −0.0031 | −6 | 0.0003 | 6 | −0.0031 | −12 | −0.0004 | −6 |
| ecoli1 | −0.0057 | −8 | 0.0114 | 8 | −0.02 | −4 | −0.0028 | −5 | 0.0086 | 7 | 0.0086 | 7 | 0 | 11 | −0.0028 | −9 |
| ecoli3 | 0.052 | 19 | 0.084 | 21 | 0.174 | 23 | 0.12 | 23 | 0.178 | 24 | 0.072 | 19 | 0.004 | 14 | 0.081 | 22 |
| yeast2 | 0.084 | 21 | 0.084 | 20 | 0.094 | 14 | 0.06 | 17 | 0.062 | 16 | 0.084 | 21 | 0.082 | 23 | −0.024 | −15 |
| yeast4 | 0.0281 | 15 | 0.0325 | 13 | 0.0446 | 8 | 0.027 | 14 | 0.0242 | 10 | 0.0275 | 11 | −0.011 | −16 | 0.0172 | 14 |
| ecoli6 | 0.036 | 17 | 0.076 | 18 | 0.154 | 21 | 0.096 | 21 | 0.158 | 20 | 0.068 | 18 | 0.024 | 18 | 0.066 | 21 |
| ecoli8 | 0 | 1 | 0 | 2 | 0 | 2 | 0 | 2 | 0 | 1 | 0 | 2 | 0 | 3 | 0 | 1 |
| vowel0 | 0.01 | 10 | 0.01 | 7 | 0.0989 | 17 | 0.01 | 8 | 0.01 | 8 | 0.01 | 8 | 0.01 | 15 | 0.01 | 10 |
| glass5 | 0.02 | 12 | 0.07 | 17 | 0.125 | 19 | 0.04 | 15 | 0.1666 | 21 | 0.03 | 13 | 0.1 | 24 | 0.01 | 11 |
| glass7 | 0.045 | 18 | 0.055 | 15 | 0.1516 | 20 | 0.02 | 12 | 0.1716 | 22 | 0.04 | 15 | 0.045 | 21 | 0.035 | 17 |
| ecoli10 | 0 | 2 | 0 | 3 | 0.04 | 7 | 0 | 3 | 0 | 2 | 0 | 3 | 0 | 4 | 0 | 2 |
| yeast6 | 0.0133 | 11 | 0.0166 | 10 | 0.0766 | 11 | 0.0033 | 6 | 0.0266 | 11 | 0.0233 | 10 | 0 | 5 | −0.04 | −18 |
| pageb0 | −0.0033 | −7 | 0.03 | 12 | 0.0634 | 9 | −0.0033 | −7 | 0.078 | 17 | 0.03 | 14 | −0.0033 | −13 | 0.03 | 16 |
| glass10 | 0.1 | 23 | 0.1 | 22 | 0.1 | 18 | 0.1 | 22 | 0.1 | 18 | 0.1 | 22 | 0 | 6 | 0.1 | 23 |
| flare | 0.0217 | 13 | 0.0797 | 19 | 0.0983 | 16 | 0.0655 | 19 | 0.0611 | 15 | 0.0839 | 20 | 0.0761 | 22 | 0.0003 | 5 |
| carvgod | 0.0923 | 22 | 0.1015 | 23 | 0.0923 | 13 | 0.0954 | 20 | 0.1092 | 19 | 0.103 | 23 | −0.0308 | −19 | 0.0507 | 19 |

续表

| 数据集 | ROS vs. NA-SMO | | SMO vs. NA-SMO | | B-SMO vs. NA-SMO | | ADAS vs. NA-SMO | | MWMO vs. NA-SMO | | SMO-T vs. NA-SMO | | CCR vs. NA-SMO | | SMO-E vs. NA-SMO | |
|---|---|---|---|---|---|---|---|---|---|---|---|---|---|---|---|---|
| | 差异 | 序 | 差异 | 序 | 差异 | 序 | 差异 | 序 | 差异 | 序 | 差异 | 序 | 差异 | 序 | 差异 | 序 |
| kddgps | 0 | 3 | 0 | 4 | 0.0363 | 6 | 0.0182 | 11 | 0 | 3 | 0 | 4 | 0 | 7 | 0 | 3 |
| yeast10 | 0.0222 | 14 | 0.0267 | 11 | 0.0822 | 12 | 0.0222 | 13 | 0.0289 | 13 | 0.0289 | 12 | 0 | 8 | 0.0022 | 7 |
| wineqr | 0.235 | 25 | 0.285 | 25 | 0.435 | 25 | 0.285 | 25 | 0.335 | 25 | 0.285 | 25 | 0.235 | 25 | 0.1684 | 24 |
| yeast11 | 0.0285 | 16 | 0.0571 | 16 | 0.0971 | 15 | 0.0571 | 16 | 0.0285 | 12 | 0.0571 | 17 | 0 | 9 | 0.0571 | 20 |
| poker0 | 0.216 | 24 | 0.176 | 24 | 0.216 | 24 | 0.176 | 24 | 0.176 | 23 | 0.176 | 24 | 0.016 | 17 | 0.176 | 25 |
| krk2 | 0 | 4 | 0 | 5 | 0.1667 | 22 | 0 | 4 | 0 | 4 | 0 | 5 | 0 | 10 | 0 | 4 |
| | $T = \min\langle 299,26\rangle$ | | $T = \min\langle 319,6\rangle$ | | $T = \min\langle 313,12\rangle$ | | $T = \min\langle 294,31\rangle$ | | $T = \min\langle 314,11\rangle$ | | $T = \min\langle 325,0\rangle$ | | $T = \min\langle 265,60\rangle$ | | $T = \min\langle 277,48\rangle$ | |
| | 26 | | 6 | | 12 | | 31 | | 11 | | 0 | | 60 | | 48 | |

# 参 考 文 献

［ 1 ］ ZHANG Y P，WU T，ZHANG L. A self-adjusting and probabilistic decision-making classifier based on the constructive covering algorithm in neural networks［C］//Proceedings of the International Conference on Machine Learning and Cybernetics，2002，4：2171-2174.

［ 2 ］ 张铃，张钹，殷海风. 多层前向网络的交叉覆盖设计算法［J］. 软件学报，1999，10(7)：737-742.

［ 3 ］ ZHANG L，ZHANG B. A geometrical representation of McCulloch-Pitts neural model and its applications［J］. IEEE Transactions on Neural Networks，1999，10(4)：925-929.

［ 4 ］ 张铃. 基于核函数的 SVM 机与三层前向神经网络的关系［J］. 计算机学报，2002，25(7)：696-70.

［ 5 ］ ALCALÁ-FDEZ J，SANCHEZ L，GARCIA S，et al. KEEL：a software tool to assess evolutionary algorithms for data mining problems［J］. Soft Computing，2009，13(3)：307-318.

［ 6 ］ ASUNCION A，NEWMAN D. UCI machine learning repository［EB/OL］.（2021-06-05）. https：//archive. ics. uci. edu/ml/index. php.

［ 7 ］ HE H，GARCIA E A. Learning from imbalanced data［J］. IEEE Transactions on Knowledge and Data Engineering，2009，21(9)：1263-1284.

［ 8 ］ CHAWLA N V，BOWYER K W，HALL L O，et al. SMOTE：synthetic minority over-sampling technique［J］. Journal of Artificial Intelligence Research，2002，16(1)：321-357.

［ 9 ］ HAN H，WANG W Y，MAO B H. Borderline-SMOTE：a new over-sampling method in imbalanced data sets learning［C］//Proceedings of the 2005 International Conference on Intelligent Computing，2005：878-887.

［10］ HE H，BAI Y，GARCIA E A，et al. ADASYN：adaptive synthetic sampling approach for imbalanced learning［C］//Proceedings of the International Joint Conference on Neural Networks，2008：1322-1328.

［11］ BARUA S，ISLAM M M，YAO X，et al. MWMOTE-majority weighted minority oversampling technique for imbalanced data set learning［J］. IEEE Transactions on Knowledge and Data Engineering，2012，26(2)：405-425.

［12］ BATISTA G E，BAZZAN A L C，Monard M C. Balancing training data for automated annotation of keywords：a case study［C］//Proceedings of the 2003 II Brazilian Workshop on Bioinformatics，2003：10-18.

［13］ BATISTA G E，PRATI R C，MONARD M C. A study of the behavior of several methods for balancing machine learning training data［J］. ACM SIGKDD Explorations Newsletter，2004，6(1)：20-29.

［14］ KOZIARSKI M，WOZNIAK M. CCR：a combined cleaning and resampling algorithm for imbalanced data classification［J］. International Journal of Applied Mathematics and Computer Science，2017，27(4)：727-736.

［15］ YAN Y，LIU R，DING Z，et al. A parameter-free cleaning method for SMOTE in imbalanced classification［J］. IEEE Access，2019，7(1)：23537-23548.

# 第 7 章　构造性集成欠采样方法

## 7.1　问　题　描　述

　　影响不平衡数据分类的因素有很多,例如,噪声样本、类分布、重叠区域等。一些研究表明重叠区域对分类性能有较大影响[1-3]。现有研究的大多数方法很难避免选择大量重叠区域中的多数类样本。一些带有随机选择样本的方法,如 RUS,它会导致最终选择的部分样本来自重叠区域。如图 7.1 所示,如果选择重叠区域 O 中的样本作为研究数据,可能会导致样本分布发生改变。对于过采样方法,可能会在重叠区域中合成大量少数类样本。对于欠采样方法,可能会导致大量非重叠区域的多数类样本被删除,或者选择大量重叠区域的多数类样本作为研究样本与少数类样本构成平衡子集。这些都会改变数据的结构。

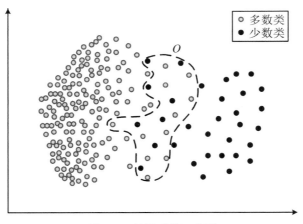

**图 7.1　数据重叠示意图**

　　为此,本章介绍一种基于多数类样本局部邻域信息的加权欠采样方法。该方法通过局部邻域信息挖掘方法,学习数据的空间分布信息,并以此给样本进行加权,使得非重叠区域的多数类样本获得较大的权重,而重叠区域的多数类样本获得更小的权重。从而有效地降低选择重叠区域的多数类样本作为研究样本的概率。

# 7.2 WUS 和 WEUS-V 算法

## 7.2.1 多数类邻域挖掘

为了度量多数类样本的局部分布信息,以便更好地实现样本的加权,本章提出了一种有监督的样本局部信息学习方法。

假设训练集为 $D$,记少数类样本集为 $D_m$,多数类样本集为 $D_n$。

对于 $D_n$ 中随机选择的一个多数类样本 $x_i$,利用欧式距离计算离 $x_i$ 最近的异类样本的距离,记为 $d_1$。

$$d_1(i) = \min_{y_m \neq y_i} dist(x_i, x_m) \quad m \in \{1, 2, \cdots, p\} \tag{7.1}$$

计算以 $x_i$ 为中心,以 $d_1$ 为半径的邻域范围内同类样本与 $x_i$ 的最远距离,记为 $d_2$。

$$d_2(i) = \max_{y_m = y_i} \left\{ dist(x_i, x_m) \big| dist(x_i, x_m) < d_1(i) \right\} \quad m \in \{1, 2, \cdots, p\} \tag{7.2}$$

通过上述寻找最近异类样本,并以该距离为约束寻找最远同类样本的过程,我们能够得到一个以 $x_i$ 为邻域中心的邻域,该邻域的半径为 $d_2(i)$。通过标记落在邻域中的样本,能够得到一个多数类邻域,记为 $N^i$。重复上述学习过程,直到数据集中的所有样本均被标记为止。最终可以得到多数类邻域集合 $\{N^1, N^2, \cdots, N^n\}$。

## 7.2.2 基于投票的领域挖掘

由于上述邻域信息的挖掘过程具有随机性,不同的邻域中心初始化会产生不同的局部邻域,从而导致最终得到的邻域集合有所差异。为此,我们考虑引入投票的机制来克服上述的随机性所造成的不确定性。设 $N_1 = \{N_1^1, N_1^2, \cdots, N_1^{n_1}\}$,$N_2 = \{N_2^1, N_2^2, \cdots, N_2^{n_2}\}$ 和 $N_m = \{N_m^1, \cdots, N_m^{n_m}\}$ 分别表示第一次、第二次和第 $m$ 次邻域挖掘的结果,其中 $N_i^j$ 表示第 $i$ 次邻域信息挖掘的第 $j$ 个多数类邻域。为了尽可能地逼近样本的真实局部邻域分布情况,更好地刻画样本所处的邻域情况,本章给出了一个度量多数类样本 $x_i$ 的空间邻域分布的指标(local neighborhood degree),记为 $I_i$。假设共进行了 $W$ 次的邻域信息挖掘。其中一次邻域信息挖掘后样本 $x_i$ 所在的邻域集合的势(cardinality)为邻域内样本的数量 $Num_l(x_i)$,则有公式(7.3)。

$$I_i = \frac{1}{W} \sum_{l=1}^{W} \left[ Num_l(x_i) / Num \right] \tag{7.3}$$

其中,$l$ 表示的第 $l$ 次邻域挖掘过程,$Num$ 为多数类样本总数,$l \in \{1, 2, \cdots, W\}$。

为了直观描述样本空间指标,以图 7.2 为例,说明上述指标的计算过程。

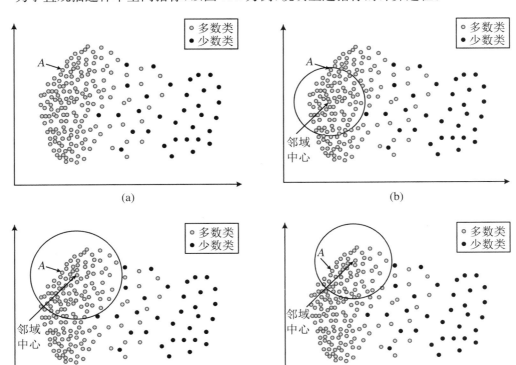

**图 7.2　邻域信息挖掘过程示意图**

图 7.2(a)为不平衡数据集的示意图。以计算样本 $A$ 的空间信息分布指标 $I_a$ 为例,假设一共进行了 3 次的邻域信息挖掘。图 7.2(b)~(d)分别表示第 1、2、3 次邻域信息挖掘后样本 $A$ 所在的邻域信息。假设在图 7.2(b)~(d)中,样本 $A$ 所在邻域的势分别为 $Num_1(x_a)$、$Num_2(x_a)$、$Num_3(x_a)$,根据公式(7.3) 便可以计算出 $A$ 的空间信息分布指标 $I_a = [1/(3 \times Num)] \times [Num_1(x_a) + Num_2(x_a) + Num_3(x_a)]$。

为了选择合适的迭代次数 $W$,我们从 1 次开始逐渐增加迭代次数直至 50 次。在这过程中,首先,计算训练集中多数类样本的空间信息分布总指标(记为 $I$)的值,并绘制成图,观察 $I$ 的变化。当 $I$ 的值随着迭代次数 $W$ 的增加而趋于稳定时,选择 $I$ 开始趋于稳定时的迭代次数 $W_I$ 为该数据集的邻域信息挖掘的迭代次数。然后,将样本空间指标作为权重,与加权随机采样方法结合,得到数量与少数类一致的多数类样本集 $N_{\text{maj}}$。最后,得到平衡数据集,并对其分类。

## 7.2.3　算法原理

在多数类样本中应保留哪些关键样本实现高效的欠采样,受少数类与多数类样本之间不平衡率、样本空间分布情况、样本容量、样本属性的数量和类型等因素的影响。这是一个复杂的问题。从样本空间分布角度研究,挖掘样本空间邻域信息能够从一定程度上获得样本空间分布情况。因此,本章利用样本空间信息分布对多数类样本进行加权欠采样方法研究。

利用邻域信息挖掘和加权随机采样方法,本章提出加权欠采样方法(WUS)和加权集成欠采样方法(WEUS-V),对数据集中的多数类样本进行欠采样处理,以获得平衡数据集。本章的算法框架结构如图 7.3 所示。

该方法的具体描述如下:

首先,利用邻域信息挖掘方法挖掘多数类样本的邻域信息,每个邻域信息包括多数类样本数量、邻域中心样本和邻域半径。每个多数类样本标记自己所在邻域的样本总数。

其次,通过多次迭代上述步骤,多数类样本 $x_i$ 在第 $l$ 次迭代所在邻域 $N_i^l$ 的样本总数记为 $Num_i^l$,根据公式(7.3),便可得到 $I_i$。

最后,将得到的 $I_i$ 作为每个多数类样本的权重,与加权随机采样方法联合,获取数量与少数类一致的多数类样本,后得到平衡数据集,然后进行分类并测试,得到测试结果。其中,加权集成欠采样方法对多数类样本多次进行加权随机采样,得到多组平衡数据集,再对这些数据集进行分类、测试,进而通过投票方法得到最终的测试结果。

WUS 算法的具体过程描述如算法 7.1 所示。

### 算法 7.1　基于邻域感知的加权欠采样技术(WUS)

输入:训练集 $D$,训练次数 $W$;

输出:测试结果;

1:　数据预处理,得到少数类和多数类训练集 $D_m$ 与 $D_n$,少数类和多数类数量 $N_m$ 和 $N_n$;

2:　For $l \leftarrow 1$ to $W$:

3:　　For any $x_i \in D_n$:

4:　　　计算邻域半径 $\theta_i = d_2$,见公式(7.1) 和公式(7.2);

5:　　　$N^i \leftarrow (x_i, \theta_i)$

6:　　　统计 $x_i$ 所在邻域内样本容量 $Num_i^l$;

7:　　End For

8:　End For

9:　计算各多数类样本的空间分布指标 $I_i$,见公式(7.3);

10:根据 $I_i$,使用加权随机采样对多数类进行欠采样,得到多数类样本 $D_{n'}$;

11:$D' \leftarrow D_{n'} \bigcup D_m$;

12:$D'$ 放入分类器中训练,得到模型 $M_v$;

13:测试集放入模型中测试,得到结果 $R_v$;

14:输出测试结果 $R$;

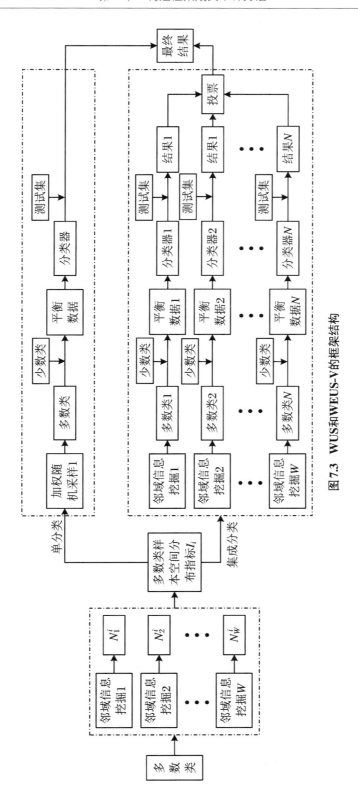

图 7.3　WUS 和 WEUS-V 的框架结构

WEUS-V 算法的具体过程描述如算法 7.2 所示。

**算法 7.2　基于邻域感知的加权集成欠采样技术(WEUS-V)**

输入:训练集 $D$,训练次数 $W$;

输出:测试结果;

1:　数据预处理,得到少数类和多数类训练集 $D_m$ 与 $D_n$,少数类和多数类数量 $N_m$ 和 $N_n$;

2:　For $l \leftarrow 1$ to $W$:

3:　　For any $x_i \in D_n$:

4:　　　计算邻域半径 $\theta_i$,见公式(7.1)和公式(7.2);

5:　　　$N^i \leftarrow (x_i, \theta_i)$

6:　　　统计 $x_i$ 所在邻域内样本容量 $Num_i^l$;

7:　　End For

8:　End For

9:　计算各多数类样本的空间分布指标 $I_i$,见公式(7.3);

10: For $v \leftarrow 1$ to 10:

11:　　根据 $I_i$,使用加权随机采样对多数类样本进行欠采样;

12:　　得到多数类样本 $D_n^v$;

13:　　$D_v' \leftarrow D_n^v \bigcup D_m$;

14:　　$D_n^v$ 放入分类器中训练,得到模型 $model_v$;

15:　　测试集放入模型中测试,得到结果 $result_v$;

16: End For

17. $result = \bigcup result_v$;

18. 输出 $result$;

# 7.3　模型分析与性能评估

## 7.3.1　模型评估基本设置

本实验从 KEEL[4] 网站中获取 100 个数据集,样本容量范围从 92 至 5472 不等,特征属性为 3~41,不平衡率范围为 1.8~129.4,其中一些数据集根据所选作为少数类的标签属性的不同可以作为不同数据集使用。表 7.1 给出了数据集的具体信息。

表 7.1　KEEL 数据集的详细信息

| 数据集 | 样本容量 | 样本特征 | 不平衡率 | 数据集 | 样本容量 | 样本特征 | 不平衡率 |
|---|---|---|---|---|---|---|---|
| glass0 | 214 | 9 | 1.82 | yeast7 | 459 | 7 | 14.3 |
| ecoli0 | 220 | 7 | 1.86 | glass10 | 214 | 9 | 15.46 |
| wiscon | 683 | 9 | 1.86 | ecoli17 | 336 | 7 | 15.8 |
| pima | 768 | 8 | 1.87 | pageb1 | 472 | 10 | 15.86 |
| iris0 | 150 | 4 | 2 | abal0 | 731 | 8 | 16.4 |
| glass1 | 214 | 9 | 2.06 | dermy | 358 | 34 | 16.9 |
| yeast0 | 1484 | 8 | 2.46 | zoo | 101 | 16 | 19.2 |
| habern | 306 | 3 | 2.78 | glass11 | 184 | 9 | 19.44 |
| vehicle0 | 846 | 18 | 2.88 | shutt1 | 129 | 9 | 20.5 |
| vehicle1 | 846 | 18 | 2.9 | shutt2 | 230 | 9 | 22 |
| vehicle2 | 846 | 18 | 2.99 | yeast8 | 693 | 8 | 22.1 |
| glass2 | 214 | 9 | 3.2 | glass12 | 214 | 9 | 22.78 |
| vehicle3 | 846 | 18 | 3.25 | yeast9 | 482 | 8 | 23.1 |
| ecoli1 | 336 | 7 | 3.36 | lympnf | 148 | 18 | 23.67 |
| nthyd0 | 215 | 5 | 5.14 | flaref | 1066 | 11 | 23.79 |
| nthyd1 | 215 | 5 | 5.14 | carg | 1728 | 6 | 24.04 |
| ecoli2 | 336 | 7 | 5.46 | carvg | 1728 | 6 | 25.58 |
| segmt0 | 2308 | 19 | 6.02 | krk0 | 2901 | 6 | 26.63 |
| glass3 | 214 | 9 | 6.38 | krk1 | 2244 | 6 | 27.77 |
| yeast1 | 1484 | 8 | 8.1 | yeast10 | 1484 | 8 | 28.1 |
| ecoli3 | 336 | 7 | 8.6 | winer0 | 1599 | 11 | 29.17 |
| pageb0 | 5472 | 10 | 8.79 | poker0 | 244 | 10 | 29.5 |
| ecoli4 | 200 | 7 | 9 | kddgps | 1642 | 41 | 29.98 |
| yeast2 | 514 | 8 | 9.08 | yeast11 | 947 | 8 | 30.57 |
| ecoli5 | 222 | 7 | 9.09 | abal1 | 502 | 8 | 32.47 |
| ecoli6 | 202 | 7 | 9.1 | winew0 | 168 | 11 | 32.6 |
| glass4 | 172 | 9 | 9.12 | yeast12 | 1484 | 8 | 32.73 |
| yeast3 | 506 | 8 | 9.12 | krk2 | 2935 | 6 | 35.23 |
| yeast4 | 1004 | 8 | 9.14 | winer1 | 656 | 11 | 35.44 |
| yeast5 | 1004 | 8 | 9.14 | ecoli18 | 281 | 7 | 39.14 |
| ecoli7 | 203 | 6 | 9.15 | abal2 | 2338 | 8 | 39.31 |
| ecoli8 | 244 | 7 | 9.17 | abal3 | 581 | 8 | 40.5 |
| ecoli9 | 224 | 7 | 9.18 | yeast13 | 1484 | 8 | 41.4 |
| glass5 | 92 | 9 | 9.22 | winew1 | 900 | 11 | 44 |
| ecoli10 | 205 | 7 | 9.25 | winer2 | 855 | 11 | 46.5 |
| ecoli11 | 257 | 7 | 9.28 | kddlp | 1061 | 41 | 49.52 |
| yeast6 | 528 | 8 | 9.35 | abal4 | 1622 | 8 | 49.69 |
| vowel0 | 988 | 13 | 9.98 | krk3 | 1460 | 6 | 53.07 |
| ecoli12 | 220 | 6 | 10 | winew2 | 1482 | 11 | 58.28 |

| 数据集 | 样本容量 | 样本特征 | 不平衡率 | 数据集 | 样本容量 | 样本特征 | 不平衡率 |
|--------|----------|----------|----------|--------|----------|----------|----------|
| glass6 | 192 | 9 | 10.29 | poker1 | 1485 | 10 | 58.4 |
| ecoli13 | 336 | 7 | 10.59 | shutt3 | 3316 | 9 | 66.67 |
| led7d | 443 | 7 | 10.97 | winer3 | 691 | 11 | 68.1 |
| ecoli14 | 240 | 6 | 11 | abal5 | 1916 | 8 | 72.69 |
| glass7 | 108 | 9 | 11 | kddbob | 2233 | 41 | 73.43 |
| glass8 | 205 | 9 | 11.06 | kddls | 1610 | 41 | 75.67 |
| glass9 | 214 | 9 | 11.59 | krk4 | 2193 | 6 | 80.22 |
| ecoli15 | 332 | 6 | 12.28 | poker2 | 2075 | 10 | 82 |
| clevel | 177 | 13 | 12.62 | poker3 | 1477 | 10 | 85.88 |
| ecoli16 | 280 | 6 | 13 | kddrib | 2225 | 41 | 100.14 |
| shutt0 | 1829 | 9 | 13.87 | abal6 | 4174 | 8 | 129.44 |

## 7.3.2　参数敏感性分析

为确定合适的邻域信息挖掘迭代次数 $W$,对 $W$ 进行实验研究。选择 10 个数据集作为研究样本,将所有数据集按不平衡率从小到大排序,并等分为 10 份,从每一份中随机选择一个数据集,共 10 个数据集作为研究领域信息挖掘迭代次数的样本。初始 $W=1$,依次增加 $W$,步长取 1,直到 $W=50$,记录样本空间信息 $I$ 的均值 $I\_avg$ 随 $W$ 的增加的变化情况,实验结果如图 7.4 所示。当 $W=30$ 时,10 个数据集都趋于稳定。因此,本章取 $W=30$ 为邻域信息挖掘迭代次数。

## 7.3.3　模型性能评估

本章选取 9 种欠采样方法、1 种混合采样方法、1 种集成 boost 分类器的欠采样方法,在 Random forest(RF)、Bagging(BAG)、AdaBoost(ADAB)、GradientBoosting(GB)、DecisionTree(DT)基分类器上与 WUS 和 WEUS-V 方法进行对比实验。其中,9 种经典的欠采样方法分别为 Random Undersampling(RUS)[5]、Tomek Links(TL)[6]、One-side Selection(OSS)[7]、Neighborhood Cleaning Rule(NCL)[8]、KNN-NearMiss(NM)[9]、BalanceCasade(BC)[10]、InstanceHardnessThreshold(IHT)[11]、Geometric Structural Ensemble(GSE)[12]、Radial-Based Undersampling(RBU)[13],1 种混合采样方法为 SMOTEENN(SMO-E)[14],RUSboost[15]是集成 boost 分类器的欠采样方法。

表 7.2～表 7.5 给出了各个算法在 KEEL 数据集上不同分类器的 Recall、F-measure、G-mean、AUC 均值以及对应的排名。可以看出,WUS 方法在 Recall 和 F-measure 的所有分类器中性能较好,在 G-mean 和 AUC 中性能一般,WEUS-V 方法在整体上都要优于其他对比方法。

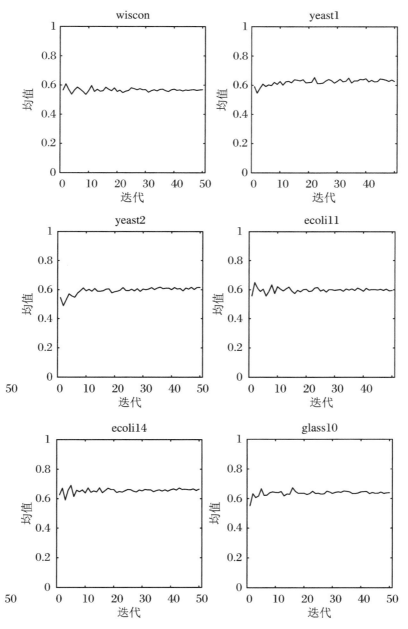

**图 7.4　邻域信息挖掘迭代次数探索示意图**

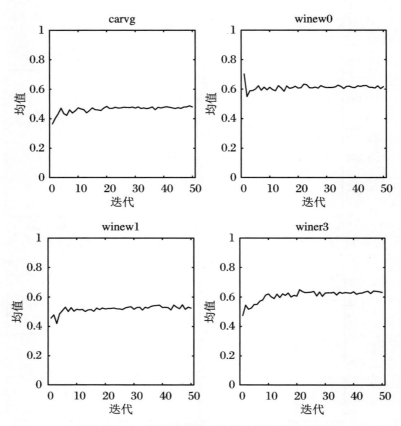

(续)图 7.4　邻域信息挖掘迭代次数探索示意图

表 7.2　13 个方法在 5 个分类器中的 Recall 均值和排名

| 数据集 | RF（均值） | 排名 | BAG（均值） | 排名 | ADAB（均值） | 排名 | GB（均值） | 排名 | DT（均值） | 排名 |
|---|---|---|---|---|---|---|---|---|---|---|
| RUS | 0.8805 | 4 | 0.8663 | 4 | 0.8337 | 6 | 0.8410 | 7 | 0.8246 | 6 |
| TL | 0.6061 | 13 | 0.6339 | 13 | 0.6169 | 13 | 0.6226 | 13 | 0.6287 | 13 |
| OSS | 0.6215 | 12 | 0.6383 | 12 | 0.6177 | 12 | 0.6323 | 12 | 0.6323 | 12 |
| NCL | 0.6363 | 11 | 0.6617 | 11 | 0.6481 | 11 | 0.6507 | 11 | 0.6624 | 10 |
| NM | 0.8725 | 5 | 0.8602 | 5 | 0.8329 | 7 | 0.8423 | 6 | 0.8352 | 5 |
| BC | 0.8438 | 7 | 0.8438 | 7 | 0.8435 | 5 | 0.8438 | 5 | 0.8436 | 4 |
| IHT | 0.8174 | 9 | 0.8158 | 9 | 0.7985 | 8 | 0.7965 | 8 | 0.8096 | 7 |
| GSE | 0.8542 | 6 | 0.8542 | 6 | 0.8542 | 4 | 0.8542 | 4 | 0.8542 | 2 |
| SMO-E | 0.7599 | 10 | 0.7428 | 10 | 0.7509 | 10 | 0.7639 | 10 | 0.7148 | 9 |
| RC | 0.8983 | 3 | 0.8885 | 3 | 0.8640 | 3 | 0.8665 | 3 | 0.6528 | 11 |
| RBU | 0.8266 | 8 | 0.8168 | 8 | 0.7784 | 9 | 0.7865 | 9 | 0.7770 | 8 |
| WUS | 0.9060 | 2 | 0.8895 | 2 | 0.8672 | 2 | 0.8704 | 2 | 0.8531 | 3 |
| WEUS-V | 0.9166 | 1 | 0.9008 | 1 | 0.8777 | 1 | 0.8817 | 1 | 0.8720 | 1 |

表 7.3　13 个方法在 5 个分类器中的 F-measure 均值和排名

| 数据集 | RF（均值） | 排名 | BAG（均值） | 排名 | ADAB（均值） | 排名 | GB（均值） | 排名 | DT（均值） | 排名 |
|---|---|---|---|---|---|---|---|---|---|---|
| RUS | 0.8313 | 4 | 0.8267 | 5 | 0.8123 | 6 | 0.8175 | 6 | 0.8021 | 5 |
| TL | 0.6575 | 12 | 0.6828 | 11 | 0.6746 | 11 | 0.6812 | 12 | 0.6837 | 11 |
| OSS | 0.6657 | 11 | 0.6825 | 12 | 0.6720 | 12 | 0.6856 | 11 | 0.6827 | 12 |
| NCL | 0.6788 | 10 | 0.7020 | 10 | 0.6943 | 10 | 0.6995 | 10 | 0.7073 | 9 |
| NM | 0.7779 | 9 | 0.7800 | 8 | 0.7656 | 9 | 0.7751 | 9 | 0.7659 | 7 |
| BC | 0.8213 | 6 | 0.8213 | 6 | 0.8211 | 2 | 0.8214 | 4 | 0.8211 | 2 |
| IHT | 0.7922 | 7 | 0.7925 | 7 | 0.7833 | 8 | 0.7830 | 8 | 0.7893 | 6 |
| GSE | 0.4958 | 13 | 0.4958 | 13 | 0.4958 | 13 | 0.4958 | 13 | 0.4958 | 13 |
| SMO-E | 0.7901 | 8 | 0.7751 | 9 | 0.7857 | 7 | 0.7968 | 7 | 0.7544 | 8 |
| RC | 0.8293 | 5 | 0.8278 | 2 | 0.8185 | 5 | 0.8203 | 5 | 0.7059 | 10 |
| RBU | 0.8317 | 2 | 0.8269 | 4 | 0.8194 | 4 | 0.8224 | 3 | 0.8078 | 4 |
| WUS | 0.8317 | 3 | 0.8269 | 3 | 0.8194 | 3 | 0.8224 | 2 | 0.8078 | 3 |
| WEUS-V | 0.8534 | 1 | 0.8468 | 1 | 0.8430 | 1 | 0.8451 | 1 | 0.8383 | 1 |

表 7.4　13 个方法在 5 个分类器中的 G-mean 均值和排名

| 数据集 | RF（均值） | 排名 | BAG（均值） | 排名 | ADAB（均值） | 排名 | GB（均值） | 排名 | DT（均值） | 排名 |
|---|---|---|---|---|---|---|---|---|---|---|
| RUS | 0.8098 | 4 | 0.8103 | 4 | 0.8053 | 4 | 0.8101 | 5 | 0.7943 | 4 |
| TL | 0.6782 | 13 | 0.7023 | 12 | 0.6987 | 12 | 0.7044 | 13 | 0.7072 | 12 |
| OSS | 0.6823 | 12 | 0.6992 | 13 | 0.6947 | 13 | 0.7070 | 12 | 0.7051 | 13 |
| NCL | 0.6960 | 11 | 0.7179 | 10 | 0.7134 | 10 | 0.7187 | 11 | 0.7261 | 10 |
| NM | 0.6970 | 10 | 0.7148 | 11 | 0.7078 | 11 | 0.7197 | 10 | 0.7079 | 11 |
| BC | 0.8137 | 3 | 0.8137 | 3 | 0.8136 | 3 | 0.8139 | 3 | 0.8136 | 3 |
| IHT | 0.7795 | 8 | 0.7815 | 9 | 0.7762 | 8 | 0.7771 | 9 | 0.7809 | 6 |
| GSE | 0.8186 | 2 | 0.8186 | 2 | 0.8186 | 2 | 0.8186 | 2 | 0.8186 | 2 |
| SMO-E | 0.8027 | 5 | 0.7890 | 7 | 0.7999 | 5 | 0.8104 | 4 | 0.7717 | 7 |
| RC | 0.7960 | 7 | 0.7996 | 5 | 0.7998 | 6 | 0.8011 | 7 | 0.7317 | 9 |
| RBU | 0.7766 | 9 | 0.7829 | 8 | 0.7760 | 9 | 0.7858 | 8 | 0.7669 | 8 |
| WUS | 0.7962 | 6 | 0.7978 | 6 | 0.7989 | 7 | 0.8024 | 6 | 0.7882 | 5 |
| WEUS-V | 0.8249 | 1 | 0.8235 | 1 | 0.8294 | 1 | 0.8311 | 1 | 0.8260 | 1 |

**表 7.5　13 个方法在 5 个分类器中的 AUC 均值和排名**

| 数据集 | RF（均值） | 排名 | BAG（均值） | 排名 | ADAB（均值） | 排名 | GB（均值） | 排名 | DT（均值） | 排名 |
|---|---|---|---|---|---|---|---|---|---|---|
| RUS | 0.8247 | 6 | 0.8247 | 5 | 0.8192 | 6 | 0.8250 | 5 | 0.8088 | 6 |
| TL | 0.7866 | 11 | 0.7984 | 11 | 0.7934 | 10 | 0.7976 | 12 | 0.7905 | 10 |
| OSS | 0.7864 | 12 | 0.7932 | 12 | 0.7895 | 12 | 0.7982 | 11 | 0.7863 | 11 |
| NCL | 0.7961 | 10 | 0.8073 | 9 | 0.8036 | 9 | 0.8060 | 9 | 0.8031 | 8 |
| NM | 0.7429 | 13 | 0.7530 | 13 | 0.7426 | 13 | 0.7555 | 13 | 0.7445 | 13 |
| BC | 0.8251 | 4 | 0.8251 | 4 | 0.8249 | 4 | 0.8252 | 4 | 0.8249 | 3 |
| IHT | 0.8248 | 5 | 0.8213 | 6 | 0.8202 | 5 | 0.8189 | 6 | 0.8163 | 4 |
| GSE | 0.8323 | 3 | 0.8323 | 2 | 0.8323 | 3 | 0.8323 | 3 | 0.8323 | 2 |
| SMO-E | 0.8381 | 2 | 0.8287 | 3 | 0.8329 | 2 | 0.8416 | 2 | 0.8161 | 5 |
| RC | 0.8155 | 8 | 0.8179 | 7 | 0.8159 | 7 | 0.8187 | 8 | 0.7979 | 9 |
| RBU | 0.7978 | 9 | 0.8025 | 10 | 0.7924 | 11 | 0.8044 | 10 | 0.7841 | 12 |
| WUS | 0.8160 | 7 | 0.8163 | 8 | 0.8151 | 8 | 0.8187 | 7 | 0.8053 | 7 |
| WEUS-V | 0.8415 | 1 | 0.8391 | 1 | 0.8431 | 1 | 0.8452 | 1 | 0.8398 | 1 |

　　为进一步对比算法的性能，我们将 11 个对比算法分别与 WUS 和 WEUS-V 进行了 Wilcoxon 符号秩检验，显著性水平选取 0.05。表 7.6 和表 7.7 给出了 WUS 和 WEUS-V 在 KEEL 数据集上的检验结果。从检验结果来看，WUS 和 WEUS-V 算法在绝大多数（40/44）、（42/44）的对比中都与对比算法有显著的差异。结合前文的详细性能对比结果可知，WUS 和 WEUS-V 算法与对比算法相比，具有一定的优势。

　　为进一步详细说明 Wilcoxon 符号秩检验的结果，我们选择 25 个数据集在 Recall 指标上进行了 Wilcoxon $T$ 值检验，结果如表 7.8、表 7.9 所示。以其中一个 $T$ 值为例进行分析，例如，RUS 有 5 个数据集的效果好于 WUS，但 WUS 有 20 个好于 ROS，将正序累加后为 301，负序累加后取绝对值为 24，得到 $T$ 值为最小值 24，由威尔科克森符号秩检验 $T$ 值临界值表可得，在显著性水平为 0.05 时，25 个数据集上 $T$ 的临界值为 89，当 $T$ 值低于或等于该临界值时，拒绝零假设，因此，WUS 在此 25 个数据集上的效果好于 RUS。

# 🎯 本章小结

　　本章主要针对现有的一些欠采样方法的不足之处，介绍了基于加权随机采样算法的邻域信息挖掘欠采样方法（WUS）和邻域信息挖掘加权欠采样方法（WEUS-V），用以学习多数类样本的局部邻域信息，并根据局部邻域信息定义多数类样本空间信息分布指标，通过该指标作为加权欠采样的权重，降低对重叠区域的多数类样本的采样，从而提高欠采样的效率。

表 7.6　WUS 的 Wilcoxon 符号秩检验结果

| 数据集 | RUS | TL | OSS | NCL | NM | BC | IHT | GSE | SMO_E | RC | RBU | / |
|---|---|---|---|---|---|---|---|---|---|---|---|---|
| Recall | $6.23\times10^{-10}$ | $1.26\times10^{-15}$ | $5.84\times10^{-16}$ | $7.03\times10^{-16}$ | $2.01\times10^{-4}$ | $2.26\times10^{-10}$ | $1.49\times10^{-4}$ | $1.83\times10^{-6}$ | $9.87\times10^{-16}$ | $4.06\times10^{-3}$ | $3.22\times10^{-13}$ | / |
| F-measure | $4.92\times10^{-1}$ | $1.01\times10^{-10}$ | $4.93\times10^{-11}$ | $1.95\times10^{-8}$ | $3.19\times10^{-10}$ | $1.08\times10^{-1}$ | $6.68\times10^{-1}$ | $9.92\times10^{-17}$ | $4.65\times10^{-2}$ | $3.08\times10^{-1}$ | $5.38\times10^{-4}$ | / |
| G-mean | $4.10\times10^{-8}$ | $6.22\times10^{-4}$ | $2.46\times10^{-4}$ | $2.29\times10^{-2}$ | $8.07\times10^{-12}$ | $6.28\times10^{-3}$ | $2.19\times10^{-1}$ | $6.15\times10^{-5}$ | $1.07\times10^{-2}$ | $6.57\times10^{-1}$ | $6.18\times10^{-1}$ | / |
| AUC | $5.96\times10^{-6}$ | $8.74\times10^{-3}$ | $4.45\times10^{-3}$ | $2.86\times10^{-1}$ | $1.25\times10^{-11}$ | $6.26\times10^{-2}$ | $1.41\times10^{-2}$ | $1.29\times10^{-4}$ | $6.91\times10^{-1}$ | $9.50\times10^{-1}$ | $2.10\times10^{-1}$ | / |

表 7.7　WEUS-V 的 Wilcoxon 符号秩检验结果

| 数据集 | RUS | TL | OSS | NCL | NM | BC | IHT | GSE | SMO_E | RC | RBU | / |
|---|---|---|---|---|---|---|---|---|---|---|---|---|
| Recall | $1.30\times10^{-12}$ | $1.28\times10^{-15}$ | $1.05\times10^{-15}$ | $7.72\times10^{-16}$ | $3.02\times10^{-6}$ | $4.26\times10^{-12}$ | $6.99\times10^{-7}$ | $3.99\times10^{-8}$ | $1.02\times10^{-15}$ | $1.45\times10^{-9}$ | $2.73\times10^{-14}$ | / |
| F-measure | $1.48\times10^{-10}$ | $1.19\times10^{-13}$ | $1.76\times10^{-14}$ | $1.02\times10^{-12}$ | $1.38\times10^{-14}$ | $8.49\times10^{-7}$ | $5.39\times10^{-8}$ | $8.99\times10^{-17}$ | $6.82\times10^{-8}$ | $3.72\times10^{-16}$ | $7.28\times10^{-1}$ | / |
| G-mean | $2.75\times10^{-3}$ | $6.75\times10^{-8}$ | $4.51\times10^{-9}$ | $1.87\times10^{-6}$ | $3.77\times10^{-15}$ | $9.72\times10^{-2}$ | $1.57\times10^{-4}$ | $1.74\times10^{-1}$ | $3.11\times10^{-1}$ | $3.08\times10^{-16}$ | $1.30\times10^{-5}$ | / |
| AUC | $1.15\times10^{-6}$ | $6.10\times10^{-8}$ | $3.24\times10^{-9}$ | $2.92\times10^{-6}$ | $1.38\times10^{-15}$ | $7.68\times10^{-3}$ | $4.97\times10^{-4}$ | $6.38\times10^{-1}$ | $9.97\times10^{-1}$ | $1.83\times10^{-16}$ | $4.89\times10^{-7}$ | / |

表 7.8　WUS 的 Wilcoxon T 值检验对比结果

| 数据集 | RUS 差异 | 序 | TL 差异 | 序 | OSS 差异 | 序 | NCL 差异 | 序 | NM 差异 | 序 | BC 差异 | 序 | IHT 差异 | 序 | GSE 差异 | 序 | SMO-E 差异 | 序 | RC 差异 | 序 | RBU 差异 | 序 |
|---|---|---|---|---|---|---|---|---|---|---|---|---|---|---|---|---|---|---|---|---|---|---|
| wiscon | 0.0042 | 3 | 0.0231 | 2 | 0.0093 | 3 | 0.0038 | 2 | 0.0126 | 5 | 0.0235 | 7 | −0.0038 | −7 | 0.0192 | 7 | 0.0097 | 1 | −0.0003 | −1 | 0.021 | 6 |
| vehicle0 | 0.0055 | 5 | 0.0247 | 3 | 0.027 | 4 | 0.0215 | 3 | 0.0179 | 6 | 0.0063 | 3 | −0.0092 | −11 | 0.0843 | 21 | 0.0143 | 2 | 0.001 | 3 | 0.0069 | 1 |
| vehicle3 | 0.008 | 7 | 0.0551 | 5 | 0.0507 | 5 | 0.0321 | 4 | 0.0481 | 11 | 0.025 | 8 | 0.0015 | 5 | 0.0603 | 17 | 0.0235 | 3 | 0.0015 | 6 | 0.0241 | 7 |
| yeast1 | 0.0355 | 20 | 0.2198 | 17 | 0.2142 | 19 | 0.1327 | 12 | 0.0672 | 19 | 0.0362 | 11 | −0.0001 | −2 | 0.048 | 15 | 0.0572 | 10 | 0.0023 | 7 | 0.1493 | 22 |
| ecoli3 | 0.0514 | 23 | 0.3542 | 22 | 0.3428 | 22 | 0.2657 | 21 | 0.3171 | 25 | 0.1571 | 24 | 0.0085 | 10 | 0.0142 | 6 | 0.0771 | 14 | −0.0058 | −9 | 0.2542 | 25 |
| pageb0 | 0.0254 | 15 | 0.1184 | 6 | 0.1163 | 6 | 0.0851 | 6 | 0.0448 | 10 | 0.0478 | 14 | 0.0038 | 6 | 0.0299 | 10 | 0.0406 | 8 | −0.0012 | −5 | 0.0975 | 20 |
| yeast2 | 0.032 | 18 | 0.2279 | 19 | 0.212 | 18 | 0.1793 | 17 | 0.0906 | 21 | 0.0746 | 20 | −0.004 | −8 | 0.0346 | 12 | 0.0686 | 12 | 0.0197 | 19 | 0.1399 | 21 |
| ecoli5 | 0.004 | 2 | 0.221 | 18 | 0.153 | 12 | 0.207 | 19 | 0.049 | 12 | 0.037 | 12 | 0.017 | 14 | 0.067 | 19 | 0.128 | 20 | −0.001 | −2 | 0.066 | 15 |
| yeast5 | 0.0279 | 17 | 0.1604 | 10 | 0.1664 | 13 | 0.1028 | 7 | 0.002 | 1 | 0.034 | 10 | 0.0137 | 12 | −0.0076 | −4 | 0.0385 | 6 | −0.0011 | −4 | 0.0919 | 17 |
| ecoli7 | 0.025 | 13 | 0.19 | 14 | 0.145 | 11 | 0.125 | 10 | 0.065 | 17 | 0.04 | 13 | 0.03 | 16 | 0.04 | 13 | 0.075 | 13 | 0.02 | 20 | 0.085 | 16 |
| ecoli8 | 0.012 | 9 | 0.147 | 9 | 0.176 | 15 | 0.172 | 15 | 0.059 | 15 | 0.103 | 21 | −0.001 | −4 | 0.033 | 11 | 0.052 | 9 | 0.009 | 14 | 0.025 | 8 |
| ecoli9 | 0.025 | 14 | 0.19 | 15 | 0.132 | 8 | 0.165 | 13 | 0.043 | 9 | 0 | 2 | −0.022 | −15 | −0.02 | −8 | 0.097 | 15 | −0.036 | −24 | 0.04 | 9 |
| ecoli11 | 0.004 | 1 | 0.208 | 16 | 0.212 | 17 | 0.172 | 16 | 0.024 | 7 | 0.128 | 23 | 0.004 | 9 | 0.008 | 5 | 0.108 | 17 | 0.012 | 16 | 0.052 | 10 |
| glass6 | 0.0234 | 12 | 0.72 | 25 | 0.6934 | 25 | 0.705 | 25 | 0.135 | 22 | 0.1234 | 22 | 0.0667 | 22 | 0.09 | 23 | 0.2934 | 25 | 0.055 | 25 | 0.21 | 23 |
| ecoli13 | 0.086 | 25 | 0.2666 | 21 | 0.2433 | 21 | 0.28 | 22 | 0.0646 | 16 | 0.0273 | 9 | 0.0646 | 20 | 0.134 | 24 | 0.1106 | 18 | 0.0346 | 22 | 0.0973 | 19 |
| led7d | 0.0539 | 24 | 0.1411 | 8 | 0.1407 | 9 | 0.1157 | 8 | 0.0671 | 18 | 0.0596 | 18 | 0.0654 | 21 | −0.0225 | −9 | 0.1379 | 22 | 0.0064 | 10 | 0.0643 | 13 |
| ecoli14 | −0.035 | −19 | 0.17 | 12 | 0.125 | 7 | 0.125 | 9 | 0.055 | 14 | 0.065 | 14 | 0 | 1 | 0.065 | 18 | 0.06 | 11 | −0.035 | −23 | 0.065 | 14 |
| glass7 | −0.04 | −22 | 0.17 | 11 | 0.2 | 16 | 0.17 | 14 | −0.01 | −3 | 0 | 1 | 0.1 | 24 | −0.05 | −16 | −0.03 | −4 | −0.01 | −15 | −0.01 | −3 |
| clevel | 0.0267 | 16 | 0.4467 | 23 | 0.3867 | 23 | 0.4433 | 23 | 0.18 | 24 | 0.1967 | 25 | 0.0867 | 23 | 0.22 | 25 | 0.2833 | 24 | −0.0067 | −11 | 0.0967 | 18 |
| ecoli16 | −0.01 | −8 | 0.185 | 13 | 0.175 | 14 | 0.18 | 18 | 0.09 | 20 | 0.06 | 17 | 0.035 | 19 | 0.08 | 20 | 0.105 | 16 | 0.02 | 21 | 0.055 | 11 |
| carvg | −0.0046 | −4 | 0.2662 | 20 | 0.2369 | 20 | 0.2385 | 20 | 0.0323 | 8 | −0.0169 | −5 | 0.0169 | 13 | 0.0446 | 14 | 0.1308 | 21 | 0.0046 | 8 | −0.0154 | −5 |
| krk0 | 0.021 | 11 | 0.1257 | 7 | 0.1419 | 10 | 0.1324 | 11 | 0.0534 | 13 | 0.0667 | 19 | 0.0343 | 18 | 0 | 2 | 0.1257 | 19 | 0.0181 | 18 | 0.061 | 12 |
| krk1 | −0.0063 | −6 | −0.0075 | −1 | −0.0075 | −2 | −0.0037 | −1 | −0.0022 | −2 | −0.0075 | −4 | 0.0004 | 3 | 0.005 | 3 | 0.0385 | 7 | −0.0075 | −12 | −0.0075 | −2 |
| yeast13 | 0.0372 | 21 | 0.4915 | 24 | 0.4943 | 24 | 0.46 | 24 | 0.1657 | 23 | 0.06 | 16 | 0.1343 | 25 | 0.0886 | 22 | 0.2543 | 23 | 0.0086 | 13 | 0.22 | 24 |
| kddls | 0.02 | 10 | 0.036 | 4 | 0.004 | 1 | 0.04 | 5 | 0.012 | 4 | 0.02 | 6 | 0.032 | 17 | 0 | 1 | 0.036 | 5 | 0.012 | 17 | 0.012 | 4 |
| | $T=$ min⟨266,59⟩ | | $T=$ min⟨324,1⟩ | | $T=$ min⟨323,2⟩ | | $T=$ min⟨324,1⟩ | | $T=$ min⟨320,5⟩ | | $T=$ min⟨316,9⟩ | | $T=$ min⟨278,47⟩ | | $T=$ min⟨288,37⟩ | | $T=$ min⟨321,4⟩ | | $T=$ min⟨219,106⟩ | | $T=$ min⟨215,10⟩ | |

表 7.9　WEUS-V 的 Wilcoxon T 值检验对比结果

| 数据集 | RUS 差异 | RUS 序 | TL 差异 | TL 序 | OSS 差异 | OSS 序 | NCL 差异 | NCL 序 | NM 差异 | NM 序 | BC 差异 | BC 序 | IHT 差异 | IHT 序 | GSE 差异 | GSE 序 | SMO-E 差异 | SMO-E 序 | RC 差异 | RC 序 | RBU 差异 | RBU 序 |
|---|---|---|---|---|---|---|---|---|---|---|---|---|---|---|---|---|---|---|---|---|---|---|
| wiscon | 0.0088 | 6 | 0.0277 | 2 | 0.0139 | 3 | 0.0084 | 2 | 0.0172 | 4 | 0.0281 | 8 | 0.0008 | 1 | 0.0238 | 8 | 0.0143 | 1 | 0.0043 | 9 | 0.0281 | 8 |
| vehicle0 | 0.0091 | 7 | 0.0283 | 4 | 0.0306 | 4 | 0.0251 | 3 | 0.0215 | 5 | 0.0099 | 3 | -0.0056 | -6 | 0.0879 | 22 | 0.0179 | 2 | 0.0046 | 10 | 0.0099 | 3 |
| vehicle3 | 0.008 | 5 | 0.0551 | 5 | 0.0507 | 5 | 0.0321 | 5 | 0.0481 | 11 | 0.025 | 7 | 0.0015 | 3 | 0.0603 | 15 | 0.0235 | 4 | 0.0015 | 3 | 0.025 | 7 |
| yeast1 | 0.043 | 20 | 0.2273 | 17 | 0.2217 | 17 | 0.1402 | 11 | 0.0747 | 15 | 0.0437 | 12 | 0.0074 | 8 | 0.0555 | 13 | 0.0647 | 9 | 0.0098 | 11 | 0.0437 | 12 |
| ecoli3 | 0.06 | 22 | 0.3628 | 22 | 0.3514 | 22 | 0.2743 | 22 | 0.3257 | 25 | 0.1657 | 23 | 0.0171 | 11 | 0.0228 | 7 | 0.0857 | 14 | 0.0028 | 5 | 0.1657 | 23 |
| pageb0 | 0.0279 | 14 | 0.1209 | 7 | 0.1188 | 7 | 0.0876 | 7 | 0.0473 | 9 | 0.0503 | 16 | 0.0063 | 7 | 0.0324 | 9 | 0.0431 | 8 | 0.0013 | 2 | 0.0503 | 16 |
| yeast2 | 0.0376 | 18 | 0.2335 | 18 | 0.2176 | 16 | 0.1849 | 14 | 0.0962 | 21 | 0.0802 | 19 | 0.0016 | 4 | 0.0402 | 10 | 0.0742 | 10 | 0.0253 | 19 | 0.0802 | 19 |
| ecoli5 | 0.003 | 2 | 0.22 | 15 | 0.152 | 10 | 0.206 | 17 | 0.048 | 10 | 0.036 | 11 | 0.016 | 10 | 0.066 | 18 | 0.127 | 19 | -0.002 | -4 | 0.036 | 11 |
| yeast5 | 0.0289 | 15 | 0.1614 | 9 | 0.1674 | 14 | 0.1038 | 8 | 0.003 | 2 | 0.035 | 10 | 0.0147 | 9 | -0.0066 | -4 | 0.0395 | 6 | -0.0001 | -1 | 0.035 | 10 |
| ecoli7 | 0.035 | 17 | 0.2 | 13 | 0.155 | 11 | 0.135 | 9 | 0.075 | 16 | 0.05 | 13 | 0.04 | 19 | 0.05 | 11 | 0.085 | 12 | 0.03 | 21 | 0.05 | 13 |
| ecoli8 | 0.041 | 19 | 0.176 | 11 | 0.205 | 15 | 0.201 | 16 | 0.088 | 20 | 0.132 | 22 | 0.028 | 15 | 0.062 | 16 | 0.081 | 11 | 0.038 | 23 | 0.132 | 22 |
| ecoli9 | 0.048 | 21 | 0.213 | 14 | 0.155 | 12 | 0.188 | 15 | 0.066 | 14 | 0.023 | 6 | 0.001 | 2 | 0.003 | 3 | 0.12 | 18 | -0.013 | -14 | 0.023 | 6 |
| ecoli11 | 0.064 | 23 | 0.268 | 20 | 0.272 | 21 | 0.232 | 19 | 0.084 | 19 | 0.188 | 24 | 0.064 | 22 | 0.068 | 19 | 0.168 | 22 | 0.072 | 25 | 0.188 | 24 |
| glass6 | -0.0033 | -3 | 0.6933 | 25 | 0.6667 | 25 | 0.6783 | 25 | 0.1083 | 22 | 0.0967 | 21 | 0.04 | 20 | 0.0633 | 17 | 0.2667 | 24 | 0.0283 | 20 | 0.0967 | 21 |
| ecoli13 | 0.0714 | 25 | 0.252 | 19 | 0.2287 | 18 | 0.2654 | 21 | 0.05 | 12 | 0.0127 | 5 | 0.05 | 21 | 0.1194 | 24 | 0.096 | 16 | 0.02 | 16 | 0.0127 | 5 |
| led7d | 0.025 | 13 | 0.1122 | 6 | 0.1118 | 6 | 0.0868 | 6 | 0.0382 | 6 | 0.0307 | 9 | 0.0365 | 17 | -0.0514 | -12 | 0.109 | 17 | -0.0225 | -18 | 0.0307 | 9 |
| ecoli14 | -0.01 | -9 | 0.195 | 12 | 0.15 | 9 | 0.15 | 12 | 0.08 | 17 | 0.09 | 20 | 0.025 | 13 | 0.09 | 23 | 0.085 | 13 | -0.01 | -12 | 0.09 | 20 |
| glass7 | 0.01 | 8 | 0.22 | 16 | 0.25 | 20 | 0.22 | 18 | 0.04 | 7 | 0.05 | 14 | 0.15 | 25 | 0 | 1 | 0.02 | 3 | 0.04 | 24 | 0.05 | 14 |
| clevel | 0.07 | 24 | 0.49 | 24 | 0.43 | 23 | 0.4866 | 24 | 0.2233 | 24 | 0.24 | 25 | 0.13 | 24 | 0.2633 | 25 | 0.3266 | 25 | 0.0366 | 22 | 0.24 | 25 |
| ecoli16 | -0.02 | -11 | 0.175 | 10 | 0.165 | 13 | 0.17 | 13 | 0.08 | 18 | 0.05 | 15 | 0.025 | 14 | 0.07 | 20 | 0.095 | 15 | 0.01 | 13 | 0.05 | 15 |
| carvg | 0.0077 | 4 | 0.2785 | 21 | 0.2492 | 19 | 0.2508 | 20 | 0.0446 | 8 | -0.0046 | -2 | 0.0292 | 16 | 0.0569 | 14 | 0.1431 | 21 | 0.0169 | 15 | -0.0046 | -2 |
| krk0 | 0.0238 | 12 | 0.1285 | 8 | 0.1447 | 8 | 0.1352 | 10 | 0.0562 | 13 | 0.0695 | 18 | 0.0371 | 18 | 0.0028 | 2 | 0.1285 | 20 | 0.0209 | 17 | 0.0695 | 18 |
| krk1 | -0.0028 | -1 | -0.004 | -1 | -0.004 | -1 | -0.0002 | -1 | 0.0013 | 1 | -0.004 | -1 | 0.0039 | 5 | 0.0085 | 6 | 0.042 | 7 | -0.004 | -8 | -0.004 | -1 |
| yeast13 | 0.0315 | 16 | 0.4858 | 23 | 0.4886 | 24 | 0.4543 | 23 | 0.16 | 23 | 0.0543 | 17 | 0.1286 | 23 | 0.0829 | 21 | 0.2486 | 23 | 0.0029 | 6 | 0.0543 | 17 |
| kddls | 0.012 | 10 | 0.028 | 3 | -0.004 | -2 | 0.032 | 4 | 0.004 | 3 | 0.012 | 4 | 0.024 | 12 | -0.008 | -5 | 0.028 | 5 | 0.004 | 7 | 0.012 | 4 |
| | $T=$ | | $T=$ | | $T=$ | | $T=$ | | $T=$ | | $T=$ | | $T=$ | | $T=$ | | $T=$ | | $T=$ | | $T=$ | |
| | min⟨301,24⟩ | | min⟨324,1⟩ | | min⟨322,3⟩ | | min⟨324,1⟩ | | min⟨325,0⟩ | | min⟨322,3⟩ | | min⟨319,6⟩ | | min⟨304,21⟩ | | min⟨325,0⟩ | | min⟨268,57⟩ | | min⟨322,3⟩ | |

# 参 考 文 献

［1］ DAS S, DATTA S, CHAUDHURI B B. Handling data irregularities in classification:foundations, trends, and future challenges[J]. Pattern Recognition, 2018, 81(1):674-693.

［2］ GARCIA V, MOLLINEDA R A, SANCHEZ J S. On the k-NN performance in a challenging scenario of imbalance and overlapping[J]. Pattern Analysis & Applications, 2008, 11(3-4): 269-280.

［3］ STEFANOWSKI J S. Overlapping, rare examples and class decomposition in learning classifiers from imbalanced data[M]. Heidelberg:Emerging Paradigms in Machine Learning Springer, 2013.

［4］ ALACALÁ-FDEZ J, SANCHEZ L, GARCIA S, et al. KEEL:a software tool to assess evolutionary algorithms for data mining problems[J]. Soft Computing, 2009, 13(3):307-318.

［5］ HE H, GARCIA E A. Learning from imbalanced data[J]. IEEE Transactions on Knowledge and Data Engineering, 2009, 21(9):1263-1284.

［6］ TOMEK I. Two modifications of CNN[J]. IEEE Trans. Systems, Man and Cybernetics, 1976, 6 (11):769-772.

［7］ KUBAT M, MATWIN S. Addressing the curse of imbalanced training sets: one-sided selection ［C］//In Proceedings of the Fourteenth International Conference on Machine Learning, 1997, 97: 179-186.

［8］ LAURIKKALA J. Improving identification of difficult small classes by balancing class distribution ［C］//Conference on Artificial Intelligence in Medicine in Europe, 2001:63-66.

［9］ MANI I, ZHANG I. KNN approach to unbalanced data distributions: a case study involving infor-mation extraction ［C］//Proceedings of Workshop on Learning from Imbalanced Datasets, 2003:126.

［10］ LIU X Y, WU J, ZHOU Z H. Exploratory undersampling for class-imbalance learning[J]. IEEE Transactions on Systems, Man, and Cybernetics, Part B (Cybernetics), 2008, 39(2):539-550.

［11］ SMITH M R, MARTINEZ T, GIRAUD-CARRIER C. An instance level analysis of data complexity [J]. Machine Learning, 2014, 95(2):225-256.

［12］ ZHU Z, WANG Z, LI D, et al. Geometric structural ensemble learning for imbalanced problems [J]. IEEE Transactions on Cybernetics, 2018:1-13.

［13］ KOZIARSKI M, KRAWCZYK B, WOZNIAK M. Radial-based undersampling for imbalanced data classification[J]. Neurocomputing, 2019, 343(28):19-33.

［14］ BATISTA G E, PRATI R C, MONARD M C. A study of the behavior of several methods for balancing machine learning training data[J]. ACM SIGKDD Explorations Newsletter, 2004, 6(1): 20-29.

［15］ SEIFFERT C, KHOSHGOFTAAR T M, VAN HULSE J, et al. RUSBoost:a hybrid approach to alleviating class imbalance[J]. IEEE Transactions on Systems, Man, and Cybernetics-Part A:Systems and Humans, 2009,40(1):185-197.

# 第8章　构造性自适应三支过采样方法

## 8.1　问　题　描　述

本章针对第3章中的三支采样策略受不同数据分布影响较大、需要针对不同数据集寻找最佳参数的缺点,提出构造性自适应三支过采样方法。首先,提出基于交叉验证策略的构造性的样本划分方法,寻找较优的样本划分;然后,提出融合样本划分密度及样本划分势的自适应三支域的构建方法,并基于三支域实现合成种子的选择以及局部信息约束的少数类样本过采样。

## 8.2　交叉验证的构造性覆盖

构造性覆盖算法可以有效挖掘样本的空间分布信息。然而 CCA 的随机性(即覆盖中心随机选取)可能导致得到的覆盖并非最优覆盖。为更加高效地挖掘样本信息,本节提出利用交叉验证的策略获得较优的覆盖 $Cbest$。

首先,我们将数据集划分为测试集和训练样本集,用 $K$ 折交叉验证将训练样本集分成 $K$ 组训练集和验证集,对训练集中每组数据构造划分覆盖 $C_j = \{c_u^1, c_u^2, \cdots, c_u^v\}$,其中 $C_j$ 表示第 $j$ 组训练集构造划分后的覆盖,$c_u^v$ 表示第 $j$ 组覆盖中 $u$ 类样本的第 $v$ 个覆盖,$j \in \{1, 2, \cdots, K\}$,$u \in \{0, 1\}$。然后,用得到的覆盖对验证集中的样本进行分类并评估其性能值,取三次性能值的平均值,选取性能值最大的一组覆盖作为最优覆盖 $Cbest$,具体过程如算法8.1所示。

| 算法 8.1　基于交叉验证的构造性覆盖(CV_CCA) |
| --- |

输入:数据集 $S = \{(x_1, y_1), (x_2, y_2), \cdots, (x_N, y_N)\}$,$y_i \in \{0, 1\}$

输出:最好的一组覆盖 $Cbest$

1. 对 $S$ 用 $K$ 折交叉验证,分为训练集 $Train$ 和验证集 $Valid$
2. For $train$, $valid$ in $Train$, $Valid$:　　　//$j \in \{1, 2, \cdots, K-2\}$
3. 　构造性划分样本覆盖 CCA(train)$\rightarrow C_j$
4. 用 $C_j$ 预测 $valid$ 并计算性能值$p\_value_j$　　　// 取三次平均值

5. End For

6. 选出性能值最大的一组划分覆盖 $max\{p\_value_j\}\rightarrow j, C_j \rightarrow Cbest$

7. Output *Cbest*

## 8.3  构造性自适应三支过采样方法

### 8.3.1  自适应的三支域构建

受三支决策思想的启发,本节将不平衡数据中的少数类样本划分为三类,与三支决策中的三个域相对应。这三类样本如下所示:

(1) 位于少数类样本密集区域的正域样本(post),这类样本远离决策边界,很容易被分类器正确识别,学习这类样本对提高分类器性能效果不明显。

(2) 位于多数类样本密集区域的负域样本(negative),如噪声样本,这类样本不但不能提升分类性能,还会使学习任务更加困难。

(3) 位于类决策边界附近的边界域样本(bound),这类样本容易被分类器误分,对其进行学习能有效提升模型性能。

图 8.1 给出了构造性三支域划分的示意图,其中图 8.1(a)为构造性覆盖过程,图 8.1(b)展示了不同覆盖中分别属于不同类的少数类样本。为实现无参的三支域划分,本节提出自适应的三支域构建方法 ATDP,即根据少数类的较优覆盖对样本进行划分。首先定义样本划分密度(即覆盖密度),如公式(8.1)所示,其中$|C_N|$为样本划分势(即覆盖内样本个数),$C_R$ 为覆盖半径。

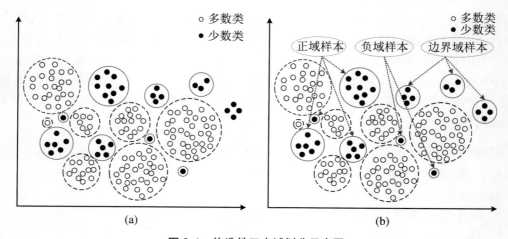

(a)                                    (b)

**图 8.1  构造性三支域划分示意图**

$$C_{Density} = \frac{|C_N|}{\pi \times C_R \times C_R} \tag{8.1}$$

由此,对较优覆盖构建三支域的具体步骤如下:

**1. 较优覆盖的预处理**

按覆盖密度从大到小对 $Cbest = \{C_1^1, C_1^2, \cdots, C_1^N\}$ 中的覆盖排序,得到 $C'_{best} = \{C_2^1, C_2^2, \cdots, C_2^N\}$。正常情况下,包含样本越多的覆盖,其覆盖密度越大,排序靠前,但可能存在以下两种情况会改变这种序列:

(1) 一些覆盖虽然样本个数较少,但分布紧密(覆盖半径很小),其覆盖密度较大,这种覆盖可能会排在样本个数较多、分布稀疏(覆盖半径大)的覆盖之前。

(2) 一些覆盖虽然样本个数较少,但分布稀疏(覆盖半径大),这种覆盖可能会排在噪声和离群覆盖之后。

因此,我们以样本划分势作为判断,将 $C'_{best}$ 划分为 $C_{PB}$ 和 $C_{PBN}$,如果 $|C_2^i| \leqslant |C_2^{i+1}|$,$i \in \{1, 2, \cdots, N-1\}$,将 $C_2^i$ 放入 $C_{PBN}$ 中,令 $C_{PB}$ 为 $\{C'_{best} - C_{PBN}\}$,并将 $C_{PBN}$ 中的覆盖按覆盖密度从小到大排序得到:

(1) $C_{PB}: C_{PB} = \{C_3^1, C_3^2, \cdots, C_3^w \mid Dens_j > Dens_{j+1} \wedge |C_3^j| > |C_3^{j+1}|\}$($Dens_j$ 为第 $j$ 个覆盖的覆盖密度),$j \in \{1, 2, \cdots, w-1\}$。

(2) $C_{PBN}: C_{PBN} = \{C_4^1, C_4^2, \cdots, C_4^z \mid Dens_j < Dens_{j+1}\}, j \in \{1, 2, \cdots, z-1\}, w + z = N$。

由上述对 $C'_{best}$ 的处理过程可知,那些内部样本个数较多的覆盖大多会划分到 $C_{PB}$ 中,其主要由正域和边界域样本构成,相反的 $C_{PBN}$ 主要由边界域和负域样本构成。

**2. 两支域构建方法**

由 $C_{PB} = \{C_3^1, C_3^2, \cdots, C_3^w\}$ 中样本划分覆盖的排列次序(按样本划分密度及划分势从大到小排列)可知,排列次序越靠前的覆盖其属于正域的概率就越大,越靠后的覆盖其属于边界域的概率越大。为对 $C_{PB}$ 进一步划分,获得正域($post_1$)和边界域($bound_1$)的两支域构建方法如下:

(1) 从左往右依次对 $C_{PB}$ 中每个覆盖进行判断,以决定将该覆盖划分到 $post_1$ 还是 $bound_1$ 中。对于任意的 $C_3^j (j = 1, 2, \cdots, w)$ 属于 $C_{PB}$,初始化:$post_1 = \{C_3^1\}$,$bound_1 = [\ ]$。

(2) 对 $\{post_1, bound_1\}$ 进行局部信息约束过采样处理(见 8.2.3)并计算其分类性能值 $p\_value_1^1$。

(3) 对于 $j = 2, 3, \cdots, w$,假设 $C_3^j$ 属于正域,将 $C_3^j$ 并入 $post_1$ 组成正域,此时 $bound_1$ 为 $C_{PB} - post_1$。

(4) 对 $\{post_1, bound_1\}$ 进行局部信息约束过采样处理(见 8.2.3)并计算其分类性能值 $p\_value_1^j$。

(5) 通过比较 $p\_value_1^j$ 与 $p\_value_1^{j-1}(j > 1)$ 的大小来判断 $C_3^j$ 所属域。如果 $p\_value_1^j > p\_value_1^{j-1}$,说明 $C_3^j$ 划分到正域比其划分到边界域时分类效果更好,可判断 $C_3^j$ 属于正域;否则 $C_3^j$ 属于边界域。

(6) 重复(3)~(5),直到 $C_{PB}$ 中的所有覆盖判断完,最后得到一组使分类性能最佳的

$\{post_1, bound_1\}$。

值得注意的是，每次对 $C_{PB}$ 中的 $C_3^i$ 进行判断时，都只是与上一次得到的$\{post_1,$ $bound_1\}$分类性能作比较，也就是保持了$\{post_1, bound_1\}$整体不变，除了 $C_3^i$（$C_3^i$ 假设为正域，在比较时从$bound_1$ 中并入了$post_1$）。

**3. 三支域构建方法**

根据 $C_{PBN}$ 的构建过程可知，$C_{PBN}$ 中主要包括负域和边界域样本，为进一步得到正域（$post_2$）、负域（$bound_2$）和边界域（$negative$），需要对 $C_{PBN}$ 进行自适应三支域划分，方法如下：

（1）从右到左对 $C_{PBN}$ 中每个覆盖进行判断，以决定将该覆盖划分到 $bound_2$ 还是 $negative$ 中。对于 $C_{PBN}$ 中的 $C_4^j$（$j=1,2,\cdots,z$），初始化：$post_2 = \{C_4^1\}$（$post_2$ 保持不变），$negative = [\ ]$，$bound_2 = \{C_4^2, C_4^3, \cdots, C_4^j\}$。

（2）对$\{post_2, bound_2\}$进行局部信息约束过采样处理（见 8.2.3）并计算其分类性能值$p\_value_2^z$。

（3）对于 $j = z, z-1, \cdots, 2$，假设 $C_4^j$ 属于负域，则将 $C_4^j$ 并入 $negative$，此时 $bound_2$ 为 $C_{PB} - post_2 - negative$。

（4）对$\{post_2, bound_2\}$进行局部信息约束过采样处理（见 8.2.3）并计算其分类性能值$p\_value_2^{j-1}$。

（5）通过比较 $p\_value_2^{j-1}$ 与 $p\_value_2^z$ 的大小来判断 $C_4^j$ 所属域。如果 $p\_value_2^{j-1} > p\_value_2^z$，说明 $C_4^j$ 为负域时，分类效果更好，可判断 $C_4^j$ 属于负域；否则 $C_4^j$ 属于边界域。

（6）重复（3）～（5），直到 $C_{PBN}$ 中的所有覆盖判断完，最后得到一组使分类性能最佳的$\{post_2, bound_2, negative\}$。

（7）合并 $post_1$ 和 $post_2$、$bound_1$ 和 $bound_2$，得到 $post = \{post_1, post_2\}$，$bound = \{bound_1, bound_2\}$。本节提出的方法根据样本划分密度和样本划分势，自适应地构建了三支域 $post$、$negative$ 和 $bound$，不需要设置任何参数，更加灵活可靠。

## 8.3.2　局部信息约束过采样

为了降低类重叠对最终分类的影响，改善类内不平衡，在合成新样本时，本节对生成的新样本做局部限制，只取在边界覆盖域内合成的样本。根据不平衡数据集的数据分布特征，利用自适应三支域划分算法将少数类样本划分覆盖划分为 $post$、$negative$ 和 $bound$。

本节提出以 $bound$ 为合成种子，并利用 $post$ 中少数类样本携带的信息辅助 $bound$ 来合成新样本。根据样本合成生成位置分为两种情况（本节提出的方法只保留（1）合成的新少数类样本）：

（1）新样本在 $bound$ 域内合成，如图 8.2(a)所示的 $x_1, x_2, x_3$。其中，$x_1$ 由 $bound_1$ 中的样本生成；$x_2$ 由 $bound_2$ 和$post_2$ 中的样本在 $bound_2$ 中生成；$x_3$ 由 $bound_2$ 和 $bound_3$ 中的样本在$bound_3$ 中生成。

（2）新样本在 $bound$ 域外合成，如图 8.2(b)所示的 $x_4, x_5, x_6$。其中，$x_4$ 由 $bound_1$ 和 $post_1$ 中的样本在三支域外生成；$x_5$ 由 $bound_2$ 和 $post_2$ 中的样本在 $post_2$ 中生成；$x_6$ 由

$bound_2$ 和 $bound_3$ 中的样本在多数类样本覆盖领域中生成。

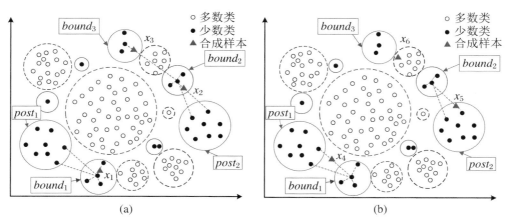

图 8.2　局部信息约束采样

### 8.3.3　构造性自适应三支过采样

本章提出的构造性自适应三支过采样方法(CATO)主要包括三个步骤：

第一，将不平衡数据集划分为训练样本和测试集；然后结合 $K$ 折交叉验证(将训练样本划分为训练集和验证集)对训练集构造 $K$ 组覆盖，并通过验证集得到一组较优覆盖 $Cbest$。

第二，对上述过程得到的 $Cbest$ 进行自适应构建三支域(正域、负域和边界域)。

第三，对边界域内的样本进行过采样，并以局部信息将生成样本约束在边界划分区域内。其算法框架图如图 8.3 所示。

# 8.4　模型分析与性能评估

## 8.4.1　模型评估基本设置

为了验证本章提出的方法的有效性，本节从 KEEL 数据库中选取了 18 个数据集，从 UCI 数据库中选取了 4 个数据集，基本信息如表 8.1 所示。这些数据集的不平衡率范围为 1.67~82，样本总容量范围为 150~4839。实验在 SVM 和 NB 两个分类器上进行验证，使用 Recall、F-measure、G-mean 和 AUC 评估分类器性能。对比算法包括 ADASYN[1]、MWMMOTE[2]、Random Oversampling、Borderline-SMOTE[3]、SMOTE[4]，对比算法所涉及的 $K$ 近邻参数均根据这些文献中的设置，即 $K = 5$。

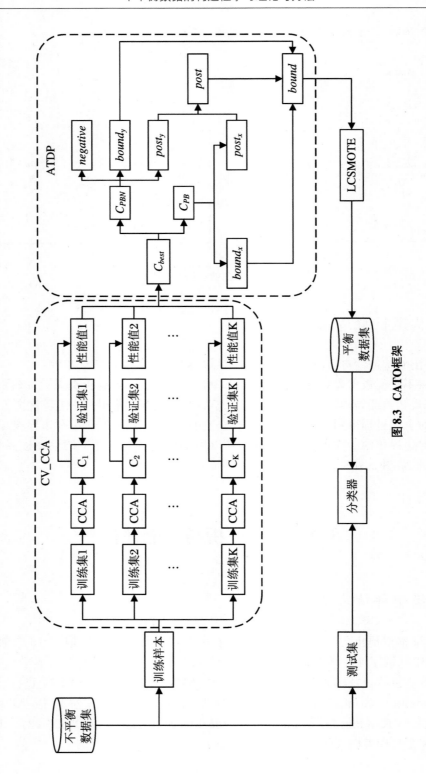

图 8.3 CATO框架

表 8.1　数据集基本信息

| 数据集 | 数据集缩写（Abb） | 不平衡率（IR） | 样本属性（Attr） | Exam_N | 数据集 | 数据集缩写（Abb） | 不平衡率（IR） | 样本属性（Attr） | Exam_N |
|---|---|---|---|---|---|---|---|---|---|
| CMC | C0 | 1.67 | 7 | 398 | shuttle0 | S1 | 13.87 | 9 | 1829 |
| wisconsin | W0 | 1.86 | 9 | 683 | dermatology6 | D0 | 16.9 | 34 | 358 |
| pima | P0 | 1.87 | 8 | 768 | breastw | B0 | 17.54 | 5 | 4839 |
| iris0 | I0 | 2 | 4 | 150 | poker9vs7 | P1 | 29.5 | 10 | 244 |
| hepatiti | H0 | 2.06 | 9 | 214 | abalone3 | A0 | 32.47 | 8 | 502 |
| ILPD | I1 | 2.78 | 3 | 306 | ecoli0 | E1 | 39.14 | 7 | 281 |
| segment0 | S0 | 6.02 | 19 | 2308 | winequality | W1 | 58.28 | 11 | 1482 |
| yeast0 | Y0 | 9.14 | 8 | 1004 | winequalityred | W2 | 68.1 | 11 | 691 |
| vowel0 | V0 | 9.98 | 13 | 988 | kddcupl | K0 | 75.67 | 41 | 1610 |
| ecoli0 | E0 | 10 | 6 | 220 | krvskzero | K1 | 80.22 | 6 | 2193 |
| cleveland0 | C1 | 12.62 | 13 | 177 | poker8 | P2 | 82 | 10 | 2075 |

## 8.4.2　参数敏感性分析

本章提出的 CATO 算法在构造划分时利用 K_fold 算法先将原始数据集划分为 $k$ 组，为了探究不同 $k$ 值对 CATO 分类性的影响，我们测试了 2～10 这 9 个不同的 $k$ 的取值，并对每个 $k$ ($k=2,3,\cdots,10$) 进行 10 次试验，以 Recall、F-measure、G-mean 和 AUC 为评估指标，计算它们的性能值并取 10 次运行结果平均值，其测试结果如图 8.4～图 8.6 所示。由图 8.4 和图 8.5 可知，CATO 算法在 Recall、F-measure、G-mean 和 AUC 中，当 $k=2$ 时表现最差，当 $k=6$ 时，在临界值上下波动，CATO 算法性能比较稳定。图 8.6 为 CATO 运行 10 次分别在 SVM 和 NB 上 Recall、F-measure、G-mean 和 AUC 的总均值，可以发现当 $k=6$

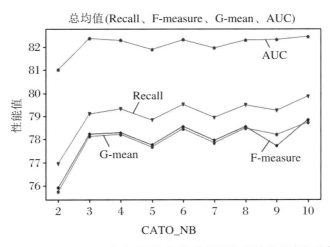

图 8.4　$k=2,3,\cdots,10$ 时,在 SVM 上 20 个数据集各性能值变化趋势图

时,CATO 算法表现相对较优。综上,本节取 $k=6$。

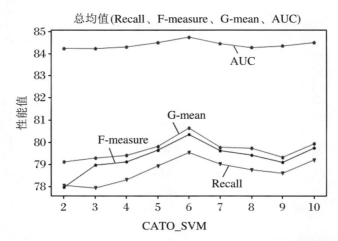

图 8.5　$k=2,3,\cdots,10$ 时,在 NB 上 20 个数据集各性能值变化趋势图

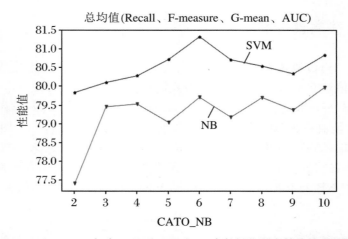

图 8.6 $k=2,3,\cdots,10$ 时,在 SVM 和 NB 上 20 个数据集所有性能值变化趋势图

## 8.4.3　模型性能评估

对比实验使用五折交叉验证划分数据集,将数据集分为测试集(总样本量 20%)和训练集(总样本量 80%),取 10 次五折交叉验证的平均值做为最终的分类性能结果。实验在分类器 SVM 和分类器 NB 上进行,其中 Random Oversampling、Borderline-SMOTE、ADASYN 分别简写为 Random、Borderline、Adasyn。本节通过比较 CATO 与其他方法性能排名和 Wilcoxon 符号秩检验[5]来验证所提方法是否有效。

图 8.7 和图 8.8 分别给出使用 SVM 和 NB 分类器对 22 个数据集分类时,对比算法及 CATO 方法在四个指标上性能排名第一的次数。从图中可以看出,CATO 在所有的方法中表现最佳。具体地说,在使用 SVM 分类器时,CATO 在 Recall、F-measure、G-mean 和

AUC 四个评估指标上排名第一的次数分别为 15、17、15、16；使用 NB 分类器时，CATO 在 Recall、F-measure、G-mean 和 AUC 四个评估指标上排名第一的次数分别为 11、12、14、15；从性能值排名上看，CATO 可以有效提升分类器分类性能。

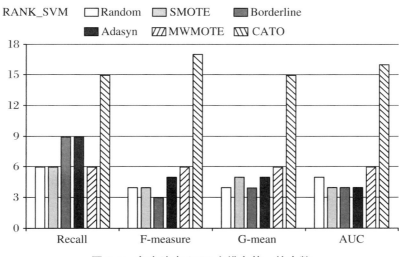

图 8.7　各方法在 SVM 上排名第一的次数

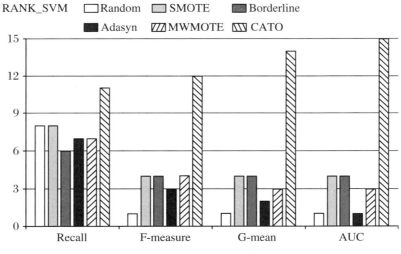

图 8.8　各方法在 NB 上排名第一的次数

为进一步验证 CATO 方法的性能，本节采用 Wilcoxon 符号秩检验对 CATO 与对比算法的 AUC 值配对检验，实验结果如表 8.2 和表 8.3 所示，它们分别为 CATO 与对比算法在 NB、SVM 分类器上 AUC 检验结果，其中显著性水平 $\alpha = 0.05$。从表 8.2 中可以看出，CA-TO 与 Random、SMOTE、Borderline、Adasyn、MWMOTE 比较，其 $p$ 值分别为 0.00961、0.01063、0.00078 、0.00009、0.00414，由于 $p < 0.05$，则方法存在统计意义上的显著性差异。同理，从表 8.3 中可得出相同结论，从结果 $T$ 值可以看出 CATO 方法表现更优，比如，在 NB

分类上 CATO 与 MWMOTE 比较，$T = \min\{198, 3\}$，$T$ 为 3，说明 CATO 的 AUC 值比 MWMOTE 更好，得到排序值较大。$T$ 值越小，表示 CATO 比其他方法表现越好。

表 8.2　NB 分类器上 CATO 与对比方法的 Wilcoxon 符号秩检验结果

| 数据集 | Random | | SMOTE | | Borderline | | Adasyn | | MWMOTE | |
|---|---|---|---|---|---|---|---|---|---|---|
| | 差值 | 排序 | 差值 | 排序 | 差值 | 排序 | 差值 | 排序 | 差值 | 排序 |
| C0 | 8.9110 | 18 | 8.9658 | 18 | 9.2654 | 14 | 9.0954 | 15 | 9.1747 | 19 |
| W0 | 8.0759 | 17 | 8.0005 | 16 | 8.0193 | 12 | 7.7383 | 13 | 7.8660 | 17 |
| P0 | 6.2461 | 14 | 6.2862 | 14 | 5.8822 | 11 | 6.1206 | 12 | 6.4972 | 13 |
| I0 | 1.0000 | 5 | 1.0000 | 5 | 37.0000 | 18 | 37.0000 | 20 | 1.0000 | 4 |
| H0 | 1.2668 | 6 | 1.4084 | 6 | 1.1750 | 3 | 1.1333 | 4 | 1.8334 | 8 |
| I1 | 0.6412 | 3 | 0.7188 | 3 | 0.6557 | 1 | 1.5465 | 6 | 1.7520 | 7 |
| S0 | 5.8054 | 13 | 5.6346 | 13 | 20.3660 | 17 | 17.3873 | 18 | 5.8817 | 12 |
| Y0 | 15.5027 | 20 | 15.2423 | 20 | $-2.4112$ | 7 | $-0.9016$ | 2 | 6.9684 | 14 |
| V0 | $-7.0565$ | 15 | $-6.8951$ | 15 | 15.3572 | 15 | 13.9764 | 17 | $-7.5613$ | 15 |
| E0 | $-1.4000$ | 8 | $-1.6000$ | 9 | 5.1500 | 10 | $-0.0250$ | 1 | 0.5250 | 2 |
| C1 | 1.3864 | 7 | 1.5407 | 8 | 1.4441 | 5 | 1.3902 | 5 | 1.0492 | 6 |
| S1 | $-0.6084$ | 2 | $-0.6201$ | 2 | 48.9506 | 20 | 37.1338 | 21 | $-0.5614$ | 3 |
| D0 | $-0.7494$ | 4 | $-0.8534$ | 4 | 1.3478 | 4 | 1.6146 | 8 | 1.0032 | 5 |
| B0 | 2.9974 | 11 | 2.9351 | 11 | 0.6677 | 2 | 1.6354 | 9 | 3.0918 | 9 |
| P1 | 40.8543 | 21 | 41.6508 | 21 | 41.1924 | 19 | 31.3325 | 19 | 40.6499 | 21 |
| A0 | 10.0074 | 19 | 10.0074 | 19 | 17.6920 | 16 | 11.2310 | 16 | 10.3566 | 20 |
| E1 | 0.1667 | 1 | 0.1667 | 1 | 0.0000 | $-1$ | 1.0360 | 3 | 0.1296 | 1 |
| W1 | 2.2050 | 10 | 2.2975 | 10 | 1.9805 | 6 | 1.5612 | 7 | 4.7682 | 11 |
| W2 | 1.4633 | 9 | 1.5295 | 7 | $-3.3283$ | 8 | 1.8967 | 10 | 7.5957 | 16 |
| K0 | / | / | / | / | / | / | / | / | / | / |
| K1 | $-3.9877$ | 12 | $-4.0038$ | 12 | 4.6196 | 9 | 4.6196 | 11 | $-3.9208$ | 10 |
| P2 | 7.3682 | 16 | 8.9365 | 17 | 8.2901 | 13 | 7.8415 | 14 | 8.7023 | 18 |
| $R+$, $R-$ | 190, 41 | | 189, 42 | | 195, 15 | | 228, 3 | | 198, 3 | |
| $T$_value | 41 | | 42 | | 15 | | 3 | | 3 | |
| $p$_value | 0.00961 | | 0.01063 | | 0.00078 | | 0.00009 | | 0.00414 | |

表 8.3　在 SVM 分类器上 CATO 与对比方法的 Wilcoxon 符号秩检验结果

| 数据集 | Random | | SMOTE | | Borderline | | Adasyn | | MWMOTE | |
|---|---|---|---|---|---|---|---|---|---|---|
| | 差值 | 排序 | 差值 | 排序 | 差值 | 排序 | 差值 | 排序 | 差值 | 排序 |
| C0 | 0.6446 | 6 | 0.5613 | 6 | 0.0399 | 2 | 0.0197 | 2 | 0.2223 | 4 |
| W0 | 0.9151 | 8 | 0.8205 | 9 | 0.1482 | 4 | 0.0610 | 3 | 0.4169 | 7 |
| P0 | 0.0602 | 1 | $-0.0551$ | 3 | $-0.6942$ | 5 | 0.0110 | 1 | $-0.3537$ | 6 |
| I0 | / | / | / | / | / | / | / | / | / | / |
| H0 | 1.6334 | 10 | 1.5085 | 11 | 1.6334 | 10 | 1.6917 | 7 | 0.8668 | 8 |

续表

| 数据集 | Random | | SMOTE | | Borderline | | Adasyn | | MWMOTE | |
|---|---|---|---|---|---|---|---|---|---|---|
| | 差值 | 排序 | 差值 | 排序 | 差值 | 排序 | 差值 | 排序 | 差值 | 排序 |
| I1 | 1.8961 | 11 | 0.7057 | 7 | 1.5248 | 9 | 1.7664 | 8 | 1.1600 | 9 |
| S0 | − 0.0782 | 3 | − 0.1085 | 4 | 0.7032 | 6 | 0.6931 | 6 | − 0.1515 | 2 |
| Y0 | 0.8817 | 7 | 0.7669 | 8 | 2.1367 | 13 | 5.1654 | 13 | 1.2902 | 10 |
| V0 | 1.2531 | 9 | 1.2142 | 10 | 1.9143 | 11 | 0.4919 | 5 | 1.8831 | 11 |
| E0 | 2.0750 | 12 | 2.5500 | 12 | 1.0000 | 7 | 4.9250 | 12 | 3.1750 | 12 |
| C1 | 11.3648 | 19 | 10.1487 | 19 | 10.7443 | 18 | 9.9707 | 18 | 10.2103 | 18 |
| S1 | / | / | / | / | / | / | / | / | / | / |
| D0 | / | / | / | / | / | / | / | / | / | / |
| B0 | 0.1180 | 4 | 0.0141 | 1 | 0.0363 | 1 | 0.0674 | 4 | 0.2122 | 3 |
| P1 | 8.9260 | 16 | 8.4260 | 16 | 8.9260 | 16 | 8.9260 | 15 | 13.9260 | 19 |
| A0 | − 0.0618 | 2 | − 0.0206 | 2 | / | / | / | / | − 0.0927 | 1 |
| E1 | 2.6172 | 13 | 3.8653 | 14 | 1.2828 | 8 | 4.1374 | 11 | 4.8174 | 15 |
| W1 | 4.1519 | 14 | 3.3406 | 13 | 2.0765 | 12 | 4.1121 | 10 | 4.4810 | 14 |
| W2 | 6.3026 | 15 | 4.7062 | 15 | 0.0883 | 3 | 5.2138 | 14 | 10.0146 | 17 |
| K0 | − 0.2500 | 5 | − 0.2500 | 5 | 2.2500 | 14 | 2.2500 | 9 | − 0.2500 | 5 |
| K1 | 9.8290 | 18 | 9.8290 | 18 | 9.8290 | 17 | 9.8290 | 17 | 9.8290 | 16 |
| P2 | − 9.3364 | 17 | − 9.1534 | 17 | 5.3561 | 15 | 9.2973 | 16 | 3.2487 | 13 |
| R+, R− | 163, 27 | | 159, 31 | | 166, 5 | | 152,19 | | 176, 14 | |
| T_value | 27 | | 31 | | 5 | | 19 | | 14 | |
| p_value | 0.00621 | | 0.01001 | | 0.00046 | | 0.00378 | | 0.00112 | |

## 本章小结

　　本章提出了一种构造性自适应三支过采样方法 CATO。首先,该方法基于交叉验证策略的构造性的样本划分(覆盖)方法,寻找一组最佳的样本划分。然后,根据样本划分密度以及样本划分势自适应的构建三支域的方法,并根据三支域实现合成种子的选择以及局部信息约束的少数类合成过采样。利用已有的少数类样本信息合成有价值的新样本,同时保证这些新合成的少数类样本在边界少数类覆盖中。CATO 基于数据集的真实分布情况进行样本划分,以三支域中边界样本为种子合成新少数类样本,减少数据不平衡对分类的不利影响。另外,为了尽可能地生成对分类有价值的样本和避免不正确样本的产生,本章对少数类样本合成做局部限制处理。

# 参 考 文 献

[1]  HE H B，BAI Y，GARCIA E A，et al. ADASYN：adaptive synthetic sampling approach for imba-lanced learning[C]. 2008 IEEE International Joint Conference on Neural Networks，2008：1322-1328.

[2]  BARIA S，ISLAM M M，YAO X，et al. MWMOTE：majority weighted minority oversampling technique for imbalanced data set learning[J]. IEEE Transactions on Knowledge and Data Engineering，2012，26(2)：405-425.

[3]  HAN H，WANG W Y，MAO B H. Borderline-SMOTE：a new over-sampling method in imbalanced data sets learning[J]. Lecture Notes in Computer Science，2005，3644(1)：878.

[4]  CHAWLA N V，BOWYER K W，HALL L O，et al. SMOTE：synthetic minority over-sampling technique[J]. Journal of Artificial Intelligence Research，2002，16：321-357.

[5]  COHEN G，HILARIO M，SAX H，et al. Learning from imbalanced data in surveillance of nosocomial infection[J]. Artificial Intelligence in Medicine，2006，37(1)：7-18.

# 第 9 章　构造性过采样的邻域感知优化方法

## 9.1　问　题　描　述

SMOTE[1]的基本思想是根据数据集对少数类样本进行分析和合成来实现数据分布的平衡,新的样本不同于原始数据集,但其隐含的信息却来自于原始数据集,因此通过该策略生成的平衡数据集训练出的模型可以在一定程度上防止过拟合,极大地改进了随机过采样的不足之处,对解决类不平衡问题做出了巨大的贡献。然而,SMOTE 主要存在两个关键的缺陷,即邻域选择的盲目性和数据分布的边缘化。前者表示最近邻 $k$ 的个数是不确定的,只能根据特定的数据集反复检验。如果 $k$ 设置得太大,所选择的少数类种子样本的近邻样本与其距离过远,这会增加合成噪声样本的概率;如果 $k$ 设置得太小,合成的样本都集中在一个较小区域,这些新样本对于后续分类提供的有用信息较少,不能充分代表少数类的真实分布,并可能导致模型过拟合。因此,如何确定 $k$ 以使算法得到最优结果,是未知的。后者的缺陷表示少数类的特征复杂多样,如果一个少数类样本位于该少数类集群的边界处,则该样本与其邻居生成的人工样本也大概率位于该边界处;如果一个小样本原本是一个噪声点,那么它所得到的合成样本也将是一个噪声点;而如果两个少数类样本之间的线性插值空间穿过了多数类区域,则可能导致在该区域内产生新的样本,导致类重叠,这会模糊多数类和少数类之间的边界,增加分类的难度。

正是由于 SMOTE 存在以上的缺陷,为了避免合成具有不利影响的少数类样本,本章采用的方法试图将合成样本约束在一个相对安全的区域(称为少数类样本的邻域),如图 9.1 中的 $x_{new}$。这样既能实现数据集数目的再平衡,又能使合成的样本的信息更好地反映少数类的特征,从而提高分类器的性能。在 SMOTE 算法中,合成样本与数据集的不平衡比例、样本分布、样本数量、属性数量等有关。这是一个复杂的优化问题,很难确定数学模型。为此,本章提出了一种新的基于邻域的 SMOTE 方法,该方法首先从几何角度挖掘样本的分布信息,然后利用粒子群算法检测每个少数类样本的局部邻域信息,最后约束合成过采样过程,从而提高传统 SMOTE 算法的性能。

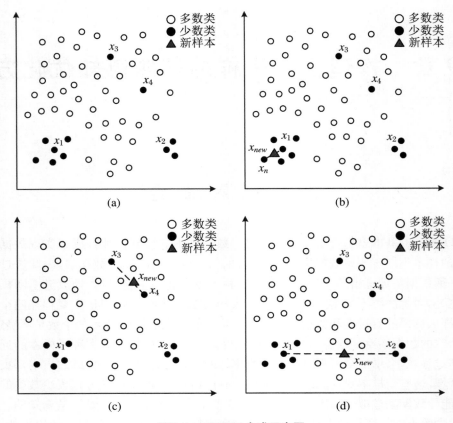

图 9.1　SMOTE 合成示意图

# 9.2　ANO　算　法

本章所提出的自适应邻域敏感不平衡过采样方法（ANO）的完整框架如图 9.2 所示。

## 9.2.1　少数类邻域探测

ANO 首先根据对少数类样本的邻域进行探测，其基本思想是根据样本间的欧几里得距离构造超球体邻域[1]。它需要找到种子样本最近异类样本和满足约束的最远同类样本。假设给定一个数据集 $X = \{(x_i, y_i) \mid i = 1, 2, \cdots, m\}$，其中 $m$ 代表样本数目，每个样本具有 $n$ 维属性，表示为 $x_i = (x_i^1, x_i^2, \cdots, x_i^n)$。超球体邻域的构造过程描述如下：

（1）选择一个少数类样本 $x_i$ 作为超球体中心，根据公式（9.1）～（9.3）计算最大距离和最小距离。

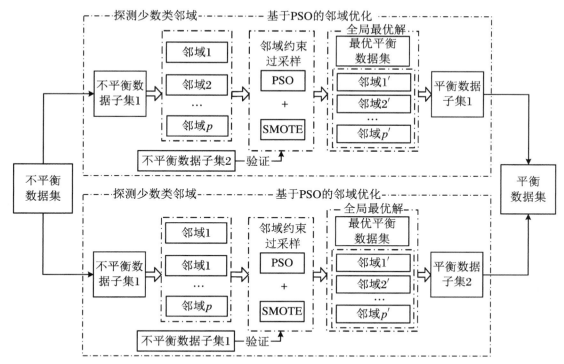

**图 9.2 ANO 算法框架图**

$$d[x_i, x_k] = \sqrt{\sum_{j=1}^{n} (x_i^j - x_k^j)^2} \tag{9.1}$$

$$d_1(x_i) = \min_{y_i \neq y_k} \{d[x_i, x_k]\}, k = 1, 2, \cdots, m \tag{9.2}$$

$$d_2(x_i) = \max_{y_i = y_k} \{d[x_i, x_k] \mid d[x_i, x_k] < d_1(x_i)\}, k = 1, 2, \cdots, m \tag{9.3}$$

（2）以 $x_i$ 为中心，$r_i$ 为半径构造超球体 $C_i$，其中半径 $r_i$ 被设置为

$$r_i = \alpha \cdot d_1(x_i) + (1 - \alpha) \cdot d_2(x_i) \tag{9.4}$$

其中，$\alpha$ 是属于从 0 至 1 之间的随机数，因此 $r_i \in [d_2(x_i), d_1(x_i)]$。

（3）对所有的少数类样本重复上述两个步骤。

将以每个少数类样本为中心的超球体空间内的区域作为候选邻域，所有的少数类样本的候选邻域集将在空间上共同组成一个约束区域，用于少数类的过采样。我们拟将由 SMOTE 合成的新样本都可以落在任何一个邻域（约束区域）内，这可以通过计算新合成样本到每个邻域中心样本的距离来判断。

如果合成样本 $x_{new}$ 落入一个以 $x_i$ 为中心、以 $r_i$ 为半径的邻域 $C_i$ 中，那么 $x_{new}$ 将会被保留；如果 $x_{new}$ 不能落入任意一个邻域，那么 $x_{new}$ 将会被舍弃。我们用标记 $flag(x_i)$ 表示由 SMOTE 对样本 $x_i$ 合成的符合条件的新样本的数量。假设少数类样本的数量为 $p$，策略描述如下：

$$d[x_i, x_{new}] \leqslant r_i, \quad i = 1, 2, \cdots, p \quad flag(x_i) = flag(x_i) + 1$$
$$d[x_i, x_{new}] > r_i, \quad i = 1, 2, \cdots, p \quad flag(x_i) = flag(x_i) \tag{9.5}$$

当符合条件的新合成样本的数量等于采样倍率 $N$ 时,即 $flag(x_i) = N$,对下一个少数类样本重复此步骤。

这里我们以一个二维数据空间为例,为了便于展示,只画出了四个少数类的邻域。如图 9.3(a)所示,以少数类样本 $x_1$ 为中心,$r_1$ 为半径的邻域用 $C_1$ 表示,以 $x_1$ 的一个近邻 $x_2$ 为中心,$r_2$ 为半径的邻域用 $C_2$ 表示。当对 $x_1$ 进行 SMOTE 采样时,假设 $x_{n1}$ 和 $x_{n2}$ 都是在样本 $x_1$ 和 $x_2$ 之间的连线上合成的新样本。由图 9.3(b)可看出,$x_{n2}$ 落在所有邻域之外,$x_{n1}$ 落在 $C_1$ 范围内。因此,$x_{n1}$ 将被保留,而 $x_{n2}$ 将被舍弃。值得注意的是,对于一个合成样本,只要它属于任何一个少数类的邻域,它就会被保留,例如,图 9.3(b)中由 $x_2$ 和 $x_3$ 合成的样本 $x_{n3}$。算法 9.1 给出了基于邻域的 SMOTE 算法的伪码。

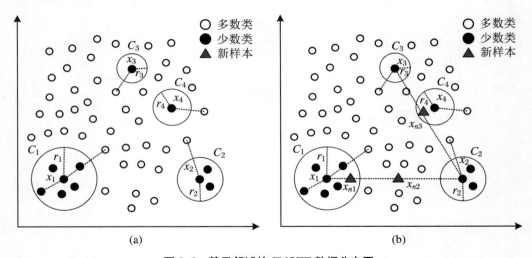

(a)　　　　　　　　　　　　　　　　(b)

图 9.3　基于邻域的 SMOTE 数据分布图

**算法 9.1　基于邻域的 SMOTE 方法**

输入:训练集 $S$,采样倍率 $N$;

输出:平衡的训练集 $S'$;

1.　　从 $S$ 中获得少数类样本集合 $Min\_S$;

2.　　For $x_i$ in $Min\_S$

3.　　　　以 $x_i$ 为中心,构造半径为 $r_i$ 的邻域 $C_i$;

4.　　End For

5.　　$S' = S$;

6.　　For $x_i$ in $Min\_S$

7.　　　　$flag(x_i) = 0$;

8.　　　　While $flag(x_i) < N$

9.　　　　　　SMOTE$(x_i) \rightarrow x_{new}$;

10.　　　　　For $j = 1$ to $p$

11.          If $d[x_j, x_{new}] \leqslant r_j$
12.             将 $x_{new}$ 添加到 $S'$ 中;
13.             $flag(x_i) = flag(x_i) + 1$;
14.             break
15.          End If
16.       End For
17.    End While
18. End For
19. 输出集合 $S'$;

## 9.2.2　粒子群算法

粒子群算法(particle swarm optimization,PSO)是由 Kennedy 等人[2-3]提出的经典进化算法,由于它具有操作简单,收敛速度快等优势,因此在众多领域都得到了广泛的应用。其基本思想是群体中的个体通过相互协作和信息共享来寻找所求问题的全局最优解。

假设在 $D$ 维解空间中,存在一个规模为 $M$ 个粒子的群体 $P = \{p_1, p_2, \cdots, p_M\}$,每个粒子 $p_i$ 都具有速度和位置两个属性,分别表示为 $V_i = \{v_{i1}, v_{i2}, \cdots, v_{iD}\}$ 和 $X_i = \{x_{i1}, x_{i2}, \cdots, x_{iD}\}$,速度代表搜索的快慢,位置代表搜索的方向。每个粒子 $p_i$ 在搜索空间中独立地搜索最优解,将当前自己搜索到的个体极值记为 $Pbest_i$,并将此极值作为信息分享给群体中的其他粒子,将整个群体中最优的个体极值作为当前的全局最优解,记为 $Gbest$。所有粒子根据当前的个体极值和全局最优解不断地迭代、更新自身的速度和位置信息,直到达到终止条件。一般情况下,在第 $t$ 代时,粒子 $p_i$ 的速度和位置按照如下公式进行更新:

$$V_i^t = w^t \cdot V_i^{t-1} + c_1 \cdot r_1 \cdot (Pbest_i - X_i^{t-1}) + c_2 \cdot r_2 \cdot (Gbest - X_i^{t-1}) \qquad (9.6)$$

$$X_i^t = X_i^{t-1} + V_i^t \qquad (9.7)$$

其中,$c_1$ 和 $c_2$ 为学习因子,控制学习的速率,$r_1$ 和 $r_2$ 为从 0 至 1 之间的随机数。$w$ 为惯性权重,通常以线性递减的策略进行更新[4],公式如下:

$$w^t = w_{start} - (w_{start} - w_{end}) \cdot t/T \qquad (9.8)$$

其中,$w_{start}$ 和 $w_{end}$ 分别为 $w$ 在初始化和迭代结束时的值,$T$ 代表最大迭代次数。由公式(9.8)可见,随着迭代代数 $t$ 的增加,$w$ 逐渐减小,这有助于提高粒子从全局搜索到局部搜索的能力。算法通常在达到最大迭代次数时或 $Gbest$ 在很长一段时间内没有得到任何改变时停止。

另如 Kewen 等人[5] 所述,与 BAT、WAS、GA 等智能算法相比,PSO 具有较强的鲁棒性,且具有实现简单、收敛速度快、参数少等优点。因此,我们选择 PSO 算法作为寻找全局最优解的方法。

## 9.2.3　邻域敏感建模

少数类样本的邻域是指在其周围构造的超球体空间内的区域,邻域的大小由对应的超球体半径决定。在前面的小节中提到的基于邻域的 SMOTE 方法，每个邻域的半径都是一个随机数，受公式(9.4)中参数 $\alpha$ 的影响。然而，这种设置相对简单且是不确定的。因为不同的数据集的数据分布是复杂的，即使在同一个数据集中，每个少数类样本的分布特征也是不同的，所以其邻域半径可能与其分布情况高度相关。如图 9.4 所示。

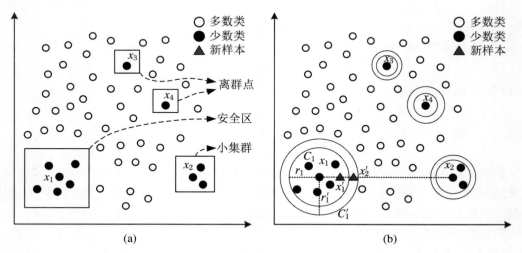

图 9.4    ANO 数据分布图

邻域敏感的本质是不同的邻域大小会使过采样方法合成不同的人工样本集合。如图 9.4(b)所示，以 $x_1$ 为中心、以 $r_1$ 和 $r_1'$ 为半径的邻域分别为 $C_1$ 和 $C_1'$。当半径设为 $r_1$ 时，合成的新样本 $x_1'$ 在邻域 $C_1$ 之内，而 $x_2'$ 不在 $C_1$ 之内。因此，$x_1'$ 将被保留，而 $x_2'$ 将被舍弃。当半径设为 $r_1'$ 时，$x_1'$ 和 $x_2'$ 都将被保留。在这种情况下，获得的再平衡的数据集是不同的，这会影响最终的分类结果，因此说分类性能对邻域的大小是敏感的。然而，数据的分布特征复杂繁多，难以准确感知。同时，为如此多的邻域分别设定其最优的半径是一个复杂的优化问题。因此，PSO 作为一种简单且快速收敛的算法将被用于寻找全局最优解。

**1. 粒子表示**

假设训练集中的少数类样本个数为 $p$，那么将会构造出 $p$ 个邻域，它们的集合表示为 $C = \{C_1, C_2, \cdots, C_p\}$，对应的半径为 $R = \{r_1, r_2, \cdots, r_p\}$，对应的最大半径和最小半径分别为 $D_1 = \{d_1(x_1), d_1(x_2), \cdots, d_1(x_p)\}$，$D_2 = \{d_2(x_1), d_2(x_2), \cdots, d_2(x_p)\}$。为了优化半径，每个粒子的每一维表示对应半径集合 $R$ 中的每一个半径，因此粒子个体的长度等于 $p$，每个粒子表示为

$$X_i = \{r_1, r_2, \cdots, r_p\} \tag{9.9}$$

在公式(9.9)中，由于每个半径是一个实数，因此采用浮点型编码。该编码方法是求解连续参数优化问题的一种常用编码方法，具有较高的精度。

**2. 目标函数**

在分类任务中，通常使用的性能满足测量方法包括 Accuracy、Precision、Recall、F-measure、AUC 和 G-mean。在粒子群算法的迭代过程中，利用它们来评估粒子的性能。因此，PSO 的目标函数可以描述为

$$f = \frac{1}{h} \sum_{i=1}^{h} (f_i(x)) \tag{9.10}$$

其中,$f_i(x)$ 表示某个评价指标,$h$ 表示所用指标个数。由于 Accuracy 通常不适用于评价不平衡数据集上的分类,因此,F-measure、AUC 和 G-mean 是不平衡研究领域最常用的综合评价指标。另外,因为 F-measure、AUC 和 G-mean 在一定程度上反映了 Precision 和 Recall,所以为了简单起见,在公式(9.10)中采用 F-measure、AUC 和 G-mean 三个指标。通过 SMOTE 重新平衡后的训练集将学习基本分类器上的分类模型,那么上式中的 F-measure、AUC 和 G-mean 都是验证集对该分类器的结果。总数值越大,结果越好。

**3. 约束问题**

由于每个粒子的每一维表示每个邻域的半径大小,算法的目的是找到最大半径 $r_{\max}$(邻域中心样本到最近多数类样本的距离)和最小最大半径 $r_{\min}$(邻域中心样本到符合条件的最远少数类样本的距离)两者之间的最佳半径。因此,在初始化和更新粒子的位置时,粒子的上界和下界应满足以下约束条件:

$$r_{\min} \leqslant r_i \leqslant r_{\max} \quad (i = 1, 2, \cdots, p) \tag{9.11}$$

其中,$r_i$ 表示某个粒子的第 $i$ 维,邻域中心到最近多数类样本和最远少数类样本的距离分别为 $d_1(x_i)$ 和 $d_2(x_i)$。当最远少数类样本存在时,位置约束的下界为 $d_2(x_i)$,但如果最远少数类样本不存在(没有符合条件的少数类样本),此时位置约束的下界为 0。即

$$\begin{aligned} d_2(x_i) &\leqslant r_i \leqslant d_1(x_i), \quad \exists d_2(x_i) \neq 0 \\ 0 &\leqslant r_i \leqslant d_1(x_i), \quad d_2(x_i) = 0 \end{aligned} \tag{9.12}$$

结合粒子表示中的定义,约束问题的更一般的形式为

$$D_1 \leqslant X \leqslant D_2 \tag{9.13}$$

将所提出的目标函数和约束集合起来,邻域敏感性可以形式化地表示为一个有约束的目标优化问题。我们希望在约束条件下得到一个满足条件的最优解,在样本空间上合成最合适的新样本,基于这种平衡数据集训练的模型可以得到最好的分类性能。

**算法 9.2 自适应邻域敏感不平衡过采样方法(ANO)**

输入:训练集 $TS$,验证集 $VS$,采样倍率 $N$,种群规模 $M$,最大迭代次数 $T$;
输出:最佳平衡的训练集 $S'$,对应半径集合 $R'$;
1. 从 $TS$ 中获得少数类样本集合 $Min\_S$;
2. For $x_i$ in $Min\_S$
3.     以 $x_i$ 为中心,构造半径为 $r_i$ 的邻域 $C_i$;
4.     将 $C_i$ 添加到集合 $C$ 中,将 $r_i$ 添加到集合 $R$ 中;
5. End For
6. For $i = 1$ to $M$
7.     随机初始化粒子 $i$ 的速度 $V_i$ 和位置 $X_i$;

8.　　根据粒子 $i$ 的位置过采样得到平衡数据集 $S'$；

9.　　在验证集 $VS$ 上计算粒子 $i$ 的适应值；

10. End For

11. 选择适应值最大的粒子的位置作为当前全局最优解 $R'$；

12. $break\_flag = 0$；

13. For $t = 1$ to $T$

14.　　For $i = 1$ to $M$

15.　　　更新惯性权重 $w$；

16.　　　更新粒子速度和位置；

17.　　　过采样得到平衡数据集 $S'$；

18.　　　在验证集 $VS$ 上计算粒子 $i$ 的适应值；

19.　　End For

20.　　选择适应值最大的粒子的位置作为当前全局最优解 $R'$；

21.　　If $Gbest\_fitness_t = = Gbest\_fitness_{t-1}$

22.　　　$break\_flag = break\_flag + 1$；

23.　　　If $break\_flag = = 20$

24.　　　　break

25.　　　End If

26.　　End If

27.　　Else

28.　　　$break\_flag = 0$；

29.　　End

30. End For

31. Output 最佳平衡的训练集 $S'$ 和对应半径集合 $R'$；

## 9.2.4　模型技术实现

### 1. 探测少数类邻域

将不平衡数据集按比例划分成训练集和测试集，从训练集中提取出少数类样本集合 $X = \{x_1, x_2, \cdots, x_p\}$，构造邻域集合 $C = \{C_1, C_2, \cdots, C_p\}$，对应的半径集合 $R = \{r_1, r_2, \cdots, r_p\}$。

### 2. 搜寻全局最优解

(1) 初始化。在邻域半径的约束下，根据公式(9.13)，初始化每个粒子的速度和位置，并设置粒子群优化算法的参数。此步骤的伪代码为

· For $i = 1$ to $p$

· $V_i = 0$

· $X_i \in [D_1, D_2]$

(2) 个体的评估。根据粒子的位置对应的半径集合，利用基于邻域的 SMOTE 算法合成

新样本,得到平衡数据集,并在此基础上训练基分类器并测试。根据分类结果,通过公式(9.10)计算目标函数。

(3) 更新全局最优解。选择适应度最大(目标函数值最大)的粒子位置作为全局最优解。

(4) 更新粒子。通过公式(9.6)和公式(9.7)更新粒子的速度和位置。

(5) 主循环。当前迭代次数小于最大迭代次数即 $t < T$ 时,重复以上(2)~(4)三个步骤。若全局最优解在一定时间内没有得到更新,算法将提前结束以提供一个较快的响应时间。算法结束时保持全局最优解。

**3. 获得最终平衡数据集**

全局最优解包括平衡数据集和相应的半径集,平衡数据集可以直接保存,也可以根据这个最优半径集,使用 SMOTE 算法重新合成新的少数样本,将其添加到原始训练集中,得到最终的平衡数据集。

**4. 测试**

在得到的再平衡数据集上,训练多个基分类器并测试分类性能。

## 9.3　模型分析与性能评估

### 9.3.1　模型评估基本设置

为了验证 ANO 在不平衡分类上的性能,本节使用了 KEEL 数据集的 60 个不平衡数据集。表 9.1 给出了所有数据集的详细信息,表 9.2 列出了每个数据集的全称与缩写匹配表。存在两个以上类别的数据集已经被转换为两个类别。实验采用 python 工具箱[7]中的三个经典过采样算法,即 SMOTE、Borderline-SMOTE[8] 和 ADASYN[9] 作为对比算法。此外,还包括其他 9 种最近提出的过采样方法,即 MWMOTE[10]、OUPS[11]、SMOTE-D[12]、SMOTE-FRST-2T[13]、SMOTE-PSO[14]、CURE-SMO[15]、Gaussian-SMO[16]、CCR[17] 和 AMSCO[18]。

表 9.1　数据集信息说明

| 数据集 | 属性个数 | 样本数量 | 不平衡率 | 数据集 | 属性个数 | 样本数量 | 不平衡率 |
|---|---|---|---|---|---|---|---|
| Glass1 | 9 | 214 | 1.82 | E01472356 | 7 | 336 | 10.59 |
| E01 | 7 | 220 | 1.86 | G065 | 9 | 108 | 11.00 |
| Wisconsin | 9 | 683 | 1.86 | E014756 | 6 | 332 | 12.28 |
| Pima | 8 | 768 | 1.87 | E01465 | 6 | 280 | 13.00 |
| Iris0 | 4 | 150 | 2.00 | S-c0c4 | 9 | 1829 | 13.87 |
| Glass0 | 9 | 214 | 2.06 | Ecoli4 | 7 | 336 | 15.80 |
| Vehicle2 | 18 | 846 | 2.88 | Page134 | 10 | 472 | 15.86 |
| Vehicle1 | 18 | 846 | 2.90 | Der6 | 34 | 358 | 16.90 |
| Vehicle3 | 18 | 846 | 2.99 | Zoo | 16 | 101 | 19.20 |

续表

| 数据集 | 属性个数 | 样本数量 | 不平衡率 | 数据集 | 属性个数 | 样本数量 | 不平衡率 |
|---|---|---|---|---|---|---|---|
| G0123456 | 9 | 214 | 3.20 | G0165 | 9 | 184 | 19.44 |
| Vehicle0 | 18 | 846 | 3.25 | S-c2c4 | 9 | 129 | 20.50 |
| Ecoli1 | 7 | 336 | 3.36 | S-623 | 9 | 230 | 22.00 |
| Newthy1 | 5 | 215 | 5.14 | Glass5 | 9 | 214 | 22.78 |
| Newthy2 | 5 | 215 | 5.14 | Y28 | 8 | 482 | 23.10 |
| Ecoli2 | 7 | 336 | 5.46 | Lym-n-f | 18 | 148 | 23.67 |
| Segment0 | 19 | 2308 | 6.02 | Car-good | 6 | 1728 | 24.04 |
| Glass6 | 9 | 214 | 6.38 | Car-vgood | 6 | 1728 | 25.58 |
| Yeast3 | 8 | 1484 | 8.10 | Kr115 | 6 | 2244 | 27.77 |
| E0345 | 7 | 200 | 9.00 | Kddguess | 41 | 1642 | 29.98 |
| Y24 | 8 | 514 | 9.08 | Abalone311 | 8 | 502 | 32.47 |
| E06735 | 7 | 222 | 9.09 | Wine94 | 11 | 168 | 32.60 |
| E02345 | 7 | 202 | 9.10 | Yeast5 | 8 | 1484 | 32.73 |
| Y02579368 | 8 | 1004 | 9.14 | Kr311 | 6 | 2935 | 35.23 |
| E01235 | 7 | 244 | 9.17 | Kddlandp | 41 | 1061 | 49.52 |
| E026735 | 7 | 224 | 9.18 | Kr08 | 6 | 1460 | 53.07 |
| G045 | 9 | 92 | 9.22 | S-25 | 9 | 3316 | 66.67 |
| E034756 | 7 | 257 | 9.28 | Kddbuffer | 41 | 2233 | 73.43 |
| Y056794 | 8 | 528 | 9.35 | Kddlands | 41 | 1610 | 75.67 |
| Vowel0 | 13 | 988 | 9.98 | Kr015 | 6 | 2193 | 80.22 |
| E0675 | 6 | 220 | 10.00 | Kddrootkit | 41 | 2225 | 100.14 |

表 9.2　数据集全称缩写匹配表

| 数据集 | 数据集缩写 | 数据集 | 数据集缩写 |
|---|---|---|---|
| glass1 | Glass1 | ecoli-0-1-4-7_vs_2-3-5-6 | E01472356 |
| ecoli-0_vs_1 | E01 | glass-0-6_vs_5 | G065 |
| wisconsin | Wisconsin | ecoli-0-1-4-7_vs_5-6 | E014756 |
| pima | Pima | ecoli-0-1-4-6_vs_5 | E01465 |
| iris0 | Iris0 | shuttle-c0-vs-c4 | S-c0c4 |
| glass0 | Glass0 | ecoli4 | Ecoli4 |
| vehicle2 | Vehicle2 | page-blocks-1-3_vs_4 | Page134 |
| vehicle1 | Vehicle1 | dermatology-6 | Der6 |
| vehicle3 | Vehicle3 | zoo-3 | Zoo |
| glass-0-1-2-3_vs_4-5-6 | G0123456 | glass-0-1-6_vs_5 | G0165 |
| vehicle0 | Vehicle0 | shuttle-c2-vs-c4 | S-c2c4 |
| ecoli1 | Ecoli1 | shuttle-6_vs_2-3 | S-623 |
| new-thyroid1 | Newthy1 | glass5 | Glass5 |
| newthyroid2 | Newthy2 | yeast-2_vs_8 | Y28 |

续表

| 数据集 | 数据集缩写 | 数据集 | 数据集缩写 |
|---|---|---|---|
| ecoli2 | Ecoli2 | lymphography-normal-fibrosis | Lym-n-f |
| segment0 | Segment0 | car-good | Car-good |
| glass6 | Glass6 | car-vgood | Car-vgood |
| yeast3 | Yeast3 | kr-vs-k-one_vs_fifteen | Kr115 |
| ecoli-0-3-4_vs_5 | E0345 | kddcup-guess_passwd_vs_satan | Kddguess |
| yeast-2_vs_4 | Y24 | abalone-3_vs_11 | Abalone311 |
| ecoli-0-6-7_vs_3-5 | E06735 | winequality-white-9_vs_4 | Wine94 |
| ecoli-0-2-3-4_vs_5 | E02345 | yeast5 | Yeast5 |
| yeast-0-2-5-7-9_vs_3-6-8 | Y02579368 | kr-vs-k-three_vs_eleven | Kr311 |
| ecoli-0-1_vs_2-3-5 | E01235 | kddcup-land_vs_portsweep | Kddlandp |
| ecoli-0-2-6-7_vs_3-5 | E026735 | kr-vs-k-zero_vs_eight | Kr08 |
| glass-0-4_vs_5 | G045 | shuttle-2_vs_5 | S-25 |
| ecoli-0-3-4-7_vs_5-6 | E034756 | Kddcup-buffer_overflow_vs_back | Kddbuffer |
| yeast-0-5-6-7-9_vs_4 | Y056794 | kddcup-land_vs_satan | Kddlands |
| vowel0 | Vowel0 | kr-vs-k-zero_vs_fifteen | Kr015 |
| ecoli-0-6-7_vs_5 | E0675 | kddcup-rootkit-imap_vs_back | Kddrootkit |

一般情况下，ANO 在迭代阶段的分类器可以设置为任意的基分类器，本章采用 Python scikit-learn 提供的随机森林（Random Forest，RF）、$k$ 近邻（$k$-Nearest Neighbor，kNN）和支持向量机（SVM）。为了兼顾算法效率和性能，将种群规模和最大迭代次数分别设置为 20 和 50。惯性权重和学习因子参照[19]进行设置，如表 9.3 所示。

表 9.3　ANO 算法参数设定

| 参数 | 值 |
|---|---|
| $w_{start}$ | 0.9 |
| $w_{end}$ | 0.4 |
| $c_1, c_2$ | 1 |

注意，在缺乏经验不知将速度设置为多大最合适的情况下，可将每个粒子的最大速度设为最大位置的大小[20]。在所有基于 SMOTE 的方法中，最近邻的数量 $k$ 统一被设置为 5[7]。为了使实验结果更加准确，以每个数据集运行 5 次五折交叉验证的平均结果为最终结果。

## 9.3.2　模型性能评估

### 9.3.2.1　算法性能比较

在本节中，我们使用 Huang 等人[21]统计的最常用的 SVM 分类器作为 ANO 迭代优化阶段和最终测试阶段的基分类器。具体来说，用 SVM 和五折交叉验证测试了用 ANO 算法进行过采样的最优再平衡数据集。表 9.4～表 9.6 给出了 60 个不平衡数据集上测试

表 9.4　SVM 上 F-measure 的实验结果

| 数据集 | SMOTE | ADASYN | B-SMO | MWMO | OUPS | SMO-D | S-F-2T | SMO-P | C-SMO | G-SMO | CCR | AMSCO | ANO |
|---|---|---|---|---|---|---|---|---|---|---|---|---|---|
| Glass1 | 0.7084 | 0.7002 | 0.6726 | 0.7266 | 0.6883 | 0.7129 | 0.7157 | 0.7253 | 0.7205 | 0.6777 | 0.6794 | 0.7344 | **0.7519** |
| E01 | 0.9828 | 0.9503 | 0.9786 | 0.9829 | 0.9782 | 0.9798 | 0.9867 | 0.9731 | 0.9780 | 0.9738 | 0.9691 | 0.9818 | **0.9873** |
| Wisconsin | 0.9762 | 0.9701 | 0.9747 | 0.9753 | 0.9716 | 0.9783 | 0.9774 | 0.9698 | 0.9737 | 0.9725 | 0.9711 | 0.9781 | **0.9801** |
| Pima | 0.7683 | 0.7472 | 0.7887 | 0.7853 | **0.8016** | 0.7637 | 0.7796 | 0.7633 | 0.7918 | 0.7680 | 0.7564 | 0.7923 | 0.7737 |
| Iris0 | **1.0000** | nan | **1.0000** | **1.0000** | **1.0000** | **1.0000** | **1.0000** | **1.0000** | **1.0000** | 0.9949 | 0.9949 | **1.0000** | **1.0000** |
| Glass0 | 0.8103 | 0.7908 | 0.8118 | 0.8060 | **0.8188** | 0.8107 | 0.8088 | 0.7821 | 0.8166 | 0.7278 | 0.7605 | 0.8005 | 0.8148 |
| Vehicle2 | **0.9844** | 0.9797 | 0.9750 | 0.9827 | 0.9660 | 0.9830 | 0.9810 | 0.9739 | 0.9784 | 0.9389 | 0.9327 | 0.9781 | 0.9818 |
| Vehicle1 | 0.8422 | 0.8504 | 0.8592 | **0.8623** | 0.8176 | 0.8500 | 0.8428 | 0.7978 | 0.8226 | 0.7192 | 0.7640 | 0.8445 | 0.8450 |
| Vehicle3 | 0.8362 | 0.8309 | 0.8432 | 0.8354 | 0.8137 | **0.8442** | 0.8416 | 0.8309 | 0.7833 | 0.6943 | 0.7629 | 0.8378 | 0.8318 |
| G0123456 | 0.9591 | 0.9547 | 0.9446 | 0.9572 | 0.9402 | 0.9642 | 0.9633 | 0.9498 | 0.9284 | 0.9311 | 0.9214 | **0.9677** | 0.9641 |
| Vehicle0 | 0.9780 | 0.9737 | 0.9708 | **0.9782** | 0.9765 | 0.9774 | 0.9769 | 0.9351 | 0.9771 | 0.9370 | 0.9453 | 0.9743 | 0.9771 |
| Ecoli1 | 0.9055 | 0.9026 | 0.9107 | 0.9077 | 0.9001 | **0.9150** | 0.9098 | 0.8973 | 0.9057 | 0.8600 | 0.8794 | 0.9130 | 0.9098 |
| Newthy1 | 0.9929 | 0.9918 | 0.9918 | 0.9929 | 0.9901 | **0.9945** | 0.9934 | **0.9945** | 0.9892 | 0.9421 | 0.9407 | 0.9894 | 0.9934 |
| Newthy2 | 0.9902 | 0.9812 | 0.9785 | 0.9839 | 0.9837 | 0.9880 | 0.9896 | 0.9813 | 0.9821 | 0.9136 | 0.9130 | 0.9884 | **0.9929** |
| Ecoli2 | 0.9267 | 0.8406 | 0.9324 | 0.9322 | **0.9438** | 0.8607 | 0.9294 | 0.9055 | 0.8601 | 0.8631 | 0.8502 | 0.9339 | 0.9400 |
| Segment0 | 0.9941 | 0.9757 | 0.9391 | 0.9915 | 0.9968 | 0.9925 | 0.9935 | 0.9862 | **0.9976** | 0.8512 | 0.9705 | 0.9973 | 0.9959 |
| Glass6 | 0.9675 | 0.9592 | 0.9654 | 0.9569 | 0.9597 | 0.9642 | 0.9641 | 0.9163 | 0.9759 | 0.9463 | 0.9226 | **0.9761** | 0.9721 |
| Yeast3 | 0.9512 | 0.9170 | 0.9519 | 0.9548 | 0.9237 | 0.9403 | 0.9541 | 0.9148 | **0.9638** | 0.8875 | 0.8870 | 0.9463 | 0.9456 |
| E0345 | 0.9256 | 0.9303 | 0.9361 | 0.9261 | 0.9221 | 0.8749 | 0.9246 | 0.8889 | 0.9446 | 0.8811 | 0.8894 | **0.9591** | 0.9557 |
| Y24 | 0.9398 | 0.8907 | **0.9616** | 0.9335 | 0.8864 | 0.9372 | 0.9460 | 0.8820 | 0.9531 | 0.9085 | 0.8821 | 0.9448 | 0.9301 |
| E06735 | 0.9159 | 0.8161 | 0.9326 | 0.9134 | 0.9131 | 0.8761 | 0.9090 | 0.8611 | **0.9552** | 0.8696 | 0.8351 | 0.8326 | 0.9302 |
| E02345 | 0.9611 | 0.8985 | 0.9659 | 0.9590 | 0.9431 | 0.9032 | 0.9584 | 0.9201 | **0.9683** | 0.8866 | 0.8807 | 0.9680 | 0.9529 |
| Y02579368 | 0.9260 | 0.6643 | 0.7620 | **0.9354** | 0.9329 | 0.9205 | 0.9243 | 0.8776 | 0.8716 | 0.9027 | 0.8280 | 0.9267 | 0.9247 |
| E01235 | 0.9570 | 0.9230 | 0.9728 | 0.9452 | 0.9150 | 0.9304 | 0.9461 | 0.9146 | **0.9739** | 0.9068 | 0.8615 | 0.9605 | 0.9621 |

续表

| 数据集 | SMOTE | ADASYN | B-SMO | MWMO | OUPS | SMO-D | S-F-2T | SMO-P | C-SMO | G-SMO | CCR | AMSCO | ANO |
|---|---|---|---|---|---|---|---|---|---|---|---|---|---|
| E026735 | 0.9240 | 0.8582 | 0.9460 | 0.9211 | 0.9110 | 0.8650 | 0.9175 | 0.8622 | **0.9521** | 0.8692 | 0.8277 | 0.7468 | 0.9250 |
| G045 | 0.9455 | 0.9455 | 0.9394 | 0.9394 | 0.9096 | 0.9420 | 0.9455 | 0.9524 | 0.9261 | 0.8898 | 0.8876 | **0.9799** | 0.9732 |
| E034756 | 0.9264 | 0.8691 | 0.9577 | 0.9157 | 0.9340 | 0.9177 | 0.9225 | 0.8525 | 0.9623 | 0.8491 | 0.8081 | 0.9000 | **0.9684** |
| Y056794 | 0.8444 | 0.7907 | 0.8835 | 0.8550 | 0.7853 | 0.8164 | 0.8517 | 0.8225 | **0.8964** | 0.8143 | 0.7829 | 0.8460 | 0.8446 |
| Vowel0 | 0.9482 | 0.9186 | 0.9401 | 0.9475 | 0.8654 | 0.9512 | 0.9480 | 0.9091 | 0.9463 | 0.8809 | 0.8834 | 0.9687 | **0.9894** |
| E0675 | 0.9265 | 0.8315 | 0.9567 | 0.9312 | 0.9412 | 0.8805 | 0.9268 | 0.8989 | **0.9739** | 0.8783 | 0.8177 | 0.8469 | 0.9584 |
| E01472356 | 0.9277 | 0.8496 | 0.9534 | 0.9034 | 0.9154 | 0.9139 | 0.9223 | 0.8520 | 0.9450 | 0.8584 | 0.7824 | 0.9477 | **0.9617** |
| G065 | 0.9910 | 0.9949 | 0.9949 | 0.9868 | 0.8550 | 0.9949 | 0.9919 | 0.8177 | 0.9834 | 0.9094 | 0.9018 | **0.9960** | 0.9951 |
| E015 | 0.9763 | **0.9867** | 0.9840 | 0.9764 | 0.9274 | 0.9258 | 0.9818 | 0.9582 | 0.9862 | 0.9228 | 0.9214 | 0.9812 | 0.9836 |
| Glass2 | 0.8303 | 0.8288 | 0.8275 | 0.8197 | 0.7645 | 0.7929 | 0.8217 | 0.0644 | **0.8549** | 0.7348 | 0.7012 | 0.8178 | 0.8313 |
| E014756 | 0.9401 | 0.8935 | 0.9662 | 0.9377 | 0.9343 | 0.9281 | 0.9375 | 0.8877 | 0.9781 | 0.8772 | 0.8508 | 0.9353 | **0.9829** |
| E01465 | 0.9713 | 0.9710 | 0.9865 | 0.9766 | 0.9061 | 0.8868 | 0.9726 | 0.9467 | **0.9895** | 0.9139 | 0.9072 | 0.9729 | 0.9595 |
| S-c0c4 | **1.0000** | 0.9818 | 0.9959 | 0.9997 | 0.9951 | 0.9972 | **1.0000** | 0.9988 | 0.9997 | 0.9995 | 0.9985 | **1.0000** | **1.0000** |
| Ecoli4 | 0.9558 | 0.9556 | 0.9530 | 0.9559 | 0.9516 | 0.9524 | 0.9578 | 0.9294 | 0.9656 | 0.9127 | 0.8836 | 0.9574 | **0.9749** |
| Page134 | 0.9579 | 0.9708 | 0.9700 | 0.9584 | 0.9096 | 0.9522 | 0.9578 | 0.8716 | 0.9730 | 0.8847 | 0.8843 | **0.9800** | 0.9709 |
| Der6 | **1.0000** | 1.0000 | 1.0000 | nan | 0.9682 | 1.0000 | 1.0000 | 1.0000 | 1.0000 | 0.9997 | 0.9979 | 1.0000 | 1.0000 |
| Zoo | **0.9949** | nan | nan | nan | 0.9108 | **0.9949** | **0.9949** | 0.9002 | 0.0000 | 0.9400 | 0.9157 | 0.7967 | 0.9949 |
| G0165 | 0.9472 | 0.9472 | 0.9472 | 0.9443 | 0.8096 | 0.9472 | 0.9472 | 0.9001 | 0.9382 | 0.8858 | 0.8742 | 0.9802 | 0.9887 |
| S-c2c4 | **1.0000** | 1.0000 | 1.0000 | 1.0000 | 0.8685 | 1.0000 | 1.0000 | 0.9200 | 0.9872 | 0.9877 | 0.9571 | 1.0000 | 1.0000 |
| S-623 | **1.0000** | 1.0000 | 1.0000 | 1.0000 | 0.9561 | 1.0000 | 1.0000 | 1.0000 | 0.9977 | 0.9972 | 0.9754 | 1.0000 | 1.0000 |
| Glass5 | 0.9452 | 0.9452 | 0.9452 | 0.9428 | 0.8100 | 0.9459 | 0.9452 | 0.9395 | 0.9400 | 0.8714 | 0.8674 | **0.9820** | 0.9648 |
| Y28 | 0.7700 | 0.7776 | 0.8192 | 0.8163 | 0.6404 | 0.7417 | 0.7831 | 0.6653 | 0.8089 | 0.8058 | 0.4976 | 0.7675 | **0.8267** |
| Car-good | 0.9776 | 0.9781 | 0.9778 | 0.9767 | 0.7986 | 0.9783 | 0.9777 | 0.6536 | 0.9741 | 0.6766 | 0.8158 | 0.7840 | **0.9796** |

续表

| 数据集 | SMOTE | ADASYN | B-SMO | MWMO | OUPS | SMO-D | S-F-2T | SMO-P | C-SMO | G-SMO | CCR | AMSCO | ANO |
| --- | --- | --- | --- | --- | --- | --- | --- | --- | --- | --- | --- | --- | --- |
| Car-vgood | 0.9926 | 0.9929 | 0.9926 | 0.9933 | 0.7635 | 0.9938 | 0.9926 | 0.8267 | 0.9935 | 0.6536 | 0.8456 | 0.9947 | 0.9928 |
| Kddguess | 1.0000 | 1.0000 | 0.9997 | 1.0000 | 0.9835 | 0.9799 | 0.9999 | 1.0000 | 0.9991 | 1.0000 | 0.9858 | 1.0000 | 0.9941 |
| Abalone311 | 1.0000 | 0.9990 | 0.9990 | 1.0000 | 0.9738 | 0.9990 | 1.0000 | 0.9990 | 0.9990 | 0.9933 | 0.9939 | 0.9983 | 0.9998 |
| Wine94 | 0.9970 | nan | nan | 0.9914 | 0.7069 | 0.9970 | 0.9970 | 0.8580 | 0.0000 | 0.9006 | 0.8837 | 1.0000 | 0.9913 |
| Yeast5 | 0.9757 | 0.9760 | 0.9744 | 0.9756 | 0.9632 | 0.9767 | 0.9749 | 0.9615 | 0.9787 | 0.9322 | 0.9460 | 0.9743 | 0.9715 |
| Kr311 | 0.9845 | 0.9792 | 0.9793 | 0.9841 | 0.9195 | 0.9824 | 0.9842 | 0.8900 | 0.9883 | 0.7802 | 0.8425 | 0.9975 | 0.9901 |
| Kddlandp | 1.0000 | 1.0000 | 1.0000 | 1.0000 | 0.9770 | 1.0000 | 1.0000 | 1.0000 | 0.9995 | 1.0000 | 1.0000 | 1.0000 | 1.0000 |
| Kr08 | 0.9798 | 0.9813 | 0.9819 | 0.9808 | 0.8262 | 0.9812 | 0.9797 | 0.9164 | 0.9821 | 0.8455 | 0.8952 | 0.9892 | 0.9833 |
| S-25 | 1.0000 | nan | 0.8703 | 1.0000 | 0.9853 | 1.0000 | 1.0000 | 0.9671 | 1.0000 | 0.9857 | 0.9817 | 1.0000 | 1.0000 |
| Kddbuffer | 0.9995 | 0.9979 | 0.9979 | 0.9993 | 0.9759 | 0.9995 | 0.9995 | 0.9995 | 0.9992 | 0.9995 | 0.9989 | 1.0000 | 0.9995 |
| Kddlands | 1.0000 | 1.0000 | 1.0000 | 1.0000 | 0.9763 | 1.0000 | 1.0000 | 1.0000 | 0.9997 | 1.0000 | 1.0000 | 1.0000 | 1.0000 |
| Kr015 | 0.9991 | 0.9967 | 0.9967 | 0.9991 | 0.9532 | 0.9991 | 0.9991 | 0.9991 | 0.9991 | 0.9712 | 0.9802 | 0.9998 | 0.9991 |
| Kddrootkit | 1.0000 | 0.9991 | 0.9991 | 1.0000 | 0.9743 | 1.0000 | 1.0000 | 1.0000 | 1.0000 | 1.0000 | 0.9997 | 1.0000 | 1.0000 |
| 均值 | 0.9471 | 0.9224 | 0.9441 | 0.9457 | 0.9038 | 0.9366 | 0.9474 | 0.8944 | 0.9171 | 0.8896 | 0.8848 | 0.9394 | **0.9551** |

表 9.5 SVM 上 AUC 的实验结果

| 数据集 | SMOTE | ADASYN | B-SMO | MWMO | OUPS | SMO-D | S-F-2T | SMO-P | C-SMO | G-SMO | CCR | AMSCO | ANO |
|---|---|---|---|---|---|---|---|---|---|---|---|---|---|
| Glass1 | 0.6385 | 0.6300 | 0.5981 | 0.6558 | 0.6218 | 0.6718 | 0.6408 | 0.6131 | 0.6694 | 0.6360 | 0.6065 | 0.6389 | **0.6993** |
| E01 | 0.9833 | 0.9509 | 0.9789 | 0.9833 | 0.9793 | 0.9804 | 0.9871 | 0.9739 | 0.9783 | 0.9750 | 0.9701 | 0.9820 | **0.9874** |
| Wisconsin | 0.9759 | 0.9699 | 0.9741 | 0.9750 | 0.9719 | 0.9779 | 0.9771 | 0.9693 | 0.9737 | 0.9723 | 0.9708 | 0.9777 | **0.9797** |
| Pima | 0.7644 | 0.7436 | 0.7740 | 0.7804 | **0.8178** | 0.7616 | 0.7701 | 0.7091 | 0.8028 | 0.7760 | 0.7628 | 0.7740 | 0.7674 |
| Iris0 | **1.0000** | nan | 1.0000 | 1.0000 | 1.0000 | 1.0000 | 1.0000 | 1.0000 | 1.0000 | 0.9950 | 0.9950 | 1.0000 | 1.0000 |
| Glass0 | 0.7535 | 0.7210 | 0.7482 | 0.7446 | **0.7770** | 0.7542 | 0.7501 | 0.7008 | 0.7681 | 0.6936 | 0.6964 | 0.7348 | 0.7615 |
| Vehicle2 | **0.9842** | 0.9793 | 0.9745 | 0.9825 | 0.9668 | 0.9828 | 0.9808 | 0.9735 | 0.9790 | 0.9419 | 0.9355 | 0.9776 | 0.9817 |
| Vehicle1 | 0.8281 | 0.8337 | 0.8427 | **0.8507** | 0.8220 | 0.8359 | 0.8263 | 0.7561 | 0.8360 | 0.7843 | 0.7834 | 0.8160 | 0.8327 |
| Vehicle3 | 0.8208 | 0.8121 | 0.8265 | 0.8192 | 0.8082 | **0.8273** | 0.8230 | 0.8059 | 0.8069 | 0.7814 | 0.7850 | 0.8073 | 0.8159 |
| G0123456 | 0.9582 | 0.9536 | 0.9448 | 0.9563 | 0.9445 | 0.9632 | 0.9624 | 0.9483 | 0.9372 | 0.9305 | 0.9210 | **0.9664** | 0.9629 |
| Vehicle0 | 0.9774 | 0.9729 | 0.9698 | **0.9777** | 0.9760 | 0.9768 | 0.9763 | 0.9298 | 0.9770 | 0.9388 | 0.9451 | 0.9736 | 0.9765 |
| Ecoli1 | 0.8933 | 0.8916 | 0.8959 | 0.8975 | 0.8902 | **0.9053** | 0.8973 | 0.8821 | 0.8991 | 0.8419 | 0.8625 | 0.9006 | 0.8926 |
| Newthy1 | 0.9928 | 0.9917 | 0.9917 | 0.9928 | 0.9901 | **0.9944** | 0.9933 | **0.9944** | 0.9894 | 0.9456 | 0.9431 | 0.9892 | 0.9933 |
| Newthy2 | 0.9900 | 0.9806 | 0.9778 | 0.9833 | 0.9834 | 0.9878 | 0.9894 | 0.9806 | 0.9822 | 0.9094 | 0.9136 | 0.9882 | **0.9928** |
| Ecoli2 | 0.9229 | 0.8416 | 0.9311 | 0.9278 | **0.9399** | 0.8626 | 0.9250 | 0.9007 | 0.8519 | 0.8579 | 0.8477 | 0.9299 | 0.9350 |
| Segment0 | 0.9941 | 0.9763 | 0.9485 | 0.9916 | 0.9968 | 0.9926 | 0.9936 | 0.9862 | **0.9976** | 0.9058 | 0.9713 | 0.9973 | 0.9960 |
| Glass6 | 0.9659 | 0.9595 | 0.9649 | 0.9557 | 0.9598 | 0.9649 | 0.9630 | 0.9188 | **0.9757** | 0.9438 | 0.9237 | 0.9751 | 0.9719 |
| Yeast3 | 0.9505 | 0.9162 | 0.9497 | 0.9544 | 0.9297 | 0.9410 | 0.9531 | 0.9187 | **0.9643** | 0.8918 | 0.8900 | 0.9435 | 0.9453 |
| E0345 | 0.9056 | 0.9056 | 0.9194 | 0.9044 | 0.9057 | 0.8601 | 0.9044 | 0.8678 | 0.9333 | 0.8511 | 0.8622 | 0.9514 | **0.9589** |
| Y24 | 0.9402 | 0.8959 | **0.9601** | 0.9337 | 0.9074 | 0.9391 | 0.9458 | 0.8896 | 0.9540 | 0.9106 | 0.8875 | 0.9434 | 0.9320 |
| E06735 | 0.9045 | 0.8100 | 0.9250 | 0.9030 | 0.9155 | 0.8693 | 0.8950 | 0.8659 | **0.9545** | 0.8560 | 0.8230 | 0.8765 | 0.9325 |
| E02345 | 0.9592 | 0.9070 | 0.9642 | 0.9569 | 0.9432 | 0.9110 | 0.9564 | 0.9167 | **0.9669** | 0.8611 | 0.8537 | **0.9669** | 0.9558 |
| Y02579368 | 0.9288 | 0.7283 | 0.7878 | 0.9365 | **0.9390** | 0.9255 | 0.9269 | 0.8944 | 0.8845 | 0.9057 | 0.8530 | 0.9293 | 0.9297 |
| E01235 | 0.9568 | 0.9250 | 0.9727 | 0.9441 | 0.9250 | 0.9317 | 0.9452 | 0.9174 | **0.9745** | 0.9077 | 0.8603 | 0.9606 | 0.9618 |

续表

| 数据集 | SMOTE | ADASYN | B-SMO | MWMO | OUPS | SMO-D | S-F-2T | SMO-P | C-SMO | G-SMO | CCR | AMSCO | ANO |
|---|---|---|---|---|---|---|---|---|---|---|---|---|---|
| E026735 | 0.9152 | 0.8430 | 0.9402 | 0.9128 | 0.9157 | 0.8593 | 0.9063 | 0.8671 | **0.9515** | 0.8586 | 0.8155 | 0.8158 | 0.9260 |
| G045 | 0.9250 | 0.9250 | 0.9191 | 0.9191 | 0.8854 | 0.9216 | 0.9250 | 0.9375 | 0.9074 | 0.8665 | 0.8649 | **0.9787** | 0.9706 |
| E034756 | 0.9198 | 0.8489 | 0.9523 | 0.9051 | 0.9349 | 0.9148 | 0.9136 | 0.8414 | 0.9611 | 0.8257 | 0.7870 | 0.9236 | **0.9682** |
| Y056794 | 0.8407 | 0.7964 | 0.8793 | 0.8533 | 0.8145 | 0.8214 | 0.8430 | 0.8248 | **0.8932** | 0.8154 | 0.7891 | 0.8411 | 0.8503 |
| Vowel0 | 0.9440 | 0.9232 | 0.9359 | 0.9433 | 0.8519 | 0.9477 | 0.9438 | 0.9074 | 0.9419 | 0.8449 | 0.8529 | 0.9665 | **0.9893** |
| E0675 | 0.9180 | 0.8300 | 0.9500 | 0.9205 | 0.9410 | 0.8680 | 0.9157 | 0.8960 | **0.9740** | 0.8640 | 0.8070 | 0.8789 | 0.9570 |
| E01472356 | 0.9170 | 0.8408 | 0.9443 | 0.8902 | 0.9124 | 0.9052 | 0.9089 | 0.8499 | 0.9389 | 0.8510 | 0.7787 | 0.9429 | **0.9610** |
| G065 | 0.9905 | 0.9947 | 0.9947 | 0.9866 | 0.8329 | 0.9947 | 0.9916 | 0.8466 | 0.9837 | 0.9024 | 0.8975 | **0.9958** | 0.9950 |
| E015 | 0.9764 | **0.9864** | 0.9841 | 0.9764 | 0.9361 | 0.9335 | 0.9816 | 0.9601 | **0.9864** | 0.9232 | 0.9227 | 0.9811 | 0.9836 |
| Glass2 | 0.7963 | 0.7946 | 0.7947 | 0.7918 | 0.7067 | 0.7830 | 0.7837 | 0.4992 | **0.8325** | 0.7744 | 0.6733 | 0.7889 | 0.8019 |
| E014756 | 0.9290 | 0.8811 | 0.9607 | 0.9247 | 0.9295 | 0.9171 | 0.9247 | 0.8875 | 0.9772 | 0.8663 | 0.8418 | 0.9207 | **0.9828** |
| E01465 | 0.9692 | 0.9692 | 0.9865 | 0.9762 | 0.9145 | 0.8985 | 0.9707 | 0.9478 | **0.9896** | 0.9135 | 0.9076 | 0.9715 | 0.9631 |
| S-c0c4 | 1.0000 | 0.9833 | 0.9960 | 0.9997 | 0.9952 | 0.9972 | 1.0000 | 0.9988 | 0.9997 | 0.9995 | 0.9985 | 1.0000 | **1.0000** |
| Ecoli4 | 0.9464 | 0.9429 | 0.9429 | 0.9461 | 0.9391 | 0.9451 | 0.9482 | 0.9223 | 0.9610 | 0.8979 | 0.8692 | 0.9468 | **0.9749** |
| Page134 | 0.9536 | 0.9695 | 0.9683 | 0.9543 | 0.9088 | 0.9546 | 0.9534 | 0.8849 | 0.9708 | 0.8899 | 0.8789 | **0.9794** | 0.9688 |
| Der6 | 1.0000 | 1.0000 | 1.0000 | nan | 0.9690 | 1.0000 | 1.0000 | 1.0000 | 1.0000 | 0.9997 | 0.9979 | 1.0000 | **1.0000** |
| Zoo | **0.9947** | nan | nan | nan | 0.9096 | **0.9947** | **0.9947** | 0.9093 | 0.5000 | 0.9402 | 0.9358 | 0.8966 | **0.9947** |
| G0165 | 0.9343 | 0.9343 | 0.9343 | 0.9314 | 0.7968 | 0.9343 | 0.9343 | 0.8979 | 0.9257 | 0.8663 | 0.8535 | 0.9796 | **0.9886** |
| S-c2c4 | 1.0000 | 1.0000 | 1.0000 | 1.0000 | 0.8907 | 1.0000 | 1.0000 | 0.9429 | 0.9880 | 0.9878 | 0.9596 | 1.0000 | **1.0000** |
| S-623 | 1.0000 | 1.0000 | 1.0000 | 1.0000 | 0.9543 | 1.0000 | 1.0000 | 1.0000 | 0.9977 | 0.9973 | 0.9764 | 1.0000 | **1.0000** |
| Glass5 | 0.9317 | 0.9317 | 0.9317 | 0.9293 | 0.7931 | 0.9332 | 0.9317 | 0.9280 | 0.9273 | 0.8473 | 0.8405 | **0.9815** | 0.9624 |
| Y28 | 0.8112 | 0.7554 | 0.7890 | 0.8095 | 0.7900 | 0.8092 | 0.8193 | 0.7787 | 0.8382 | 0.8318 | 0.6728 | 0.8108 | **0.8708** |
| Car-good | 0.9762 | 0.9768 | 0.9765 | 0.9754 | 0.8053 | 0.9770 | 0.9764 | 0.7198 | 0.9727 | 0.6737 | 0.8108 | 0.8835 | **0.9789** |

续表

| 数据集 | SMOTE | ADASYN | B-SMO | MWMO | OUPS | SMO-D | S-F-2T | SMO-P | C-SMO | G-SMO | CCR | AMSCO | ANO |
| --- | --- | --- | --- | --- | --- | --- | --- | --- | --- | --- | --- | --- | --- |
| Car-vgood | 0.9925 | 0.9928 | 0.9925 | 0.9931 | 0.7717 | 0.9937 | 0.9925 | 0.8508 | 0.9934 | 0.6571 | 0.8449 | **0.9947** | 0.9927 |
| Kddguess | **1.0000** | **1.0000** | 0.9997 | **1.0000** | 0.9835 | 0.9818 | 0.9999 | **1.0000** | 0.9991 | **1.0000** | 0.9867 | **1.0000** | 0.9945 |
| Abalone311 | **1.0000** | 0.9990 | 0.9990 | **1.0000** | 0.9730 | 0.9990 | **1.0000** | 0.9990 | 0.9990 | 0.9932 | 0.9938 | 0.9983 | 0.9998 |
| Wine94 | 0.9970 | nan | nan | 0.9913 | 0.7716 | 0.9970 | 0.9970 | 0.8953 | 0.5000 | 0.9011 | 0.8950 | **1.0000** | 0.9914 |
| Yeast5 | 0.9751 | 0.9753 | 0.9736 | 0.9749 | 0.9620 | 0.9761 | 0.9742 | 0.9618 | **0.9783** | 0.9309 | 0.9447 | 0.9736 | 0.9709 |
| Kr311 | 0.9840 | 0.9785 | 0.9785 | 0.9835 | 0.9212 | 0.9816 | 0.9837 | 0.8989 | 0.9881 | 0.7379 | 0.8185 | **0.9974** | 0.9900 |
| Kddlandp | **1.0000** | **1.0000** | **1.0000** | **1.0000** | 0.9760 | **1.0000** | **1.0000** | **1.0000** | 0.9995 | **1.0000** | **1.0000** | **1.0000** | **1.0000** |
| Kr08 | 0.9792 | 0.9808 | 0.9815 | 0.9803 | 0.8477 | 0.9807 | 0.9791 | 0.9279 | 0.9817 | 0.8320 | 0.9001 | **0.9891** | 0.9830 |
| S-25 | **1.0000** | nan | 0.8900 | **1.0000** | 0.9854 | **1.0000** | **1.0000** | 0.9684 | **1.0000** | 0.9859 | 0.9820 | **1.0000** | **1.0000** |
| Kddbuffer | 0.9995 | 0.9980 | 0.9980 | 0.9993 | 0.9752 | 0.9995 | 0.9995 | 0.9995 | 0.9992 | 0.9995 | 0.9989 | **1.0000** | 0.9995 |
| Kddlands | **1.0000** | **1.0000** | **1.0000** | **1.0000** | 0.9759 | **1.0000** | **1.0000** | **1.0000** | 0.9997 | **1.0000** | **1.0000** | **1.0000** | **1.0000** |
| Kr015 | 0.9991 | 0.9968 | 0.9968 | 0.9991 | 0.9472 | 0.9991 | 0.9991 | 0.9991 | 0.9991 | 0.9705 | 0.9797 | **0.9998** | 0.9991 |
| Kddrootkit | **1.0000** | 0.9991 | 0.9991 | **1.0000** | 0.9739 | **1.0000** | **1.0000** | **1.0000** | **1.0000** | **1.0000** | 0.9997 | **1.0000** | **1.0000** |
| 均值 | 0.9417 | 0.9169 | 0.9381 | 0.9392 | 0.9050 | 0.9339 | 0.9412 | 0.9010 | 0.9319 | 0.8876 | 0.8823 | 0.9406 | **0.9529** |

表 9.6　SVM 上 G-mean 的实验结果

| 数据集 | SMOTE | ADASYN | B-SMO | MWMO | OUPS | SMO-D | S-F-2T | SMO-P | C-SMO | G-SMO | CCR | AMSCO | ANO |
|---|---|---|---|---|---|---|---|---|---|---|---|---|---|
| Glass1 | 0.5780 | 0.5623 | 0.5103 | 0.5975 | 0.5541 | 0.6465 | 0.5776 | 0.4310 | 0.6159 | 0.5988 | 0.5425 | 0.5130 | **0.6593** |
| E01 | 0.9830 | 0.9493 | 0.9787 | 0.9831 | 0.9787 | 0.9801 | 0.9869 | 0.9736 | 0.9781 | 0.9744 | 0.9696 | 0.9819 | **0.9873** |
| Wisconsin | 0.9758 | 0.9695 | 0.9738 | 0.9749 | 0.9716 | 0.9778 | 0.9769 | 0.9690 | 0.9735 | 0.9722 | 0.9707 | 0.9775 | **0.9795** |
| Pima | 0.7635 | 0.7419 | 0.7705 | 0.7798 | **0.8126** | 0.7607 | 0.7685 | 0.6709 | 0.7987 | 0.7742 | 0.7616 | 0.7672 | 0.7666 |
| Iris0 | **1.0000** | nan | **1.0000** | **1.0000** | **1.0000** | **1.0000** | **1.0000** | **1.0000** | **1.0000** | 0.9949 | 0.9949 | **1.0000** | **1.0000** |
| Glass0 | 0.6913 | 0.6299 | 0.6722 | 0.6733 | **0.7452** | 0.6931 | 0.6849 | 0.5789 | 0.7239 | 0.6545 | 0.6149 | 0.6536 | 0.7046 |
| Vehicle2 | **0.9842** | 0.9791 | 0.9744 | 0.9824 | 0.9665 | 0.9827 | 0.9806 | 0.9734 | 0.9787 | 0.9408 | 0.9346 | 0.9773 | 0.9816 |
| Vehicle1 | 0.8226 | 0.8262 | 0.8341 | **0.8453** | 0.8163 | 0.8302 | 0.8190 | 0.7274 | 0.8253 | 0.7478 | 0.7723 | 0.7952 | 0.8287 |
| Vehicle3 | 0.8144 | 0.8042 | 0.8192 | 0.8127 | 0.8026 | **0.8198** | 0.8141 | 0.7918 | 0.7892 | 0.7265 | 0.7702 | 0.7849 | 0.8101 |
| G0123456 | 0.9575 | 0.9529 | 0.9437 | 0.9558 | 0.9411 | 0.9625 | 0.9617 | 0.9471 | 0.9316 | 0.9293 | 0.9206 | **0.9657** | 0.9625 |
| Vehicle0 | 0.9771 | 0.9725 | 0.9693 | **0.9775** | 0.9758 | 0.9765 | 0.9760 | 0.9271 | 0.9767 | 0.9379 | 0.9450 | 0.9732 | 0.9762 |
| Ecoli1 | 0.8829 | 0.8855 | 0.8853 | 0.8891 | 0.8782 | **0.8976** | 0.8876 | 0.8698 | 0.8900 | 0.8253 | 0.8501 | 0.8912 | 0.8748 |
| Newthy1 | 0.9927 | 0.9916 | 0.9916 | 0.9927 | 0.9900 | **0.9944** | 0.9933 | **0.9944** | 0.9893 | 0.9441 | 0.9421 | 0.9890 | 0.9933 |
| Newthy2 | 0.9899 | 0.9802 | 0.9774 | 0.9830 | 0.9832 | 0.9877 | 0.9893 | 0.9802 | 0.9819 | 0.9053 | 0.9132 | 0.9880 | **0.9927** |
| Ecoli2 | 0.9208 | 0.8391 | 0.9278 | 0.9253 | **0.9377** | 0.8595 | 0.9227 | 0.8988 | 0.8419 | 0.8524 | 0.8455 | 0.9275 | 0.9313 |
| Segment0 | 0.9941 | 0.9759 | 0.9439 | 0.9916 | 0.9968 | 0.9926 | 0.9936 | 0.9862 | **0.9976** | 0.8744 | 0.9710 | 0.9973 | 0.9959 |
| Glass6 | 0.9652 | 0.9580 | 0.9644 | 0.9546 | 0.9596 | 0.9641 | 0.9619 | 0.9135 | **0.9748** | 0.9418 | 0.9194 | 0.9743 | 0.9715 |
| Yeast3 | 0.9503 | 0.9160 | 0.9486 | 0.9542 | 0.9263 | 0.9405 | 0.9528 | 0.9176 | **0.9639** | 0.8909 | 0.8893 | 0.9421 | 0.9452 |
| E0345 | 0.8816 | 0.8704 | 0.9015 | 0.8762 | 0.8931 | 0.8261 | 0.8799 | 0.8320 | 0.9225 | 0.7907 | 0.8069 | 0.9426 | **0.9571** |
| Y24 | 0.9398 | 0.8925 | **0.9592** | 0.9332 | 0.8969 | 0.9383 | 0.9455 | 0.8863 | 0.9536 | 0.9100 | 0.8855 | 0.9426 | 0.9314 |
| E06735 | 0.8940 | 0.7690 | 0.9191 | 0.8916 | 0.9131 | 0.8554 | 0.8801 | 0.8592 | **0.9530** | 0.8405 | 0.7924 | 0.8532 | 0.9298 |
| E02345 | 0.9580 | 0.8972 | 0.9631 | 0.9554 | 0.9430 | 0.9056 | 0.9548 | 0.9107 | 0.9656 | 0.8249 | 0.7954 | **0.9660** | 0.9544 |
| Y02579368 | 0.9279 | 0.6938 | 0.7778 | 0.9362 | **0.9364** | 0.9235 | 0.9260 | 0.8873 | 0.8780 | 0.9047 | 0.8429 | 0.9284 | 0.9273 |
| E01235 | 0.9564 | 0.9205 | 0.9724 | 0.9433 | 0.9207 | 0.9300 | 0.9444 | 0.9161 | **0.9740** | 0.9064 | 0.8525 | 0.9602 | 0.9615 |

续表

| 数据集 | SMOTE | ADASYN | B-SMO | MWMO | OUPS | SMO-D | S-F-2T | SMO-P | C-SMO | G-SMO | CCR | AMSCO | ANO |
|---|---|---|---|---|---|---|---|---|---|---|---|---|---|
| E026735 | 0.9087 | 0.8138 | 0.9361 | 0.9053 | 0.9125 | 0.8449 | 0.8948 | 0.8606 | **0.9496** | 0.8481 | 0.7837 | 0.7791 | 0.9235 |
| G045 | 0.9000 | 0.9000 | 0.8940 | 0.8940 | 0.8548 | 0.8966 | 0.9000 | 0.9225 | 0.8815 | 0.8269 | 0.8257 | **0.9780** | 0.9689 |
| E034756 | 0.9152 | 0.8171 | 0.9483 | 0.8962 | 0.9333 | 0.9085 | 0.9067 | 0.8247 | 0.9598 | 0.8058 | 0.7568 | 0.9002 | **0.9674** |
| Y056794 | 0.8360 | 0.7844 | 0.8757 | 0.8505 | 0.8022 | 0.8107 | 0.8373 | 0.8148 | **0.8903** | 0.8099 | 0.7774 | 0.8357 | 0.8450 |
| Vowel0 | 0.9415 | 0.9173 | 0.9337 | 0.9407 | 0.8470 | 0.9456 | 0.9413 | 0.9043 | 0.9393 | 0.7461 | 0.8064 | 0.9652 | **0.9892** |
| E0675 | 0.9101 | 0.8010 | 0.9448 | 0.9091 | 0.9398 | 0.8433 | 0.9057 | 0.8888 | **0.9734** | 0.8493 | 0.7708 | 0.8596 | 0.9561 |
| E01472356 | 0.9071 | 0.8186 | 0.9367 | 0.8764 | 0.9117 | 0.8922 | 0.8960 | 0.8294 | 0.9328 | 0.8428 | 0.7492 | 0.9389 | **0.9602** |
| G065 | 0.9903 | 0.9947 | 0.9947 | 0.9863 | 0.8108 | 0.9947 | 0.9914 | 0.8250 | 0.9833 | 0.8911 | 0.8909 | **0.9958** | 0.9949 |
| E015 | 0.9762 | 0.9862 | 0.9839 | 0.9762 | 0.9322 | 0.9299 | 0.9814 | 0.9591 | 0.9862 | 0.9223 | 0.9215 | 0.9808 | 0.9836 |
| Glass2 | 0.8303 | 0.8288 | 0.8275 | 0.8197 | 0.7645 | 0.7929 | 0.8217 | 0.0644 | 0.8549 | 0.7348 | 0.7012 | 0.8178 | 0.8313 |
| E014756 | 0.9183 | 0.8588 | 0.9567 | 0.9115 | 0.9277 | 0.9039 | 0.9118 | 0.8751 | 0.9763 | 0.8571 | 0.8192 | 0.9052 | **0.9826** |
| E01465 | 0.9680 | 0.9682 | 0.9864 | 0.9759 | 0.9121 | 0.8906 | 0.9696 | 0.9454 | **0.9895** | 0.9115 | 0.9044 | 0.9707 | 0.9611 |
| S-c0c4 | **1.0000** | 0.9826 | 0.9960 | 0.9997 | 0.9951 | 0.9972 | **1.0000** | 0.9988 | 0.9997 | 0.9995 | 0.9985 | **1.0000** | **1.0000** |
| Ecoli4 | 0.9383 | 0.9309 | 0.9339 | 0.9375 | 0.9283 | 0.9387 | 0.9400 | 0.9123 | 0.9573 | 0.8825 | 0.8434 | 0.9374 | **0.9743** |
| Page134 | 0.9508 | 0.9683 | 0.9668 | 0.9516 | 0.9082 | 0.9517 | 0.9505 | 0.8758 | 0.9694 | 0.8869 | 0.8747 | **0.9791** | 0.9675 |
| Der6 | **1.0000** | 1.0000 | 1.0000 | nan | 0.9683 | 1.0000 | 1.0000 | 1.0000 | 1.0000 | 0.9997 | 0.9979 | 1.0000 | **1.0000** |
| Zoo | **0.9947** | nan | nan | nan | 0.9072 | 0.9947 | 0.9947 | 0.9041 | 0.0000 | 0.9391 | 0.9247 | 0.7966 | **0.9947** |
| G0165 | 0.9223 | 0.9223 | 0.9223 | 0.9194 | 0.7815 | 0.9223 | 0.9223 | 0.8804 | 0.9135 | 0.8460 | 0.8323 | 0.9793 | **0.9885** |
| S-c2c4 | **1.0000** | 1.0000 | 1.0000 | 1.0000 | 0.8793 | 1.0000 | 1.0000 | 0.9309 | 0.9876 | 0.9877 | 0.9583 | **1.0000** | **1.0000** |
| S-623 | **1.0000** | 1.0000 | 1.0000 | 1.0000 | 0.9533 | 1.0000 | 1.0000 | 1.0000 | 0.9977 | 0.9973 | 0.9759 | **1.0000** | **1.0000** |
| Glass5 | 0.9189 | 0.9189 | 0.9189 | 0.9164 | 0.7668 | 0.9213 | 0.9189 | 0.9170 | 0.9151 | 0.8090 | 0.7905 | **0.9812** | 0.9611 |
| Y28 | 0.7914 | 0.7450 | 0.7686 | 0.8022 | 0.6621 | 0.7743 | 0.8022 | 0.7031 | 0.8243 | 0.8208 | 0.5758 | 0.7894 | **0.8475** |
| Car-good | 0.9755 | 0.9760 | 0.9757 | 0.9746 | 0.7977 | 0.9762 | 0.9757 | 0.6925 | 0.9719 | 0.6730 | 0.8065 | 0.7832 | **0.9785** |

续表

| 数据集 | SMOTE | ADASYN | B-SMO | MWMO | OUPS | SMO-D | S-F-2T | SMO-P | C-SMO | G-SMO | CCR | AMSCO | ANO |
|---|---|---|---|---|---|---|---|---|---|---|---|---|---|
| Car-vgood | 0.9924 | 0.9927 | 0.9924 | 0.9931 | 0.7680 | 0.9936 | 0.9924 | 0.8413 | 0.9934 | 0.6535 | 0.8429 | **0.9947** | 0.9926 |
| Kddguess | **1.0000** | **1.0000** | 0.9997 | **1.0000** | 0.9833 | 0.9808 | 0.9999 | **1.0000** | 0.9991 | **1.0000** | 0.9863 | **1.0000** | 0.9943 |
| Abalone311 | **1.0000** | 0.9990 | 0.9990 | **1.0000** | 0.9726 | 0.9990 | **1.0000** | 0.9990 | 0.9990 | 0.9932 | 0.9938 | 0.9983 | 0.9998 |
| Wine94 | 0.9969 | nan | nan | 0.9913 | 0.7069 | 0.9970 | 0.9969 | 0.8755 | 0.0000 | 0.8998 | 0.8890 | **1.0000** | 0.9913 |
| Yeast5 | 0.9747 | 0.9750 | 0.9732 | 0.9746 | 0.9615 | 0.9758 | 0.9738 | 0.9617 | **0.9780** | 0.9306 | 0.9441 | 0.9732 | 0.9706 |
| Kr311 | 0.9837 | 0.9782 | 0.9781 | 0.9832 | 0.9184 | 0.9811 | 0.9834 | 0.8948 | 0.9879 | 0.6922 | 0.7971 | **0.9974** | 0.9899 |
| Kddlandp | **1.0000** | **1.0000** | **1.0000** | **1.0000** | 0.9755 | **1.0000** | **1.0000** | **1.0000** | 0.9995 | **1.0000** | **1.0000** | **1.0000** | **1.0000** |
| Kr08 | 0.9789 | 0.9806 | 0.9813 | 0.9800 | 0.8281 | 0.9805 | 0.9788 | 0.9224 | 0.9815 | 0.8251 | 0.8955 | **0.9890** | 0.9828 |
| S-25 | **1.0000** | nan | 0.8800 | **1.0000** | 0.9853 | **1.0000** | **1.0000** | 0.9677 | **1.0000** | 0.9858 | 0.9818 | **1.0000** | **1.0000** |
| Kddbuffer | 0.9995 | 0.9980 | 0.9980 | 0.9993 | 0.9749 | 0.9995 | 0.9995 | 0.9995 | 0.9992 | 0.9995 | 0.9989 | **1.0000** | 0.9995 |
| Kddlands | **1.0000** | **1.0000** | **1.0000** | **1.0000** | 0.9756 | **1.0000** | **1.0000** | **1.0000** | 0.9997 | **1.0000** | **1.0000** | **1.0000** | **1.0000** |
| Kr015 | 0.9991 | 0.9968 | 0.9968 | 0.9991 | 0.9431 | 0.9991 | 0.9991 | 0.9991 | 0.9991 | 0.9701 | 0.9793 | **0.9998** | 0.9991 |
| Kddrootkit | **1.0000** | 0.9991 | 0.9991 | **1.0000** | 0.9736 | **1.0000** | **1.0000** | **1.0000** | **1.0000** | **1.0000** | 0.9997 | **1.0000** | **1.0000** |
| 均值 | 0.9370 | 0.9077 | 0.9324 | 0.9340 | 0.8967 | 0.9280 | 0.9361 | 0.8805 | 0.9111 | 0.8750 | 0.8683 | 0.9303 | **0.9503** |

F-measure、AUC 和 G-mean 的详细结果。粗体表示每一行的最大值,最后一行是所有数据集的平均结果。对于 python 工具箱中的某些方法,一些数据集无法成功运行。这种情况将导致一个除 0 的 nan 情况。因此,表中不能由这些方法运行的结果表示为 nan。为方便列表,将 Borderline-SMOTE、MWMOTE、SMOTE-FRST-2T、SMO-PSO、CURE-SMO 和 Gaussian-SMO 的缩写分别表示为 B-SMO、MWMO、S-F-2T、SMO-P、C-SMO 和 G-SMO。

从表 9.5 中可以看出,与其他 12 种过采样法相比,SVM 在 AUC 的 24 个基准数据集上取得了最佳的性能。从表 9.4 和表 9.6 中可以看出,F-measure 和 G-mean 的结果与 AUC 相似,分别在 22 个和 23 个基准数据集上表现最好。另外,与次优方法相比,ANO 在 60 个数据集上的均值均高于次优方法,分别为 0.57%、0.97% 和 1.16%。这表明,采用 ANO 算法对重平衡数据集进行过采样,在处理复杂数据集时具有更好的稳定性。同时,对于某些特定的数据集,ANO 可以显著提高不平衡分类的性能。

### 9.3.2.2　算法稳定性比较

为了验证 ANO 在过采样过程中选择不同最近邻时对参数 $k$ 的鲁棒性,本小节研究探讨了参数 $k$ 对分类性能的影响。对于一些规模小、不平衡率高的数据集,在将其划分为两个或两个以上的数据子集时,少数类样本的数量会相对较少。当 $k$ 从 1 变化到 10 时,一些数据集的评估指标都等于 1。因此,在本实验中,我们选择了尽可能多样化 12 个典型数据集,观察随着 $k$ 从 1 增加到 10,最终分类性能的变化。每组都被绘制为 12 个箱线图子图。实验中 ANO 算法使用的基分类器为 SVM,其 F-measure、AUC 和 G-mean 结果如图 9.5～图 9.7 所示。

从三个箱线图中可以看出,在除 Y02579368 以外的 11 个数据集上,ANO 的中位线普遍高于 SMOTE,这说明随着 $k$ 值的变化,ANO 在 10 种情况下的平均性能相比于 SMOTE 有显著提高;当 $k$ 值过小或过大时,SMOTE 的采样性能会受到影响。更重要的是,由于 ANO 的特性,ANO 算法对应的箱体长度比 SMOTE 短,在 G065 和 Y28 两个数据集上表现得尤为明显,说明在 10 个不同 $k$ 值下,ANO 的性能波动较小。此外,我们还计算了三个评价指标的均值和平均方差。在 F-measure、AUC 和 G-mean 上,SMOTE 的均值分别为 0.9457、0.9442 和 0.9387,ANO 的均值分别为 0.9605、0.9638 和 0.9613。而 SMOTE 在 F-measure、AUC 和 G-mean 上的平均方差分别为 $2.74 \times 10^{-5}$、$2.77 \times 10^{-5}$ 和 $4.08 \times 10^{-5}$,ANO 为 $1.39 \times 10^{-5}$、$1.01 \times 10^{-5}$ 和 $1.25 \times 10^{-5}$。这说明 ANO 在选择最近邻个数方面具有更强的鲁棒性。

### 9.3.2.3　平衡数据集上性能比较

在之前的实验中,ANO 算法在迭代优化阶段和最终测试阶段使用相同的基分类器(SVM),取得了相当显著的效果。然而,这样的结果可能不是很有说服力。因为这个现象可以解释为,由于优化过程是基于此分类器的,因此用此分类器测试一定会取得良好的效果。在本研究中,除了 SVM 之外,我们还使用了 $k$ 近邻和随机森林(random forest,RF)两个分类器来验证 ANO 生成的平衡数据集的分类性能。在迭代优化过程和最终测试阶段分别使用这三个基分类器的两两组合。因此,对于数据集上的每个评估指标,有 9 种结果对应不同的分类器的组合结果,如图 9.8～图 9.10 所示。

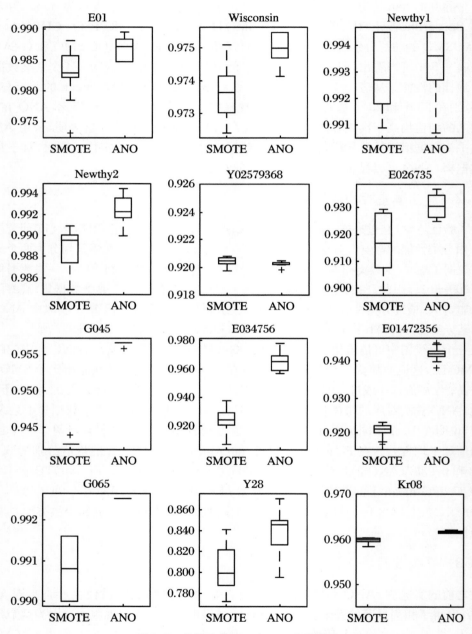

图 9.5 参数 $k$ 在 F-measure 上的影响

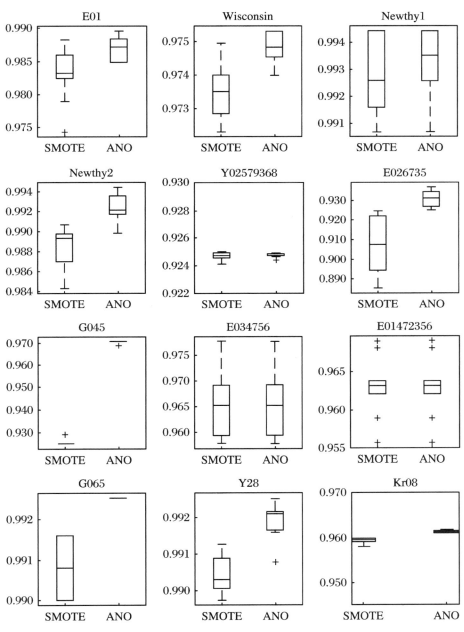

图 9.6　参数 $k$ 在 AUC 上的影响

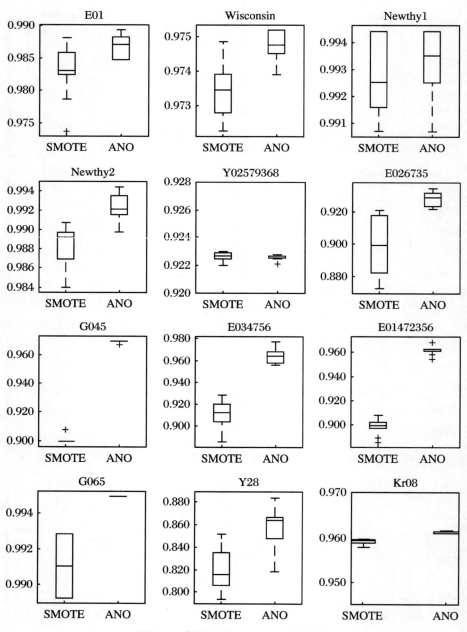

图 9.7 参数 $k$ 在 G-mean 上的影响

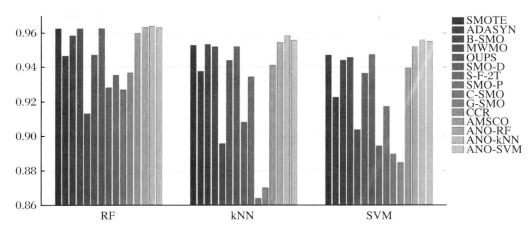

图 9.8　三个基分类器在 F-measure 上的平均实验结果

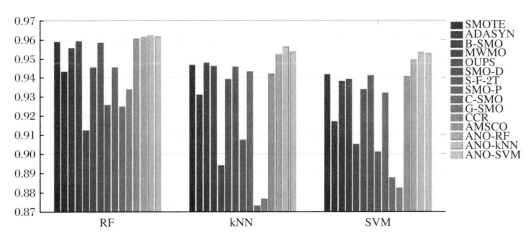

图 9.9　三个基分类器在 AUC 上的平均实验结果

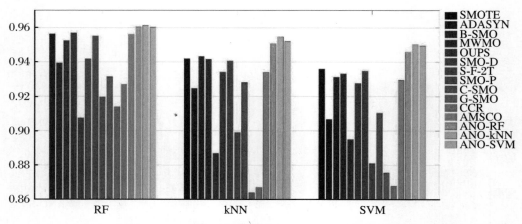

**图 9.10　三个基分类器在 G-mean 上的平均实验结果**

在图 9.8～图 9.10 中，ANO-RF、ANO-kNN 和 ANO-SVM 分别表示 ANO 使用 RF、kNN 和 SVM 作为迭代优化阶段的基分类器，横坐标中的 RF、kNN 和 SVM 分别表示最终测试阶段时所用分类器对应的结果。三幅图中的纵坐标表示算法在所有的数据集上的平均结果。从实验结果中可看出，除了之前所用的 ANO-SVM，在这三种分类器上，ANO-kNN 和 ANO-RF 的性能也有显著提高。这说明，在优化过程和测试过程中虽然使用了不同的分类器，但最终经过 ANO 过采样的平衡数据集在不同的基分类器上也能取得更好的性能。换句话说，对于每一组分类器组合，最终的分类性能并不依赖于本书在 ANO 优化阶段的所使用的分类器的类型。值得注意的是，在 ANO-RF、ANO-kNN 和 ANO-SVM 中，ANO-kNN 的结果最好，这可能是因为 ANO 的过采样机制是基于最近邻的概念。因此，我们建议在 ANO 技术中使用 kNN 作为优化分类器。

### 9.3.2.4　重采样数据上性能比较

ANO 算法的主要思想是寻找以少数类样本为中心的每个邻域的最优半径，从而通过基于邻域的过采样方法最终得到最优的平衡数据集。在本书中，为了表述简洁，我们以 Pima 数据集为例来观察一次实验中初始阶段到迭代结束半径集合的变化情况。

如图 9.11 所示，每一列表示以某个少数类样本为中心的邻域半径，黑色柱（Initial）表示初始半径，灰色柱（Gbest）表示最终半径，纵坐标表示初始半径与最终半径各自所占百分比。从图中可以看出，许多邻域的半径最终发生了变化：一些半径最终变得非常小，例如，Pima 数据集的第 49 个样本，这表明这种少数类样本很有可能是噪声；一些半径最终变得非常大，这表明这些少数类样本可能是处在小规模集群中或属于比较罕见的实例。

为了验证上述猜想，在最终邻域半径集的约束下，我们对每个不平衡数据集进行了 SMOTE 重新采样，并在三个不同的基分类器上进行了实验。图 9.12～图 9.14 分别代表了所有数据集的 F-measure、AUC 和 G-mean 的平均值。

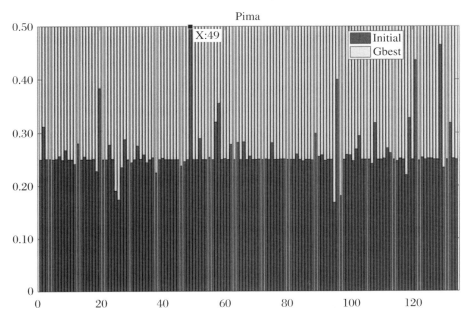

图 9.11　初始半径集合到最终半径集合的变化情况

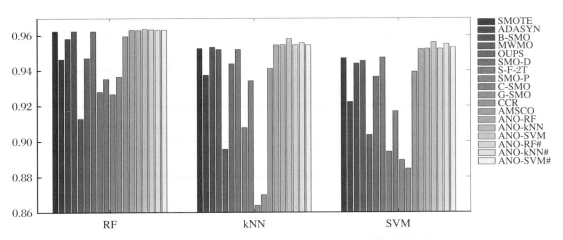

图 9.12　三个基分类器在 F-measure 上的重采样平均结果

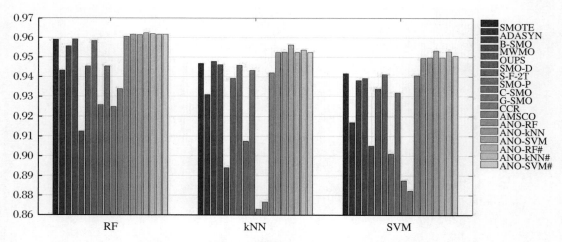

图 9.13 三个基分类器在 AUC 上的重采样平均结果

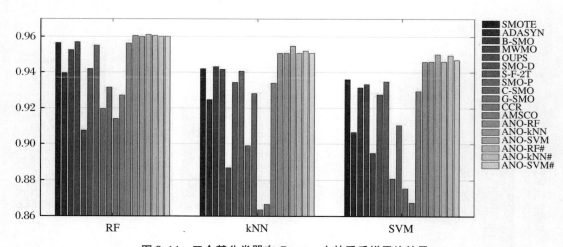

图 9.14 三个基分类器在 G-mean 上的重采样平均结果

从以上图中可以看出,ANO-kNN 在三个分类器上的效果最好,而 ANO-kNN♯ 不如 ANO-kNN 好。这是因为 SMOTE 的过采样过程具有随机性,几乎不可能再产生与之前的过采样完全相同的结果。但是,通过观察柱状图的高度,重新采样方法所对应的高度大多数都要大于其他对比算法,这说明在重新采样数据集上 ANO 的分类性能仍然要优于 12 种对比算法。此外,在 RF 分类器和 SVM 分类器中也可以发现了相同的现象。这组实验验证了邻域半径确实对最终的过采样结果是敏感的,并且基于调整半径的 ANO 技术相比其他算法有着较显著的提升。

ANO-RF、ANO-kNN 和 ANO-SVM 分别表示 ANO 在最优平衡数据集上使用 RF、kNN 和 SVM 作为优化阶段基分类器的结果;ANO-RF♯、ANO-kNN♯ 和 ANO-SVM♯ 分别表示 ANO 在通过最优邻域半径集合重采样得到的平衡数据集上分别使用 RF、kNN 和 SVM 作为优化阶段基分类器的结果。横坐标上的 RF、kNN 和 SVM 分别表示在最终测试阶段所使用的基分类器。

### 9.3.2.5　统计分析

在无空值的 54 个数据集的三个度量指标上,本小节采用了 Wilcoxon 符号秩检验[22-23],将 ANO 与其他对比方法进行了比较检验。这里以 kNN 作为优化阶段的基分类器为例,在测试阶段应用这三个基分类器。非重采样和其他方法的 Wilcoxon 符号秩检验结果如表 9.7 所示,重采样和其他方法的 Wilcoxon 符号秩检验结果如表 9.8 所示。

表 9.7 和表 9.8 中低于 0.05 以下的值用粗体表示,用以拒绝无效假设。从表 9.7 中,我们可以看到,108 个结果中有 80 个的值低于 0.05,表明在大多数情况下 ANO 生成的最佳平衡的数据集相比其他方法有显著性差异。在表 9.8 中,由于重新采样过程的随机性,108 个结果中有 73 个的值低于 0.05,ANO 通过最优邻域半径重采样生成的平衡数据集相比其他方法也有显著性差异。

## 🎯 本章小结

本章利用少数类局部信息约束过采样的过程,以监督样本合成的过程。此外,我们引入粒子群算法来感知邻域分布信息,从而在分类任务上自适应地优化生成平衡数据集。实验结果表明,在不同的分类器上,采用 ANO 过采样的最优平衡数据集和采用最优邻域半径集合约束生成的最优平衡数据集都能取得较好的结果。

表 9.7 ANO-kNN 与其他算法的 Wilcoxon 检验结果

| 分类器 | Metric | SMOTE | ADASYN | B-SMO | MWMO | OUPS | SMO-D | S-F-2T | SMO-P | C-SMO | G-SMO | CCR | AMSCO |
|---|---|---|---|---|---|---|---|---|---|---|---|---|---|
| RF | F1 | $8.98\times10^{-1}$ | $1.23\times10^{-5}$ | $2.18\times10^{-1}$ | $7.77\times10^{-1}$ | $2.15\times10^{-5}$ | $1.90\times10^{-5}$ | $9.93\times10^{-1}$ | $1.71\times10^{-8}$ | $1.50\times10^{-3}$ | $1.24\times10^{-9}$ | $1.38\times10^{-9}$ | $6.25\times10^{-2}$ |
| RF | AUC | $5.68\times10^{-1}$ | $2.26\times10^{-6}$ | $9.09\times10^{-2}$ | $4.60\times10^{-1}$ | $5.83\times10^{-10}$ | $1.18\times10^{-5}$ | $7.32\times10^{-1}$ | $8.25\times10^{-9}$ | $1.01\times10^{-2}$ | $2.35\times10^{-9}$ | $1.46\times10^{-9}$ | $1.57\times10^{-1}$ |
| RF | G | $4.93\times10^{-1}$ | $1.26\times10^{-6}$ | $6.69\times10^{-2}$ | $3.74\times10^{-1}$ | $6.50\times10^{-10}$ | $2.14\times10^{-5}$ | $6.39\times10^{-1}$ | $6.34\times10^{-9}$ | $8.16\times10^{-3}$ | $2.01\times10^{-10}$ | $1.50\times10^{-9}$ | $3.00\times10^{-1}$ |
| kNN | F1 | $2.03\times10^{-1}$ | $4.04\times10^{-6}$ | $1.84\times10^{-1}$ | $2.14\times10^{-1}$ | $1.72\times10^{-10}$ | $1.29\times10^{-1}$ | $8.26\times10^{-1}$ | $3.77\times10^{-9}$ | $8.85\times10^{-1}$ | $2.69\times10^{-10}$ | $3.00\times10^{-10}$ | $8.84\times10^{-2}$ |
| kNN | AUC | $2.55\times10^{-2}$ | $1.17\times10^{-6}$ | $3.01\times10^{-2}$ | $5.09\times10^{-2}$ | $1.82\times10^{-10}$ | $8.53\times10^{-6}$ | $1.44\times10^{-2}$ | $3.35\times10^{-9}$ | $9.50\times10^{-1}$ | $2.69\times10^{-10}$ | $3.00\times10^{-10}$ | $2.32\times10^{-2}$ |
| kNN | G | $1.63\times10^{-2}$ | $1.60\times10^{-6}$ | $1.46\times10^{-2}$ | $1.96\times10^{-2}$ | $1.87\times10^{-10}$ | $6.92\times10^{-6}$ | $1.03\times10^{-2}$ | $3.35\times10^{-9}$ | $7.91\times10^{-1}$ | $2.69\times10^{-10}$ | $3.00\times10^{-10}$ | $1.49\times10^{-2}$ |
| SVM | F1 | $4.09\times10^{-4}$ | $3.63\times10^{-7}$ | $1.44\times10^{-2}$ | $2.13\times10^{-3}$ | $2.69\times10^{-9}$ | $3.66\times10^{-6}$ | $1.57\times10^{-3}$ | $8.72\times10^{-9}$ | $7.21\times10^{-2}$ | $9.07\times10^{-10}$ | $3.50\times10^{-10}$ | $3.32\times10^{-1}$ |
| SVM | AUC | $1.71\times10^{-4}$ | $2.41\times10^{-7}$ | $2.18\times10^{-1}$ | $7.26\times10^{-4}$ | $9.54\times10^{-9}$ | $4.84\times10^{-6}$ | $2.59\times10^{-4}$ | $6.05\times10^{-9}$ | $1.94\times10^{-1}$ | $1.23\times10^{-9}$ | $3.50\times10^{-10}$ | $4.39\times10^{-2}$ |
| SVM | G | $2.12\times10^{-4}$ | $2.54\times10^{-7}$ | $1.28\times10^{-3}$ | $9.40\times10^{-4}$ | $1.79\times10^{-8}$ | $3.06\times10^{-6}$ | $2.33\times10^{-4}$ | $6.05\times10^{-9}$ | $1.32\times10^{-1}$ | $1.15\times10^{-9}$ | $3.50\times10^{-10}$ | $1.91\times10^{-2}$ |

表 9.8 ANO-kNN♯ 与其他算法的 Wilcoxon 检验结果

| 分类器 | Metric | SMOTE | ADASYN | B-SMO | MWMO | OUPS | SMO-D | S-F-2T | SMO-P | C-SMO | G-SMO | CCR | AMSCO |
|---|---|---|---|---|---|---|---|---|---|---|---|---|---|
| RF | F1 | $8.73\times10^{-1}$ | $4.11\times10^{-6}$ | $3.10\times10^{-1}$ | $5.85\times10^{-1}$ | $2.85\times10^{-10}$ | $4.97\times10^{-5}$ | $9.44\times10^{-1}$ | $4.02\times10^{-9}$ | $2.35\times10^{-3}$ | $2.11\times10^{-9}$ | $1.91\times10^{-9}$ | $2.63\times10^{-2}$ |
| RF | AUC | $5.95\times10^{-1}$ | $1.42\times10^{-6}$ | $1.51\times10^{-1}$ | $4.36\times10^{-1}$ | $8.08\times10^{-10}$ | $3.42\times10^{-5}$ | $7.64\times10^{-1}$ | $4.25\times10^{-9}$ | $7.42\times10^{-3}$ | $2.49\times10^{-9}$ | $2.29\times10^{-9}$ | $8.98\times10^{-2}$ |
| RF | G | $5.64\times10^{-1}$ | $8.31\times10^{-7}$ | $9.56\times10^{-1}$ | $4.25\times10^{-1}$ | $1.06\times10^{-9}$ | $5.91\times10^{-5}$ | $6.16\times10^{-1}$ | $3.62\times10^{-9}$ | $4.75\times10^{-3}$ | $2.00\times10^{-9}$ | $1.50\times10^{-9}$ | $1.96\times10^{-1}$ |
| kNN | F1 | $1.83\times10^{-2}$ | $7.90\times10^{-7}$ | $2.24\times10^{-1}$ | $3.39\times10^{-2}$ | $1.29\times10^{-8}$ | $2.91\times10^{-5}$ | $3.50\times10^{-2}$ | $2.02\times10^{-8}$ | $4.95\times10^{-1}$ | $1.38\times10^{-9}$ | $4.17\times10^{-10}$ | $9.56\times10^{-1}$ |
| kNN | AUC | $4.66\times10^{-3}$ | $5.44\times10^{-7}$ | $3.93\times10^{-2}$ | $8.16\times10^{-3}$ | $4.46\times10^{-8}$ | $2.72\times10^{-5}$ | $3.18\times10^{-3}$ | $1.11\times10^{-8}$ | $7.26\times10^{-1}$ | $1.86\times10^{-9}$ | $4.43\times10^{-10}$ | $2.01\times10^{-1}$ |
| kNN | G | $4.13\times10^{-3}$ | $6.01\times10^{-7}$ | $1.85\times10^{-2}$ | $8.03\times10^{-3}$ | $1.06\times10^{-7}$ | $6.67\times10^{-5}$ | $2.57\times10^{-3}$ | $1.05\times10^{-8}$ | $5.33\times10^{-1}$ | $1.76\times10^{-9}$ | $4.17\times10^{-10}$ | $1.09\times10^{-1}$ |
| SVM | F1 | $9.71\times10^{-1}$ | $4.57\times10^{-7}$ | $3.69\times10^{-1}$ | $5.88\times10^{-1}$ | $1.92\times10^{-10}$ | $1.67\times10^{-5}$ | $9.37\times10^{-1}$ | $6.04\times10^{-9}$ | $2.62\times10^{-3}$ | $2.23\times10^{-9}$ | $6.67\times10^{-9}$ | $3.41\times10^{-2}$ |
| SVM | AUC | $6.82\times10^{-1}$ | $8.72\times10^{-7}$ | $1.65\times10^{-1}$ | $3.95\times10^{-1}$ | $4.68\times10^{-10}$ | $1.31\times10^{-5}$ | $7.73\times10^{-1}$ | $5.02\times10^{-9}$ | $1.12\times10^{-2}$ | $9.06\times10^{-9}$ | $1.11\times10^{-8}$ | $6.95\times10^{-2}$ |
| SVM | G | $6.48\times10^{-1}$ | $5.57\times10^{-7}$ | $1.20\times10^{-1}$ | $5.08\times10^{-1}$ | $8.53\times10^{-10}$ | $2.12\times10^{-5}$ | $7.24\times10^{-1}$ | $4.44\times10^{-9}$ | $8.05\times10^{-3}$ | $3.23\times10^{-9}$ | $1.00\times10^{-8}$ | $1.71\times10^{-1}$ |

# 参 考 文 献

[ 1 ] CHAWLA N V，BOWYER K W，HALL L O，et al. SMOTE：synthetic minority over-sampling technique[J]. Journal of Artificial Intelligence Research，2002，16(1)：321-357.

[ 2 ] KENNEDY J，EBERHART R. Particle swarm optimization[C]//Icnn95-International Conference on Neural Networks. IEEE，2002.

[ 3 ] KENNEDY J. Particle swarm optimization[J]. Proc. of 1995 IEEE Int. Conf. Neural Networks，(Perth，Australia)，2011，4(8)：1942-1948.

[ 4 ] XIE Y，ZHU Y，Wang Y，et al. A novel directional and non-local-convergent particle swarm optimization based workflow scheduling in cloud-edge environment[J]. Future Generation Computer Systems，2019，97(8)：361-378.

[ 5 ] LI K W，ZHOU G Y，ZHAI J N，et al. Improved PSO_AdaBoost ensemble algorithm for imbalanced data[J]. Sensors，2019，19(6)：1476.

[ 6 ] 严远亭，朱原玮，吴增宝，等. 构造性覆盖算法的 SMOTE 过采样方法[J]. 计算机科学与探索，2020，141(6)：78-87.

[ 7 ] LEMAITRE G，NOGUEIRA F，ARIDAS C K. Imbalanced-learn：a python toolbox to tackle the curse of imbalanced datasets in machine learning[J]. The Journal of Machine Learning Research，2017，18(1)：559-563.

[ 8 ] HAN H，WANG W，MAO B. Borderline-SMOTE：a new over-sampling method in imbalanced data sets learning[C]//International Conference on Intelligent Computing，2005：878-887.

[ 9 ] HE H，BAI Y，GARCIA E A，et al. ADASYN：adaptive synthetic sampling approach for imbalanced learning[C]//2008 IEEE International Joint Conference on Neural Networks，2008：1322-1328.

[10] BARUA S，ISLAM M M，YAO X，et al. MWMOTE：majority weighted minority oversampling technique for imbalanced data set learning[J]. IEEE Transactions on Knowledge & Data Engineering，2013，26(2)：405-425.

[11] RIVERA W A，XANTHOPOULOS P. A priori synthetic over-sampling methods for increasing classification sensitivity in imbalanced data sets[M]. Oxford：Pergamon Press Inc.，2016，66：124-135.

[12] TORRES F R，Carrasco-Ochoa J A，Martínez-Trinidad J F. SMOTE-D a deterministic version of SMOTE[J]. Pattern Recognition (MCPR 2016)，2016，9703：177-188.

[13] RAMENTOL E，GONDRES I，LAJES S，et al. Fuzzy-rough imbalanced learning for the diagnosis of high voltage circuit breaker maintenance：the SMOTE-FRST-2T algorithm[J]. Engineering Applications of Artificial Intelligence，2016，48(2)：134-139.

[14] WANG K J，MAKOND B，CHEN K H，et al. A hybrid classifier combining SMOTE with PSO to estimate 5-year survivability of breast cancer patients[J]. Applied Soft Computing Journal，2014，20：15-24.

[15] MA L，Fan S. CURE-SMOTE algorithm and hybrid algorithm for feature selection and parameter

optimization based on random forests[J]. BMC Bioinformatics，2017，18(1)：1-18.

[16] LEE H，Kim J，Kim S. Gaussian-Based SMOTE algorithm for solving skewed class distributions [J]. International Journal of Fuzzy Logic & Intelligent Systems，2017，17(4)：229-234.

[17] KOZIARSKI M，Woźniak M. CCR：a combined cleaning and resampling algorithm for imbalanced data classification[J]. International Journal of Applied Mathematics and Computer ence，2017，27 (4)：727-736.

[18] LI J，FONG S，WONG R K，et al. Adaptive multi-objective swarm fusion for imbalanced data classification[J]. Information Fusion，2017，39：1-24.

[19] XIE Y，ZHU Y，WANG Y，et al. A novel directional and non-local-convergent particle swarm optimization based workflow scheduling in cloud-edge environment[J]. Future Generation Computer Systems，2019，97(8)：361-378.

[20] KENNEDY J. Parameter selection in particle swarm optimization[J]. Proc. ieee Int. conf. neural Network Australia，1998：591-600.

[21] GUO H X，LI Y J，SHANG J，et al. Learning from class-imbalanced data：review of methods and applications[J]. Expert Systems with Application，2017，73(5)：220-239.

[22] YAN Y，LIU R，DING Z，et al. A parameter-free cleaning method for SMOTE in imbalanced classification[J]. IEEE Access，2019(7)：23537-23548.

[23] ALICE M R. Nonparametric statistics：a step-by-step approach[J]. International Statal Review，2015，83(1)：163-164.

# 第10章 非构造性不平衡学习
## ——采样优化方法

## 10.1 问 题 描 述

近来的研究表明,分类器的性能不仅受到类分布的影响,还更多地受到类重叠的影响[1]。不同类别样本的重叠,使得决策边界非常模糊,给分类器的学习带来困难。针对类重叠问题,本节提出了一种新的进化混合采样技术(EHSO)。首先,EHSO 探测原始数据的分布,划分出多数类和少数类的重叠区域。然后,EHSO 将识别需要消除的最优多数类样本集合形式化为一个目标优化问题,设计了考虑重叠率和分类性能的目标函数,保留了尽可能多的有价值的信息,同时将不平衡率考虑到优化过程中,以克服后续随机过采样引起的潜在过拟合现象。EHSO 采用一种改进的跨代精英选择、异质重组和大变异进化算法(CHC)[2]来寻找全局最优解,克服了复杂的重叠现象造成的样本选择困难。最后,EHSO 采用随机过采样来提供完全平衡的不同类的样本数量,且不引入任何新的合成样本,以确保重新采样的数据集服从原始数据分布。

## 10.2 类重叠不平衡进化混合采样方法

在一般情况下,多数类样本和少数类样本数目的不平衡会影响分类器的性能。然而,在某些特殊的场景下,如果不同类别样本的分类决策边界足够清晰,就极易划分。例如,图10.1(a)所示的机器学习中常用的 Iris0 数据集,尽管多数类样本的数目是少数类的两倍,但一般的传统分类学习算法在这类数据集上可以很容易地将两类样本划分开来,甚至达到100%的分类准确率。对于存在类重叠现象的数据集,如图 10.1(b)所示,在此类数据集上的分类任务相比较会更加困难。本节尝试采用 EHSO 来克服上述问题。EHSO 的原理可以分成三个部分:探测类重叠区域、对重叠区域中的多数类样本进行进化欠采样和对少数类样本进行随机过采样。

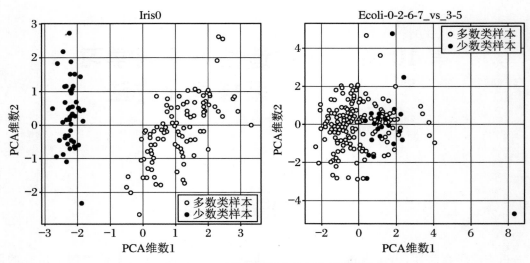

图 10.1　PCA 降维后的两个数据集数据分布图

## 10.2.1　探测重叠区域

重叠区域被定义为特定样本的集合,这些样本靠近决策边界或者交织分布在异类样本区域内(如图 10.2 中不规则虚线内的区域),一般的分类器在划分这种区域内的样本时往往十分困难。为了从所提出的框架中获得更全局的最优解,可先获得一个最大的重叠区域作为基础,具体如下:对于任意一个多数类样本,只要它的 $k$ 近邻样本中存在少数类样本,那么可将这个多数类样本加入重叠样本集合 $o\_set$:

$$o\_set = \{x \mid x \in maj, \exists\, x\_neighbors \in min\} \tag{10.1}$$

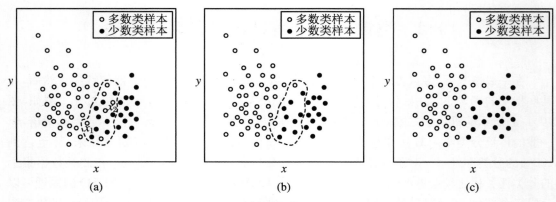

图 10.2　二维仿真数据集的示意图

探测重叠区域的伪码如算法 10.1 所示。对于一些容易分类的数据集,例如 Iris0, $k$ 必须足够大才能获得一个非空集合 $o\_set$。对于这种情况,我们认为通过增大 $k$ 的值来获得非空的集合 $o\_set$ 是意义不大的,因此为了减少算法的运行时间,欠采样的策略将不会在这类数据集上施行。

**算法 10.1 探测重叠区域**

输入:原始数据集 $S$;

输出:重叠样本集合 $o\_set$;

1. 从 $S$ 中获得多数类样本集合 $Maj\_S$;
2. For $x_i \in Maj\_S(i \leftarrow 1$ to $|Maj\_S|)$ do
3.     获得 $x_i$ 的 $k$ 近邻,记为 $x_i^k\_S$;
4.     For $x_i\_n \in x_i^k\_S(i \leftarrow 1$ to $|x_i^k\_S|)$ do
5.       If $x_i\_n \in minority$ then
6.         $o\_set \leftarrow x_i$;    //将样本 $x_i$ 加入到重叠样本集合 $o\_set$ 中
7.         break;
8.       End
9.     End For
10. End For
11. 返回集合 $o\_set$;

## 10.2.2 进化欠采样

在算法框架中,欠采样的目的是清除重叠区域中的多数类样本来最大化多数类与少数类之间决策边界的能见度。对于一些现实生活中的数据集,重叠区域内可能会存在数量众多的样本,这些样本根据它们的位置大概可分为两类:一类是多数类样本十分靠近分类的决策边界(如图 10.2 中的样本 $x_1$),另一类是多数类样本完全地嵌入("被包围")在少数类区域中(如图 10.2 中的样本 $x_2$)。前一类样本看起来具有更多的有利信息,对后续的分类任务具有更大的贡献;而后一类样本增加了后续分类的难度,因此具有更多的不利影响。我们试图在降低原始数据不平衡率的同时保留尽可能多的有用信息。然而,对于不同的数据集而言,数据分布的特征十分复杂,想要准确地从重叠区域中识别出多数类的最优样本集合是十分困难的,而进化算法是解决复杂优化问题的有效且流行的算法之一。

通常在进化算法的框架中,每个个体的表示是第一个关键的问题。在进化欠采样方法 EUS[4] 中,每个多数类样本是否被保留并编码为每个染色体的一个二进制位(0 或 1)。假设数据集中的多数类样本个数为 $m$,那么每个染色体就是一个 $m$ 维的向量。与 EUS 相似,1 代表重叠区域中的该多数类样本被保留,0 代表被消除。相比于传统的 EUS 方法,EHSO 的优势之一在于 EUS 为所有的多数类样本进行编码(每个染色体的长度为 $m$),而 EHSO 只为重叠区域中的多数类样本进行编码。在多数情况下,分布在重叠区域中的多数类样本往往只占据所有多数类的一小部分,当多数类样本的数目非常庞大时,EUS 会有更大的计算复杂度。EHSO 中染色体个体被表示为

$$X = (x_1, x_2, x_3, \cdots, x_m) \tag{10.2}$$

其中，$m'$ 表示重叠区域中多数类样本的个数。

为了评价每一代中染色体个体的优劣性并根据其进行排序，需要设计一个合适且有效的目标优化函数（适应度函数），在 EHSO 中，优化目标包括以下三个部分：

（1）最小化不平衡率（$IR$）来使原始数据集尽可能平衡，同时降低接下来的随机过采样可能会带来的潜在过拟合风险。$IR$ 被定义为

$$IR = \frac{\Delta_{\mathrm{maj}}}{\Delta_{\mathrm{min}}} \tag{10.3}$$

其中，$\Delta_{\mathrm{maj}}$ 和 $\Delta_{\mathrm{min}}$ 分别代表整个数据集中多数类和少数类样本个数。

（2）最小化重叠率（$OR$）来使多数类与少数类的决策边界足够清晰易于划分。$OR$ 被定义为

$$OR = \sum_{i=1}^{\Delta_{\mathrm{maj}}^{o}} \Delta_{\mathrm{min}}^{x_i,k} / (k \cdot \Delta_{\mathrm{maj}}^{o}), x_i \in maj \tag{10.4}$$

其中，$\Delta_{\mathrm{maj}}^{o}$ 代表重叠区域中的多数类样本个数，$\Delta_{\mathrm{min}}^{x_i,k}$ 代表样本 $x_i$ 的 $k$ 近邻中属于少数类的个数。以图 10.2 中的样本 $x_1$ 和 $x_2$ 为例，从公式（10.4）中可以看出，EHSO 在最小化重叠率时，相较于消除 $x_1$，消除 $x_2$ 时，$OR$ 会下降得更快，因此，$x_2$ 具有更高的被消除的优先级。

（3）最小化在原始数据上的精度损失。一般情况下，一个分类器 $f$ 在概率密度函数为 $p(x)$ 的数据分布 $D$ 上的平方损失可以定义为

$$l(f; D) = \int_{x \in \mathrm{maj}} (f(x) - y)^2 p(x) dx + \int_{x \in \mathrm{min}} (f(x) - y)^2 p(x) dx \tag{10.5}$$

对于一个复杂的数据分布 $D$ 来说，其通常很难被形式化表示为一个具体的函数。而分类精度 Accuracy 在不平衡数据分类中作为评价指标往往表现的并不是很好。Galar 等[4]使用性能指标 G-mean 来对欠采样后的数据集进行度量，以此反映最大化分类性能的程度。在此过程中，我们使用 KNN 作为优化的基分类器，其中 $k$ 的值取 1。

综上所述，EHSO 算法框架中进化算法的适应度函数设计为

$$Fitness = \alpha \cdot \frac{1 - OR}{IR} + (1 - \alpha) \cdot \text{G-mean} \tag{10.6}$$

其中，$\alpha \in [0,1]$，代表 $IR$、$OR$ 和 G-mean 之间的相对重要程度。

我们使用 CHC 算法作为进化欠采样的方法，此外，为了减少算法的迭代次数，我们在连续若干次未更新全局最优解时停止迭代。欠采样后的数据集由图 10.2(b) 所示。

## 10.2.3　随机过采样

当对原始数据集进行欠采样后，具有较少有益信息或对后续分类具有不利影响的多数类样本会被消除，被消除的多数类样本数量由 CHC 算法和数据本身的分布情况决定。如果数量较小，多数类和少数类之间样本的个数仍存在一定差距，在一些数据集中，这将会影响最后的分类性能。因此，我们将使用过采样技术来提供一个平衡的分布。根据前文的描述，由于线性插值的合成机制，SMOTE 和以它为基础改进的方法可能会引入新的重叠样本，因

此考虑使用随机过采样方法 ROS 作为 EHSO 的最后一个步骤。传统的 ROS 因为其简单并随机地复制少数类样本,增加了难学习样本的权重,很可能造成过拟合问题。为了减小过拟合问题的风险,目标函数结合了不平衡率和分类性能,使得 EHSO 在性能不下降的情况下删除尽可能多的具有不利影响的样本,因此,在 ROS 中的每个少数类样本被复制的比率将会更低,则过拟合的可能性也更低。由于 ROS 方法的机制十分简单易懂,这里不再具体介绍。经过 ROS 处理后的数据如图 10.2(c)中的阴影所示。

　　EHSO 方法可以主要分为三个部分:① 重叠区域的探测;② 在重叠区域上进化欠采样的应用;③ 对少数类样本的随机过采样。EHSO 的具体实现伪码在算法 10.2 中给出。

**算法 10.2　类重叠不平衡进化混合采样方法**

输入:原始数据集 $S$,种群 $M$,最大迭代次数 $T$,近邻数 $k$;
输出:平衡数据集 $S'$;

1.　　探测重叠区域 $o\_set$;　　　//算法 10.1
2.　　For $i \leftarrow 1$ to $M$ do
3.　　　随机初始化染色体 $c_i$,并将其加入到群体 $P_{t-1}$;　　　//公式(10.2)
4.　　　计算 $c_i$ 的适应度值;　　　//公式(10.6)
5.　　End For
6.　　选择具有最大适应度值的染色体作为当前全局最优解 $R_{t-1}$;
7.　　$break\_flag = 0$;
8.　　While $break\_flag < 10$
9.　　　For $i \leftarrow 1$ to $T$
10.　　　　For $\forall c_i, c_j \in P_{t-1}$
11.　　　　　If $c_i$ 和 $c_j$ 之间的海明距离 $> threshold\_HUX$
12.　　　　　　交叉生成两个子染色体,并加入到群体 $P_t$;
13.　　　　　End
14.　　　End For
15.　　　If $P_t == \varnothing$
16.　　　　$threshold\_HUX = threshold\_HUX - 1$;
17.　　　End
18.　　　计算 $P_{t-1} \cup P_t$ 中每一个染色体的适应度值;　　　//公式(10.6)
19.　　　从 $P_{t-1} \cup P_t$ 选择具有最大适应度值的 $M$ 个染色体,作为新的 $P_t$;
20.　　　选择具有最大适应度值的染色体作为当前全局最优解 $R_t$;
21.　　　If $fitness(R_t) == fitness(R_{t-1})$
22.　　　　实施变异操作,$break\_flag = break\_flag + 1$;
23.　　　End
24.　　　Else
25.　　　　$break\_flag = 0$;
26.　　　End

27. End For
28. 使用全局最优解 $R_t$ 对多数类进行欠采样；
29. 对欠采样后的集合使用 $ROS$ 进行过采样；
30. 返回平衡数据集 $S'$。

## 10.2.4 复杂度分析

假设数据集中所有样本的总数是 $N$，多数类样本和少数类样本个数分别为 $N_n$ 和 $N_p$，数据特征为 $d$ 维，CHC 算法的种群大小和最大迭代初始分别为 $M$ 和 $T$。EHSO 的计算复杂度可以从以下三个部分进行分析：

**1. 探测重叠区域的复杂度**

在这个过程中，EHSO 对每个多数类样本计算它的 $k$ 近邻，因此存在 $N-1+N-2+\cdots+N-N_n=N_n(N-1+N-N_n)/2$ 次距离计算，每次的复杂度设为 $O(d)$，则总复杂度为 $O(N_n(N-1+N-N_n)d/2)$。

**2. 进化欠采样的复杂度**

在探测出重叠区域后，可知 CHC 算法中每个染色体个体的长度（即重叠区域中的多数类样本个数）。有一种极端的情况：不存在重叠区域，此时将不会实施进化欠采样过程，因此计算复杂度为 0。对于另一种极端的情况：所有的多数类样本都处于重叠区域内，那么每个染色体的长度为 $N_n$。此时，在假设随机初始化一个向量的复杂度为 $O(1)$ 的基础上，随机初始化种群的复杂度将等于 $O(M)$。计算每个个体的适应度值的复杂性包括三个部分：计算 $IR$ 为 $O(1)$、计算 $OR$ 为 $O(1)$、计算 G-mean 为 $O[N(N-1)d/2]$。除此之外，若设一个二进制位的反转和异或操作都具有 $O(1)$ 的复杂度，则在每一代中，交叉操作中包括的计算海明距离复杂度为 $O(MN_n/2)$，均匀交叉复杂度为 $O(MN_n/4)$，精英选择需要的排序复杂度为 $O(M\log M)$，最坏情况下变异的复杂度为 $O(M)$。在上述这种情况下总的计算复杂度为 $O(M)+O\{TM[1+1+N(N-1)d/2]\}+O[TM(N_n/2+N_n/4+\log M+1)]$，渐进复杂度可以简化表示为 $O(TMN^2d)$。

**3. 随机过采样的复杂度**

当在步骤(2)中没有任何多数类样本被消除时，需要合成的少数类样本最大个数为 $(N_n-N_p)$，因此 ROS 的计算复杂度等于 $O[(N_n-N_p)d]$。

综上，如果数据空间不存在重叠现象，那么 EHSO 的总计算复杂度等于 $O[N_n(N-1+N-N_n)d/2]+O[(N-N_n)d]$。否则，EHSO 在最坏情况下的总计算复杂度等于 $O[N_n(N-1+N-N_n)d/2]+O(TMN^2d)+O[(N_n-N_p)d]$。通常，算法中的最大迭代次数 $T$ 可以根据实际应用场景来设定，以实现在计算时间和算法性能上的最优折中。

# 10.3　模型分析与性能评估

## 10.3.1　模型评估基本设置

为了验证 EHSO 技术在处理不平衡和重叠数据方面的性能，实验中使用了 KEEL 数据库提供的 100 个标准二进制类数据集。这些数据集已经被预处理为多数(负)类和少数(正)类。具体信息如表 10.1 所示，包括各数据集的简写、属性个数、样本个数(Exam)、不平衡率和重叠率。每个数据集的名称与其缩写的匹配表可以在表 10.2 中找到。

表 10.1　数据集具体信息

| 数据集 | 属性个数 | 样本个数 | 不平衡率 | 重叠率 | 数据集 | 属性个数 | 样本个数 | 不平衡率 | 重叠率 |
|---|---|---|---|---|---|---|---|---|---|
| Glass1 | 9 | 214 | 1.82 | 0.3750 | Y17 | 7 | 459 | 14.30 | 0.2415 |
| E01 | 7 | 220 | 1.86 | 0.2000 | Glass4 | 9 | 214 | 15.46 | 0.4211 |
| Wisconsin | 9 | 683 | 1.86 | 0.5895 | Ecoli4 | 7 | 336 | 15.80 | 0.2667 |
| Pima | 8 | 768 | 1.87 | 0.3875 | Page134 | 10 | 472 | 15.86 | 0.2667 |
| Iris | 4 | 150 | 2.00 | 0.0000 | A918 | 8 | 731 | 16.40 | 0.2182 |
| Glass0 | 9 | 214 | 2.06 | 0.4738 | Dermatology | 34 | 358 | 16.90 | 0.2000 |
| Yeast1 | 8 | 1484 | 2.46 | 0.3699 | Zoo | 16 | 101 | 19.20 | 0.3333 |
| Haberman | 3 | 306 | 2.78 | 0.3485 | G0165 | 9 | 184 | 19.44 | 0.5714 |
| Vehicle2 | 18 | 846 | 2.88 | 0.3240 | Shuttlec2c4 | 9 | 129 | 20.50 | 0.0000 |
| Vehicle1 | 18 | 846 | 2.90 | 0.3929 | Shuttle623 | 9 | 230 | 22.00 | 0.0000 |
| Vehicle3 | 18 | 846 | 2.99 | 0.3677 | Y14587 | 8 | 693 | 22.10 | 0.2387 |
| G0123456 | 9 | 214 | 3.20 | 0.5429 | Glass5 | 9 | 214 | 22.78 | 0.3500 |
| Vehicle0 | 18 | 846 | 3.25 | 0.3660 | Y28 | 8 | 482 | 23.10 | 0.2471 |
| Ecoli1 | 7 | 336 | 3.36 | 0.3767 | Lympho | 18 | 148 | 23.67 | 0.2000 |
| Newthy1 | 5 | 215 | 5.14 | 0.3333 | Flare | 11 | 1066 | 23.79 | 0.3042 |
| Newthy2 | 5 | 215 | 5.14 | 0.3333 | Cargood | 6 | 1728 | 24.04 | 0.2186 |
| Ecoli2 | 7 | 336 | 5.46 | 0.3486 | Carvgood | 6 | 1728 | 25.58 | 0.2319 |
| Segment0 | 19 | 2308 | 6.02 | 0.3263 | Kr01d | 6 | 2901 | 26.63 | 0.3594 |
| Glass6 | 9 | 214 | 6.38 | 0.3800 | Kr115 | 6 | 2244 | 27.77 | 0.2000 |
| Yeast3 | 8 | 1484 | 8.10 | 0.3324 | Yeast4 | 8 | 1484 | 28.10 | 0.2602 |
| Ecoli3 | 7 | 336 | 8.60 | 0.3583 | Wr4 | 11 | 1599 | 29.17 | 0.2228 |
| Page0 | 10 | 5472 | 8.79 | 0.3462 | Poke97 | 10 | 244 | 29.50 | 0.2000 |
| E0345 | 7 | 200 | 9.00 | 0.2333 | Kddgps | 41 | 1642 | 29.98 | 0.0000 |
| Y24 | 8 | 514 | 9.08 | 0.2703 | Y12897 | 8 | 947 | 30.57 | 0.2400 |
| E06735 | 7 | 222 | 9.09 | 0.2400 | A311 | 8 | 502 | 32.47 | 0.2000 |

续表

| 数据集 | 属性个数 | 样本个数 | 不平衡率 | 重叠率 | 数据集 | 属性个数 | 样本个数 | 不平衡率 | 重叠率 |
|---|---|---|---|---|---|---|---|---|---|
| E02345 | 7 | 202 | 9.10 | 0.2600 | Ww94 | 11 | 168 | 32.60 | 0.2286 |
| G0152 | 9 | 172 | 9.12 | 0.2565 | Yeast5 | 8 | 1484 | 32.73 | 0.3857 |
| Y035978 | 8 | 506 | 9.12 | 0.2917 | Kr311 | 6 | 2935 | 35.23 | 0.3357 |
| Y02563789 | 8 | 1004 | 9.14 | 0.2692 | Wr86 | 11 | 656 | 35.44 | 0.2453 |
| Y02579368 | 8 | 1004 | 9.14 | 0.3106 | E013726 | 7 | 281 | 39.14 | 0.3000 |
| E0465 | 6 | 203 | 9.15 | 0.2400 | A1778910 | 8 | 2338 | 39.31 | 0.2451 |
| E01235 | 7 | 244 | 9.17 | 0.2421 | A218 | 8 | 581 | 40.50 | 0.2000 |
| E026735 | 7 | 224 | 9.18 | 0.2381 | Yeast6 | 8 | 1484 | 41.40 | 0.3000 |
| G045 | 9 | 92 | 9.22 | 0.2800 | Ww37 | 11 | 900 | 44.00 | 0.2118 |
| E03465 | 7 | 205 | 9.25 | 0.2364 | Wr867 | 11 | 855 | 46.50 | 0.2286 |
| E034756 | 7 | 257 | 9.28 | 0.3300 | Kddlp | 41 | 1061 | 49.52 | 0.0000 |
| Y056794 | 8 | 528 | 9.35 | 0.2731 | A1910111213 | 8 | 1622 | 49.69 | 0.2131 |
| Vowel0 | 13 | 988 | 9.98 | 0.3333 | Kr08 | 6 | 1460 | 53.07 | 0.3739 |
| E0675 | 6 | 220 | 10.00 | 0.2400 | Ww395 | 11 | 1482 | 58.28 | 0.2273 |
| G0162 | 9 | 192 | 10.29 | 0.2605 | Poke896 | 10 | 1485 | 58.40 | 0.2000 |
| E01472356 | 7 | 336 | 10.59 | 0.2800 | Shuttle25 | 9 | 3316 | 66.67 | 0.0000 |
| Led7digit | 7 | 443 | 10.97 | 0.2000 | Wr35 | 11 | 691 | 68.10 | 0.2364 |
| E015 | 6 | 240 | 11.00 | 0.2500 | A208910 | 8 | 1916 | 72.69 | 0.2240 |
| G065 | 9 | 108 | 11.00 | 0.6000 | Kddbob | 41 | 2233 | 73.43 | 0.0000 |
| G01462 | 9 | 205 | 11.06 | 0.2737 | Kddls | 41 | 1610 | 75.67 | 0.0000 |
| Glass2 | 9 | 214 | 11.59 | 0.2667 | Kr015 | 6 | 2193 | 80.22 | 0.4000 |
| E014756 | 6 | 332 | 12.28 | 0.3200 | Poker895 | 10 | 2075 | 82.00 | 0.2027 |
| Cleveland | 13 | 177 | 12.62 | 0.3143 | Poke86 | 10 | 1477 | 85.88 | 0.2000 |
| E01465 | 6 | 280 | 13.00 | 0.2571 | Kddrib | 41 | 2225 | 100.14 | 0.0000 |
| Shuttlec0c4 | 9 | 1829 | 13.87 | 0.0000 | A19 | 8 | 4174 | 129.44 | 0.2069 |

**表 10.2　数据集全称缩写匹配表**

| 数据集 | 缩写 | 数据集 | 缩写 |
|---|---|---|---|
| glass1 | Glass1 | yeast-1_vs_7 | Y17 |
| ecoli-0_vs_1 | E01 | glass4 | Glass4 |
| wisconsin | Wisconsin | ecoli4 | Ecoli4 |
| pima | Pima | page-blocks-1-3_vs_4 | Page134 |
| iris0 | Iris | abalone9-18 | A918 |
| glass0 | Glass0 | dermatology-6 | Dermatology |
| yeast1 | Yeast1 | zoo-3 | Zoo |
| haberman | Haberman | glass-0-1-6_vs_5 | G0165 |
| vehicle2 | Vehicle2 | shuttle-c2-vs-c4 | Shuttlec2c4 |
| vehicle1 | Vehicle1 | shuttle-6_vs_2-3 | Shuttle623 |
| vehicle3 | Vehicle3 | yeast-1-4-5-8_vs_7 | Y14587 |

续表

| 数据集 | 缩写 | 数据集 | 缩写 |
| --- | --- | --- | --- |
| glass-0-1-2-3_vs_4-5-6 | G0123456 | glass5 | Glass5 |
| vehicle0 | Vehicle0 | yeast-2_vs_8 | Y28 |
| ecoli1 | Ecoli1 | lymphography-normal-fibrosis | Lympho |
| new-thyroid1 | Newthy1 | flare-F | Flare |
| newthyroid2 | Newthy2 | car-good | Cargood |
| ecoli2 | Ecoli2 | car-vgood | Carvgood |
| segment0 | Segment0 | kr-vs-k-zero-one_vs_draw | Kr01d |
| glass6 | Glass6 | kr-vs-k-one_vs_fifteen | Kr115 |
| yeast3 | Yeast3 | yeast4 | Yeast4 |
| ecoli3 | Ecoli3 | winequality-red-4 | Wr4 |
| page-blocks0 | Page0 | poker-9_vs_7 | Poke97 |
| ecoli-0-3-4_vs_5 | E0345 | kddcup-guess_passwd_vs_satan | Kddgps |
| yeast-2_vs_4 | Y24 | yeast-1-2-8-9_vs_7 | Y12897 |
| ecoli-0-6-7_vs_3-5 | E06735 | abalone-3_vs_11 | A311 |
| ecoli-0-2-3-4_vs_5 | E02345 | winequality-white-9_vs_4 | Ww94 |
| glass-0-1-5_vs_2 | G0152 | yeast5 | Yeast5 |
| yeast-0-3-5-9_vs_7-8 | Y035978 | kr-vs-k-three_vs_eleven | Kr311 |
| yeast-0-2-5-6_vs_3-7-8-9 | Y02563789 | winequality-red-8_vs_6 | Wr86 |
| yeast-0-2-5-7-9_vs_3-6-8 | Y02579368 | ecoli-0-1-3-7_vs_2-6 | E013726 |
| ecoli-0-4-6_vs_5 | E0465 | abalone-17_vs_7-8-9-10 | A1778910 |
| ecoli-0-1_vs_2-3-5 | E01235 | abalone-21_vs_8 | A218 |
| ecoli-0-2-6-7_vs_3-5 | E026735 | yeast6 | Yeast6 |
| glass-0-4_vs_5 | G045 | winequality-white-3_vs_7 | Ww37 |
| ecoli-0-3-4-6_vs_5 | E03465 | winequality-red-8_vs_6-7 | Wr867 |
| ecoli-0-3-4-7_vs_5-6 | E034756 | kddcup-land_vs_portsweep | Kddlp |
| yeast-0-5-6-7-9_vs_4 | Y056794 | abalone-19_vs_10-11-12-13 | A1910111213 |
| vowel0 | Vowel0 | kr-vs-k-zero_vs_eight | Kr08 |
| ecoli-0-6-7_vs_5 | E0675 | winequality-white-3-9_vs_5 | Ww395 |
| glass-0-1-6_vs_2 | G0162 | poker-8-9_vs_6 | Poke896 |
| ecoli-0-1-4-7_vs_2-3-5-6 | E01472356 | shuttle-2_vs_5 | Shuttle25 |
| led7digit-0-2-4-5-6-7-8-9_vs_1 | Led7digit | winequality-red-3_vs_5 | Wr35 |
| ecoli-0-1_vs_5 | E015 | abalone-20_vs_8-9-10 | A208910 |
| glass-0-6_vs_5 | G065 | kddcup-buffer_overflow_vs_back | Kddbob |
| glass-0-1-4-6_vs_2 | G01462 | kddcup-land_vs_satan | Kddls |
| glass2 | Glass2 | kr-vs-k-zero_vs_fifteen | Kr015 |
| ecoli-0-1-4-7_vs_5-6 | E014756 | poker-8-9_vs_5 | Poker895 |
| cleveland-0_vs_4 | Cleveland | poker-8_vs_6 | Poke86 |
| ecoli-0-1-4-6_vs_5 | E01465 | kddcup-rootkit-imap_vs_back | Kddrib |
| shuttle-c0-vs-c4 | Shuttlec0c4 | abalone19 | A19 |

实验中的对比方法来自 python 工具箱 Imbalanced-learn。我们比较了 7 种欠采样方法,包括随机过采样(RUS)、Neighborhood Cleaning Rule(NCL)[5]、Near Miss(NM)[6]、Instance Hardness Threshold(IHT)[7]、Repeated Edited Nearest Neighbor(RENN)、AllKNN(AKNN)和 One-Sided Selection(OSS)[8];5 种过采样方法,包括随机采样(ROS)、SMOTE(SMO)[9]、Borderline-SMOTE(B-SMO)[10]、ADASYN(ADAS)[11] 和 Radial-Based Oversampling(RBO)[12];4 种混合采样方法,包括 SMOTE + TomekLinks(S-TL)[13]、SMOTE + ENN(S-ENN)[14]、SMOTE-CCA(SMO-CCA)[15] 和 CCR[16]。

在实验中,所有数据集上的实验都进行了 5 次取平均值,每次都使用了五折交叉验证,确保每个划分的测试集都能包含少数类样本。我们使用的测试基分类器为 Python sklearn 包提供的决策树(DT)和朴素贝叶斯(NB),其参数均为默认值。

EHSO 算法的一些必要参数设置如表 10.3 所示,其中 L 为每条染色体的长度。这里我们将种群规模设为 10,将当前的最大迭代次数设置为 50 次,具体的值需要后续实验来估计。$k$ 的最近邻值与最终分类性能之间的关系不是这里的研究范围。为了公平起见,根据实验中使用的其他对比方法,将 $k$ 设为 5。CHC 算法的最终参数参考[4]。

**表 10.3　EHSO 算法的参数设置**

| 参数 | 值 |
| --- | --- |
| 种群规模 | 10 |
| 最大迭代次数 | 30 |
| 均匀交叉阈值 | L/4 |
| 均匀交叉阈值梯度 | $-1$ |
| 变异率 | 0.35 |
| $k$ 近邻个数 | 5 |

## 10.3.2　参数敏感性分析

在本小节中,我们使用决策树(DT)作为测试的基分类器来观测公式(10.6)中参数 $\alpha$ 和最大迭代次数 $T$ 对后续分类任务的影响。因为 $\alpha \in [0,1]$,此范围是一个连续的区间,我们分别以 0.01 和 0.1 为间隔,观察 $\alpha$ 从 0.01~0.09、0.1~0.9 变化过程中三个评价指标的值。图 10.3 给出了 100 个数据集上的平均结果。

从图 10.3 中可以看出,当参数 $\alpha = 0.1$ 时,F-measure、AUC、G-mean 都达到最大值。虽然 $\alpha = 0.1$ 时可能不是最优和最准确的,但这是计算成本和性能评估之间的一个折衷。因此,为了在后续获得更好的分类性能,令参数 $\alpha = 0.1$,在接下来的实验中也将保持这个设置。

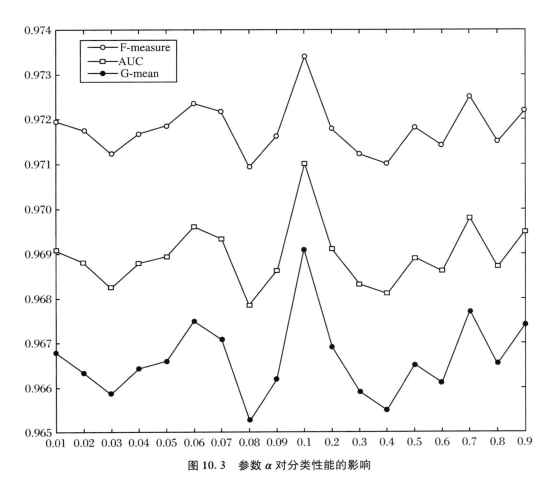

图 10.3　参数 $\alpha$ 对分类性能的影响

图 10.4 给出了 90 个数据集上适应度值随迭代次数增加的变化情况（有 10 个数据集没有重叠现象）。横轴表示迭代次数,纵轴表示适应度值。为了清晰起见,我们将 90 个数据集的结果分成 8 个子图进行展示。可以看出,适应度函数在大多数情况下于 20 代之前可以收敛。然而考虑到更多一般的情况,我们的算法应该适应于其他数据集和应用场景。因此,我们在图 10.5 中以重叠区域的多数类样本个数为横轴,以 5 次实验中每个数据集的平均收敛迭代次数为纵轴,探究它们之间是否存在一定的关系。

从图 10.5 中可以看出,所有的数据集在 20 代之前都可以达到收敛。重要的是,收敛代数与多数类样本个数之间的关系看起来不够明显。但当 $x$ 轴的变量较小时($x<10$),收敛代数会随着多数类样本个数的增加而增加。当 $x>100$ 时,收敛代数不会再怎么增加,原因可能是当染色体向量的维数较大,算法很难找到真正的全局最优解,而是陷入了局部最优。为了最大化分类性能,我们额外提供了 10 代的时间给染色体个体进行变异,以此增加算法跳出局部最优的几率(算法 10.2 中的第 8 行)。综合考虑算法的有效性和效率,最终将最大迭代次数 $T$ 设置为 30。

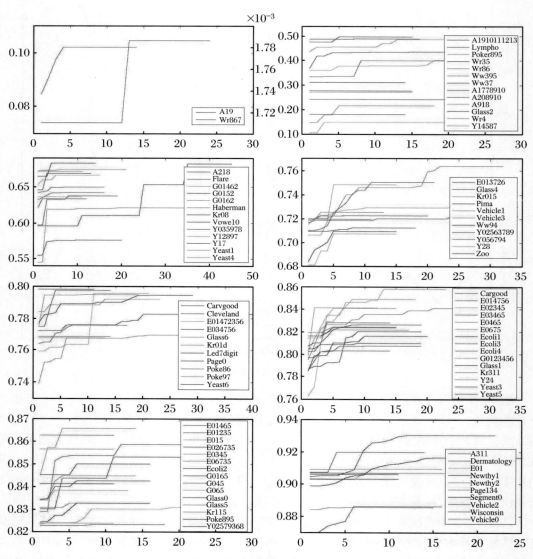

**图 10.4 每一代适应度函数值**

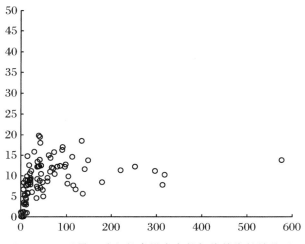

**图 10.5　重叠区域多数类样本个数与收敛代数的关系**

## 10.3.3　重叠样本消除实验

我们将不平衡率作为模型优化的目标之一。一方面，它可以使原始数据集在欠采样的过程中尽可能地平衡；另一方面，它可以降低随机采样过程中可能引起的过拟合风险。同时，有必要对进化欠采样的有效性进行验证，本小节将对 EHSO 的三种不同策略进行比较：第一种就是提到的 EHSO 方法；第二种是不删除重叠区域中的任何多数类样本就直接对原始数据集使用 ROS 进行采样，这种方法称为 NoDel；第三种是先删除重叠区域中所有多数类样本，然后再对欠采样后的数据集使用 ROS 进行采样，称为 AllDel。可以看出，后两种策略是 EHSO 技术的两种极端情况。我们根据 IR 将 100 个数据集等分为 5 组，使用决策树作为测试的基分类器，三个指标的实验结果如图 10.6 所示。前五张子图分别给出了对应的 20 个数据集的平均结果，最后一张子图给出了总共 100 个数据集的平均结果。

从图 10.6 中可以看出，在所有情况下，NoDel 的性能都不如 EHSO，说明类重叠对分类结果的影响是显著的，从重叠区域去除样本的策略确实提高了分类性能。对于 F-measure，在第一组数据集上 EHSO 略小于 AllDel，但随着 IR 的增加，EHSO 取得的结果比 AllDel 越来越好。AUC 和 G-mean 的情况和 F-measure 类似，原因可能是因为当 IR 较低时，数据分布并不是很复杂，分类器可以更容易地学习到分类决策边界，潜在过拟合问题对于分类性能的影响大于信息损失带来的影响。在这种情况下，在重叠区域去除更多的样本可以得到更好的性能提升。随着 IR 的增加，分类器学习决策边界的难度越来越大。而重叠区域的样本对决策可能会起到更重要的作用。在这种情况下，AllDel 策略简单地将大部分样本从重叠区域中去除会导致原始信息严重丢失，其影响要大于减轻过拟合的效果。

从所有 100 个数据集的平均结果可以看出，对于 F-measure 和 G-mean，EHSO 的性能优于其他两种策略，而对于 AUC，EHSO 的性能与 AllDel 相当。这一结果说明了混合样本策略在 EHSO 中的优势：① 在不降低性能的前提下，EHSO 可以保留更多有用的数据信息；② 在过拟合程度最小的情况下，不引入新的合成样本，保持了与原始分布的一致性。

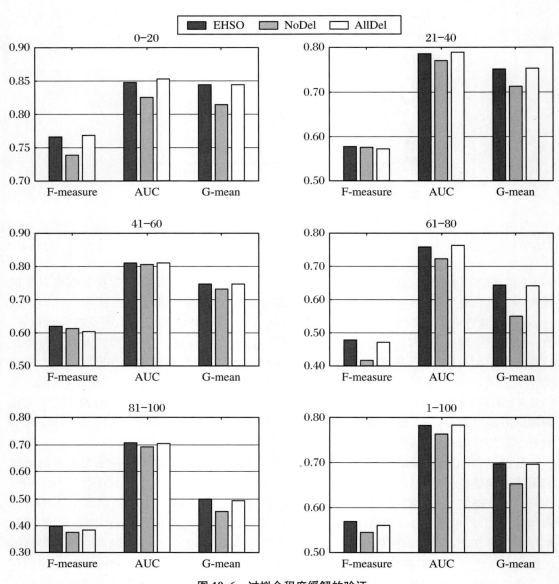

图 10.6 过拟合程度缓解的验证

为了研究公式(10.6)内部参数的变化,在表 10.4 中给出了 8 个典型数据集上算法在进行进化迭代时 IR、OR 和 G-mean 的变化情况。这 8 个数据集分别来自图 10.4 中的每一组,同时为了更好地进行观察,每个数据集取的是收敛时间点在对应的组中相对较晚的那个。需要说明的是,Iter 表示迭代代数,每一个子表最后加粗表示的两行代表适应度函数在此时开始收敛,因为后续的结果均重复,因此不再过多列出。

表 10.4 进化迭代过程中 IR、OR、G-mean 和适应度值的变化

| Iter | IR | OR | G-mean | Fitness | Iter | IR | OR | G-mean | Fitness |
|---|---|---|---|---|---|---|---|---|---|
| | (a) A1910111213 | | | | | (f) Glass045 | | | |
| 1 | 47.343750 | 0.212766 | 0.197120 | 0.179071 | 1 | 8.33333 | 0.40000 | 0.92031 | 0.83548 |
| 2 | 47.375000 | 0.208333 | 0.197120 | 0.179079 | 2 | 8.22222 | 0.20000 | 0.92659 | 0.84366 |
| 3 | 47.375000 | 0.208333 | 0.197120 | 0.179079 | 3 | 8.22222 | 0.20000 | 0.92659 | 0.84366 |
| 4 | 47.812500 | 0.200000 | 0.197120 | 0.179081 | 4 | 8.22222 | 0.20000 | 0.92659 | 0.84366 |
| 5 | 47.718750 | 0.200000 | 0.197120 | 0.179084 | 5 | 8.22222 | 0.20000 | 0.92659 | 0.84366 |
| 6 | 47.500000 | 0.200000 | 0.197120 | 0.179092 | 6 | 8.22222 | 0.20000 | 0.92659 | 0.84366 |
| 7 | 47.250000 | 0.200000 | 0.197120 | 0.179101 | 7 | 8.22222 | 0.20000 | 0.92659 | 0.84366 |
| 8 | 47.250000 | 0.200000 | 0.197120 | 0.179101 | 8 | 8.22222 | 0.20000 | 0.92659 | 0.84366 |
| 9 | 47.750000 | 0.206667 | 0.238892 | 0.216664 | 9 | 8.22222 | 0.20000 | 0.92659 | 0.84366 |
| 10 | 47.718750 | 0.206780 | 0.238892 | 0.216665 | **10** | **8.11111** | **0.00000** | **0.93415** | **0.85306** |
| 11 | 47.718750 | 0.206780 | 0.238892 | 0.216665 | **11** | **8.11111** | **0.00000** | **0.93415** | **0.85306** |
| 12 | 47.718750 | 0.206780 | 0.238892 | 0.216665 | | (g) Wisconsin | | | |
| 13 | 47.718750 | 0.206780 | 0.238892 | 0.216665 | 1 | 1.81172 | 0.55000 | 0.97367 | 0.90115 |
| 14 | 47.718750 | 0.206780 | 0.238892 | 0.216665 | 2 | 1.81590 | 0.46667 | 0.97367 | 0.90568 |
| 15 | 47.406250 | 0.208163 | 0.238892 | 0.216673 | 3 | 1.79916 | 0.40000 | 0.97186 | 0.90802 |
| 16 | 47.406250 | 0.208163 | 0.238892 | 0.216673 | 4 | 1.79498 | 0.40000 | 0.98155 | 0.91682 |
| **17** | **47.656250** | **0.203509** | **0.238892** | **0.216674** | 5 | 1.79498 | 0.40000 | 0.98155 | 0.91682 |
| **18** | **47.656250** | **0.203509** | **0.238892** | **0.216674** | 6 | 1.79498 | 0.40000 | 0.98155 | 0.91682 |
| | (b) A19 | | | | 7 | 1.79498 | 0.40000 | 0.98155 | 0.91682 |
| 1 | 127.06250 | 0.20588 | 0.08165 | 0.07411 | 8 | 1.79498 | 0.40000 | 0.98155 | 0.91682 |
| 2 | 127.06250 | 0.20294 | 0.08165 | 0.07411 | 9 | 1.80335 | 0.33333 | 0.98056 | 0.91947 |
| 3 | 127.06250 | 0.20294 | 0.08165 | 0.07411 | 10 | 1.80335 | 0.33333 | 0.98056 | 0.91947 |
| 4 | 127.06250 | 0.20294 | 0.08165 | 0.07411 | 11 | 1.79916 | 0.32000 | 0.98056 | 0.92029 |
| 5 | 126.90625 | 0.20317 | 0.08165 | 0.07411 | **12** | **1.79498** | **0.35000** | **0.98393** | **0.92175** |
| 6 | 126.90625 | 0.20317 | 0.08165 | 0.07411 | **13** | **1.79498** | **0.35000** | **0.98393** | **0.92175** |
| 7 | 126.90625 | 0.20317 | 0.08165 | 0.07411 | | (h) Pima | | | |
| **8** | **126.93750** | **0.20000** | **0.11547** | **0.10455** | 1 | 1.36567 | 0.37032 | 0.74428 | 0.71596 |
| **9** | **126.93750** | **0.20000** | **0.11547** | **0.10455** | 2 | 1.31716 | 0.38310 | 0.74586 | 0.71811 |
| | (c) Ecoli3 | | | | 3 | 1.29851 | 0.37080 | 0.74644 | 0.72026 |
| 1 | 7.80000 | 0.34000 | 0.80580 | 0.73368 | 4 | 1.34328 | 0.37852 | 0.75572 | 0.72642 |
| 2 | 7.71429 | 0.29412 | 0.84654 | 0.77104 | 5 | 1.33209 | 0.37534 | 0.76461 | 0.73504 |
| **3** | **7.68571** | **0.26250** | **0.88553** | **0.80657** | 6 | 1.31343 | 0.37305 | 0.77082 | 0.74147 |
| **4** | **7.68571** | **0.26250** | **0.88553** | **0.80657** | 7 | 1.26119 | 0.36220 | 0.77006 | 0.74362 |

| Iter | IR | OR | G-mean | Fitness | Iter | IR | OR | G-mean | Fitness |
|---|---|---|---|---|---|---|---|---|---|
| | | (d) Flare | | | 8 | 1.26119 | 0.36220 | 0.77006 | 0.74362 |
| 1 | 22.58140 | 0.29091 | 0.63764 | 0.57701 | 9 | 1.26119 | 0.36220 | 0.77006 | 0.74362 |
| 2 | 22.58140 | 0.29091 | 0.63764 | 0.57701 | 10 | 1.26119 | 0.36220 | 0.77006 | 0.74362 |
| 3 | 22.76744 | 0.27308 | 0.65907 | 0.59635 | 11 | 1.26119 | 0.36220 | 0.77006 | 0.74362 |
| 4 | 22.67442 | 0.26667 | 0.66882 | 0.60517 | 12 | 1.26119 | 0.36220 | 0.77006 | 0.74362 |
| 5 | 22.72093 | 0.25600 | 0.68182 | 0.61691 | 13 | 1.26119 | 0.36220 | 0.77006 | 0.74362 |
| 6 | 22.62791 | 0.26957 | 0.68395 | 0.61878 | 14 | 1.26119 | 0.36220 | 0.77006 | 0.74362 |
| 7 | 22.44186 | 0.28947 | 0.68634 | 0.62087 | 15 | 1.26119 | 0.36220 | 0.77006 | 0.74362 |
| 8 | 22.60465 | 0.26667 | 0.70339 | 0.63630 | 16 | 1.26119 | 0.36220 | 0.77006 | 0.74362 |
| 9 | 22.60465 | 0.26222 | 0.70339 | 0.63632 | 17 | 1.23881 | 0.36694 | 0.77071 | 0.74474 |
| **10** | **22.60465** | **0.26222** | **0.70339** | **0.63632** | 18 | 1.25000 | 0.35968 | 0.77420 | 0.74801 |
| **11** | **22.60465** | **0.26222** | **0.70339** | **0.63632** | 19 | 1.25000 | 0.35968 | 0.77420 | 0.74801 |
| | | (e) Cleveland | | | 20 | 1.25000 | 0.35968 | 0.77420 | 0.74801 |
| 1 | 11.84615 | 0.25000 | 0.80218 | 0.72830 | 21 | 1.25000 | 0.35968 | 0.77420 | 0.74801 |
| 2 | 11.76923 | 0.26667 | 0.83888 | 0.76123 | 22 | 1.25000 | 0.35968 | 0.77420 | 0.74801 |
| 3 | 11.76923 | 0.26667 | 0.83888 | 0.76123 | 23 | 1.25000 | 0.35968 | 0.77420 | 0.74801 |
| **4** | **11.61538** | **0.20000** | **0.87805** | **0.79713** | 24 | 1.28358 | 0.33835 | 0.79293 | 0.76518 |
| **5** | **11.61538** | **0.20000** | **0.87805** | **0.79713** | 25 | 1.28358 | 0.33835 | 0.79293 | 0.76518 |

　　从表 10.4 的结果可以看出，随着迭代次数的增加，IR 值和 OR 值普遍呈下降趋势，而 G-mean 和适应度值越来越大。这意味着通过在重叠区域进化欠采样，剔除了大部分对分类性能没有积极影响的样本，从而缓解了不平衡率和重叠程度，分类性能有了明显提高。在迭代过程中，IR 值的变化呈减小趋势，但在某些特殊情况中，如数据集（a）上 14～17 代的 IR 值也可能变大。这说明 EHSO 在收敛之前可能会删除过多的重要样本，但最终（即收敛时）会保留这些重要样本，从而获得最优的分类性能。这一现象正好证明了上述观点，即在性能不下降的前提下，EHSO 可以保留更多有用的数据信息。

## 10.3.4　EHSO 中 ROS 的有效性验证

　　在上一小节中，EHSO 取得比 NoDel 策略更好性能的实验结果说明了欠采样过程存在的合理性。在本小节中，我们将进行一组实验来验证 EHSO 中过采样过程存在的必要性。这组实验比较了三种不同的策略。第一种，只在不平衡数据集上进行进化欠采样，而不进行后续的随机过采样，这种策略称为 NoROS；第二种，在第三步的过程中采用 SMOTE 来代替 ROS 实施过采样，称为 EHSO（SMO）；第三种，即为 EHSO。实验结果如图 10.7 所示。

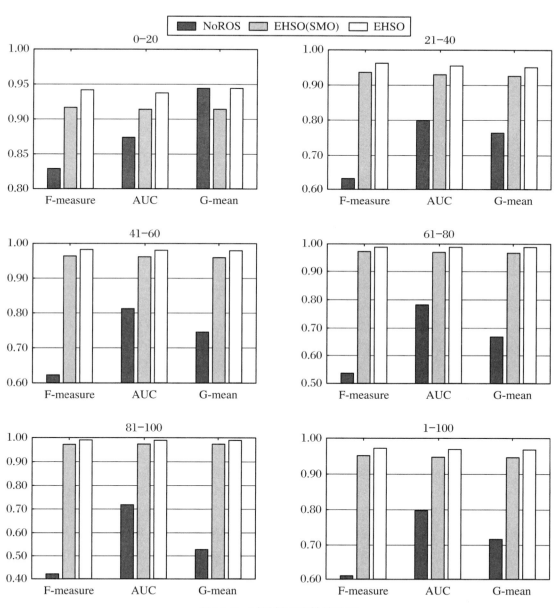

图 10.7　过采样必要性的验证

从图 10.7 可以看出，NoROS 的性能在所有情况下都比 EHSO 差，这说明了虽然部分重叠区域的多数类样本已经被消除，但不同类别的样本规模仍然存在不平衡，这种不平衡确实会对最终的分类任务造成显著的负面影响。通过这个结果，我们可以发现，在 EHSO 的最后一步中实施过采样策略是必要的。从图中我们还可以看出，EHSO（SMO）在所有情况下的表现都比 EHSO 差，这可能是由于 SMOTE 有可能引入新的类重叠现象，这又证明了我们的方法中 ROS 的合理性和必要性。

## 10.3.5　模型性能评估

在本节中，我们将决策树（DT）和朴素贝叶斯（NB）作为测试基分类器，对 EHSO 与其他 16 种采样方法进行比较。100 个数据集的 F-measure、AUC 和 G-mean 的均值结果和标准差见表 10.5。

表 10.5　所有对比方法在 100 个数据集上的平均结果

| 采样方法 | DT | | | NB | | |
|---|---|---|---|---|---|---|
| | F-measure | AUC | G-mean | F-measure | AUC | G-mean |
| RUS | 0.7945 ± 0.0224 | 0.8061 ± 0.0183 | 0.7748 ± 0.0234 | 0.7743 ± 0.0000 | 0.7850 ± 0.0000 | 0.7406 ± 0.0000 |
| NCL | 0.6104 ± 0.0216 | 0.8028 ± 0.0127 | 0.7239 ± 0.0208 | 0.1037 ± 0.0000 | 0.5468 ± 0.0000 | 0.1192 ± 0.0000 |
| NM | 0.7658 ± 0.0245 | 0.7821 ± 0.0199 | 0.7481 ± 0.0250 | 0.6904 ± 0.0000 | 0.7480 ± 0.0000 | 0.6914 ± 0.0000 |
| IHT | 0.8206 ± 0.0180 | 0.8945 ± 0.0104 | 0.8632 ± 0.0149 | 0.2195 ± 0.0000 | 0.5913 ± 0.0000 | 0.2262 ± 0.0000 |
| RENN | 0.6369 ± 0.0225 | 0.8159 ± 0.0133 | 0.7410 ± 0.0230 | 0.1394 ± 0.0000 | 0.5575 ± 0.0000 | 0.1469 ± 0.0000 |
| AKNN | 0.6272 ± 0.0205 | 0.8122 ± 0.0118 | 0.7342 ± 0.0198 | 0.1255 ± 0.0000 | 0.5536 ± 0.0000 | 0.1363 ± 0.0000 |
| OSS | 0.5884 ± 0.0233 | 0.7774 ± 0.0137 | 0.6904 ± 0.0214 | 0.1357 ± 0.0000 | 0.5481 ± 0.0000 | 0.1146 ± 0.0000 |
| ROS | 0.9706 ± 0.0020 | 0.9680 ± 0.0023 | 0.9660 ± 0.0025 | 0.8086 ± 0.0000 | 0.8029 ± 0.0000 | 0.7857 ± 0.0000 |
| SMO | 0.9457 ± 0.0024 | 0.9432 ± 0.0027 | 0.9408 ± 0.0030 | 0.8179 ± 0.0000 | 0.8113 ± 0.0000 | 0.7943 ± 0.0000 |
| B-SMO | 0.9449 ± 0.0033 | 0.9438 ± 0.0033 | 0.9407 ± 0.0036 | 0.7942 ± 0.0000 | 0.7979 ± 0.0000 | 0.7695 ± 0.0000 |
| ADAS | 0.9178 ± 0.0043 | 0.9185 ± 0.0043 | 0.9150 ± 0.0047 | 0.7741 ± 0.0000 | 0.7762 ± 0.0000 | 0.7463 ± 0.0000 |
| S-ENN | 0.9684 ± 0.0022 | 0.9636 ± 0.0026 | 0.9617 ± 0.0028 | **0.8451 ± 0.0000** | 0.7984 ± 0.0000 | 0.7468 ± 0.0000 |

续表

| 采样方法 | DT | | | NB | | |
|---|---|---|---|---|---|---|
| | F-measure | AUC | G-mean | F-measure | AUC | G-mean |
| S-TL | $0.9473 \pm$ 0.0024 | $0.9445 \pm$ 0.0027 | $0.9419 \pm$ 0.0029 | $0.8203 \pm$ 0.0000 | $0.8128 \pm$ 0.0000 | $0.7951 \pm$ 0.0000 |
| RBO | $0.6677 \pm$ 0.0413 | $0.6834 \pm$ 0.0360 | $0.5541 \pm$ 0.0640 | $0.7292 \pm$ 0.0153 | $0.7660 \pm$ 0.0096 | $0.7318 \pm$ 0.0136 |
| SM-CCA | $0.9603 \pm$ 0.0068 | $0.9536 \pm$ 0.0085 | $0.9515 \pm$ 0.0097 | $0.8315 \pm$ 0.0112 | $0.7645 \pm$ 0.0180 | $0.6909 \pm$ 0.0357 |
| CCR | $0.7091 \pm$ 0.0353 | $0.6515 \pm$ 0.0336 | $0.4933 \pm$ 0.0608 | $0.7396 \pm$ 0.0142 | $0.7567 \pm$ 0.0099 | $0.7206 \pm$ 0.0157 |
| **EHSO** | $\mathbf{0.9734 \pm}$ **0.0033** | $\mathbf{0.9710 \pm}$ **0.0038** | $\mathbf{0.9691 \pm}$ **0.0044** | $0.8200 \pm$ 0.0023 | $\mathbf{0.8162 \pm}$ **0.0023** | $\mathbf{0.8011 \pm}$ **0.0032** |

可以看出，在 DT 分类器测试的 100 个数据集中，EHSO 在 F-measure、AUC 和 G-mean 的平均分类性能是最好的。与排名第二的方法相比，分别有 0.28%、0.30% 和 0.31% 的提升。在 NB 分类器测试的结果中，EHSO 方法在 F-measure 上的性能排名第三，但在 AUC 和 G-mean 上性能达到最好（分别比第二名提高 0.34% 和 0.60%）。值得注意的是，欠采样方法的结果通常不如过采样方法好，造成这种情况的原因可能是欠采样方法消除了潜在有用的样本信息。过采样方法的效果虽然较好，但会引入不同于原始数据集分布的新样本。EHSO 不仅能达到最佳性能，还能避免引入新的合成样本，这正是 EHSO 技术的优势之一。

为了进一步比较 EHSO 与对比方法之间的性能差异，我们使用 Wilcoxon 符号秩检验对 96 个数据集的三个度量指标将 EHSO 和其他对比方法进行比较。Wilcoxon 符号秩检验结果如表 10.6 所示，其中低于 0.05 的值用粗体表示，以拒绝原假设。

表 10.6　EHSO 与各对比方法之间的 Wilcoxon 符号秩检验结果

| 采样方法 | DT | | | NB | | |
|---|---|---|---|---|---|---|
| | F-measure | AUC | G-mean | F-measure | AUC | G-mean |
| RUS | $\mathbf{4.47 \times 10^{-17}}$ | $\mathbf{4.62 \times 10^{-17}}$ | $\mathbf{4.62 \times 10^{-17}}$ | $\mathbf{2.41 \times 10^{-17}}$ | $\mathbf{1.97 \times 10^{-5}}$ | $\mathbf{2.75 \times 10^{-7}}$ |
| NCL | $\mathbf{8.15 \times 10^{-17}}$ | $\mathbf{1.50 \times 10^{-16}}$ | $\mathbf{1.83 \times 10^{-13}}$ | $\mathbf{1.96 \times 10^{-17}}$ | $\mathbf{3.55 \times 10^{-17}}$ | $\mathbf{2.52 \times 10^{-17}}$ |
| NM | $\mathbf{8.15 \times 10^{-17}}$ | $\mathbf{8.15 \times 10^{-17}}$ | $\mathbf{9.29 \times 10^{-17}}$ | $\mathbf{5.02 \times 10^{-14}}$ | $\mathbf{1.66 \times 10^{-8}}$ | $\mathbf{4.33 \times 10^{-11}}$ |
| IHT | $\mathbf{1.66 \times 10^{-13}}$ | $\mathbf{4.39 \times 10^{-17}}$ | $\mathbf{4.01 \times 10^{-10}}$ | $\mathbf{2.33 \times 10^{-13}}$ | $\mathbf{1.82 \times 10^{-14}}$ | $\mathbf{8.25 \times 10^{-16}}$ |
| RENN | $\mathbf{3.78 \times 10^{-16}}$ | $\mathbf{2.97 \times 10^{-15}}$ | $\mathbf{3.07 \times 10^{-15}}$ | $\mathbf{4.02 \times 10^{-17}}$ | $\mathbf{2.07 \times 10^{-13}}$ | $\mathbf{5.75 \times 10^{-17}}$ |
| AKNN | $\mathbf{1.42 \times 10^{-13}}$ | $\mathbf{6.49 \times 10^{-13}}$ | $\mathbf{7.37 \times 10^{-13}}$ | $\mathbf{2.77 \times 10^{-17}}$ | $\mathbf{1.22 \times 10^{-13}}$ | $\mathbf{5.57 \times 10^{-17}}$ |
| OSS | $\mathbf{5.57 \times 10^{-17}}$ | $\mathbf{6.14 \times 10^{-17}}$ | $\mathbf{6.14 \times 10^{-17}}$ | $\mathbf{2.87 \times 10^{-17}}$ | $\mathbf{3.25 \times 10^{-17}}$ | $\mathbf{2.78 \times 10^{-17}}$ |
| ROS | $\mathbf{1.29 \times 10^{-3}}$ | $\mathbf{1.84 \times 10^{-3}}$ | $\mathbf{2.42 \times 10^{-3}}$ | $\mathbf{7.98 \times 10^{-11}}$ | $\mathbf{2.95 \times 10^{-11}}$ | $\mathbf{5.09 \times 10^{-12}}$ |
| SMO | $\mathbf{2.37 \times 10^{-14}}$ | $\mathbf{2.05 \times 10^{-13}}$ | $\mathbf{1.14 \times 10^{-12}}$ | $3.77 \times 10^{-1}$ | $8.09 \times 10^{-2}$ | $5.42 \times 10^{-2}$ |
| B-SMO | $\mathbf{1.60 \times 10^{-15}}$ | $\mathbf{1.34 \times 10^{-14}}$ | $\mathbf{4.03 \times 10^{-4}}$ | $9.20 \times 10^{-1}$ | $6.12 \times 10^{-1}$ | $5.27 \times 10^{-1}$ |
| ADAS | $\mathbf{2.00 \times 10^{-13}}$ | $\mathbf{3.34 \times 10^{-13}}$ | $\mathbf{1.11 \times 10^{-15}}$ | $\mathbf{9.98 \times 10^{-9}}$ | $\mathbf{1.77 \times 10^{-8}}$ | $\mathbf{5.67 \times 10^{-9}}$ |
| S-ENN | $\mathbf{5.93 \times 10^{-4}}$ | $\mathbf{2.56 \times 10^{-4}}$ | $\mathbf{5.67 \times 10^{-4}}$ | $\mathbf{1.85 \times 10^{-5}}$ | $5.01 \times 10^{-1}$ | $\mathbf{1.37 \times 10^{-2}}$ |

续表

| 采样方法 | DT | | | NB | | |
|---|---|---|---|---|---|---|
| | F－measure | AUC | G-mean | F-measure | AUC | G-mean |
| S-TL | $7.15 \times 10^{-14}$ | $2.60 \times 10^{-13}$ | $7.07 \times 10^{-13}$ | $4.76 \times 10^{-1}$ | $1.64 \times 10^{-1}$ | $8.61 \times 10^{-2}$ |
| RBO | $9.29 \times 10^{-17}$ | $9.29 \times 10^{-17}$ | $9.60 \times 10^{-17}$ | $4.47 \times 10^{-12}$ | $1.09 \times 10^{-10}$ | $5.40 \times 10^{-10}$ |
| SM-CCA | $9.64 \times 10^{-9}$ | $1.68 \times 10^{-9}$ | $7.80 \times 10^{-9}$ | $2.65 \times 10^{-1}$ | $1.80 \times 10^{-7}$ | $1.40 \times 10^{-10}$ |
| CCR | $2.15 \times 10^{-17}$ | $2.08 \times 10^{-17}$ | $2.08 \times 10^{-17}$ | $4.51 \times 10^{-13}$ | $7.51 \times 10^{-14}$ | $2.90 \times 10^{-14}$ |

由表 10.6 可以看出,DT 上的三个指标的结果均小于 0.05,说明 EHSO 与其他 13 种方法相比有明显的改善。而在 NB 分类器上,48 个值中仍有 37 个值小于 0.05,说明除 SMO、B-SMO、S-ENN、S-TL 和 SM-CCA 外,EHSO 也优于其他分类器,且差异显著。

## 本章小结

本节中提出一种针对重叠场景的进化混合采样技术(EHSO)。EHSO 的潜在机制是它集成了欠采样的策略和随机过采样的优势,从重叠区域消除样本的同时没有引入任何新样本,加强了分类器的性能。此外,EHSO 还能通过进化策略在随机过采样的分类性能和复制比率之间求得最优折中。实验验证了该方法的有效性。

在未来的研究中,我们将运用其他智能优化技术或多目标优化技术对基于邻域的 SMOTE 进行一些探究。此外,还可以尝试将该方法与欠采样相结合。需要指出的是,在使用 $k$ 近邻的不平衡数据学习方法中,$k$ 的最优值的选择仍然是一个有待解决的问题。讨论的 $k$ 值的选择对算法性能的影响超出了我们的研究范围。根据大量已有文献,将 kNN 应用于检测重叠区域时设为 5。研究者可根据需要测试 $k$ 值并进行最优选择。在未来的工作中,我们将进一步探讨 $k$ 值的选择与分类性能之间的关系。对于应用于进化欠采样算法的优化算法,除了 CHC 算法外,还可以测试其他优化方法。另外,对于实际应用场景,由于算法中给出的算法停止准则,我们建议在应用 EHSO 时可根据需要设置较合适的迭代次数 $T$ 来取得效率和性能之间的最优化。

## 参 考 文 献

[ 1 ] VUTTIPITTAYAMONGKOL P, ELYAN E, PETROVSKI A, et al. Overlap-based undersampling for improving imbalanced data classification[J]. 2018:689-697.

[ 2 ] VUTTIPITTAYAMONGKOL P, ELYAN E. Neighbourhood-based undersampling approach for handling imbalanced and overlapped data[J]. Information Sciences, 2020, 509: 47-70.

[ 3 ] ESHEELMAN L J. The CHC adaptive search algorithm: how to have safe search when engaging in nontraditional genetic recombination[J]. Foundations of Genetic Algorithms, 1991, 1:265-283.

［4］　GALAR M，FERNÁNDEZ A，BARRENECHE，et al. EUSBoost：enhancing ensembles for highly imbalanced data-sets by evolutionary undersampling［J］. Pattern Recognition，2013，46（12）：3460-3471.

［5］　LAURIKKALA J. Improving identification of difficult small classes by balancing class distribution ［C］//Conference on Artificial Intelligence in Medicine in Europe，Springer，2001：63-66.

［6］　MANI I. KNN approach to unbalanced data distributions：a case study involving information extraction ［C］//Icml Workshop on Learning from Imbalanced Datasets，2003：126.

［7］　SMITH M R，MARTINEZ T，GIRAUD-CATRRIER C. An instance level analysis of data complexity［J］. Machine Learning，2014，95（2）：225-256.

［8］　KUBAT M，MATWIN S. Addressing the curse of imbalanced training sets：one-sided selection ［C］//Icml. ，1997，97：179-186.

［9］　CHAWLA N V，BOWYER K W，HALL L O，et al. SMOTE：synthetic minority over-sampling technique［J］. Journal of Artificial Intelligence Research，2002，16：321-357.

［10］　HAN H，WANG W Y，MAO B H. Borderline-SMOTE：a new over-sampling method in imbalanced data sets learning［C］//International Conference on Intelligent Computing，2005：878-887.

［11］　HE H，BAI Y，GARCIA E A，et al. ADASYN：adaptive synthetic sampling approach for imbalanced learning［C］//2008 IEEE International Joint Conference on Neural Networks（IEEE World Congress on Computational Intelligence），2008：1322-1328.

［12］　KRAWCZYK B，KOZIARSKI M，Woźniak M. Radial-based oversampling for multiclass imbalanced data classification［J］. IEEE Transactions on Neural Networks and Learning Systems，2019，31（8）：2818-2831.

［13］　BATISTA G E，PRATI R C，MONARD M C. A study of the behavior of several methods for balancing machine learning training data［J］. ACM SIGKDD Explorations Newsletter，2004，6（1）：20-29.

［14］　RAMENTOL E，CABALLERO Y，BELLO R，et al. MOTE-RS B＊：a hybrid preprocessing approach based on oversampling and undersampling for high imbalanced data-sets using SMOTE and rough sets theory［J］. Knowledge and Information Systems，2012，33（2）：245-265.

［15］　YAN Y，LIU R，DING Z，et al. A parameter-free cleaning method for SMOTE in imbalanced classification［J］. IEEE Access，2019：23537-23548.

［16］　KOZIARSKI M，Woźniak M. CCR：a combined cleaning and resampling algorithm for imbalanced data classification［J］. International Journal of Applied Mathematics and Computer Ence，2017，27（4）：727-736.

# 第 11 章  非构造性不平衡学习
## ——基于密度的采样方法

## 11.1  问 题 描 述

过采样方法能有效地提高不平衡数据集中少数类的识别精度,当前的过采样方法主要关注于如何判断或者筛选出关键的少数类样本并对它们过采样以提升后续模型的分类性能[7]。但是,它们通常仅在某一特定区域合成样本,比如边界或者安全区域合成样本,难以适应复杂的数据分布[8]。针对这一问题,本章提出了一种融合局部密度的过采样方法。该方法通过学习少数类的局部密度分布,清洗少数类密集区域的多数类潜在重叠样本,再根据少数类样本的局部密度以及边界程度进行加权过采样,能够同时在边界和安全区域合成样本,抑制仅在单一区域合成样本的比例,从而避免可能引起的过拟合问题,提高过采样在面对复杂分布时的泛化能力。

欠采样算法的主要思想是通过选择一部分多数类样本以平衡数据的分布。面对较为复杂的不平衡数据分布时,如何对这些多数类进行区分并从中选择关键的子集是欠采样研究的核心问题,很多方法利用样本之间的差异性赋予样本不同的权重,并依据权重对多数类进行选择。目前,这种差异性的度量方式多是基于近邻模型,其存在一定的局限性。原因有以下两点:第一,对 $k$ 值的选取较为敏感。在图 11.1(a)中,当 $k=3$ 时,样本 A 与 B 的近邻均为同类样本,近邻模型会将它们同等对待;而当 $k=5$ 时,近邻模型会将它们区分对待。实际上,样本 B 显然比样本 A 更靠近决策边界。第二,不能进一步区分具有相同近邻关系的样本,在图 11.1(b)中,样本 C 显然比样本 B 更靠近决策边界,这种差异性却难以被近邻模型所识别,因为它们在近邻模型下具有相同的分布。

针对该问题,本章提出了一种融合局部密度的欠采样算法,该算法将近邻的分布感知方式转化为局部密度的分布感知方式,综合考虑样本的同类密度和异类密度,引入相对密度度量样本之间的差异性。然后,利用集成学习的思想,依据相对密度对多数类进行加权并构建多个欠采样子集用于后续的集成分类器训练。

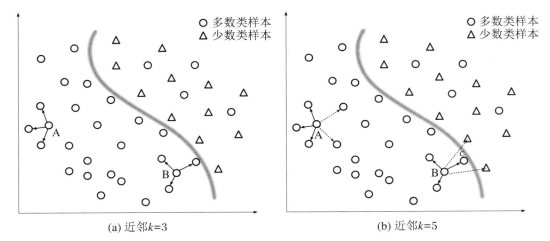

（a）近邻 $k=3$　　　　　　　　　　　　　（b）近邻 $k=5$

图 11.1　近邻模型的局限性

## 11.2　基于密度的不平衡过采样方法（LDAS）

### 11.2.1　少数类局部密度信息挖掘

针对 SMOTE 合成数据时存在的盲目性、过泛化等缺陷，目前很多方法通过计算少数邻居中多数样本的数量来区分不同少数样本。然而，它们忽略了少数样本自身的内部分布。因此，我们提出利用少数类的局部密度信息来引导采样的过程，提高采样效率，克服 SMOTE 的缺点。

局部密度指的是样本所在区域的局部范围的样本密度，通常根据局部区域的实例数量来计算。假设数据集 $T=[x_1,x_2,\cdots,x_N]$，由少数类样本 $T_{\min}$ 和多数类样本 $T_{\text{maj}}$ 组成，其中 $N$ 是数据集中样本的数量，$m$ 和 $n$ 分别是多数类样本和少数类样本的数量。给定一个少数类样本 $x_i$ 根据高斯核函数定义其局部密度如下：

$$DS_i = \sum_{j\neq i}^{n} \exp^{-\frac{d^2(x_i,x_j)}{d_c^2}} \tag{11.1}$$

其中，$d(x_i,x_j)$ 代表样本 $x_i$ 和 $x_j$ 的欧氏距离，$d_c$ 为核函数的截断距离，通常由样本之间的平均距离来确定。我们以人造数据集为例，利用该定义进行计算模拟，所得到的少数类密度分布如图 11.2 所示。根据公式（11.1）和图 11.2，不难发现，对于一个少数类样本，其周围的少数类样本数量越多，该样本局部密度越大。因此，局部密度可以表示少数类的分布信息，为关键少数类的识别提供帮助。

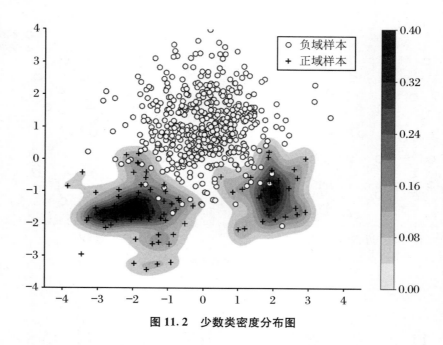

图 11.2 少数类密度分布图

## 11.2.2 重叠数据的识别和清洗

研究表明,数据的不平衡分布并不是影响不平衡数据分类性能的唯一因素,影响不平衡数据分类性能的因素有多种,其中数据的重叠问题也是影响模型分类性能的因素之一[9]。重叠问题指的是不同类别的数据混合在一起,从而导致分类器无法有效的辨识。如图 11.3 所示,图 11.3(a)为具有重叠区域的不平衡数据,图 11.3(b)为经过重叠区域清洗过后的重叠程度较低的不平衡数据。

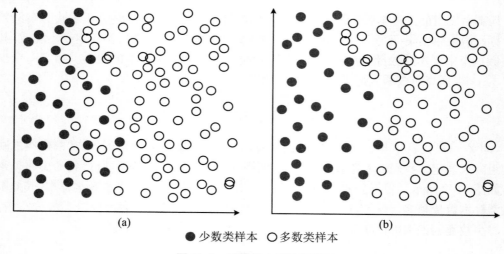

图 11.3 重叠样本清洗示意图

　　显然,对重叠区域的处理能够有效地降低多数机器学习算法的分类难度。一些研究通过系统性地实验表明数据的重叠程度与不平衡问题有着强相关性[10-11],并进一步指出相比数据的不均衡分布,数据的重叠问题对不平衡数据分类性能的负面影响可能更大[11]。不难想象,如果正负类样本之间不存在重叠,则对于如支持向量机或神经网络这类的分类算法,一般来说很容易能得到一个超平面将不同类别的数据划分开。最近的一些研究中,通过对重叠区域的多数类样本进行清洗来处理不平衡问题,均获得了分类性能上的提升[12]。为了降低重叠问题对少数类样本识别的影响,我们根据少数类样本的局部密度,提出了重叠区域的优化方法。考虑到少数类样本的稀缺性,该方法仅对潜在的多数类重叠样本进行选择性的删除。

　　假设 $N_{x_i}^{maj}$ 为少数类样本 $x_i$ 的 $k$ 近邻中的多数类样本子集,对于任何出现在少数类近邻中的多数类样本,我们都可以将其视为潜在的重叠样本,如果我们将这些样本都删除,无疑能最大限度地减轻少数类的识别难度。但是,这种做法往往会由于多数类样本的过度删除而导致信息的缺失,因此分类器对多数类的识别率会大幅下降[13]。此外,并不是所有的潜在重叠样本都会增加少数类的识别难度,其中的一些靠近边界的样本反而能起到强化边界的积极作用。为此,我们根据少数类局部密度对潜在重叠样本的重叠程度进行量化,并有选择性的删除。图 11.4 为多数类样本重叠程度的计算过程示意图。

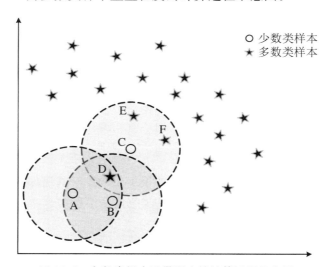

**图 11.4　多数类样本重叠程度的计算过程示意图**

　　在图 11.4 中,多数类样本 D 位于少数类密集区域,相比于样本 E 和 F,显然 D 对后续的分类模型学习影响可能更大。样本 D 分别出现在少数类样本 A、B、C 的 $k$ 近邻($k = 3$)中,我们根据少数类样本(A、B、C)的局部密度以及它们到 D 的距离,定义 D 的重叠程度 $q_{x_j}$。

　　给定多数类样本 $x_j \in N_{x_i}^{maj}$,定义 $\Delta q_{x_j}$,则

$$\Delta q_{x_j} = \frac{DS_i}{dist(x_i, x_j)} \tag{11.2}$$

其中,$DS_i$ 是少数类样本 $x_i$ 的局部密度,而 $dist(x_i, x_j)$ 为少数类样本 $x_i$ 到其近邻中潜在

多数类重叠样本 $x_j$ 的欧式距离，遍历 $N_{x_i}^{maj}$ 并通过 $\Delta q_{x_j}$ 不断地来更新对应潜在重叠样本 $x_j$ 的重叠程度 $q_{x_j}$，从而获得所有潜在重叠多数类样本的重叠程度。从公式(11.2)可知，潜在重叠样本越靠近分布较为密集的少数类样本，其重叠程度越高，对少数类识别的负面作用越大。相应地，其就具有更高的 $q$ 值。我们利用阈值 $\theta$ 来删除那些重叠程度更大的多数类样本，实现重叠区域的清洗，从而有效地缓解了重叠问题带来的影响。关于阈值 $\theta$ 与算法性能的关系，我们将在实验部分进行具体讨论。

## 11.2.3　少数类自适应加权过采样

由于 SMOTE 在选择根样本时未考虑到不同少数类样本之间的差异性，容易造成过泛化等问题。本节我们提出同时引入样本的局部密度和其靠近边界的程度，以区分不同的少数类样本。

对于边界样本，通常使用其到边界的距离来衡量边界程度。而在本节中，对边界样本的定义却有所不同。我们假定边界样本应满足近邻中应该有数量相同的同类样本及异类样本，基于此假设，近邻中的不同样本比例越接近，其越靠近决策边界。即给定一个少数类样本 $x_i \in T_{min}$，定义其边界程度 $BD_i$ 如下：

$$BD_i = -\frac{m_i}{k_1}\log\left(\frac{m_i}{k_1}\right) - \left(1 - \frac{m_i}{k_1}\right)\log\left(1 - \frac{m_i}{k_1}\right) \tag{11.3}$$

其中，$m_i$ 是 $x_i$ 的 $k_1$ 近邻中的多数类样本数量，log 是以 2 为底的对数函数。根据公式(11.3)，对于少数类样本，近邻中的不同样本比例越接近，其边界值越高。综合考虑上述两种区分不同少数类的因素，将这两者的平方和作为少数类样本过采样的权重，并定义权重 $w_i$ 如下：

$$w_i = (DS_i)^2 + (BD_i)^2 \tag{11.4}$$

由公式(11.4)可知，少数类样本过采样的权重不仅取决于其局部密度，同时也与其靠近边界的程度有关。因此，具有较高密度或较高边界程度的少数类样本，在过采样时会具有更高的合成比率，反之，其合成比率越低。

利用公式(11.4)对权重进行归一化可以得到每个少数类样本的采样权重。

$$w_i = \frac{w_i}{\sum\limits_{i}^{n} w_i} \tag{11.5}$$

最后，为了计算每个少数类样本应合成的样本数量，我们先计算平衡所需的合成样本数量 $G = |T'_{maj}| - |T_{min}|$，其中 $|T'_{maj}|$ 为对重叠区域进行清洗后的多数类样本集合大小，则每个少数类样本 $x_i$ 应合成的样本数量 $g_i$ 定义如下：

$$g_i = w_i \times G \tag{11.6}$$

根据公式(11.6)，LDAS 可自适应的合成相应数量的少数类样本以平衡数据分布。算法的具体步骤描述如算法 11.1 所示。

**算法 11.1　基于密度的不平衡过采样方法**

输入:训练集 $T$,近邻值 $k$,$k_1$,截断比例 $\omega$;

输出:输出平衡数据集 $T_{new}$;

1.　初始化集合 $T_s = [\ ]$,$T_r = [\ ]$,$q = \{\ \}$;

2.　For $x_i$ in $T_{min}$ do:

3.　　　根据公式(11.1)计算 $DS_i$;

4.　　　计算得到 $x_i$ 样本 $k_1$ 近邻的集合 $N_i$;

5.　　　根据公式(11.3)计算 $BD_i$;

6.　　　For $x_j$ in $N_i$ do

7.　　　　If $x_j \in T_{maj}$ then

8.　　　　　根据公式(11.2)计算 $\Delta q_{x_j}$;

9.　　　　　$q_{x_j} \leftarrow q_{x_j} + \Delta q_{x_j}$,$q \leftarrow q \bigcup q_{x_j}$;

10.　　　　End

11.　　End For

12. End For

13. For $q_{x_j}$ in $q$ do

14.　If $q_{x_j} > \bar{q}$ then

15.　　　将 $x_j$ 加入待删除集合 $T_r \leftarrow T_r \bigcup x_j$;

16.　End

17. End For

18. 删除重叠样本得到新的多数类集合 $g_i$;

19. For $x_j$ in $T_{min}$ do

20.　根据公式(11.5)计算每个少数类的采样权重 $w_i$;

21. End For

22. For $x_j$ in $T_{min}$ do

23.　根据公式(11.6)计算每个少数类合成的样本数量 $g_i$;

24. End For

25. While $g_i \neq 0$ do

26.　在 $x_i$ 的 $k$ 近邻中随机选择一个少数类样本;

27.　合成新的样本并加入 $T_s$,$T_s \leftarrow T_s \bigcup x_{new}$;

28.　$g_i = g_i - 1$;

29. End While

30. $T_{new} \leftarrow T_{min} \bigcup T'_{maj} \bigcup T_s$;

图 11.5 展示了多种过采样方法在二维人造数据上的采样结果。其中图 11.5(a)为原始的不平衡数据分布,圆形和加号分别代表多数类和少数类样本,灰色加号代表由过采样方法合成的新样本。在图 11.5(b)～(e)中,可以看到由 Borderline-SMOTE 和 ADASYN 合成的样本均分布于少数类边界区域,而 Safe-Level-SMOTE 为代表的过采样方法合成的样本

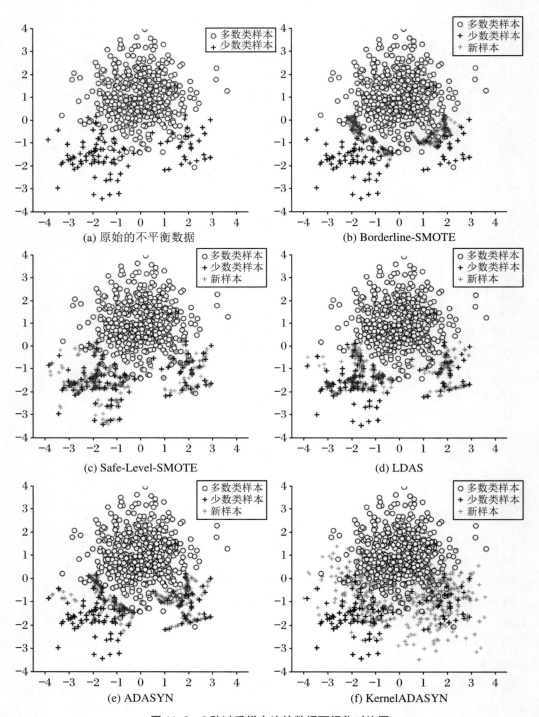

图 11.5 5 种过采样方法的数据可视化对比图

多数远离边界。在图 11.5(f)中,KernelADASYN 在过采样时引入了过多重叠样本。图
11.5(d)中展示了本节提出的 LDAS 方法的采样结果,可以看到,相比于 Borderline-
SMOTE,LDAS 在安全区域合成样本,减少在边界区域合成的比例。而相比 Safe-Level-
SMOTE,LDAS 同时也强调在边界区域合成样本,且利用清洗方法能够有效地减少在边界
合成样本产生的重叠区域,同时还降低了后续在安全区域采样的比例,在一定程度上缓解了
在单一特定区域合成过多样本引起的过拟合问题。

## 11.2.4　模型复杂度分析

假设训练集的样本数量为 $N$,样本维度为 $d$,少数类样本和多数类样本数量分别为 $N_0$
和 $N_1$。首先,LDAS 算法根据公式(11.1)对任意一个少数类样本计算其对应的局部密度,
假定每次计算的复杂度为 $O(d)$。对于第一个少数类样本,需要计算 $(N_0-1)$ 次距离,第二
则需要计算 $(N_0-2)$ 次距离,以此类推,可知,计算少数类样本的局部密度总共需要计算 $[N_0
-1+N_0-2+\cdots+1=N_0(N_0-1)/2]$ 次距离,复杂度为 $O[N_0(N_0-1)d/2]$。然后,
LDAS 根据公式(11.3)计算少数类的边界程度,这需要统计每个少数类的 $k$ 近邻中异类样
本的数目,与上一过程类似,共需要计算 $N_0[(N-1)+(N-N_0)]/2$ 次距离,复杂度为
$O[(N_0N-N_0^2/2-N_0/2)d]$。其次,对多数类进行清洗,需要根据公式(11.2)计算多数类
样本的重叠程度。在极端情况下,所有的多数类均为潜在的重叠样本,由于之前我们已经计
算过少数类样本与多数类样本之间的距离,复杂度为 $O(N_1)$。除此之外,根据公式(11.4)
计算少数类样本的过采样权重,其复杂度与少数类样本数量相关,可表示为 $O(N_0)$。潜在
的重叠多数类样本的删除不会超过 $O(N_1)$。最后,LDAS 根据权重对少数类进行过采样,
对于任意的一个少数类样本,按照其权重进行线性插值,则线性插值的复杂度为 $O(d)$,该
过程的极端情况是所有的少数类样本都要作为种子进行合成,即该部分的复杂度可表示为
$O(N_0d)$。综上所述,LDAS 算法的复杂度大致可为 $O[(N_0N-N_0^2/2-N_0/2)d]+
O[N_0(N_0-1)d/2]+2O(N_1)+O(N_0)$,则其渐进复杂度可以简化为 $O(N_0Nd)$。

## 11.2.5　模型分析与性能评估

### 11.2.5.1　模型评估基本设置

为了便于实验展示和比较分析,实验所用的数据均来自于不平衡基准数据库 KEEL[14],
其中 KEEL 数据集的样本量从 101~5472 不等,不平衡率的范围在 1.87~72.69。表 11.1
给出了 KEEL 数据集的具体信息[15]。在实验前,所有的数据均进行了预处理,包括归一化
以及文本和类别属性的编码。

表 11.1　　KEEL 数据集详细信息

| 数据集 | 样本数量 | 属性个数 | 多数类数量 | 少数类数量 | 不平衡比率 | 重叠程度 |
|---|---|---|---|---|---|---|
| vehicle0 | 846 | 18 | 647 | 199 | 3.25 | 10.72% |
| car-vgood | 1728 | 6 | 1663 | 65 | 25.58 | 11.85% |
| kr-vs-k-three_vs_eleven | 2935 | 6 | 2854 | 81 | 35.23 | 15.61% |
| page-blocks0 | 5472 | 10 | 4913 | 559 | 8.79 | 25.02% |
| ecoli-0-1-3-7_vs_2-6 | 281 | 7 | 274 | 7 | 39.14 | 27.88% |
| ecoli-0-1_vs_2-3-5 | 244 | 7 | 220 | 24 | 9.17 | 30.10% |
| pima | 768 | 8 | 500 | 268 | 1.87 | 33.81% |
| shuttle-6_vs_2-3 | 230 | 9 | 220 | 10 | 22 | 38.26% |
| kr-vs-k-zero_vs_eight | 1460 | 6 | 1433 | 27 | 53.07 | 40.00% |
| car-good | 1728 | 6 | 1659 | 69 | 24.04 | 47.31% |
| vehicle3 | 846 | 18 | 634 | 212 | 2.99 | 48.09% |
| glass4 | 214 | 9 | 201 | 13 | 15.46 | 57.98% |
| winequality-white-9_vs_4 | 168 | 11 | 163 | 5 | 32.6 | 58.21% |
| poker-9_vs_7 | 244 | 10 | 236 | 8 | 29.5 | 60.45% |
| led7digit-0-2-4-5-6-7-8-9_vs_1 | 443 | 7 | 406 | 37 | 10.97 | 62.01% |
| cleveland-0_vs_4 | 177 | 13 | 164 | 13 | 12.62 | 64.19% |
| haberman | 306 | 3 | 225 | 81 | 2.78 | 64.56% |
| abalone-21_vs_8 | 581 | 8 | 567 | 14 | 40.5 | 69.71% |
| poker-8_vs_6 | 1477 | 10 | 1460 | 17 | 85.88 | 69.78% |
| flare-F | 1066 | 11 | 1023 | 43 | 23.79 | 73.69% |
| zoo-3 | 101 | 16 | 96 | 5 | 19.2 | 76.04% |
| yeast-1_vs_7 | 459 | 7 | 429 | 30 | 14.3 | 81.00% |
| glass-0-1-6_vs_2 | 192 | 9 | 175 | 17 | 10.29 | 91.19% |
| shuttle-c2-vs-c4 | 129 | 9 | 123 | 6 | 20.5 | 95.35% |
| yeast-1-4-5-8_vs_7 | 693 | 8 | 663 | 30 | 22.1 | 95.68% |
| lymphography-normal-fibrosi | 148 | 18 | 142 | 6 | 23.67 | 95.95% |
| winequality-red-8_vs_6 | 656 | 11 | 638 | 18 | 35.44 | 97.26% |
| abalone-20_vs_8-9-10 | 1916 | 8 | 1890 | 26 | 72.69 | 98.64% |

## 11.2.5.2　参数敏感性分析

本小节对 LDAS 的参数与最终的分类性能之间的潜在的关系展开了研究,发现 LDAS 的参数有两个,分别为用于计算边界程度的近邻数 $k_1$ 和公式(11.1)中确定截断距离 $d_c$ 的 $\omega$。为了简便起见,本节随机选取了 10 组数据集,并使用不同的参数组合进行实验比较,其中 $k_1 \in \{3,5,7,9,11\}$, $\omega \in \{1\%,2\%,3\%,5\%,10\%\}$。表 11.2 以决策树为例,给出了对比实验结果。

**表 11.2　LDAS 算法性能与参数 $k_1$ 和 $\omega$ 的关系**

| 数据集 | $k_1$ | AUC | $\omega$ | AUC | 数据集 | $k_1$ | AUC | $\omega$ | AUC |
|---|---|---|---|---|---|---|---|---|---|
| abalone19 | 3 | 0.571 | 1% | 0.5812 | haberman | 3 | 0.5797 | 1% | 0.5776 |
| | 5 | 0.5845 | 2% | 0.5727 | | 5 | 0.5725 | 2% | 0.5666 |
| | 7 | 0.5793 | 3% | 0.5831 | | 7 | 0.575 | 3% | 0.5734 |
| | 9 | 0.5878 | 5% | 0.5878 | | 9 | 0.5776 | 5% | 0.5744 |
| | 11 | **0.5891** | 10% | **0.5891** | | 11 | **0.598** | 10% | **0.598** |
| car-vgood | 3 | 0.9826 | 1% | 0.9847 | new-thyroid1 | 3 | 0.9642 | 1% | 0.9642 |
| | 5 | 0.9832 | 2% | 0.984 | | 5 | **0.9654** | 2% | 0.9588 |
| | 7 | 0.9809 | 3% | **0.985** | | 7 | 0.9588 | 3% | **0.9654** |
| | 9 | **0.985** | 5% | 0.983 | | 9 | 0.958 | 5% | 0.9617 |
| | 11 | 0.984 | 10% | 0.9809 | | 11 | 0.9565 | 10% | 0.9622 |
| ecoli-0_vs_1 | 3 | 0.9712 | 1% | 0.9708 | pima | 3 | 0.6919 | 1% | 0.7019 |
| | 5 | 0.9709 | 2% | 0.9693 | | 5 | 0.6969 | 2% | 0.7031 |
| | 7 | **0.9734** | 3% | 0.9709 | | 7 | **0.7067** | 3% | 0.7025 |
| | 9 | 0.9694 | 5% | **0.9734** | | 9 | 0.7031 | 5% | **0.7067** |
| | 11 | 0.9633 | 10% | 0.9712 | | 11 | 0.7025 | 10% | 0.7023 |
| ecoli3 | 3 | 0.8139 | 1% | 0.8296 | poker-8-9_vs_6 | 3 | **0.7886** | 1% | 0.7514 |
| | 5 | 0.826 | 2% | **0.8358** | | 5 | 0.7327 | 2% | **0.7886** |
| | 7 | **0.8358** | 3% | 0.8263 | | 7 | 0.7526 | 3% | 0.7637 |
| | 9 | 0.8277 | 5% | 0.8285 | | 9 | 0.745 | 5% | 0.7458 |
| | 11 | 0.8296 | 10% | 0.8269 | | 11 | 0.7424 | 10% | 0.7742 |
| flare-F | 3 | 0.6787 | 1% | 0.703 | wisconsin | 3 | 0.9507 | 1% | 0.9527 |
| | 5 | 0.6771 | 2% | **0.7244** | | 5 | 0.9508 | 2% | 0.9528 |
| | 7 | 0.6982 | 3% | 0.7098 | | 7 | 0.9523 | 3% | 0.9529 |
| | 9 | 0.7106 | 5% | 0.7133 | | 9 | **0.9548** | 5% | 0.9533 |
| | 11 | **0.7244** | 10% | 0.7138 | | 11 | 0.9528 | 10% | **0.9548** |

从表 11.2 中可以看出,事实上并不存在一个共同的参数使得所有的数据集都能达到最优结果,这主要是因为不同数据集的分布各有差异。但也不难看出,当参数 $k_1$ 在 5～11 时,

LDAS 在所选 10 个数据集上的 8 个数据集中均取得了最佳结果。而对于数据集 new-thyroid1 和 porker-8-9_vs_6，LDAS 却在较低的 $k_1$ 值时取得最优。因此，我们建议 $k_1$ 的参数设置为 5～11，但有时也要结合具体的使用场景来设置。对于参数 $\omega$，与 $k_1$ 类似，设置在 2%～10% 比较合适。

此外，对具有重叠问题的不平衡数据实施 SMOTE 可能会造成更多的重叠区域，后续的分类性能也随之下降。而对潜在的重叠多数类样本进行清洗，能有效的解决这一问题。但考虑到不平衡数据集数据分布十分复杂，不同数据集数据分布差异较大，如何确定并删除那些对分类起负面作用的样本是数据清洗的一个关键之处。

为此，我们提出了一种基于局部密度的定量的清洗策略，以期实现自适应的重叠样本的清除。该方案通过遍历少数类样本来确定潜在重叠多数类样本的同时，根据少数类的局部密度，计算它们对应的重叠程度，即 $q=\{q_1,q_2,\cdots,q_j\}$，其中 $j$ 为潜在重叠样本的数量。将重叠区域样本的重叠程度的均值作为阈值，以实现重叠区域的自适应样本清除。其中，设 $\theta$ 为所有潜在多数类重叠样本的重叠程度均值，$\sigma$ 为重叠程度的标准差。LDAS 会删除重叠率大于 $\theta$ 的潜在多数类重叠样本，即 $\theta$ 越小，删除的样本越多，数据的重叠率也随之降低。

为探究数据集的重叠程度与样本清洗之间的联系，本小节采用 Augmented R-value (Raug)[15] 来度量数据集的重叠程度，它是一种专门用于度量不平衡数据集重叠程度的指标。定义如下：

$$R_{aug} = \frac{IR * R(C_0) + R(C_i)}{IR + 1} \tag{11.7}$$

其中，$R(C_i)$ 表示第 $i$ 类数据的重叠率，其定义如下：

$$R(C_i) = \frac{1}{|C_i|} \sum_{m=1}^{|C_i|} sgn(knn(X_{i_m}, \overline{C_i}) - \lambda) \quad (i = 0,1) \tag{11.8}$$

其中，$C_0$ 和 $C_i$ 分别代表少数类和多数类，$X_{i_m}$ 为 $C_i$ 中的第 $m$ 个样本，而 $\overline{C_i}$ 是 $C_i$ 的补集，$knn(X_{i_m}, \overline{C_i})$ 代表 $X_{i_m}$ 的 $k$ 近邻中异类样本的数目，$\lambda$ 为样本 $k$ 近邻中异类样本的数目的阈值，用于判断该样本是否属于重叠区域。在本小节中，$k$ 和 $\lambda$ 分别设置为 5 和 2。

为方便起见，我们接着采用上述 10 个数据集，它们的重叠率（Raug）如表 11.3 所示，其中 Rpos 和 Rneg 分别代表少数类和多数类的重叠程度。同样地，我们以决策树分类器为例，讨论了 $\theta$ 在 $\{\mu-3\sigma, \mu-2\sigma, \mu-\sigma, u, u+\sigma, u+2\sigma, u+3\sigma\}$ 7 种取值下，样本清除阈值 $\theta$ 与算法性能的关系。在不同阈值下交叉验证后的 AUC 结果如图 11.6 所示。

综合表 11.3 和图 11.6 可知，并不存在一个共同的参数使得所有的数据集都能达到最优结果，这主要是由于不同数据集的分布各有差异。但值得注意的是，在数据集 flare-F、abalone-21_vs_8 以及 haberman 上，AUC 随着 $\theta$ 的增高而降低，这说明对重叠多数类的样本进行清洗能有效的提升对少数类的识别能力。而对于那些重叠率较低的数据集如 page-blocks0、car-vgood 以及 vehicle0，性能变化并不敏感甚至在较低 $\theta$ 时更差。在剩余的数据集中，LDAS 均在 $\mu$ 附近取得最优值。

**表 11.3　十种不平衡数据集对应的重叠程度**

| 数据集 | 少数类($R_{pos}$) | 多数类($R_{neg}$) | 重叠率($R_{aug}$) |
|---|---|---|---|
| vehicle0 | 13.07% | 3.09% | 10.72% |
| car-vgood | 12.31% | 0.06% | 11.85% |
| page-blocks0 | 27.73% | 1.26% | 25.02% |
| pima | 42.91% | 16.80% | 33.81% |
| haberman | 83.95% | 10.67% | 64.56% |
| abalone-21_vs_8 | 71.43% | 0.00% | 69.71% |
| poker-8_vs_6 | 70.59% | 0.00% | 69.78% |
| flare-F | 76.74% | 1.08% | 73.69% |
| shuttle-c2_vs_c4 | 100.00% | 0.00% | 95.35% |
| yeast-1-4-5-8_vs_7 | 100.00% | 0.30% | 95.68% |

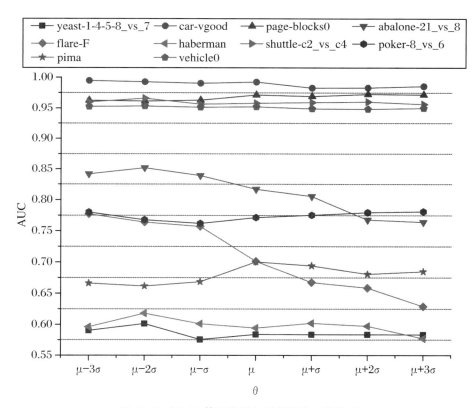

**图 11.6　LDAS 算法性能与重叠阈值 θ 的关系**

综上,对于重叠度较高的数据集,建议使用较低的阈值 $\theta$,而对于较低重叠程度的数据集,不推荐使用较低的阈值 $\theta$,因为这可能会过度地删除多数类样本,导致多数类样本信息缺失。因此,此时将阈值 $\theta$ 设置为均值 $\mu$ 或者更高时更合理。在接下来的对比实验中,我们将阈值 $\theta$ 设置为重叠程度的均值以实现自适应的采样。

### 11.2.5.3　模型性能评估

我们将 LDAS 算法与 13 种算法进行对比,其中包括 5 种过采样方法:SMOTE (SMO)[2]、Borderline-SMOTE(B-SMO)[3]、Safe-Level-SMOTE(SL-SMO)[16]、ADASYN (ADAS)[4]、Kernel-ADASYN(K-ADAS)[17];4 种混合采样方法:SMOTE + TomekLink (SMO + TL)[5]、SMOTE + ENN(SMO + ENN)[6]、SMOTE + IPF(SMO + IPF)[18] 和 AD-PCHFO(ACFO)[19];以及 4 种欠采样方法:RandomUnderSampler(RUS)、ClusterCentroids(CC)[20]、Tomek-Link(TL)[21] 和 EditedNearestNeighbours(ENN)[22]。实验中,对于 LDAS 及 SMOTE 的变体方法,它们的近邻参数 $k$ 在$\{3,5,7,9,11\}$中寻找最优,K-ADAS 算法的带宽参数 $h$ 从$\{0.01,0.1,1,10\}$中寻找最优,ACFO 算法中的最大迭代次数 maxIters 设置为 50。这些算法的实现均来自于 Python 不平衡学习库(imbalance-learn library)[23]以及 SMOTE-variants library[24]。

本实验采用最常见的 3 种机器学习算法作为分类器,包括决策树(CART)、支持向量机 (SVM)以及朴素贝叶斯(NB),这些算法均来源于 Python 机器学习库(scikit-learn library)[25],实验中所有分类器都采用默认参数设置。另外,为了保证实验结果的准确性,实验采用了五折交叉验证的方式将数据集划分为测试集和训练集,并使得每个测试集部分均包含少数类样本,上述过程重复 10 次,最终结果取 10 次的平均值。

首先,表 11.4～表 11.6 以决策树为例分别给出了 AUC、F-measure 以及 G-mean 上的结果,该表的最后一行给出了这 14 种算法在所有数据集上的性能均值。接着,我们采用贝叶斯符号秩检验(the Bayesian signed-rank test)[26],对所有三种分类器上的实验结果进行假设检验,以概率的方式更直观的展现出各算法之间的差异性。贝叶斯符号秩检验不同于传统的零假设显著性检验 NHST(null hypothesis significance testing),并不会落入非黑即白的陷阱,且能够估计两种算法之间具有差异性的概率,而这是 NHST 无法做到的。具体地来说,它会比较两种算法(A 和 B)之间的差异性,并且输出三种概率包括 p_left(A 更好的概率)、p_rope(A 和 B 没有差异的概率)以及 p_right(B 更好的概率)。一般来说,在分类中两种算法之间的平均精度差在区间$[-0.01,0.01]$以内,可以认为它们是等价的[27]。在本节实验中,我们将其设置为 5%,以更直观地展现出算法之间的差异性。由贝叶斯符号秩检验得到的概率矩阵如图 11.7～图 11.9 所示。

由表 11.4～表 11.6 可以看出,LDAS 在三种评估指标上均取得了最佳的平均结果。根据图 11.7～图 11.9 的贝叶斯符号秩检验结果来看,LDAS 分类性能超过其他对比方法的概率均接近或者等于 1,这表明 LDAS 和其他算法之间的差异大于 0.05%,LDAS 显然表现更好。总体来说,LDAS 的表现整体上要优于实验中的 5 种其他过采样方法。而对于其他的方法如欠采样和混合采样,需要进一步的分析。具体来说,LDAS 在 AUC、F-measure 以及 G-mean 指标上分别在所有 28 个数据集中的 18、11 和 12 个上达到最优。除此之外,在这些对比方法中,不难发现存在一些表现同样优异的方法,比 SMO + ENN。在图 11.7 中,LDAS 的在决策树上的分类性能超过其他对比方法的概率大都接近于 1,但却不包括 SMO + ENN。需要注意的是,SMO + ENN 与 LDAS 同属于混合采样,但它们有所不同。SMO + ENN 先使用 SMOTE 过采样得到平衡的数据集,然后采用近邻分类规则移除被错分的样

表 11.4　14 种对比方法在 KEEL 数据集上的 AUC 结果

| 数据集 | ACFO | SMO | B-SMO | ADAS | SL-SMO | K-ADAS | RUS | CC | TL | ENN | SMO+TL | SMO+ENN | SMO+IPF | LDAS |
|---|---|---|---|---|---|---|---|---|---|---|---|---|---|---|
| vehicle0 | 0.9107 | 0.9133 | 0.9151 | 0.9159 | 0.9053 | 0.891 | 0.9223 | 0.919 | 0.9131 | 0.9279 | 0.912 | 0.9202 | 0.9218 | **0.9321** |
| car-vgood | 0.9916 | 0.9873 | 0.9872 | 0.9881 | 0.9821 | 0.7131 | 0.9783 | 0.8536 | 0.9837 | 0.9835 | 0.9918 | 0.995 | 0.9873 | **0.9956** |
| krvsk3vs11 | 0.9986 | 0.9974 | 0.9973 | 1 | 0.996 | 0.9948 | 0.976 | 0.9286 | 0.9975 | 0.9951 | 1 | 0.9996 | 0.9999 | **1** |
| page-blocks0 | 0.8373 | 0.9249 | 0.9252 | 0.929 | 0.9176 | 0.9168 | 0.9373 | 0.8988 | 0.918 | 0.937 | 0.9339 | 0.9436 | 0.926 | **0.9442** |
| ecoli0137vs26 | 0.8642 | 0.8412 | 0.8565 | 0.8287 | 0.7998 | 0.7386 | 0.7436 | 0.8111 | 0.7892 | 0.8563 | 0.8562 | 0.8503 | 0.8398 | **0.8876** |
| ecoli01vs235 | 0.8452 | 0.8612 | 0.8203 | 0.8575 | 0.8405 | 0.8295 | 0.8302 | 0.8397 | 0.8046 | 0.8507 | 0.8605 | 0.8716 | 0.8486 | **0.8782** |
| pima | 0.6812 | 0.6813 | 0.6746 | 0.666 | 0.6725 | 0.6804 | 0.6703 | 0.6469 | 0.6902 | 0.7175 | 0.6863 | **0.7248** | 0.6743 | 0.7138 |
| shuttle6vs23 | 1 | 1 | 1 | 1 | 1 | 0.9082 | 0.9843 | 1 | 1 | 1 | 1 | 1 | 1 | 1 |
| krvsk0vs8 | 0.9958 | 0.9994 | 0.9832 | 0.9926 | 0.9989 | **0.9997** | 0.9282 | 0.7798 | 0.9866 | 0.9946 | 0.996 | 0.9961 | 0.9994 | 0.9995 |
| car-g | 0.851 | 0.8431 | 0.8367 | 0.8484 | 0.9238 | 0.9381 | **0.9533** | 0.8645 | 0.911 | 0.9166 | 0.8495 | 0.8714 | 0.8261 | 0.8765 |
| vehicle3 | 0.7058 | 0.6978 | 0.6988 | 0.6902 | 0.6756 | 0.6636 | 0.7064 | 0.7085 | 0.6852 | 0.7408 | 0.6978 | **0.7465** | 0.6933 | 0.7406 |
| glass4 | 0.8415 | 0.8348 | 0.8532 | 0.8405 | 0.8141 | 0.719 | 0.8502 | 0.6145 | 0.8089 | 0.8305 | 0.859 | 0.8805 | 0.8489 | **0.8903** |
| wine-white-9v4 | 0.7732 | 0.7933 | 0.7926 | 0.7927 | 0.6908 | 0.6338 | 0.7071 | 0.7795 | 0.6899 | 0.6846 | 0.7927 | 0.7915 | **0.7952** | 0.7926 |
| pok9vs7 | 0.7056 | 0.6973 | 0.7181 | 0.722 | 0.6548 | 0.5538 | 0.6393 | 0.6562 | 0.6236 | 0.6215 | 0.7098 | 0.7409 | 0.7028 | **0.7626** |
| led02456789vs1 | 0.893 | 0.8994 | 0.8953 | 0.8996 | **0.9083** | 0.891 | 0.8574 | 0.8336 | 0.8932 | 0.8799 | 0.8983 | 0.8898 | 0.8968 | 0.8909 |
| cleveland0vs4 | 0.7917 | 0.8221 | **0.833** | 0.8178 | 0.7089 | 0.7428 | 0.7576 | 0.7117 | 0.66 | 0.7082 | 0.8199 | 0.8283 | 0.8187 | 0.8062 |
| haberman | 0.5807 | 0.5809 | 0.5842 | 0.5793 | 0.5589 | 0.5971 | 0.5761 | 0.5443 | 0.5793 | 0.6265 | 0.5914 | **0.6336** | 0.5927 | 0.603 |
| aba21v8 | 0.7934 | 0.821 | 0.8204 | 0.8168 | 0.7665 | 0.8261 | 0.7713 | 0.7798 | 0.7556 | 0.7087 | 0.8231 | 0.8306 | 0.8067 | **0.8363** |
| pok8vs6 | 0.738 | 0.7967 | 0.7463 | 0.8211 | 0.6544 | 0.5608 | 0.5753 | 0.5453 | 0.5338 | 0.541 | 0.791 | 0.7979 | 0.8129 | **0.8835** |
| flare-F | 0.5881 | 0.6384 | 0.6275 | 0.627 | 0.5848 | 0.6407 | 0.769 | 0.6309 | 0.6062 | 0.7322 | 0.6443 | **0.7785** | 0.617 | 0.7315 |
| zoo-3 | 0.7549 | 0.7203 | 0.7592 | 0.7414 | 0.6822 | 0.5245 | 0.6496 | 0.4962 | 0.674 | 0.6832 | 0.7274 | 0.795 | 0.7213 | **0.8065** |
| yea1vs7 | 0.658 | 0.6655 | 0.6682 | 0.653 | 0.6228 | 0.6567 | 0.6583 | 0.6554 | 0.6685 | 0.6923 | 0.6404 | 0.6938 | 0.6746 | **0.7059** |

续表

| 数据集 | ACFO | SMO | B-SMO | ADAS | SL-SMO | K-ADAS | RUS | CC | TL | ENN | SMO+TL | SMO+ENN | SMO+IPF | LDAS |
|---|---|---|---|---|---|---|---|---|---|---|---|---|---|---|
| glass016vs2 | 0.6526 | 0.6594 | 0.6384 | 0.6764 | 0.6176 | 0.5893 | 0.6154 | 0.6223 | 0.5655 | 0.5445 | 0.6511 | 0.6601 | 0.6576 | **0.7113** |
| shuttlec2vsc4 | 0.98 | 0.99 | 0.98 | 0.97 | 0.99 | 0.721 | 0.9402 | 0.9792 | 0.97 | 0.9196 | 0.98 | **1** | **1** | **1** |
| yea14587 | 0.5629 | 0.5969 | 0.58 | 0.5698 | 0.5759 | 0.5721 | 0.5783 | 0.5567 | 0.549 | 0.5325 | 0.581 | 0.6029 | 0.5693 | **0.6216** |
| lymphography | 0.8352 | 0.785 | 0.8273 | 0.8237 | 0.7146 | 0.6788 | 0.7715 | 0.8028 | 0.8358 | 0.7449 | 0.7702 | **0.8573** | 0.8029 | 0.8201 |
| wine-red-8vs6 | 0.6652 | 0.6796 | 0.6678 | 0.6851 | 0.6304 | 0.666 | 0.6911 | 0.6657 | 0.6099 | 0.6558 | 0.6924 | 0.7284 | 0.6778 | **0.7301** |
| ab20vs8910 | 0.6726 | 0.7487 | 0.73 | 0.7387 | 0.6194 | 0.7462 | 0.7706 | 0.7953 | 0.6075 | 0.645 | 0.7447 | 0.7883 | 0.7324 | **0.7958** |
| 均值 | 0.7917 | 0.8027 | 0.8006 | 0.8033 | 0.7681 | 0.7355 | 0.7789 | 0.7471 | 0.7611 | 0.7740 | 0.8036 | 0.8292 | 0.8016 | **0.8342** |

表 11.5　14 种对比方法在 KEEL 数据集上的 F-measure 结果

| 数据集 | ACFO | SMO | B-SMO | ADAS | SL-SMO | K-ADAS | RUS | CC | TL | ENN | SMO+TL | SMO+ENN | SMO+IPF | LDAS |
|---|---|---|---|---|---|---|---|---|---|---|---|---|---|---|
| vehicle0 | 0.9062 | 0.9085 | 0.9109 | 0.9126 | 0.9022 | 0.8923 | 0.9223 | 0.919 | 0.9088 | 0.9272 | 0.9071 | 0.9192 | 0.9183 | **0.9314** |
| car-vgood | 0.9913 | 0.9864 | 0.9866 | 0.9876 | 0.9815 | 0.5907 | 0.9789 | 0.8757 | 0.9825 | 0.9824 | 0.9915 | **0.9949** | 0.9866 | 0.9914 |
| krvsk3vs1 | 0.9986 | 0.9972 | 0.9972 | 1 | 0.9958 | 0.9945 | 0.9761 | 0.9337 | 0.9974 | 0.9949 | 1 | 0.9997 | 0.9999 | **1** |
| page-blocks0 | 0.803 | 0.9211 | 0.9218 | 0.9262 | 0.9133 | 0.9108 | 0.9372 | 0.902 | 0.9124 | 0.9346 | 0.9313 | **0.9426** | 0.9226 | 0.9395 |
| ecoli0137vs26 | 0.768 | 0.7255 | 0.7738 | 0.7225 | 0.6334 | 0.5942 | 0.6796 | 0.7669 | 0.6252 | 0.7619 | 0.7739 | 0.7692 | 0.7393 | **0.8418** |
| ecoli01vs235 | 0.8175 | 0.8415 | 0.7706 | 0.8326 | 0.8084 | 0.7997 | 0.821 | 0.828 | 0.7413 | 0.8217 | 0.8362 | 0.8513 | 0.8269 | **0.8553** |
| pima | 0.6498 | 0.6545 | 0.6536 | 0.638 | 0.6629 | 0.6521 | 0.666 | 0.6351 | 0.6696 | **0.7417** | 0.6623 | 0.7303 | 0.6493 | 0.7192 |
| shuttle6vs23 | 1 | 1 | 1 | 1 | 1 | 0.845 | 0.9848 | 1 | 1 | 1 | 1 | 1 | 1 | 1 |
| krvsk0vs8 | 0.9955 | 0.9994 | 0.9726 | 0.992 | 0.9989 | **0.9997** | 0.9311 | 0.8212 | 0.9799 | 0.9936 | 0.9957 | 0.9961 | 0.9994 | 0.9995 |
| car-g | 0.8211 | 0.8096 | 0.801 | 0.8197 | 0.9146 | 0.9307 | **0.9532** | 0.8819 | 0.8951 | 0.9037 | 0.8167 | 0.8506 | 0.7843 | 0.8505 |
| vehicle3 | 0.6642 | 0.6529 | 0.6551 | 0.6461 | 0.6525 | 0.6396 | 0.703 | 0.7101 | 0.6341 | 0.7428 | 0.6517 | **0.7478** | 0.6483 | 0.738 |

续表

| 数据集 | ACFO | SMO | B-SMO | ADAS | SL-SMO | K-ADAS | RUS | CC | TL | ENN | SMO+TL | SMO+ENN | SMO+IPF | LDAS |
|---|---|---|---|---|---|---|---|---|---|---|---|---|---|---|
| glass4 | 0.7912 | 0.7764 | 0.794 | 0.7834 | 0.7403 | 0.6106 | 0.8404 | 0.6621 | 0.7181 | 0.773 | 0.8095 | 0.8505 | 0.7959 | **0.8673** |
| wine-white-9v4 | 0.557 | 0.5964 | 0.5976 | 0.5947 | 0.3953 | 0.424 | 0.6421 | **0.7219** | 0.3941 | 0.3946 | 0.5946 | 0.5946 | 0.5982 | 0.5957 |
| pok9vs7 | 0.4844 | 0.4575 | 0.4976 | 0.5152 | 0.3807 | 0.1821 | 0.5438 | 0.5623 | 0.2972 | 0.2973 | 0.4894 | 0.5743 | 0.4615 | **0.5869** |
| led02456789vs1 | 0.8737 | 0.8831 | 0.8826 | 0.8842 | **0.8986** | 0.8829 | 0.8555 | 0.8357 | 0.8785 | 0.862 | 0.885 | 0.876 | 0.8817 | 0.8801 |
| cleveland0vs4 | 0.7244 | **0.7687** | 0.7607 | 0.749 | 0.5535 | 0.6942 | 0.728 | 0.7267 | 0.4633 | 0.5668 | 0.746 | 0.7641 | 0.7274 | 0.7245 |
| haberman | 0.492 | 0.5035 | 0.499 | 0.5033 | 0.5 | 0.5246 | 0.567 | 0.5694 | 0.5047 | **0.6439** | 0.5187 | 0.6083 | 0.518 | 0.5554 |
| aba21v8 | 0.6992 | 0.754 | 0.7408 | 0.7676 | 0.6669 | 0.7606 | 0.7507 | 0.7482 | 0.6281 | 0.5163 | 0.7636 | 0.7713 | 0.7487 | **0.8033** |
| pok8vs6 | 0.5793 | 0.6775 | 0.5879 | 0.7337 | 0.3783 | 0.3726 | 0.5743 | 0.6005 | 0.109 | 0.1133 | 0.6656 | 0.6899 | 0.7167 | **0.8352** |
| flarc-F | 0.3133 | 0.4477 | 0.4274 | 0.4123 | 0.3293 | 0.4751 | **0.7651** | 0.694 | 0.3638 | 0.6558 | 0.4589 | 0.7285 | 0.3983 | 0.6587 |
| zoo-3 | 0.548 | 0.4683 | 0.5519 | 0.5055 | 0.3949 | 0.3488 | 0.5976 | 0.5509 | 0.3765 | 0.4115 | 0.4729 | 0.6234 | 0.4691 | **0.6544** |
| yea1vs7 | 0.5196 | 0.5555 | 0.5367 | 0.5207 | 0.4312 | 0.57 | 0.6502 | **0.6922** | 0.5087 | 0.5803 | 0.5054 | 0.6503 | 0.557 | 0.6197 |
| glass016vs2 | 0.494 | 0.4965 | 0.4668 | 0.532 | 0.4763 | 0.4162 | 0.6019 | **0.6858** | 0.2846 | 0.263 | 0.4669 | 0.5356 | 0.491 | 0.6254 |
| shuttlec2vsc4 | 0.96 | 0.9867 | 0.96 | 0.9467 | 0.9867 | 0.5507 | 0.9056 | 0.9663 | 0.9467 | 0.84 | 0.9733 | 1 | 1 | 1 |
| yea14587 | 0.3091 | 0.4027 | 0.3648 | 0.3385 | 0.3703 | 0.4562 | 0.5654 | **0.6256** | 0.2248 | 0.2006 | 0.3626 | 0.4778 | 0.3251 | 0.456 |
| lymphography | 0.7087 | 0.6099 | 0.6832 | 0.6759 | 0.472 | 0.6028 | 0.7248 | **0.8145** | 0.6935 | 0.5246 | 0.5649 | 0.7492 | 0.634 | 0.6875 |
| wine-red-8vs6 | 0.4896 | 0.5385 | 0.4796 | 0.5299 | 0.3833 | 0.5188 | **0.6598** | 0.6539 | 0.3432 | 0.4564 | 0.5438 | 0.6209 | 0.5117 | 0.6122 |
| ab20vs8910 | 0.5093 | 0.6611 | 0.6078 | 0.6364 | 0.3543 | 0.6468 | 0.7579 | **0.777** | 0.3341 | 0.4156 | 0.6474 | 0.7238 | 0.5985 | 0.7515 |
| 均值 | 0.6953 | 0.7172 | 0.7101 | 0.7181 | 0.6491 | 0.6388 | 0.7601 | 0.7557 | 0.6220 | 0.6543 | 0.7155 | 0.7729 | 0.7110 | **0.7779** |

表 11.6　14 种对比方法在 KEEL 数据集上的 G-mean 结果

| 数据集 | ACFO | SMO | B-SMO | ADAS | SL-SMO | K-ADAS | RUS | CC | TL | ENN | SMO+TL | SMO+ENN | SMO+IPF | LDAS |
|---|---|---|---|---|---|---|---|---|---|---|---|---|---|---|
| vehicle0 | 0.9092 | 0.9117 | 0.9137 | 0.915 | 0.9043 | 0.8904 | 0.922 | 0.9187 | 0.9118 | 0.9274 | 0.9104 | 0.9196 | 0.9207 | **0.9318** |
| car-vgood | 0.9914 | 0.9868 | 0.9869 | 0.9879 | 0.9818 | 0.6323 | 0.9779 | 0.8353 | 0.9831 | 0.983 | 0.9916 | **0.9949** | 0.987 | 0.9915 |
| krvsk3vs11 | 0.9986 | 0.9973 | 0.9973 | 1 | 0.9959 | 0.9947 | 0.9757 | 0.9255 | 0.9975 | 0.995 | 1 | 0.9996 | 0.9999 | 1 |
| page-blocks0 | 0.8207 | 0.9237 | 0.9242 | 0.9282 | 0.9163 | 0.9145 | 0.9372 | 0.898 | 0.9158 | 0.9363 | 0.9331 | **0.9434** | 0.925 | 0.9407 |
| ecoli0137vs26 | 0.7759 | 0.7339 | 0.7852 | 0.7356 | 0.6383 | 0.5934 | 0.652 | 0.7608 | 0.6334 | 0.7698 | 0.7852 | 0.7795 | 0.7507 | **0.8544** |
| ecoli01vs235 | 0.8327 | 0.853 | 0.7958 | 0.8462 | 0.8261 | 0.8158 | 0.824 | 0.8311 | 0.7645 | 0.8374 | 0.8498 | 0.8627 | 0.8402 | **0.868** |
| pima | 0.6743 | 0.6754 | 0.6704 | 0.6607 | 0.6706 | 0.6748 | 0.6688 | 0.6444 | 0.6863 | 0.7095 | 0.6815 | **0.7226** | 0.6696 | 0.7117 |
| shuttle6vs23 | 1 | 1 | 1 | 1 | 1 | 0.8481 | 0.9835 | 1 | 1 | 1 | 1 | 1 | 1 | 1 |
| krvsk0vs8 | 0.9957 | 0.9994 | 0.9771 | 0.9923 | 0.9989 | **0.9996** | 0.9256 | 0.7448 | 0.983 | 0.9941 | 0.9958 | 0.9961 | 0.9994 | 0.9995 |
| car-g | 0.8366 | 0.827 | 0.8196 | 0.835 | 0.9194 | 0.9346 | **0.9525** | 0.8524 | 0.9032 | 0.9104 | 0.8337 | 0.8619 | 0.8059 | 0.864 |
| vehicle3 | 0.694 | 0.6851 | 0.6867 | 0.6782 | 0.6712 | 0.6595 | 0.7041 | 0.7074 | 0.6697 | 0.74 | 0.6844 | **0.7453** | 0.6799 | 0.7394 |
| glass4 | 0.8085 | 0.7964 | 0.8143 | 0.8025 | 0.7585 | 0.6308 | 0.8414 | 0.5506 | 0.7436 | 0.793 | 0.8241 | 0.8656 | 0.8125 | **0.8789** |
| wine-white-9v4 | 0.5569 | 0.5963 | 0.5975 | 0.5944 | 0.3951 | 0.4089 | 0.5943 | **0.6956** | 0.3937 | 0.3944 | 0.5944 | 0.5945 | 0.5982 | 0.5956 |
| pok9vs7 | 0.4976 | 0.4689 | 0.5093 | 0.5297 | 0.3923 | 0.1889 | 0.5381 | 0.55 | 0.3047 | 0.3073 | 0.5026 | 0.591 | 0.473 | **0.5968** |
| led02456789vs1 | 0.8837 | 0.8919 | 0.8898 | 0.8924 | 0.9043 | 0.8874 | 0.8539 | 0.8295 | 0.8867 | 0.8721 | 0.8922 | 0.8836 | 0.8903 | 0.8864 |
| cleveland0vs4 | 0.7502 | 0.7954 | 0.7767 | 0.7745 | 0.586 | 0.6901 | 0.7366 | 0.6652 | 0.4974 | 0.6015 | 0.7638 | 0.7869 | 0.7426 | 0.7467 |
| haberman | 0.5508 | 0.5578 | 0.5545 | 0.5559 | 0.5413 | 0.5719 | 0.5715 | 0.5298 | 0.5558 | 0.6188 | 0.5691 | **0.6274** | 0.5689 | 0.5872 |
| aba21v8 | 0.7267 | 0.7785 | 0.7619 | 0.7935 | 0.699 | 0.7837 | 0.7552 | 0.7632 | 0.6612 | 0.5431 | 0.7932 | 0.8008 | 0.7789 | **0.8214** |
| pok8vs6 | 0.6172 | 0.7052 | 0.625 | 0.7565 | 0.4057 | 0.3822 | 0.5469 | 0.4857 | 0.1264 | 0.1231 | 0.6961 | 0.7216 | 0.7434 | **0.8581** |
| flare-F | 0.4056 | 0.5277 | 0.518 | 0.499 | 0.4328 | 0.5032 | **0.7638** | 0.58 | 0.4532 | 0.6986 | 0.5438 | 0.7575 | 0.4954 | 0.7001 |
| zoo-3 | 0.547 | 0.4673 | 0.5515 | 0.5039 | 0.3947 | 0.2916 | 0.5301 | 0.278 | 0.3763 | 0.4109 | 0.4725 | 0.6218 | 0.4683 | **0.6518** |
| yea1vs7 | 0.5892 | 0.6165 | 0.5964 | 0.5902 | 0.4903 | 0.6072 | 0.6489 | 0.6321 | 0.5763 | 0.6353 | 0.5685 | **0.6806** | 0.6193 | 0.6673 |

续表

| 数据集 | ACFO | SMO | B-SMO | ADAS | SL-SMO | K-ADAS | RUS | CC | TL | ENN | SMO+TL | SMO+ENN | SMO+IPF | LDAS |
|---|---|---|---|---|---|---|---|---|---|---|---|---|---|---|
| glass016vs2 | 0.5487 | 0.5354 | 0.5118 | 0.5705 | 0.5212 | 0.4629 | 0.5886 | 0.5654 | 0.3261 | 0.3006 | 0.5141 | 0.5842 | 0.5318 | **0.6646** |
| shuttlec2vsc4 | 0.96 | 0.9883 | 0.96 | 0.9483 | 0.9883 | 0.5274 | 0.8994 | 0.968 | 0.9483 | 0.84 | 0.9766 | 1 | 1 | 1 |
| yea14587 | 0.3946 | 0.4754 | 0.4458 | 0.4175 | 0.456 | 0.4901 | **0.5618** | 0.5081 | 0.2829 | 0.2634 | 0.4435 | 0.548 | 0.4005 | 0.5165 |
| lymphography | 0.7131 | 0.618 | 0.6862 | 0.6806 | 0.4764 | 0.5666 | 0.7017 | **0.7666** | 0.6957 | 0.5275 | 0.5681 | 0.7535 | 0.639 | 0.6958 |
| wine-red-8vs6 | 0.5482 | 0.6003 | 0.5177 | 0.5798 | 0.4267 | 0.5582 | **0.6656** | 0.6522 | 0.3916 | 0.507 | 0.591 | 0.6507 | 0.5661 | 0.6448 |
| ab20vs8910 | 0.5843 | 0.705 | 0.6571 | 0.6862 | 0.4115 | 0.6876 | 0.7617 | **0.7808** | 0.4027 | 0.4749 | 0.6947 | 0.7577 | 0.6352 | 0.7768 |
| 均值 | 0.7218 | 0.7399 | 0.7332 | 0.7412 | 0.6715 | 0.6499 | 0.7530 | 0.7114 | 0.6454 | 0.6684 | 0.7384 | 0.7875 | 0.7336 | **0.7925** |

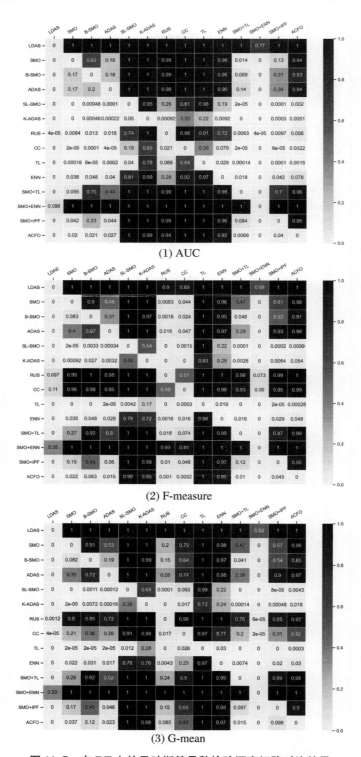

(1) AUC

(2) F-measure

(3) G-mean

图 11.7　在 DT 上的贝叶斯符号秩检验概率矩阵对比结果

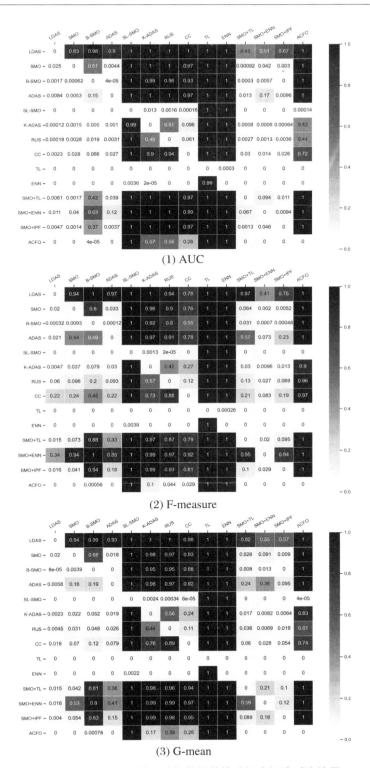

(1) AUC

(2) F-measure

(3) G-mean

**图 11.8　在 SVM 上的贝叶斯符号秩检验概率矩阵对比结果**

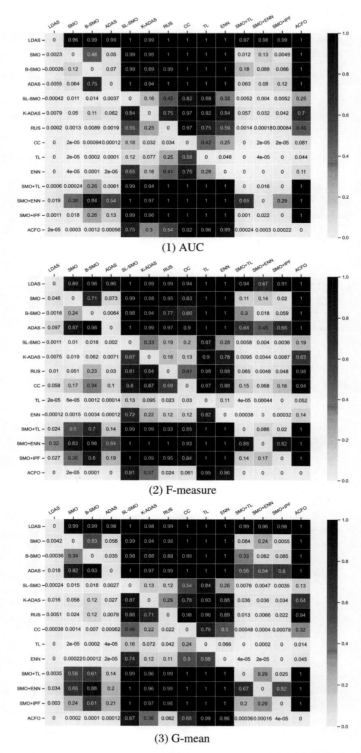

(1) AUC

(2) F-measure

(3) G-mean

图 11.9 在 NB 上的贝叶斯符号秩检验概率矩阵对比结果

本,这样能够有效地降低类别间的重叠程度。事实上,LDAS 与 SMO + ENN 的主要区别是先清洗重叠区域再实施过采样,所以 LDAS 仍有可能产生重叠区域的可能性,这也许是 LDAS 在部分测试数据集上表现不如 SMO + ENN 的原因之一(如在表 11.4 中,SMO + ENN 在 7 个数据集上的 AUC 结果比 LDAS 好)。但在其他数据集上 LDAS 更好,且在图 11.9 中 SMO + ENN 在三个指标上超过它的概率分别只有 1.1%、34% 和 1.6%(均不超过 50%)。SMO + ENN 使用 SMOTE 过采样存在一定的盲目性,且使用基于 KNN 的 ENN 清洗规则无法有效地适应复杂的数据分布。而 LDAS 使用融合局部密度的策略,优先清除深入少数类密集区域的潜在重叠样本,并强调同时在边界和安全区域合成样本,可适应更加复杂的数据分布。

此外,对于欠采样,在 F-measure 指标上,RUS 和 CC 方法在一些高重叠度数据上表现更好(如 yeast-1_vs_7、glass-0-1-6_vs_2、yeast-1-4-5-8_vs_7、winequality-red-8_vs_6 及 lymphography-normal-fibrosi)。RUS 和 CC 都是欠采样方法,它们通过选取一部分多数类样本来平衡数据的分布。其中,RUS 随机从多数类中选取来构建平衡的数据集。事实上,这种随机选择的方式会使得多数选择的样本来自于多数类样本的密集区域。同样,CC 先对多数类样本进行聚类,聚类的个数设置为少数类样本的数量,这样选择每个簇的中心就能够构建平衡的数据集。这样两种方法都倾向保留更多的安全样本,而丢弃那些模糊分类边界的重叠或噪声样本,在很大程度上减少了类别间的重叠,但同时也可能会造成多数类样本的信息缺失问题。然而,LDAS 则不同,基于密度的清洗策略仅会优先丢弃深入少数类密集区域的潜在多数类重叠样本,一方面能够降低过采样的合成比例,另一方面也可以减少后续过采样可能引入的重叠区域。值得注意的是,LDAS 在总体上仍比这两种方法更好,如在图 11.8 中,除了 F-measure 指标,LDAS 超过 RUS 和 CC 的概率均达到了 90%。

## 11.3　基于密度的不平衡欠采样方法(LDUS)

### 11.3.1　融合局部密度的改进度量方法

在不平衡数据中,不同的样本对分类的贡献有所不同,且并非所有的样本都有利于模型的分类,一些样本可能无助于分类,有的甚至会降低后续模型的分类性能[13]。前者一般分布较为紧密或远离决策边界,过多的选取这些样本,无法向分类模型提供更多特征信息,因此可以被认为是冗余样本,而后者通常是远离同类的噪声或重叠样本,可能会对少数类的识别造成困难。为了区分这些样本,提出了一种融合局部密度的改进度量方法。定义相对局部密度作为衡量样本差异性的指标,不同于传统的近邻计算方式,该算法不仅考虑了样本之间的距离因素,而且针对近邻方式的缺陷,对近邻中不同类别的样本进行分开处理。为了方便描述,假定训练集为 $D = \{(x_i, y_i) \mid i = 0, \cdots, m\}$,其中 $x_i \in X$,$X$ 为 $d$ 维的特征空间;$y_i \in Y = \{0, \cdots, c\}$ 为 $x_i$ 的类别标签。

**定义 1**　任意给定样本 $x_i \in D$,计算 $x_i$ 的近邻集合,定义 $Q(x_i)$ 和 $P(x_i)$ 分别代表与 $x_i$ 最近的 $k$ 个同类样本集合和最近的 $k$ 个异类样本集合,如公式(11.9)和(11.10)所示。

$$Q(x_i) = \{x_j | x_j \in knn(x_i), y_i = y_j\} \tag{11.9}$$

$$P(x_i) = \{x_j | x_j \in knn(x_i), y_i \neq y_j\} \tag{11.10}$$

**定义 2**　根据样本 $x_i$ 的同类和异类样本集合,定义局部同类密度 $q_i$ 和异类密度 $\rho_i$ 如下:

$$q_i = \sum_{x_j \in Q(x_i)} \exp^{-\frac{d^2(x_i, x_j)}{d_c^2}} \tag{11.11}$$

$$\rho_i = \sum_{x_j \in P(x_i)} \exp^{-\frac{d^2(x_i, x_j)}{d_c^2}} \tag{11.12}$$

其中,$d_c$ 为决定样本局部密度的截断距离。

**定义 3**　根据样本 $x_i$ 的同类密度和异类密度,可定义 $x_i$ 的相对密度 $\lambda_i$ 如下:

$$\lambda_i = \frac{\rho_i}{q_i} \tag{11.13}$$

为了区分不同样本对分类的贡献,我们对传统的近邻模型进行改进,采用定义 3 中的相对密度,即使用样本局部的异类密度和同类密度的比率衡量样本之间的差异性,根据公式(11.13),当样本的相对密度较大时,意味着该样本局部区域的同类密度低于异类密度,属于重叠或噪声样本的可能性越大,影响对少数类的识别能力。当相对密度较低时,则表明该样本所处的区域越安全或更远离决策边界,对分类的作用较小。

## 11.3.2　重叠或噪声样本的过滤

研究表明,数据的不平衡分布并不是影响分类性能的唯一因素,数据的重叠和噪声问题可能也会影响模型的分类性能。考虑到多数类相较于少数类在样本数量上占据明显的优势,即两者的局部密度存在着差异。为此,在本小节中我们利用改进的局部度量方法提前过滤数据中的重叠或噪声样本。根据公式(11.13),当相对密度高于 1 时,说明所度量的多数类样本局部区域的少数类密度要高于多数类密度,严重影响其局部区域中少数类样本的识别,同时还会模糊模型的分类边界。我们将其视为重叠或噪声样本,并予以删除,使得其无法参与到后续的采样过程,也避免了可能对后续的分类造成的影响。

## 11.3.3　加权集成分类

Bagging 是一种典型的集成学习方法,通过并行的方式构建多个分类器能够有效地提高基分类的泛化性能。我们利用加权抽样和 Bagging 的思想,使用相对局部密度赋予多数类数据不同的权重,以构建多个加权采样子集用于后续的集成分类,采用公式(11.14)对相对密度进行归一化如下:

$$\gamma_i = \frac{\lambda_i}{\sum_{i=1}^{m'} \lambda_i} \tag{11.14}$$

其中，$m'$ 为过滤后的多数类样本数量。因此，相对密度越大的样本被选中的概率越大。考虑到不同的基分类器的分类性能存在着差异，根据每个基分类器在训练集上的分类错误率（error）来反映其对最后集成分类的贡献大小，对于每个基分类器的权重，我们采用如下定义：

$$\alpha_j = \ln\left(\frac{1-error_j}{error_j}\right) \tag{11.15}$$

最终的集成分类模型定义如下：

$$H(x) = c_{\operatorname*{argmax}_j \sum_{i=1}^{T} \alpha_i h_i^j(x)} \tag{11.16}$$

其中，$h_i^j(x)$ 是分类器 $h_i$ 在类别标记 $c_j$ 上的输出。

为简便起见，我们以二分类问题为例，即 $Y = \{0,1\}$，假设 $D_{maj} = \{x_1, x_2, \cdots, x_m\}$ 和 $D_{min} = \{x_1, x_2, \cdots, x_n\}$ 分别代表多数类样本集合和少数类样本集合。LDUS 算法可描述如下。

**算法 11.2　基于密度的不平衡欠采样方法**

输入：训练集 $D$，近邻数 $k$，基分类器数目 $T$；

输出：集成分类模型 $H$；

1. 将训练集 D 划分成多数类 $D_{maj}$ 和少数类 $D_{min}$；

2. 计算多数类样本 $x_i \in D_{maj}$ 的同类密度 $q_i$、异类密度 $\rho_i$ 以及相对密度 $\lambda_i$；

3. 若 $\lambda_i > 1$ 时，即该样本所在局部区域的异类样本密度高于同类密度，我们将 $x_i$ 视为重叠或噪声样本，予以删除，得到过滤后多数类样本集合 $D'_{maj}$；

4. 根据相对密度来度量剩余的多数类样本 $x_i \in D'_{maj}$ 的重要程度，进行归一化，得到样本 $x_i$ 的采样概率 $\gamma_i$；

5. 根据概率分布对多数类进行采样，选取与少数类数量相等的子集，组成平衡的训练子集。接着采用并行的集成方式（Bagging），重复 $T$ 次该抽样过程以构建多个具有差异性的基分类器 $H(x)$；

6. 根据公式（11.15）和公式（11.16），采用加权投票的方式构建集成分类模型 H。

根据算法的流程，其对应的大致流程如图 11.10 所示。

通过观察上述算法流程可以发现：LDUS 算法由四个部分构成，包括多数类样本相对密度的计算、重叠和噪声样本的过滤、加权随机采样以及通过并行的方式构建由多个平衡子集所形成的集成分类系统。

与传统的集成欠采样方法相比，LDUS 的优势在于其在采样时考虑了不同样本对分类的重要程度，而不是随机的选取。依据样本的相对密度赋予样本采样权重，处于边界区域的样本往往对于分类更为重要，因此会获得更高的采样权重，从而反映了样本对分类的贡献程度。此外，为避免选取到重叠和噪声样本，在采样之前先将它们过滤掉，可以降低后续的分类难度，使得采样后的数据分布达到平衡的同时，又尽可能地选到对分类更重要的样本。

最后,利用集成思想在多次采样所形成的平衡数据上,建立多个具有差异性的基分类器,并依据基分类器的分类能力强弱赋予其对应的权重,从而保证了集成模型的多样性以及泛化能力,能够有效地利用多数类样本的关键信息,提高欠采样处理不平衡数据分类的能力。

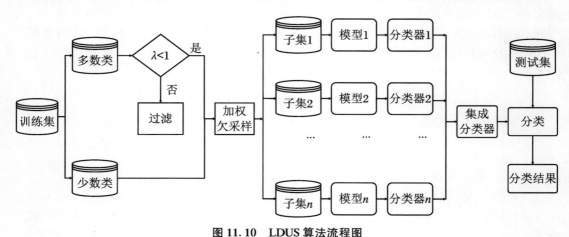

**图 11.10　LDUS 算法流程图**

## 11.3.4　模型复杂度分析

假设训练集的样本数量为 $N$,样本维度为 $d$,少数类和多数类的样本数量分别为 $N_0$ 和 $N_1$。首先,LDUS 算法根据公式(11.9)~公式(11.12),对任意一个多数类样本计算其对应的同类密度和异类密度,假定每次计算的复杂度为 $O(d)$。对于第一个多数类样本,需要计算 $(N-1)$ 次距离,第二则需要计算 $(N-2)$ 次距离,以此类推,可知,计算多数类样本的同类密度和异类密度总共需要计算 $[N-1+N-2+\cdots+1=N(N-1)/2]$ 次距离,复杂度为 $O[N(N-1)d/2]$。然后,LDUS 根据公式(11.13)计算多数类的相对密度,复杂度为 $O(N_1)$,接着根据公式(11.14)将每个多数类样本的相对密度归一化 $[0,1]$,复杂度为 $O(N_1)$。最后,根据权重选择 $N_0$ 个多数类样本与少数类样本构成平衡子集,并传给分类器训练,通过公式(11.15)计算每个基分类器的权重,这个子过程的时间复杂度为 $O(N_0+1)$,并且重复这一子过程 $T$ 次,所以总的时间复杂度是 $TO(N_0+1)$。综上所述,本节所提出的 LDUS 算法的复杂度大致可为 $O[N(N-1)d/2]+2O(N_1)+TO(N_0+1)$,则其渐进复杂度可以简化为 $O(N^2 d)$。

## 11.3.5　模型分析与性能评估

### 11.3.5.1　模型评估基本设置

为验证 LDUS 算法的有效性,实验采用 40 个数据量和不平衡率各有差异的不平衡二分类基准数据集。其中,32 个来自于不平衡数据库 KEEL[14],另外 8 个来自于机器学习数据库 UCI。这些数据集的不平衡比率为 1.87~113.05,样本数为 168~28056,如表 11.7 所示。

表 11.7　数据集信息

| 数据集 | 缩写 | 样本个数 | 属性个数 | 不平衡率 | 数据来源 |
|---|---|---|---|---|---|
| abalone17vs78910 | aba17 | 2338 | 8 | 39.31 | KEEL |
| abalone20vs8910 | aba20 | 1916 | 8 | 72.69 | KEEL |
| abalone21vs8 | aba21 | 581 | 8 | 40.5 | KEEL |
| car-good | car-g | 1728 | 6 | 24.04 | KEEL |
| car-vgood | car-v | 1728 | 6 | 25.58 | KEEL |
| cleveland0vs4 | cle0 | 177 | 13 | 12.62 | KEEL |
| ecoli0147vs2356 | eco0147 | 336 | 7 | 10.59 | KEEL |
| ecoli01vs235 | eco01 | 244 | 7 | 9.17 | KEEL |
| ecoli046vs5 | eco046 | 203 | 6 | 9.15 | KEEL |
| ecoli067vs5 | eco067 | 220 | 6 | 10 | KEEL |
| ecoli1 | eco1 | 336 | 7 | 3.36 | KEEL |
| ecoli2 | eco2 | 336 | 7 | 5.46 | KEEL |
| glass016vs5 | gla016 | 184 | 9 | 19.44 | KEEL |
| glass2 | gla2 | 214 | 9 | 11.59 | KEEL |
| glass4 | gla4 | 214 | 9 | 15.46 | KEEL |
| glass6 | gla6 | 214 | 9 | 6.38 | KEEL |
| krvsk01vsdraw | krk01d | 2901 | 6 | 26.63 | KEEL |
| krvsk0vs8 | krk08 | 1460 | 6 | 53.07 | KEEL |
| pima | pima | 768 | 8 | 1.87 | KEEL |
| poker89vs5 | pok895 | 2075 | 10 | 82 | KEEL |
| poker89vs6 | pok896 | 1485 | 10 | 58.4 | KEEL |
| poker8vs6 | pok86 | 1477 | 10 | 85.88 | KEEL |
| vehicle3 | veh3 | 846 | 18 | 2.99 | KEEL |
| winered3vs5 | w-r35 | 691 | 11 | 68.1 | KEEL |
| winered4 | w-r4 | 1599 | 11 | 29.17 | KEEL |
| winered8vs6 | w-r86 | 656 | 11 | 35.44 | KEEL |
| winewhite3vs7 | w-w37 | 900 | 11 | 44 | KEEL |
| winewhite9vs4 | w-w94 | 168 | 11 | 32.6 | KEEL |
| yeast1289vs7 | yea1289 | 947 | 8 | 30.57 | KEEL |
| yeast1458vs7 | yea1458 | 693 | 8 | 22.1 | KEEL |
| yeast1vs7 | yea17 | 459 | 7 | 14.3 | KEEL |
| yeast4 | yea4 | 1484 | 8 | 28.1 | KEEL |
| chess rk vs k | chess | 28056 | 6 | 113.05 | UCI |
| dermatology | derma | 358 | 34 | 16.9 | UCI |
| letter-recognition | letter-r | 20000 | 16 | 24.35 | UCI |
| libra | libra | 360 | 90 | 4 | UCI |
| ozone-level | ozone-l | 2536 | 72 | 33.74 | UCI |
| parkinson | parkinson | 195 | 23 | 3.06 | UCI |
| satimage | satimage | 6435 | 36 | 9.28 | UCI |
| wilt | wilt | 4839 | 5 | 17.54 | UCI |

### 11.3.5.2 参数敏感性分析

所提算法所涉及的参数有两个,分别为用于确定样本局部密度的带宽参数 $d_c$ 和集成的基分类器数量 $T$。为了简便起见,我们随机选取了 5 个测试数据集,验证这两种参数对算法分类性能的潜在影响。对于带宽参数 $d_c$,根据经验通常设置为处于占数据集 1%～2% 样本数量的近邻距离均值[28]。表 11.8 给出了比例参数 $\omega(d_c = N * \omega)$ 对算法性能的影响,其中 $N$ 为样本的总体数量。

由表 11.8 可知,LDUS 算法的性能对参数 $\omega$ 的选取不太敏感,不同 $\omega$ 值对应的性能指标差距较小。但在 $\omega$ 取 2% 时,有多处数据集表现出较优的结果,在接下来的实验中均采用此设置。此外,考虑到集成分类中基分类器的数量可能会影响最终的分类性能。因此,我们改变基分类器的数量,即从 5 至 50,每隔 5 进行一次验证。图 11.11 为基分类器数量与指标 AUC 的关系。

**表 11.8　不同 $\omega$ 值下的分类性能**

| 数据集 | | 1 | 2 | 3 | 4 | 5 |
|---|---|---|---|---|---|---|
| aba17 | AUC | 0.8107 | **0.8276** | 0.8235 | 0.8186 | 0.8258 |
| | F1 | 0.7924 | **0.8165** | 0.8121 | 0.8068 | 0.8138 |
| | GM | 0.8047 | **0.8242** | 0.8201 | 0.8154 | 0.8218 |
| libra | AUC | 0.8641 | **0.8688** | 0.8549 | 0.8625 | 0.8587 |
| | F1 | 0.8579 | **0.8642** | 0.8517 | 0.8607 | 0.8573 |
| | GM | 0.8618 | **0.8657** | 0.8531 | 0.8606 | 0.8569 |
| pok86 | AUC | **0.8903** | 0.8768 | 0.8635 | 0.8798 | 0.8665 |
| | F1 | **0.8797** | 0.8703 | 0.8379 | 0.8726 | 0.8465 |
| | GM | **0.8823** | 0.8710 | 0.8464 | 0.8745 | 0.8552 |
| satimage | AUC | 0.8756 | **0.8776** | 0.8752 | 0.8752 | 0.8743 |
| | F1 | **0.8749** | 0.8744 | 0.8738 | 0.8741 | 0.8736 |
| | GM | 0.8771 | **0.8783** | 0.875 | 0.8749 | 0.8740 |
| w-w94 | AUC | **0.8160** | 0.8101 | 0.8129 | 0.8118 | 0.8157 |
| | F1 | **0.7312** | 0.7281 | 0.7301 | 0.7263 | 0.7303 |
| | GM | **0.7188** | 0.7146 | 0.7176 | 0.7131 | 0.7179 |

从图 11.11 中我们可以看出,随着算法中基分类器数目的增加,集成分类性能均逐步提升,且在数目到达 40～50 时,AUC 趋于平稳。因此,LDUS 的基分类器的数量统一设置为 40。

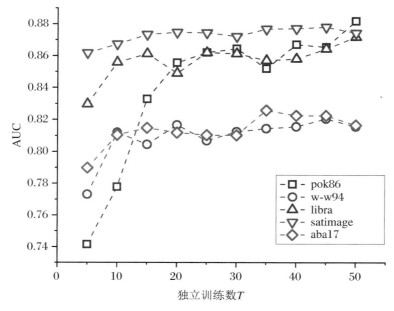

**图 11.11　基分类器数量与指标 AUC 的关系**

### 10.3.3.3　模型性能评估

在实验中,我们将 LDUS 算法与 11 种算法进行对比,其中包括 RUS、SMOTE (SMO)[2]、RUSBoost(RB)[1]、UnderBagging(UB)[29]、SMOTEBagging(SBa)[30]、SMOTE-Boost(SBo)[31]、BalanceCascade(BC)[32]、EasyEnsemble(EE)[32]、RBU[33]、CBU[20] 以及 GSE[34]。

为了保证对比试验的公平性,集成算法基分类器的设置与 EasyEnsemble 的基分类器保持一致,均采用 CART 决策树,且采用 scikit-learn 中的默认参数,LDUS 及 SMOTE 算法的近邻 $k$ 值设为 5。为保证实验结果的客观性和准确性,采用五折分层交叉验证,使得训练集和测试集均能保持原始数据中各类别的比例关系。在每个数据集上重复上述过程 10 次以消除测试结果的随机性,并将 10 次的均值作为最终的测试结果。表 11.9～表 11.11 分别为不同算法在 40 个不平衡数据集上 AUC、F-measure 及 G-mean 的实验对比结果,每个数据集上最优的结果以黑体加粗,并在最后一行给出了每种方法在所有数据集上的均值结果。

从表 11.9～表 11.11 可以看出,所提出的 LDUS 算法在大部数据集上相较于对比算法在 AUC、F-measure 及 G-mean 指标上均有所提升。例如,对于 AUC 指标,LDUS 算法在 40 个数据集中的 18 个数据集都优于对比算法,平均性能达到 0.8598,且比第二名的 UnderBagging 增加了 1.76%;而对于 F-measure,我们的方法在 15 个数据集上取得了最优结果,尤其在 pok865 和 pok86 这两个数据集上,LDUS 的 F-measure 值较其他方法均提升超过了 10%,说明 LDUS 算法是可行的,能有效地提升少数类的识别能力;对于 G-mean,实验结果与 AUC 类似,在 17 个数据集上取得了最优。

表 11.9　AUC 上的实验结果

| 数据集 | RUS | SMO | RB | UB | SBa | SBo | BC | EE | RBU | CBU | GSE | LDUS |
|---|---|---|---|---|---|---|---|---|---|---|---|---|
| aba17 | 0.7641 | 0.6801 | 0.6982 | 0.8329 | 0.6851 | 0.7623 | 0.7864 | 0.8135 | 0.5802 | 0.7594 | **0.8403** | 0.8224 |
| aba20 | 0.7706 | 0.7083 | 0.7438 | **0.8483** | 0.7016 | 0.8023 | 0.8000 | 0.8089 | 0.5601 | 0.7819 | 0.8102 | 0.8461 |
| aba21 | 0.7667 | 0.7716 | 0.8296 | 0.8279 | 0.8027 | 0.8191 | 0.7341 | 0.7922 | 0.7434 | 0.7952 | **0.8621** | 0.8528 |
| car-g | 0.9559 | 0.7970 | 0.8818 | 0.9726 | 0.7997 | 0.9048 | 0.9629 | 0.9643 | 0.7146 | 0.7939 | 0.8328 | **0.9734** |
| car-v | 0.9762 | 0.9856 | 0.9673 | 0.9911 | 0.9854 | 0.9517 | 0.9682 | 0.9839 | 0.6502 | 0.8704 | 0.8338 | **0.9912** |
| cle0 | 0.7315 | 0.7673 | 0.7592 | 0.8265 | 0.7775 | 0.8315 | 0.7243 | 0.8243 | 0.6973 | 0.5839 | 0.6894 | **0.8439** |
| eco0147 | 0.8206 | 0.8317 | 0.8155 | 0.8561 | 0.8438 | 0.8777 | 0.8342 | 0.8652 | 0.7483 | 0.7842 | **0.9470** | 0.8955 |
| eco01 | 0.7876 | 0.8484 | 0.7975 | 0.8324 | 0.8494 | 0.8696 | 0.7710 | 0.8247 | 0.8095 | 0.8594 | **0.9182** | 0.8696 |
| eco046 | 0.8418 | 0.8607 | 0.8850 | 0.8725 | 0.8712 | 0.8931 | 0.8159 | 0.8907 | 0.8462 | **0.9698** | 0.9526 | 0.8931 |
| eco067 | 0.8340 | 0.8710 | 0.8370 | 0.8678 | 0.8785 | **0.8930** | 0.8142 | 0.8500 | 0.8125 | 0.8348 | 0.8350 | 0.8912 |
| eco1 | 0.8596 | 0.8497 | 0.8188 | **0.8974** | 0.8507 | 0.8598 | 0.8811 | 0.8745 | 0.8417 | 0.8501 | 0.8334 | 0.8902 |
| eco2 | 0.8417 | 0.8757 | 0.8560 | 0.8939 | 0.8937 | 0.8780 | 0.8520 | 0.8937 | 0.7846 | 0.8386 | 0.8214 | **0.8991** |
| gla016 | 0.8693 | 0.8446 | **0.9494** | 0.9251 | 0.8793 | 0.8679 | 0.8931 | 0.9177 | 0.7871 | 0.8883 | 0.8471 | 0.9377 |
| gla2 | 0.6759 | 0.6630 | 0.6370 | 0.7806 | 0.6787 | 0.7080 | 0.7510 | 0.7479 | 0.5929 | 0.6520 | 0.7185 | **0.7950** |
| gla4 | 0.8411 | 0.8197 | 0.9098 | 0.9061 | 0.8407 | 0.8446 | 0.8058 | 0.8740 | 0.8754 | 0.6709 | 0.8567 | **0.9124** |
| gla6 | 0.8982 | 0.8928 | 0.9145 | 0.9090 | 0.9160 | 0.9109 | 0.8869 | 0.9088 | 0.8818 | 0.8426 | 0.8860 | **0.9169** |
| krk01d | 0.9383 | 0.9910 | 0.9551 | 0.9695 | **0.9954** | 0.9775 | 0.9180 | 0.9670 | 0.9053 | 0.8155 | 0.9418 | 0.9934 |
| krk08 | 0.9660 | 0.9624 | 0.9665 | 0.9827 | 0.9602 | 0.9368 | 0.9510 | 0.9749 | 0.8616 | 0.7624 | 0.9124 | **0.9937** |
| pima | 0.6818 | 0.6804 | 0.7011 | 0.7412 | 0.7131 | 0.7096 | 0.7281 | **0.7436** | 0.6616 | 0.6643 | 0.6943 | 0.7324 |
| pok895 | 0.5908 | 0.7362 | 0.5047 | 0.7061 | 0.7135 | 0.4993 | 0.5657 | 0.5523 | 0.5334 | 0.6092 | 0.6943 | **0.8713** |
| pok896 | 0.6013 | 0.5552 | 0.5146 | 0.7025 | 0.5383 | 0.5038 | 0.6355 | 0.4935 | 0.4962 | 0.6064 | 0.4483 | **0.7439** |
| pok86 | 0.5946 | 0.6940 | 0.4885 | 0.7206 | 0.6453 | 0.5036 | 0.5813 | 0.4879 | 0.6161 | 0.6643 | 0.4919 | **0.8786** |
| veh3 | 0.7061 | 0.6917 | 0.7188 | **0.7875** | 0.7136 | 0.7046 | 0.7740 | 0.7356 | 0.6843 | 0.6781 | 0.6785 | 0.7770 |
| w-r35 | 0.6430 | 0.5096 | 0.5758 | **0.7318** | 0.4941 | 0.5799 | 0.6737 | 0.7161 | 0.4869 | 0.6115 | 0.7209 | 0.7306 |

续表

| 数据集 | RUS | SMO | RB | UB | SBa | SBo | BC | EE | RBU | CBU | GSE | LDUS |
|---|---|---|---|---|---|---|---|---|---|---|---|---|
| w-r4 | 0.6149 | 0.5904 | 0.5608 | 0.6932 | 0.5464 | 0.6127 | 0.6493 | 0.6502 | 0.4897 | 0.5865 | 0.5379 | **0.7032** |
| w-r86 | 0.7024 | 0.6541 | 0.6641 | 0.7803 | 0.5985 | 0.6717 | 0.7333 | **0.7984** | 0.7035 | 0.5865 | 0.5537 | 0.7910 |
| w-w37 | 0.6506 | 0.6062 | 0.6042 | 0.7340 | 0.5462 | 0.7109 | 0.6688 | 0.7415 | 0.7011 | 0.5460 | 0.5537 | **0.7534** |
| w-w94 | 0.7188 | 0.7708 | 0.7977 | 0.7940 | 0.7732 | 0.7387 | 0.7376 | 0.7456 | 0.7286 | 0.7981 | **0.8167** | 0.8110 |
| yea1289 | 0.6533 | 0.6417 | 0.6187 | 0.7556 | 0.6651 | 0.6904 | 0.6928 | 0.7255 | 0.6401 | 0.5844 | **0.8196** | 0.7627 |
| yea1458 | 0.6190 | 0.5893 | 0.5767 | 0.7030 | 0.6019 | 0.6582 | 0.6437 | 0.6688 | 0.5107 | 0.6529 | 0.6664 | **0.7044** |
| yea17 | 0.5687 | 0.5644 | 0.5535 | 0.6346 | 0.5707 | 0.6128 | 0.5839 | 0.6160 | 0.6456 | **0.7008** | 0.6631 | 0.6554 |
| yea4 | 0.7993 | 0.6947 | 0.6851 | 0.8313 | 0.6934 | 0.7630 | 0.8392 | 0.8197 | 0.6440 | 0.7247 | **0.8431** | 0.8316 |
| chess | 0.9886 | 0.9766 | 0.9403 | 0.9922 | 0.9747 | 0.7924 | 0.9841 | 0.9829 | 0.9414 | 0.9353 | 0.9848 | **0.9961** |
| derma | 0.9652 | 0.9810 | 0.9832 | 0.9957 | **0.9985** | 0.9935 | 0.9772 | 0.9822 | 0.9897 | 0.9467 | 0.9838 | 0.9960 |
| letter-r | 0.9722 | 0.9729 | 0.9501 | **0.9890** | 0.9753 | 0.9324 | 0.9744 | 0.9568 | 0.9777 | 0.9492 | 0.9838 | 0.9887 |
| libra | 0.7555 | 0.7861 | 0.7728 | 0.8491 | 0.8353 | 0.8182 | 0.8029 | 0.8326 | 0.7267 | 0.7534 | 0.8242 | **0.8694** |
| ozone-l | 0.7229 | 0.6270 | 0.6709 | 0.8090 | 0.6097 | 0.7029 | 0.7700 | 0.7983 | 0.7166 | 0.6788 | 0.6509 | **0.8091** |
| parkinson | 0.8765 | 0.8842 | 0.8988 | 0.9103 | **0.9435** | 0.9026 | 0.8746 | 0.9032 | 0.8430 | 0.8682 | 0.7017 | 0.9355 |
| satimage | 0.8241 | 0.7742 | 0.8414 | **0.8790** | 0.8088 | 0.8283 | 0.8497 | 0.8468 | 0.7472 | 0.8103 | 0.8443 | 0.8773 |
| wilt | 0.9325 | 0.9336 | 0.9017 | 0.9546 | 0.9460 | 0.9151 | 0.9330 | 0.9222 | 0.8467 | 0.9247 | 0.7589 | **0.9550** |
| 均值 | 0.7830 | 0.7734 | 0.7686 | 0.8422 | 0.7779 | 0.7858 | 0.7956 | 0.8124 | 0.7256 | 0.7558 | 0.7813 | **0.8598** |

表 11.10 F-measure 上的实验结果

| 数据集 | RUS | SMO | RB | UB | SBa | SBo | BC | EE | RBU | CBU | GSE | LDUS |
|---|---|---|---|---|---|---|---|---|---|---|---|---|
| aba17 | 0.7571 | 0.5452 | 0.6110 | **0.8323** | 0.5526 | 0.6987 | 0.8074 | 0.8167 | 0.5785 | 0.7501 | 0.2430 | 0.8098 |
| aba20 | 0.7559 | 0.5847 | 0.6499 | **0.8456** | 0.5524 | 0.7292 | 0.8169 | 0.8005 | 0.5700 | 0.7633 | 0.1211 | 0.8293 |
| aba21 | 0.7413 | 0.6705 | 0.7739 | 0.7970 | 0.7147 | 0.7448 | 0.7128 | 0.7548 | 0.6949 | 0.7646 | 0.3276 | **0.8165** |
| car-g | 0.9555 | 0.7383 | 0.8650 | 0.9734 | 0.7418 | 0.8967 | 0.9644 | 0.9655 | 0.7610 | 0.8329 | 0.2763 | **0.9741** |
| car-v | 0.9765 | 0.9848 | 0.9654 | 0.9912 | 0.9844 | 0.9471 | 0.9694 | 0.9843 | 0.7504 | 0.8866 | 0.2973 | **0.9913** |
| cle0 | 0.6843 | 0.6607 | 0.6522 | 0.7798 | 0.6794 | 0.7717 | 0.6826 | 0.7937 | 0.6310 | 0.6147 | 0.2487 | **0.8072** |
| eco0147 | 0.8055 | 0.7907 | 0.7736 | 0.8444 | 0.8066 | 0.8581 | 0.8321 | 0.8586 | 0.7369 | 0.7796 | 0.6864 | **0.8819** |
| eco01 | 0.7797 | 0.8204 | 0.7542 | 0.8257 | 0.8186 | 0.8562 | 0.7812 | 0.8076 | 0.7851 | **0.8927** | 0.6964 | 0.8588 |
| eco046 | 0.8295 | 0.8295 | 0.8578 | 0.8552 | 0.8404 | 0.8730 | 0.8138 | 0.8808 | 0.8312 | **0.9700** | 0.9328 | 0.8806 |
| eco067 | 0.8246 | 0.8444 | 0.7965 | 0.8570 | 0.8529 | **0.8758** | 0.8153 | 0.8364 | 0.7995 | 0.8233 | 0.5986 | 0.8755 |
| eco1 | 0.8574 | 0.8385 | 0.8008 | **0.9014** | 0.8329 | 0.8616 | 0.8893 | 0.8772 | 0.8374 | 0.8436 | 0.7027 | 0.8880 |
| eco2 | 0.8408 | 0.8648 | 0.8409 | 0.8920 | 0.8824 | 0.8688 | 0.8599 | 0.8876 | 0.7804 | 0.8333 | 0.5635 | **0.8958** |
| gla016 | 0.8542 | 0.7417 | 0.9408 | 0.9311 | 0.8078 | 0.7869 | 0.9043 | 0.9143 | 0.7781 | 0.9064 | 0.4497 | **0.9419** |
| gla2 | 0.6621 | 0.4911 | 0.4377 | 0.7821 | 0.5075 | 0.6084 | 0.7711 | 0.7409 | 0.6295 | 0.6960 | 0.3229 | **0.7910** |
| gla4 | 0.8256 | 0.7581 | 0.8893 | **0.9026** | 0.7801 | 0.7926 | 0.7992 | 0.8605 | 0.8876 | 0.6442 | 0.4973 | 0.8962 |
| gla6 | 0.8942 | 0.8798 | 0.9029 | 0.9052 | 0.9062 | 0.8967 | 0.8845 | 0.9039 | 0.8753 | 0.8375 | 0.6818 | **0.9115** |
| krk01d | 0.9409 | 0.9887 | 0.9498 | 0.9704 | **0.9944** | 0.9736 | 0.9249 | 0.9682 | 0.8943 | 0.8442 | 0.6137 | 0.9935 |
| krk08 | 0.9666 | 0.9599 | 0.9647 | 0.9829 | 0.9577 | 0.9311 | 0.9533 | 0.9754 | 0.8289 | 0.8089 | 0.4607 | **0.9936** |
| pima | 0.6786 | 0.6563 | 0.6865 | **0.7594** | 0.6911 | 0.7532 | 0.7393 | 0.7440 | 0.6440 | 0.6584 | 0.6157 | 0.7477 |
| pok895 | 0.5810 | 0.5739 | 0.3259 | 0.7177 | 0.5115 | 0.0529 | 0.6006 | 0.5726 | 0.5242 | 0.7138 | 0.6157 | **0.8576** |
| pok896 | 0.5914 | 0.2042 | 0.3395 | 0.6967 | 0.1420 | 0.0580 | 0.6485 | 0.4984 | 0.4587 | **0.7189** | 0.0174 | 0.7081 |
| pok86 | 0.5858 | 0.5131 | 0.3112 | 0.7255 | 0.4067 | 0.0932 | 0.5987 | 0.4896 | 0.6115 | 0.6584 | 0.0319 | **0.8651** |
| veh3 | 0.7013 | 0.6453 | 0.6951 | **0.8036** | 0.6687 | 0.7474 | 0.7920 | 0.7387 | 0.6585 | 0.6813 | 0.5133 | 0.7875 |
| w-r35 | 0.5845 | 0.0769 | 0.2717 | 0.6686 | 0.0130 | 0.2526 | 0.6343 | **0.6758** | 0.3434 | 0.6137 | 0.0579 | 0.6365 |

续表

| 数据集 | RUS | SMO | RB | UB | SBa | SBo | BC | EE | RBU | CBU | GSE | LDUS |
|---|---|---|---|---|---|---|---|---|---|---|---|---|
| w-r4 | 0.6040 | 0.3687 | 0.4221 | **0.6931** | 0.2167 | 0.4959 | 0.6824 | 0.6452 | 0.4999 | 0.6675 | 0.0718 | 0.6896 |
| w-r86 | 0.6834 | 0.4666 | 0.5154 | 0.7691 | 0.3048 | 0.5127 | 0.7609 | **0.7998** | 0.6953 | 0.6675 | 0.0678 | 0.7627 |
| w-w37 | 0.6054 | 0.3583 | 0.3846 | 0.7003 | 0.1721 | 0.5799 | 0.6781 | **0.7181** | 0.6966 | 0.5817 | 0.0678 | 0.7080 |
| w-w94 | 0.6531 | 0.5546 | 0.6494 | 0.7140 | 0.5549 | 0.4937 | 0.6665 | 0.6818 | 0.6131 | **0.7802** | 0.2475 | 0.7254 |
| yea1289 | 0.6393 | 0.4925 | 0.4993 | **0.7641** | 0.5110 | 0.6559 | 0.7165 | 0.7177 | 0.6064 | 0.6422 | 0.4480 | 0.7442 |
| yea1458 | 0.6087 | 0.3409 | 0.4322 | **0.6943** | 0.3640 | 0.5663 | 0.6795 | 0.6624 | 0.5192 | 0.6734 | 0.1154 | 0.6772 |
| yea7 | 0.5543 | 0.3007 | 0.4010 | 0.6429 | 0.2858 | 0.5458 | 0.6110 | 0.6216 | 0.6229 | **0.7394** | 0.5297 | 0.6362 |
| yea4 | 0.7927 | 0.5732 | 0.5965 | 0.8355 | 0.5702 | 0.7064 | **0.8580** | 0.8145 | 0.6021 | 0.7663 | 0.2766 | 0.8255 |
| chess | 0.9887 | 0.9756 | 0.9332 | 0.9922 | 0.9735 | 0.7376 | 0.9843 | 0.9832 | 0.9383 | 0.9407 | 0.6441 | **0.9961** |
| derma | 0.9577 | 0.9776 | 0.9797 | 0.9954 | **0.9985** | 0.9928 | 0.9744 | 0.9800 | 0.9899 | 0.9471 | 0.8044 | 0.9957 |
| letter-r | 0.9723 | 0.9721 | 0.9474 | **0.9890** | 0.9746 | 0.9276 | 0.9748 | 0.9567 | 0.9776 | 0.9510 | 0.8514 | 0.9886 |
| libra | 0.7496 | 0.7457 | 0.7290 | 0.8475 | 0.8074 | 0.8142 | 0.8116 | 0.8302 | 0.7401 | 0.7385 | 0.6563 | **0.8665** |
| ozone-l | 0.7157 | 0.4346 | 0.5694 | **0.8094** | 0.3728 | 0.5964 | 0.7879 | 0.7958 | 0.7498 | 0.7388 | 0.1647 | 0.8041 |
| parkinson | 0.8797 | 0.8783 | 0.8874 | 0.9155 | **0.9418** | 0.9021 | 0.8868 | 0.9024 | 0.8430 | 0.8693 | 0.5329 | 0.9339 |
| satimage | 0.8240 | 0.7305 | 0.8393 | **0.8823** | 0.7739 | 0.8107 | 0.8613 | 0.8483 | 0.7212 | 0.8204 | 0.5575 | 0.8752 |
| wilt | 0.9324 | 0.9294 | 0.8840 | 0.9545 | 0.9430 | 0.9074 | 0.9354 | 0.9205 | 0.8511 | 0.9262 | 0.3353 | **0.9546** |
| 均值 | 0.7709 | 0.6690 | 0.6932 | 0.8360 | 0.6603 | 0.7043 | 0.8016 | 0.8056 | 0.7139 | 0.7747 | 0.4236 | **0.8456** |

表 11.11　G-mean 上的实验结果

| 数据集 | RUS | SMO | RB | UB | SBa | SBo | BC | EE | RBU | CBU | GSE | LDUS |
|---|---|---|---|---|---|---|---|---|---|---|---|---|
| aba17 | 0.7598 | 0.6118 | 0.6593 | 0.8309 | 0.6182 | 0.7339 | 0.7765 | 0.8087 | 0.5627 | 0.7558 | **0.8361** | 0.8183 |
| aba20 | 0.7615 | 0.6401 | 0.6924 | **0.8442** | 0.6045 | 0.7559 | 0.7875 | 0.8038 | 0.5510 | 0.7727 | 0.8032 | 0.8395 |
| aba21 | 0.7416 | 0.6976 | 0.7930 | 0.8113 | 0.7392 | 0.7718 | 0.7006 | 0.7663 | 0.7023 | 0.7712 | **0.8426** | 0.8308 |
| car-g | 0.9551 | 0.7680 | 0.8747 | 0.9722 | 0.7708 | 0.9017 | 0.9620 | 0.9636 | 0.6626 | 0.7586 | 0.8149 | **0.9730** |
| car-v | 0.9758 | 0.9852 | 0.9663 | **0.9911** | 0.9849 | 0.9495 | 0.9676 | 0.9838 | 0.5025 | 0.8592 | 0.7978 | **0.9911** |
| cle0 | 0.6921 | 0.6871 | 0.6792 | 0.7882 | 0.7133 | 0.7884 | 0.6948 | 0.7966 | 0.6180 | 0.5260 | 0.6797 | **0.8216** |
| eco0147 | 0.8107 | 0.8122 | 0.7962 | 0.8499 | 0.8260 | 0.8690 | 0.8278 | 0.8593 | 0.7368 | 0.7803 | **0.9452** | 0.8893 |
| eco01 | 0.7807 | 0.8359 | 0.7783 | 0.8262 | 0.8355 | 0.8644 | 0.7601 | 0.8154 | 0.7945 | 0.8214 | **0.9155** | 0.8655 |
| eco046 | 0.8329 | 0.8456 | 0.8715 | 0.8638 | 0.8560 | 0.8835 | 0.8075 | 0.8855 | 0.8356 | **0.9694** | 0.9521 | 0.8865 |
| eco067 | 0.8248 | 0.8537 | 0.8172 | 0.8613 | 0.8659 | **0.8848** | 0.8058 | 0.8423 | 0.8031 | 0.8253 | 0.8161 | 0.8836 |
| eco1 | 0.8575 | 0.8459 | 0.8121 | **0.8957** | 0.8435 | 0.8568 | 0.8766 | 0.8732 | 0.8359 | 0.8477 | 0.8197 | 0.8889 |
| eco2 | 0.8384 | 0.8714 | 0.8501 | 0.8922 | 0.8889 | 0.8742 | 0.8482 | 0.8913 | 0.7820 | 0.8362 | 0.8107 | **0.8974** |
| gla016 | 0.8449 | 0.7531 | **0.9444** | 0.9215 | 0.8183 | 0.7977 | 0.8859 | 0.9040 | 0.7471 | 0.8701 | 0.8199 | 0.9352 |
| gla2 | 0.6486 | 0.5320 | 0.4674 | 0.7662 | 0.5442 | 0.6488 | 0.7277 | 0.7363 | 0.5684 | 0.6034 | 0.7043 | **0.7855** |
| gla4 | 0.8269 | 0.7843 | 0.8989 | 0.9017 | 0.8007 | 0.8140 | 0.7841 | 0.8643 | 0.8524 | 0.6175 | 0.8327 | **0.9046** |
| gla6 | 0.8948 | 0.8870 | 0.9085 | 0.9070 | 0.9116 | 0.9039 | 0.8816 | 0.9058 | 0.8786 | 0.8329 | 0.8739 | **0.9141** |
| krk01d | 0.9359 | 0.9898 | 0.9524 | 0.9690 | **0.9949** | 0.9755 | 0.9138 | 0.9664 | 0.9001 | 0.7942 | 0.9380 | 0.9934 |
| krk08 | 0.9655 | 0.9612 | 0.9656 | 0.9825 | 0.9590 | 0.9341 | 0.9497 | 0.9746 | 0.7936 | 0.7223 | 0.9082 | **0.9936** |
| pima | 0.6801 | 0.6761 | 0.6965 | 0.7362 | 0.7088 | 0.6856 | 0.7255 | **0.7427** | 0.6591 | 0.6625 | 0.6931 | 0.7283 |
| pok895 | 0.5583 | 0.6086 | 0.3604 | 0.6670 | 0.5405 | 0.0637 | 0.5196 | 0.5178 | 0.5189 | 0.4351 | 0.6931 | **0.8647** |
| pok896 | 0.5865 | 0.2527 | 0.3850 | 0.6951 | 0.1781 | 0.0788 | 0.6205 | 0.4672 | 0.4730 | 0.4017 | 0.3828 | **0.7240** |
| pok86 | 0.5753 | 0.5689 | 0.3677 | 0.7081 | 0.4564 | 0.1247 | 0.5602 | 0.4585 | 0.5793 | 0.6625 | 0.4682 | **0.8680** |
| veh3 | 0.7043 | 0.6785 | 0.7130 | **0.7823** | 0.6999 | 0.6819 | 0.7681 | 0.7345 | 0.6785 | 0.6760 | 0.6775 | 0.7742 |
| w-r35 | 0.5706 | 0.0823 | 0.2868 | 0.6607 | 0.0139 | 0.2683 | 0.6023 | 0.6735 | 0.3023 | 0.5612 | **0.6760** | 0.6495 |

续表

| 数据集 | RUS | SMO | RB | UB | SBa | SBo | BC | EE | RBU | CBU | GSE | LDUS |
| --- | --- | --- | --- | --- | --- | --- | --- | --- | --- | --- | --- | --- |
| w-r4 | 0.6076 | 0.4653 | 0.4965 | 0.6885 | 0.3064 | 0.5613 | 0.6343 | 0.6452 | 0.4659 | 0.5204 | 0.5170 | **0.6970** |
| w-r86 | 0.6851 | 0.5267 | 0.5656 | 0.7646 | 0.3442 | 0.5533 | 0.7132 | **0.7907** | 0.6733 | 0.5204 | 0.5164 | 0.7780 |
| w-w37 | 0.6213 | 0.4218 | 0.4371 | 0.7181 | 0.2017 | 0.6268 | 0.6535 | **0.7284** | 0.6923 | 0.5060 | 0.5164 | 0.7277 |
| w-w94 | 0.6072 | 0.5544 | 0.6452 | 0.6958 | 0.5547 | 0.4935 | 0.6287 | 0.6393 | 0.5880 | **0.7363** | 0.7277 | 0.7113 |
| yea1458 | 0.6040 | 0.4175 | 0.4979 | 0.6896 | 0.4585 | 0.6144 | 0.6215 | 0.6594 | 0.4921 | 0.6488 | 0.6591 | **0.6925** |
| yea17 | 0.5524 | 0.3668 | 0.4550 | 0.6242 | 0.3600 | 0.5832 | 0.5653 | 0.6017 | 0.6354 | **0.6745** | 0.6614 | 0.6469 |
| yea4 | 0.7954 | 0.6336 | 0.6406 | 0.8281 | 0.6314 | 0.7390 | 0.8274 | 0.8160 | 0.6265 | 0.6959 | **0.8421** | 0.8286 |
| chess | 0.9886 | 0.9761 | 0.9370 | 0.9921 | 0.9741 | 0.7649 | 0.9840 | 0.9828 | 0.9403 | 0.9320 | 0.9847 | **0.9961** |
| derma | 0.9612 | 0.9793 | 0.9813 | 0.9956 | **0.9985** | 0.9932 | 0.9757 | 0.9811 | 0.9896 | 0.9432 | 0.9836 | 0.9958 |
| letter-r | 0.9722 | 0.9725 | 0.9492 | **0.9890** | 0.9750 | 0.9301 | 0.9742 | 0.9568 | 0.9777 | 0.9486 | 0.9838 | 0.9886 |
| libra | 0.7512 | 0.7706 | 0.7554 | 0.8466 | 0.8236 | 0.8145 | 0.7975 | 0.8294 | 0.7189 | 0.7483 | 0.8037 | **0.8675** |
| ozone-1 | 0.7193 | 0.5211 | 0.6265 | 0.8074 | 0.4753 | 0.6519 | 0.7630 | 0.7956 | 0.7028 | 0.6353 | 0.6043 | **0.8077** |
| parkinson | 0.8732 | 0.8817 | 0.8936 | 0.9070 | **0.9420** | 0.9001 | 0.8675 | 0.9017 | 0.8413 | 0.8654 | 0.6772 | 0.9336 |
| satimage | 0.8240 | 0.7571 | 0.8411 | **0.8784** | 0.7941 | 0.8230 | 0.8453 | 0.8464 | 0.7410 | 0.8081 | 0.8427 | 0.8770 |
| wilt | 0.9322 | 0.9319 | 0.8882 | 0.9545 | 0.9448 | 0.9117 | 0.9321 | 0.9215 | 0.8453 | 0.9241 | 0.7501 | **0.9549** |
| 均值 | 0.7689 | 0.6992 | 0.7177 | 0.8313 | 0.6882 | 0.7187 | 0.7804 | 0.8012 | 0.6974 | 0.7252 | 0.7645 | **0.8494** |

为了进一步验证 LDUS 算法分类性能的优越性,我们对上述的实验结果进行显著性统计检验。这里我们先采用 Friedman 检验[35],图 11.12 给出了不同方法在三种指标下所有数据集上的平均秩,秩越低代表算法的分类性能越高。从图 11.12 中可以看出,LDUS 在不同指标上均取得了最低的平均秩。当显著性水平 $\alpha = 0.05$ 时,Friedman 检验的统计量 FF 服从自由度为 (11,429) 的 FF 分布,CD 值为 1.81。而三种指标下的 FF 值分别为 27.46、52.32 和 28.69 均大于 1.81,这表明应该拒绝原假设,即实验的算法之间存在显著性的差异。

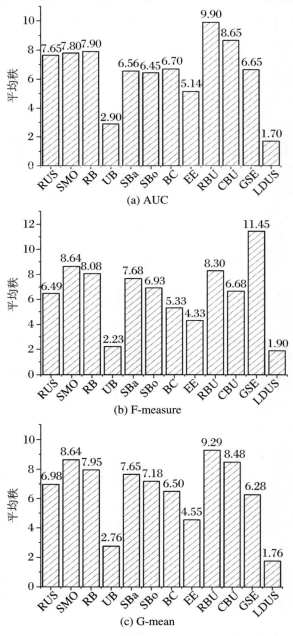

图 11.12　12 种算法在三种指标上的平均秩

　　我们进一步对实验结果进行两两成对的 Wilcoxon 符号秩检验,对比结果如表 11.12 所示。从 F-measure 指标上来看,除了 UnderBagging,LDUS 均显著优于对比算法。而对于 G-mean 和 AUC,则均显著优于其他 11 种对比算法。综上所述, LDUS 算法在 40 个不平衡数据集上取得较好的分类性能,能有效地解决欠采样存在的样本信息丢失问题,在处理不平衡问题时具有一定的优势。

表 11. 12　Wilcoxon 符号秩检验结果

| LDUS vs | AUC | F-measure | G-mean |
| :---: | :---: | :---: | :---: |
| RUS | $3.57 \times 10^8$ | $3.57 \times 10^8$ | $3.57 \times 10^8$ |
| SMOTE | $3.57 \times 10^8$ | $3.57 \times 10^8$ | $3.57 \times 10^8$ |
| RB | $4.84 \times 10^8$ | $3.57 \times 10^8$ | $4.48 \times 10^8$ |
| UB | $5.21 \times 10^5$ | $1.58 \times 10^1$ | $1.11 \times 10^4$ |
| SBa | $8.18 \times 10^8$ | $6.53 \times 10^8$ | $7.05 \times 10^8$ |
| SBo | $8.38 \times 10^8$ | $5.22 \times 10^8$ | $4.16 \times 10^8$ |
| BC | $4.48 \times 10^8$ | $4.33 \times 10^7$ | $3.57 \times 10^8$ |
| EE | $9.49 \times 10^8$ | $5.91 \times 10^6$ | $6.14 \times 10^7$ |
| RBU | $3.57 \times 10^8$ | $3.57 \times 10^8$ | $3.57 \times 10^8$ |
| CBU | $2.45 \times 10^7$ | $6.49 \times 10^6$ | $1.97 \times 10^7$ |
| GSE | $3.68 \times 10^5$ | $3.85 \times 10^8$ | $4.92 \times 10^5$ |

## 本章小结

　　针对 SMOTE 过采样方法的不足之处,本章提出了融合局部密度的不平衡数据采样方法(LDAS)。首先,LDAS 对数据集中的少数类样本进行密度估计,获取每个样本的局部密度,然后基于少数类的局部密度,提出了一种对多数类样本的清洗策略,以降低不同类别间的重叠程度。最后,根据少数类的边界程度以及对应的局部密度进行加权过采样,同时在边界和安全区域合成,能够降低在单一特定区域过度合成样本的比例而引起的过拟合的可能性,有效地提高采样的效率,提升后续的分类性能。针对传统的不平衡数据欠采样方法存在的容易丢失重要样本信息等问题,提出了一种融合局部密度的欠采样方法,该方法利用样本的局部密度信息来衡量不同样本在分类时的重要程度,能有效地区分包含重要信息的样本和潜在的重叠和噪声样本,从而避免在采样时因随机选取可能引起的信息丢失问题。

# 参 考 文 献

［1］ GALAR M，FERNÁNDEZ A，BARRENECHEA E，et al. EUSBoost：enhancing ensembles for highly imbalanced data-sets by evolutionary undersampling［J］. Pattern Recognition，2013，46 (12)：3460-3471.

［2］ CHAWLA N V，BOWYER K W，HALL L O，et al. SMOTE：synthetic minority over-sampling technique［J］. Journal of artificial intelligence research，2002，16：321-357.

［3］ HAN H，WANG W Y，Mao B H. Borderline-SMOTE：a new over-sampling method in imbalanced data sets learning［C］//International Conference on Intelligent Computing，2005：878-887.

［4］ HE H，BAI Y，GARCIA E A，et al. ADASYN：adaptive synthetic sampling approach for imbalanced learning［C］//2008 IEEE International Joint Conference on Neural Networks，2008：1322-1328.

［5］ BATISTA G E，PTATI R C，MONARD M C. A study of the behavior of several methods for balancing machine learning training data［J］. ACM SIGKDD Explorations Newsletter，2004，6(1)：20-29.

［6］ RAMENTOL E，CABALLERO Y，BELLO R，et al. SMOTE-RS B＊：a hybrid preprocessing approach based on oversampling and undersampling for high imbalanced data-sets using SMOTE and rough sets theory［J］. Knowledge and Information Systems，2012，33(2)：245-265.

［7］ KRAWCZYK B. Learning from imbalanced data：open challenges and future directions［J］. Progress in Artificial Intelligence，2016，5(4)：221-232.

［8］ CHEN B，XIA S，CHEN Z，et al. RSMOTE：a self-adaptive robust SMOTE for imbalanced problems with label noise［J］. Information Sciences，2021，553：397-428.

［9］ Fernández A，JESUS M J，HERRERA F. Addressing overlapping in classification with imbalanced datasets：a first multi-objective approach for feature and instance selection［C］//International Conference on Intelligent Data Engineering and Automated Learning，2015：36-44.

［10］ BATISTA G E，PRATI R C，MONARD M C. Balancing strategies and class overlapping［C］//International Symposium on Intelligent Data Analysis，2005：24-35.

［11］ GARCÍA V，SÁNCHEZ J，MOLLINEDA R. An empirical study of the behavior of classifiers on imbalanced and overlapped data sets［C］//Iberoamerican Congress on Pattern Recognition，2007：397-406.

［12］ VUTTIPITTAYAMONGKOL P，ELYAN E，PETROVSKI A. On the class overlap problem in imbalanced data classification［J］. Knowledge-based Systems，2021，212：106631.

［13］ BLASZCZYNSKI J，DECKERT M，STEFANOWSKI J，et al. Iivotes ensemble for imbalanced data［J］. Intelligent Data Analysis，2012，16(5)：777-801.

［14］ ALCALA-FDEZ J，FERMANDEZ A，LUENGO J，et al. KEEL data-mining software tool：data set repository，integration of algorithms and experimental analysis framework［J］. Journal of Multiple-Valued Logic & Soft Computing，2011，17(2-3)：255-287.

[15] FU G H, WU Y J, ZONG M J, et al. Feature selection and classification by minimizing overlap degree for class-imbalanced data in metabolomics[J]. Chemometrics and Intelligent Laboratory Systems, 2020, 196:103906.

[16] BUNKHUMPORNPAT C, SINAPIROMSARAN K, Lursinsap C. Safe-level-smote: safe-level-synthetic minority over-sampling technique for handling the class imbalanced problem[C]//Pacific-Asia conference on knowledge discovery and data mining, 2009: 475-482.

[17] TANG B, HE H. KernelADASYN: kernel based adaptive synthetic data generation for imbalanced learning[C]//Evolutionary Computation. IEEE, 2015:664-671.

[18] SAEZ, JOSE A, HERRERA, et al. SMOTE-IPF: addressing the noisy and borderline examples problem in imbalanced classification by a re-sampling method with filtering[J]. Information Sciences:An International Journal, 2015, 291:184-203.

[19] TAO X, LI Q, GUO W, et al. Adaptive weighted over-sampling for imbalanced datasets based on density peaks clustering with heuristic filtering[J]. Information Sciences, 2020, 519:43-73.

[20] LIN W C, TSAI C F, HU Y H, et al. Clustering-based undersampling in class-imbalanced data[J]. Information Sciences, 2017, 409:17-26.

[21] TOMEK I. Two modifications of CNN[J]. IEEE Transactions on Systems Man & Cybernetics, 1976, SMC-6(11):769-772.

[22] WILSON D L. Asymptotic properties of nearest neighbor rules using edited data[J]. IEEE Transactions on Systems, Man, and Cybernetics, 1972 (3): 408-421.

[23] Lemaître G, NOGUEIRA F, ARIDAS C K. Imbalanced-learn: a python toolbox to tackle the curse of imbalanced datasets in machine learning[J]. The Journal of Machine Learning Research, 2017, 18(1):559-563.

[24] KOVÁCS G. An empirical comparison and evaluation of minority oversampling techniques on a large number of imbalanced datasets[J]. Applied Soft Computing, 2019, 83:105662.

[25] SWAMI A, JAIN R. Scikit-learn: machine learning in python[J]. Journal of Machine Learning Research, 2013, 12(10):2825-2830.

[26] BENAVOLI A, CORANI G, DEMŠAR J, et al. Time for a change: a tutorial for comparing multiple classifiers through bayesian analysis[J]. The Journal of Machine Learning Research, 2017, 18(1): 2653-2688.

[27] KRUSCHKE J K, LIDDELL T M. The bayesian new statistics: hypothesis testing, estimation, meta-analysis, and power analysis from a Bayesian perspective[J]. Psychonomic bulletin & review, 2018, 25(1):178-206.

[28] RODRIGUEZ A, LAIO A. Clustering by fast search and find of density peaks[J]. Science, 2014, 344(6191): 1492-1496.

[29] BARANDELA R, SANCHEZ J S, VALDOVINOS R M. New applications of ensembles of classifiers[J]. Pattern Analysis & Applications, 2003, 6(3):245-256.

[30] WANG S, YAO X. Diversity analysis on imbalanced data sets by using ensemble models[C]//2009 IEEE Symposium on Computational Intelligence and Data Mining, 2009:324-331.

[31] CHAWLA N V, LAZAREVIC A, HALL L O, et al. SMOTEBoost: improving prediction of the minority class in boosting[C]//European Conference on Principles of Data Mining and Knowledge

Discovery，2003：107-119.

[32] LIU X Y，WU J，ZHOU Z H. Exploratory undersampling for class-imbalance learning[J]. IEEE Transactions on Systems，Man，and Cybernetics，Part B（Cybernetics），2008，39(2)：539-550.

[33] KOZIARSKI M. Radial-based undersampling for imbalanced data classification[J]. Pattern Recognition，2020，102：107262.

[34] ZHU Z，WANG Z，LI D，et al. Geometric structural ensemble learning for imbalanced problems [J]. IEEE Transactions on Cybernetics，2018，50(4)：1617-1629.

[35] DEMIARJ，SCHUURMANS D. Statistical Comparisons of Classifiers over Multiple Data Sets[J]. Journal of Machine Learning Research，2006，7(1)：1-30.

# 第 12 章　非构造性不平衡学习——算法层面方法

## 12.1　相关理论与知识

### 12.1.1　KAOG 和 MKAOG 构图方法

#### 12.1.1.1　KAG

**定义 1**　$k$ 近邻图

给定一个独立同分布的样本集合 $X \in \mathbf{R}^{n \times d}$，其对应的 $k$ 近邻图定义为 $G = (V, E)$，其中 $V = \{v_1, v_2, \cdots, v_n\}$ 表示图中的节点集合，$\forall v_i \in V$ 都对应于原数据集中的一个样本 $x_i \in X$。$E = \{e_{ij}\}$ 为所有节点 $k$ 近邻对应的边的并集，即对于任意一个节点 $v_i \in V$，$e_{ij} = \langle v_i, v_j \rangle$，$v_j \in N_i^k$，此时 $\langle v_i, v_j \rangle = \langle v_j, v_i \rangle$，即只要 $v_i$ 为 $v_j$ 的 $k$ 近邻或 $v_j$ 为 $v_i$ 的 $k$ 近邻，两者之间都会存在一条无向边，且默认不存在 $e_{ii}$。

定义 1 没有考虑 $k$ 近邻图中边的方向，它是一个无向图。值得注意的是节点 $v_j$ 是 $v_i$ 的近邻并不意味着 $v_i$ 也是 $v_j$ 的近邻，因此 Bertini 等人[1] 提出的 K-Associated Graph（KAG）是有向近邻图，其更符合现实世界中大多数据具有非对称表示的特点。KAG 是根据一个固定 $k$ 值生成的标签依赖的近邻图，在训练阶段，每个训练样本 $x_i$ 对应图中的一个节点 $v_i$，该节点具有一个标签 $y_i$。KAG 算法大致可以分为三个步骤：

（1）步骤 1：对每个节点计算出其 $k$ 个近邻的集合 $\Delta_{v_i,k}$，该集合中的同类节点产生连边（标签依赖），即每个节点标签依赖的 $k$ 近邻集合 $\Delta_{v_i,k}$ 如公式（12.1）所示。

$$\Delta_{v_i,k} = \{ v_j \,|\, v_j \in N_{v_i k} \wedge y_{v_i} = y_{v_j} \} \tag{12.1}$$

（2）步骤 2：针对上一步中获得的全体节点集合 $V$ 和边集合 $E$，利用图的深度优先搜索（DFS）或并查集操作（disjoint-set forests）获得全体连通分量，因此，KAG 同样可以看成连通分量 $C_\alpha$ 的集合：$C_\alpha \in C = \{C_1, \cdots, C_R\}$。

（3）步骤 3：计算各个连通分量的纯度，具体见公式（12.2）。

$$D_\alpha = \frac{1}{N_\alpha} \sum_{v_i \in C_\alpha} (d_i^{in} + d_i^{out}) \tag{12.2}$$

其中，$C_\alpha$ 表示某一连通分量，$v_i$ 为 $C_\alpha$ 中的节点，$d_i^{in}$ 和 $d_i^{out}$ 分别为该节点的入度和出度，$N_\alpha$ 为 $C_\alpha$ 所拥有的节点数量，则 $D_\alpha$ 表示 $C_\alpha$ 的平均度。因此，该连通分量的纯度 $\Phi_\alpha$ 由公式（12.3）计算所得。

$$\Phi_\alpha = \frac{D_\alpha}{2k} \tag{12.3}$$

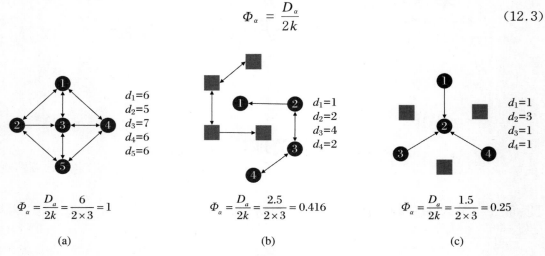

图 12.1    $k = 3$ 时的纯度计算样例

如图 12.1 所示，当 $k = 3$ 时，其显示了三种不同分布的子图，其中图 12.1(a)为一个"纯"连通分量，结构中不包含其他类；图 12.1(b)展示了靠近其他类的一个连通分量，其具有中等数值的纯度；图 12.1(c)显示了一个周围存在噪声的连通分量；可以看出三个子图展现的纯度值依次减少。分析公式(12.3)，假设一个连通分量，设近邻数为 $k$，那么纯度最大时，其节点的近邻都为同类点，该节点应拥有 $k$ 个出度和 $k$ 个入度，则该连通分量的 $D_\alpha = 2k$，显然该连通分量的纯度取到纯度的最大值 $max(\Phi_\alpha) = 1$。在另一个极端假设下，若该节点的所有近邻都为异类点，则此时该连通分量是由单个节点组成，即 $D_\alpha = 0$，对应的纯度取到最小值 0。综上所述，纯度的取值范围为 $\Phi_\alpha \in [0,1]$。$\Phi_\alpha = 1$ 表明该连通分量是全连通图，其中所有节点的近邻类别相同；$\Phi_\alpha = 0$ 表明该连通分量由单个节点构成，其所有近邻都为异类点。最终，构建 KAG 的具体过程如算法 12.1 所示：

**算法 12.1    构建 KAG**

输入：节点近邻数 $k$ 值，数据集 $X = \{(x_1, y_1), \cdots, (x_i, y_i), \cdots, (x_n, y_n)\}$；

输出：K-Associated graph $G^{(k)} = \{C_1, \cdots C_\alpha, \cdots, C_R\}$，其中 $C_\alpha = (G'(V', E'); \Phi_\alpha)$；

符号：$\Delta_{v_i,k}$ 是节点 $v_i$ 标签依赖的 $k$ 近邻集合；

       $findComponents(V, E)$ 是返回某一近邻图 G 中所有连通分量的函数；

       $purity()$ 是计算连通分量纯度的函数；

1.    $C \leftarrow \varnothing$；

2.    $G^{(k)} \leftarrow \varnothing$；

3.    For all $v_i \in V$ do

4.        $\Delta_{v_i,k} \leftarrow \{v_j \mid v_j \in N_{v_ik} \wedge y_{v_i} = y_{v_j}\}$；

5.　　$E \leftarrow E \bigcup \{ e_{ij} \mid v_j \in \Delta_{v_i, k} \}$；

6.　End For

7.　$C \leftarrow findComponents(V, E)$；

8.　For all $C_a \in C$ do

9.　　$\Phi_a \leftarrow purity(C_a)$；

10.　　$G^{(k)} \leftarrow G^{(k)} \bigcup \{ (C_a(V', E'); \Phi_a) \}$；

11. End For

12. 输出 K-Associated graph $G^{(k)}$；

## 12.1.1.2　KAOG

KAG 中生成的所有连通分量使用了统一的 $k$ 值,然而考虑到各局部区域数据分布的不同,所有子图使用相同的 $k$ 值并非最优,对后续分类性能产生一定的影响。因此,Bertini 等人在 KAG 的基础上进一步提出了 K-Associated Optimal Graph(KAOG)。

为了使不同的连通分量获得其最佳的 $k$ 值,KAOG 算法采用了一种启发式的迭代方法去使不同的连通分量获得各自的最优 $k$ 值,该方法从 $k = 1$ 的 KAG 开始逐步增加 $k$ 值,随着 $k$ 值的增加,算法将获得一系列不同 $k$ 值的 KAG。在这个过程中,部分子图将会融合,直到连通分量最终获得更好的结构,详细的过程见算法 12.2。KAOG 将记录 $k$ 值增长过程中形成的最佳连通分量,而其中的判断关键是连通分量的纯度,其反映了节点的连通程度,判断的准则依据公式(12.4)。

$$\Phi_{\beta}^{(K+z)} \geqslant \Phi_a^{(K)}, \quad C_{\beta}^{(K)} \subseteq C_{\beta}^{(K+z)} \tag{12.4}$$

公式(12.4)表示了迭代过程中子图是否接受融合的判断准则,$\alpha, \beta$ 分别对应连通分量的下标,$k$ 值每增加 1,都将更新子图结构,融合过程中 KAOG 将始终保存最优的子图结构和对应纯度。

### 算法 12.2　构建 KAOG

输入:数据集 $X = \{ (x_1, y_1), \cdots, (x_i, y_i), \cdots, (x_n, y_n) \}$；

输出:K-Associated Optimal graph $G^{(opt)} = \{ C_1^{(opt)}, \cdots, C_a^{(opt)}, \cdots, C_R^{(opt)} \}$,其中 $C_a^{(opt)}$ $= (G'(V', E'); \Phi_a, k_a)$；

符号:KAG( )是算法 12.1 创建 K-Associated Graph 的函数；

1.　$k \leftarrow 1$；

2.　$C^{(opt)} \leftarrow KAG(X, k)$；

3.　Repeat

4.　　$lastAvgDegre \leftarrow D^{(k)}$；

5.　　$k \leftarrow k + 1$；

6.　　$C^{(k)} \leftarrow KAG(X, k)$；

7.　　For all $C_{\beta}^{(k)} \subset G^{(k)}$ do

8.　　　If ($\Phi_{\beta}^{(k)} \geqslant \Phi_a^{(opt)}$ for all $C_a^{(opt)} \subseteq C_{\beta}^{(k)}$) then

9.　　　　$G^{(opt)} \leftarrow G^{(opt)} - \bigcup_{C_a^{(opt)} \subseteq C_{\beta}^{(k)}} C_a^{(opt)}$；

10.          $G^{(opt)} \leftarrow G^{(opt)} \bigcup \{C_\beta^{(k)}\}$ ;

11.        End If

12.      End For

13. Until $D^{(k)} - lastAvgDegre < D^{(k)}/k$ ;

14. 输出 K-Associated Optimal Graph $G^{(opt)}$ ;

公式(12.4)为迭代过程中子图是否接受融合的判断准则，$\alpha$，$\beta$ 分别是对应连通分量的下标，融合过程中 KAOG 将始终保存最优的子图结构和对应纯度。图 12.2 给出了一个 KAOG 融合过程的示意图。这里 $z$ 取 1，即每次迭代 $k$ 增加 1，迭代过程从 $k=1$ 开始，此时最优图为 $G^{opt}$：$G^{opt} \leftarrow G^{k=1}$。图 12.2 的左上部分为 $k=1$ 的 KAG 的部分连通分量 $C_1^{k=1}$ 和 $C_2^{k=1}$，以圆形表示；当 $k=k+1$，算法获得新的 KAG：$G^{k=2}$。如图 12.2 右上部分所示，通过比较二者可以发现：$C_1^{k=1}$ 与 $C_2^{k=1}$ 融合形成新的连通分量 $C_1^{k=2}$。根据公式(12.4)，如果新生成的连通分量 $C_1^{k=2}$ 的纯度大于 $C_1^{k=1}$ 和 $C_2^{k=1}$ 的纯度，则接受该融合过程，此时新的连通分量（$C_1^{k=2}$）将替换最优图 $G^{opt}$ 中的连通分量 $C_1^{k=1}$ 和 $C_2^{k=1}$；否则，最优图对应的连通分量保持不变。遍历完 $G^{k=2}$ 的所有连通分量表示一次迭代过程的结束。

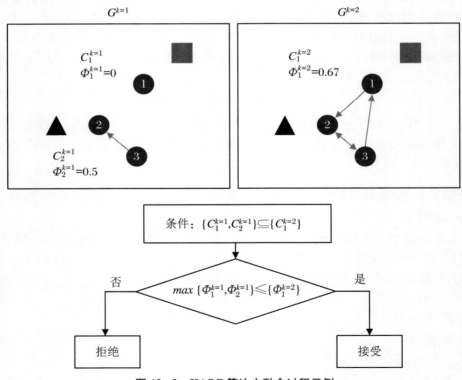

**图 12. 2　KAOG 算法中融合过程示例**

### 12.1.1.3　MKAOG

KAOG 采用了一种启发式的判断准则来停止整个迭代过程。然而，公式(12.4)是一个较严格的合并准则，只有当新的连通分量的纯度大于或者等于融合前任意一个连通分量（新连通分量的子集）时，才能允许合并，当数据分布中存在噪声样本时，其附近的子图几乎不会融合，从而产生大量小的子图。如图 12.3 所示。

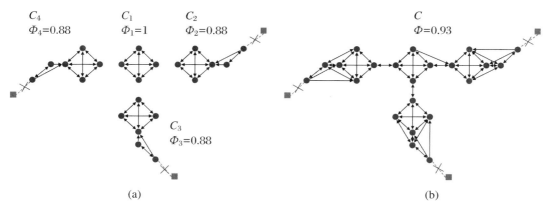

图 12.3　MKAOG 算法下的子图融合

如图 12.3 所示，图 12.3(a)中红色圆形节点显示其 4 个连通分量即 $C_1$、$C_2$、$C_3$、$C_4$，且属于同一类别，其 $k$ 值为 3。图中显示 $C_1$ 的纯度为 1，而其他三个连通分量由于周围其他类别样本的存在（蓝色方块），其对应的纯度都为 0.88，依据算法 12.2 KAOG 的判断准则，这 4 个连通分量将无法融合。因为 $C_1$ 的存在其纯度为 1，当 $k$ 值增加 1 个，新融合的连通分量不可能大于或等于它，即使 $C_2$、$C_3$、$C_4$ 的纯度达到了 0.88，且这四个连通分量在分布上具有较大潜力形成更大的子图。

鉴于此，Mohammadi 等人[2]在 KAOG 的基础上对子图融合规则进行调整如公式(12.5)所示，提出了 Modified K-Association Optimal Graph（MKAOG），使其更适应噪声样本环境下的子图合并。修改后的融合规则如下：

$$\left( \Phi_\beta^{(k)} \geqslant \frac{1}{N} \sum \Phi_\alpha^{(opt)} \right), \quad C_\alpha^{(opt)} \subseteq C_\beta^{(k)} \tag{12.5}$$

其中，$\alpha$，$\beta$ 分别是对应连通分量的下标，在该规则下，如果融合之后获得的新连通分量的纯度大于或等于融合之前所有子图纯度的平均值，则允许融合。根据该规则，图 12.3(a)中的 4 个连通分量将会融合，如图 12.3(b)所示，新的连通分量 $C$ 的纯度达到 0.93。该方法使得小连通分量的融合过程对于噪声的存在较 KAOG 来说具有较小的敏感性。

## 12.1.2　基于引力的分类方法

基于引力的分类方法[3]本质是近邻方法的改进，该类将数据集中的所有样本称为引力场中的粒子，成对的粒子（样本）之间存在引力的作用，通过计算测试样本与训练集合中不同类别粒子群的引力值大小进行分类。其一般通用的计算方法如公式(12.6)所示：

$$F(x_{test}) = \sum_{x_i \in X_{candi}, y_i \in Y} y_i D(x_{test}, x_i) \tag{12.6}$$

其中，$X_{candi}$ 是数据集中某一类别的全体集合，$y_i$ 是测试样本的类标签；若是二分类，则 $Y = \{1, -1\}$，$D(\cdot)$ 是计算测试样本 $x_{test}$ 与粒子 $x_i$ 之间引力的公式，如公式（12.7）所示。

$$D(x_{test}, x_i) = G \frac{m_{x_{test}} m_{x_i}}{d(x_{test}, x_i)^2} \tag{12.7}$$

其中，$G$ 为引力常数一般设为 1；$m_{x_{test}}$ 和 $m_{x_i}$ 分别为 $x_{test}$ 与 $x_i$ 的质量，这里 $m_{x_{test}}$ 设为 1，因为其在分类过程中不产生作用，而 $m_{x_i}$ 的值在最初的引力分类方法中同样为 1 ，在后续的改进版本因场景不同而有了不同的设定，如在不平衡分类中设为不平衡率 IR；$d(x_{test}, x_i)$ 是对应的欧氏距离。最终，测试样本的类标签由引力最大值对应的类标签决定，图 12.4 给出了一个该分类的示例图，图中圆形与方形分别为两种类别 $y_1$、$y_2$ 的训练集合，五角星为测试样本 $x_{test}$，两种颜色的连边为该测试样本与这两种类别的引力，假设 $F_1$、$F_2$ 分别为测试样本 $x_{test}$ 与 $y_1$、$y_2$ 训练集合的引力总和。如果 $F_1 > F_2$，则 $x_{test}$ 属于类别 $y_1$。

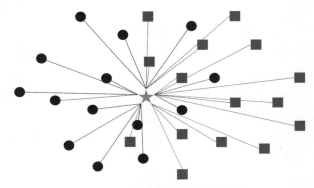

图 12.4　基于引力的分类示意图

## 12.2　自适应的不平衡 $k$ 近邻图构建方法

### 12.2.1　IMKOG 构建方法

与一般基于图模型的分类器一样，本书提出的 IMKOG 同样分为两个阶段：一是构图阶段；二是节点分类阶段。构图过程即为模型的训练阶段，本小节将重点描述一种适应于不平衡场景下的近邻图构建方法，其将重叠区域的多数类清洗过程嵌入到图模型的迭代学习过程中。

#### 12.2.1.1　IMKG

本小节将描述一种基于 KAG，适应于不平衡环境的 $k$ 近邻图模型——IMbalanced

K-associated Graph(IMKG)。同样地,其是在给定 $k$ 值下,依据标签依赖的规则生成对应的有向近邻图。但是其与 KAG 的不同之处在于:① 只对少数类节点生成连通分量(本书采用 Disjoint tree 表示和查看每个独立的连通分量);② 对于生成的少数类连通分量 $\{C_{min}^i\}$,IMKG 定义了一种概念,称之为 $\varphi_{v_j,k}$,以及 $\varphi_{v_j,k}$ 到连通分量 $C_{min}^i$ 中对应 $v_j$ 的最短距离 $l_{v_i}$,如公式(12.8)所示。

$$\varphi_{v_j,k} = \{v_i \mid v_i \in N_{v_j}^k, v_j \in C_{min}^a \wedge y_{v_i} \neq y_{v_j}\} \tag{12.8}$$

其中,$v_i$ 是少数类节点 $v_j$ 的 $k$ 近邻之一,并且 $v_i$ 属于多数类;在本文这类节点被称为少数类节点 $v_j$ 的"异类近邻";$N_{v_j}^k$ 表示节点 $v_j$ 的 $k$ 近邻;$y_{v_j}$ 是 $v_j$ 的类标签。

为了更好地理解上述概念,图 12.5 给出了在不同 $k$ 值下的近邻图,图 12.5(b)是 $k$ 值为 1 的 KAG;图 12.5(c)是其对应的局部展示。根据公式(12.8)可知,节点 98 和 118 分别是少数类节点 20 与 29 的异类近邻;同时可知,这 2 个节点分别也为少数类连通分量 $C_1 = \{v_{20}, v_{28}, v_{43}\}$,$C_2 = \{v_{23}, v_{29}\}$ 的异类最近邻。图 12.5(d)显示 $k$ 为 2 的近邻图,节点 98、118 和 143 分别为少数类节点 20、29 和 23 的异类近邻;类似地,节点 98、118 和节点 98、118、148 分别是少数类连通分量 $C_1 = \{v_{20}, v_{28}, v_{43}\}$ 和 $C_2 = \{v_{23}, v_{29}\}$ 的异类近邻。于是,本书将异类近邻的概念从"节点到节点"扩展到"节点到子图"。因此,一个给定连通分量的异类近邻的集合可以定义为如下公式:

$$\varphi_{C,k} = \bigcup_{v_j \in C_{min}^a} \varphi_{v_j,k} \tag{12.9}$$

其中,$C_{min}^a$ 表示一个少数类连通分量,$\varphi_{C,k}$ 为该连通分量所有异类近邻的集合。同时,$\varphi_{C,k}$ 中的节点到该通量分量的最短距离 $l_{v_i}$ 为

$$l_{v_i} = \min\{d(v_i, v_j) \mid v_j \in N_{v_i}^{-1}\} \tag{12.10}$$

其中,$d(\cdot)$ 表示欧氏距离,$v_i$ 是消极近邻,$N_{v_i}^{-1}$ 表示代表所有以节点 $v_i$ 为近邻且属于当前少数类关联连通分量的少数类节点。需要注意的是,一个异类近邻可能会是关联子图中多个少数类节点的近邻,即存在多个距离值。本书取其中最小的距离表示该异类点近邻到对应少数连通分量的距离。因此,对于某一少数类连通分量,其所有异类近邻到其最短距离的集合定义如公式(12.11)所示。

$$l_C = \bigcup_{v_j \in \varphi_{C,k}} \{l_{v_j}\} \tag{12.11}$$

同样地,本章以图 12.5 为例,可以看出,随着 $k$ 值的增加,少数类指向异类近邻有向边的数量在增加(图中虚线有向边),在类重叠区域其表现尤为明显,其中部分异类节点是多个少数类节点的近邻,这些异类节点的存在会严重阻碍少数类子图的融合。如何对这些异类样本进行高效的处理对后续构建鲁棒的近邻图至关重要。

考虑到样本分布的复杂性,本书进一步结合样本的结构信息提出了一种从 $\varphi_{C,k}$ 进一步探测关键异类点近邻的方法。具体而言,该方法以数据的结构信息约束重叠区域样本的删除操作,从而避免删除重要的多数类节点。对于一个少数类连通分量 $C_{min}^i$,其包含边集合以及每条边对应的权重 $w_{ij}$,这里使用节点之间的欧氏距离 $d(v_i, v_j)$ 来度量其大小。此外,本书以该权重衡量当前子图各个边的结构强度值 $s_{e_{ij}} = 1/d(v_i, v_j)$。如果两个节点之间边的欧式距离越小,其结构强度值越大。

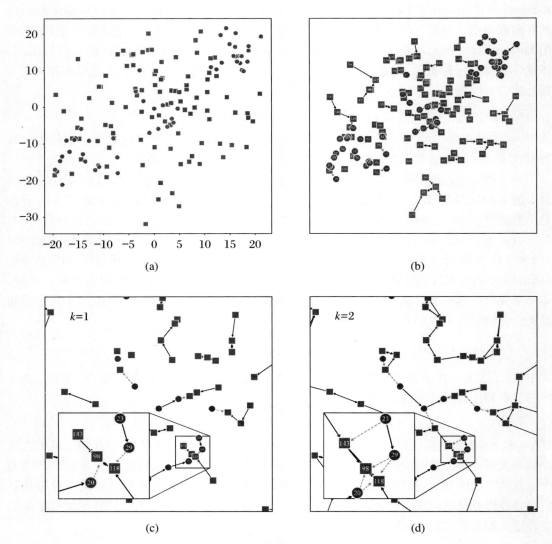

图 12.5　近邻图异类点近邻的识别

令 $S_C = \bigcup\limits_{e_{ij} \in E_{min}^a} \{s_{e_{ij}}\}$ 表示当前少数连通分量中边的结构强度并集。本书研究两种策略：基于最大强度和基于平均强度，并将其作为阈值来决定哪些异类近邻会被移除。

$$CDS_{C,k} = \{ v_i \mid 1/l_{v_i} \geqslant max(S_C), v_i \in \varphi_{C,k}, l_{v_i} \in l_C \} \qquad (12.12)$$

$$CDS_{C,k} = \{ v_i \mid 1/l_{v_i} \geqslant mean(S_C), v_i \in \varphi_{C,k}, l_{v_i} \in l_C \} \qquad (12.13)$$

分析公式(12.12)和公式(12.13)可知，通常满足公式(12.12)的异类节点的数量要小于满足公式(12.13)的节点数量；也就是说，前者相较于后者是一种更为严格的约束。

图 12.6 对上述两者的区别以示例进行比较说明，图中浅色边为少数类节点到异类近邻的有向边，黑色边为少数类节点之间的边，图中分别有子图 a、b，为简便起见，我们以子图 a 为例来说明从异类点近邻集合中进一步探测候选集的过程。子图 a 中有三个边强度值：$s_1$、

$s_2$、$s_3$($s_2$＞$s_1$＞$s_3$),即 $S_{C_{min}^a} = \{s_1, s_2, s_3\}$。子图 a 对应的异类近邻为节点 1 和 2,即 $\varphi_{C_a, k}$ = $\{v_1, v_2\}$,并且节点 1 到子图 a 的距离值为 $l_1 = min \{d(v_1, v_i) | v_i \in N_{v_1}^{-1}\} = d_1$;类似地,$l_2 = d_2$。依据公式(12.12),$1/l_1$＞$max(S_{C_{min}^a}) = s_2$,$1/l_2$＜$max(S_{C_{min}^a}) = s_2$,因此只有节点 1 会被划入候选集中。若以公式(12.13)为判断准则,$1/l_1$＞$mean(S_{C_{min}^a})$ = $(s_1 + s_2 + s_3)/3$,$1/l_2$＞$mean(S_{C_{min}^a}) = (s_1 + s_2 + s_3)/3$,此时节点 1 和 2 会被同时划入候选集中。那么,通过使用上述两个候选集探测准则,本书即可获得一个 IMKG(详细过程见算法 12.3),其包含:一系列的连通分量、对应的待删候选集以及纯度值,表示为:$G^k = \bigcup \{C_i, \Phi_{C_i}, CDS_{C_i}\}$。

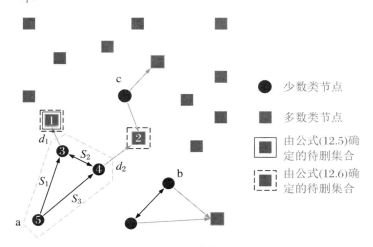

少数类节点

多数类节点

由公式(12.5)确定的待删集合

由公式(12.6)确定的待删集合

**图 12.6　确定待删异类点近邻的示例图**

**算法 12.3　IMKG**

输入:不平衡数据集 $D$,节点近邻数 $k$;

输出:Imbalanced K-associated Graph:$G^k = \bigcup (C_i, \Phi_{C_i}, CDS_{C_i})$;

1. 根据算法 12.1 KAG 获得连通分量集合 $G^{(k)} = \{C_1, \cdots, C_i, \cdots, C_m\}$,其中 $C_i = (G'(V', E'); \Phi_i)$;

2. For $C_i \in G^{(k)}$ do

3.　　计算当前连通分量 $C_i$ 的异类点近邻 $\varphi_{C_i, k}$;　　// 公式 11.8,11.9

4.　　计算当前连通分量 $C_i$ 所有 $\varphi_{C_i, k}$ 到 $C_i$ 的最短距离 $l_C$;　　// 公式 11.10,11.11

5.　　获得对应的待删候选集合 $CDS_{C_i, k}$;　　// 公式 11.12,11.13;

6.　　更新 $G^{(k)} \leftarrow G^{(k)} \bigcup \{CDS_{C_i, k}\}$;

7. End For

8. 输出 IMKG $G^k$.

## 11.2.1.2　IMKOG

本书所提方法先构建少数类近邻图,通过在迭代增加 $k$ 值的过程中嵌入一个异类点清除的操作,并且在该过程中本书借助子图拓扑信息来约束该删除操作,以一个后验的方法确保整体纯度不下降的情况下，更新最优少数类近邻图。

　　图 12.7 给出了本书子图迭代融合的过程示意。图 12.7(a) 给出了 $k=1$ 时的少数类子图，此时 $G^{opt}=G^{k=1}$；当 $k=k+1$，由 IMKG 算法获得图 $G^{k=2}$ 如图 12.7(b) 所示，以其中的

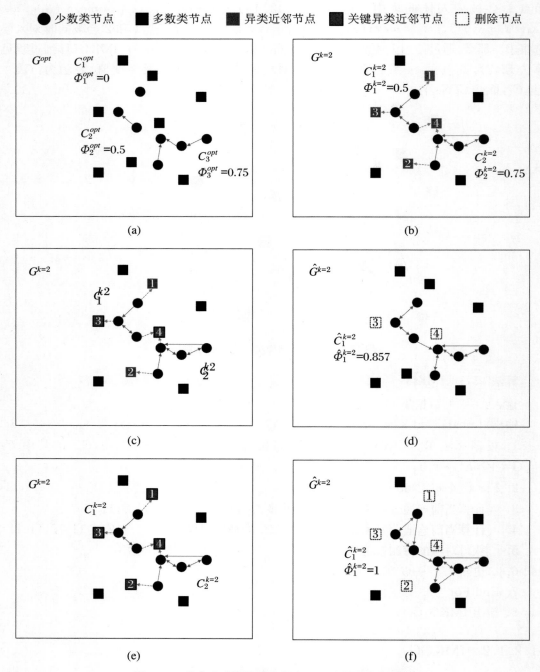

图 12.7　结合清洗操作的少数类子图迭代融合流程图

$C_1^{k=2}$ 和 $C_2^{k=2}$ 为例,计算出其异类点近邻 $\varphi_{C_i,k}$,分别为 $\varphi_{C_1,k} = (1,3,4)$,$\varphi_{C_2,k} = (2,4)$。根据本书提出的两种探测规则,该方法可以得到两组不同的待删除候选集。以规则(12.12)为例,如图 12.7(c)所示,$G^{k=2}$ 中有两个少数类连通分量 $C_1^{k=2}$ 和 $C_2^{k=2}$,它们对应的待删候选集分别为 $\{3,4\}$ 和 $\{4\}$,因此可得子图 $G^{k=2}$ 的待删候选集 $\{3,4\}$。该方法通过将待删候选集 $\{3,4\}$ 从整个训练集中暂时删除,从而获得一个新的训练集,通过 IMKG 算法获得相应的新的图 $\hat{G}^{k=2}$ 如图 12.7(d)所示。之后对是否接受该融合进行判断。

依据图 12.7 来比较 $G^{opt}$ 和 $\hat{G}^{k=2}$,从而决定是否对 $G^{k=2}$ 中的连通分量进行融合,接受融合的连通分量将替换 $G^{opt}$ 中对应的连通分量。同样,以图 12.7(c)为例,依据融合规则,该图接受融合,$\hat{C}_1^{k=2}$ 替换 $G^{opt}$ 中的 $C_1^{opt}$,$C_2^{opt}$,同时 $\hat{C}_1^{k=2}$ 对应 $G^{k=2}$ 中的待删候选集(即 $\{3,4\}$)将彻底从训练集中删除,记为 $Discard_{\hat{C}_i,k}$。

$$Discard_{\hat{C}_i^k,k} = \{v_j, \mid v_j \in CDS_{C_\alpha^k} \wedge C_\alpha^k \subseteq \hat{C}_i^k\} \tag{12.14}$$

在遍历所有连通分量的同时,算法也将从训练集合中按照是否接受融合依次删除 $Discard_{\hat{C}_i,k}$ 集合,这样即完成一次结合清洗的迭代更新最优图的过程。

当满足 $De^{(k)} - lastAvgDegree < De^{(k)}/k$,上述迭代更新的过程便会停止。因为少数类节点数量在构图过程保持不变,而部分多数类节点在少数类最优图的构建过程中会被删除。所以,多数类的最优图构建会在少数类最优图构建完成之后基于 $D^{(opt)}$ 进行,需要指出的是,多数类最优图的构建本文采用的是 MKAOG 中的方法。算法 12.4 给出了本书所提的 IMKOG 算法。

**算法 12.4　IMKOG**

输入:不平衡数据集 $D$;

输出:不平衡 $k$ 最优图 $G^{(opt)}$;

1.　$G^{(opt)} = \varnothing, D^{(opt)} = D, k = 1$;

2.　步骤 1:构建少数类最优近邻图;

3.　$G_{min}^{opt} \leftarrow IMKG(D^{(opt)}, k)$;

4.　While $De^{(k)} - lastAvgDegree \geqslant De^{(k)}/k$ do;

5.　　$lastAvgDegree \leftarrow De^{(k)}$;

6.　　$D^{\langle temp \rangle} = D^{(opt)}$;

7.　　$k = k + 1$;

8.　　$G_{min}^{(k)} \leftarrow IMKG(D^{(opt)}, k)$;

9.　　For all $CDS_{C_i,k}$ in $G_{min}^{(k)}$ do;

10.　　　$D^{\langle temp \rangle} = D^{\langle temp \rangle} - CDS_{C_i,k}$;

11.　　End For;

12.　　$\hat{G}_{min}^{(k)} \leftarrow IMKG(D^{\langle temp \rangle}, k)$;

13.　　For $\hat{C}_\beta^{(k)} \subset \hat{G}_{min}^{(k)}$ do

14.　　　If $\hat{\Phi}_\beta^{(k)} \geqslant \dfrac{1}{N} \sum \Phi_\alpha^{(opt)}$ for all $C_\alpha^{(opt)} \subseteq \hat{C}_\beta^{(k)}$ then

15.         $G_{min}^{opt} = G_{min}^{opt} - \bigcup_{C_\alpha^{(opt)} \subseteq \hat{C}_\beta^{(k)}} C_\alpha^{(opt)}$；

16.         $G_{min}^{opt} = G_{min}^{opt} \bigcup \{ \hat{C}_\beta^{(k)} \}$；

17.         $Discard_{\hat{C}_i^k, k} = \{ v_j \mid v_j \in CDS_{C_\alpha^k} \wedge C_\alpha^k \subseteq \hat{C}_i^k \}$；

18.         $D^{(opt)} = D^{(opt)} - Discard_{\hat{C}_\beta, k}$；

19.       End If

20.     End For

21. End While

22. 步骤 2：构建多数类最优近邻图；

23. 使用 $D^{(opt)}$ 在 MKAOG 算法[2]下构建多数类最优近邻图 $G_{maj}^{opt}$；

24. 步骤 3：获得最终 IMKOG；

25. $G^{(opt)} = G_{min}^{opt} \bigcup G_{maj}^{opt}$；

# 12.3   基于拓扑结构信息的引力分类方法

## 12.3.1   基于 IMKOG 的引力分类算法

在测试阶段，传统的近邻图分类方法将测试样本的类别归属等同于该样本属于不同连通分量（由同类点组成）的概率值，如 KAOG[1] 使用朴素贝叶斯分类，在数据不平衡情况下，此类方法极易被多数类占据主导，这意味着贝叶斯的先验概率会倾向于多数类，并最终影响到测试样本的类别预测。此外，测试阶段 $k$ 的取值对最终的测试性能具有十分重要的影响[4-5]。近年来，一些改进版本的引力分类规则[6-8]受到研究者的关注，其用引力规则替代基于近邻的方法来克服其在不平衡场景的不足，并且这些方法通过在分类阶段分配于少数类样本更高的权重来抵消不平衡的负面影响。

在本小节，引力规则将引入基于近邻图的分类方法。本小节考虑到适宜近邻的选择提出两种自适应的引力分类方法：一种关注局部信息，另一种考虑子图结构信息。

### 12.3.1.1   引力计算的候选粒子集合

考虑到在不平衡条件下，以及数据局部分布的多样性，本节用于引力计算的粒子集合不再是全体训练集合，而是提出一种基于近邻图的引力计算候选集合。首先，测试节点的 $k$ 值由局部分布决定，之后用于引力计算的候选集合由测试节点的 $k$ 值自适应的确定，详细步骤如下所述：

现存在训练阶段获得的少数类连通分量 $C_{min} = \{ C_{min}^1, C_{min}^2, \cdots, C_{min}^{N_{min}} \}$ 与多数类连通分量 $C_{maj} = \{ C_{maj}^1, C_{maj}^2, \cdots, C_{maj}^{N_{maj}} \}$，同时每个连通分量都有对应的 $k$ 值和纯度 $\Phi$。给定一个测试节点 $v_{test}$，寻找其最近邻节点 $v_{test}^{nn}$，将 $v_{test}^{nn}$ 所属连通分量的 $k$ 值作为测试阶段的近邻值

$k_{test}$ 的因子：

$$k_{test} = \begin{cases} \lceil k \cdot \Phi \rceil, & v_{test}^{nn} \in positive \\ k, & v_{test}^{nn} \in negative \end{cases} \qquad (12.15)$$

在公式（12.15）中，如果该测试节点的近邻节点 $v_{test}^{nn}$ 属于少数类，该少数类节点所属连通分量的纯度值与其所处区域的重叠程度成反比，测试节点处于重叠程度较大的区域时，当使用 $k$ 近邻原则时其极易倾向于多数类节点。为了克服这一现象，本小节采用 $k_{test} = \lceil k \cdot \Phi \rceil$，由此处于高重叠度区域并且靠近少数类连通分量的测试节点使用较小的 $k$ 值，以缓解数据不平衡的影响，否则 $k_{test} = k$。图 12.8(a) 给出了一个自适应确定 $k$ 值的样例，其中五角星表示测试节点，其最近邻为 $v_{min}^{1}$，对应所属连通分量的 $k$ 值是 4。最终，该测试节点的测试 $k$ 值根据公式（12.15）得出：$k_{test} = 2$。

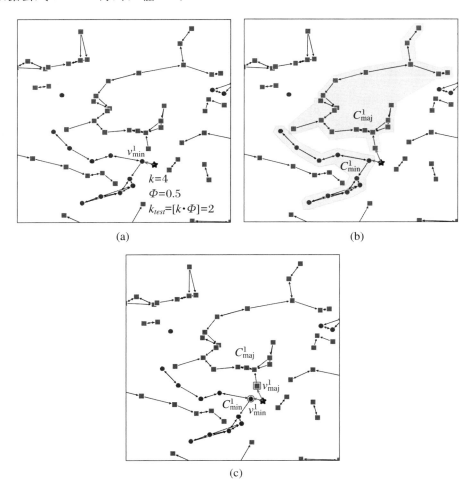

图 12.8　自适应地确定 $k$ 值与两种确定引力集合的方法

在确定 $k$ 值之后，寻找一个合适的节点集合作为计算引力候选集十分关键，本章研究了两种选取方法：

$$X_{candi} = \bigcup_{\alpha=1}^{N} \{ C^\alpha(V) \mid v_i \in N_k^{test}, v_i \bigcap C^\alpha(V) \neq \varnothing \} \tag{12.16}$$

$$X_{candi} = \{ v_i \mid v_i \in N_k^{test} \} \tag{12.17}$$

在公式(12.16)中，$N$ 表示连通分量的数量，$N_k^{test}$ 表示测试节点的 $k$ 近邻，$C^\alpha(V)$ 表示一个连通分量的全体节点。因此该方法选取的候选集合是将测试节点 $k$ 近邻所属连通分量的全体节点作为候选集合，本节将该类计算方法称为"子图层面"的预测；公式(12.17)则是只将测试节点的 $k$ 近邻节点作为候选集合，故本节将其标为"近邻节点层面"的预测。

图 12.8(b)～(c)给出了描述上述两种方法的样例，从而更加清晰地描述其中选择引力计算集合的过程。其中 $k_{test} = 2$，依据公式(12.16)，由图 12.8(b)可知测试节点的两个最近邻属于两个不同的连通分量 $C_{min}^1$、$C_{min}^2$，因此引力计算候选集合为这个连通分量的全体节点。依据公式(12.17)，如图 12.8(c)所示，其引力计算候选集合为近邻节点 $v_{min}^1, v_{maj}^1$。

### 12.3.1.2　基于引力的分类准则

测试节点与候选集合的引力计算遵循如下公式。

$$F(x_{test}) = \sum_{x_i \in X_{candi}, y \in \{1,-1\}} y_i D(x_{test}, x_i) \tag{12.18}$$

其中，$X_{candi}$ 为上一节描述由 $x_{test}$ 确定的候选集合，$y_i$ 为 $x_i$ 的类标签，$D(\cdot)$ 表示 $x_{test}$ 与候选集合中粒子的引力，详细如公式(12.19)所示。

$$D(x_{test}, x_i) = G \frac{m_{x_{test}} m_{x_i}}{d(x_{test}, x_i)^2} \tag{12.19}$$

其中，$G$ 是引力常数，$m_{x_{test}}$ 和 $m_{x_i}$ 分别是节点 $x_{test}$ 和 $x_i$ 的质量，$d(x_{test}, x_i)$ 表示两者的欧式距离。在不平衡场景下，候选集合中样本满足以下等式：$m_P n_P = m_N n_N$[13]，其中 $n_P$ 和 $n_N$ 分别为正类样本和负类样本的数量。为了简便起见，令 $m_N = 1$，则 $m_P = \frac{n_N}{n_P} = IR$，因此，$m_{x_i}$ 定义如下。

$$m_{x_i} = \begin{cases} IR, & x_i \in X_{pos} \bigcap X_{candi} \\ 1, & x_i \in X_{neg} \bigcap X_{candi} \end{cases} \tag{12.20}$$

根据公式(12.16)和公式(12.17)定义的两种候选集合，这里将产生两种基于引力的分类规则：① 子图层面；② 近邻节点层面。在子图层面的分类方法中，整个连通分量中的节点集合都用来计算引力，并且其不同于一般基于引力的规则，即依赖样本几何邻域的关系，如采用划半径覆盖的方法[7]；而本节首次考虑拓扑关系，利用近邻图的结构来应用引力分类。出于对子图规模和分布过于极端的情况考虑，本节提出了另一种近邻节点层面的分类方法，其用于引力计算的集合只考虑测试节点的 $k$ 近邻，即只考虑局部分布对分类结果的影响。最终，通过对比测试节点与不同类别的引力值总和来获得其的类别归属。由于本书研究二分类问题，其分类的公式如下所示。

$$label(x_{test}) = \begin{cases} 1, & F(x_{test}) > 0 \\ -1, & \text{otherwise} \end{cases} \tag{12.21}$$

# 12.4　IMKOG 模型复杂度分析

构造 IMKOG 的过程是子图迭代嵌入了多数类节点清洗的过程,两者相辅相成,前者为后者的异类点识别、筛选提供依据,后者促进了前者的结构优化和形成。整个过程直到 $De^{(k)} - lastAvgDegree < De^{(k)}/k$ 时停止,该停止条件依赖于数据集、噪声水平、类分布等因素。因此,为了确定算法的复杂度,假定 $k_{max}$ 为迭代终止时子图所能达到的最大 $k$ 值,并且通常其为一个较小值,在复杂度顺序分析的背景下,其可以被认为一个常数。最终考察算法复杂度可以分为三个步骤:

(1) 根据算法 12.4,假设输入样本集合 $X$ 有 $N$ 个样本,特征数量为 $p$,因此其生成对应距离矩阵的需要 $N(N-1)p$,即复杂度为 $O(N^2 p)$。

(2) 为了构造最优图,算法需要在 $N$ 个样本中确定每个样本的最大 $k_{max}$ 近邻。考虑使用最常见的排序算法,且 $k_{max}$ 为一个很小的常数($k_{max} = N$),只需要 $N$ 步操作就可以找到其中一个近邻,因此,最多不超过 $k_{max}N$ 步操作就可以找到 $k_{max}$ 个近邻,同时,上述保存的距离矩阵和近邻关系,以空间换取时间,只需比较类标签即可得到此次迭代的 IMKG 异类近邻及其最短距离,复杂度为 $O(N)$。最终,获取一次迭代的 IMKG 信息的复杂度为 $O(k_{max}N^2 + N)$。

(3) 最后考虑构建每个 $k$ 近邻图的过程。由于迭代过程一共生成了 $k_{max}$ 个近邻图,因此,假设使用深度优先搜索来统计近邻图中的所有连通分量,则其复杂度为 $O(|V| + |E|)$,这里 $|V| = N$。由于 $|E|$ 受 $k$ 值的影响,但 $k_{max} = N$ 导致生成的近邻图是稀疏的,即 $O(|E|) = O(N)$。因此,在一个近邻图中 查询到所有连通分量的复杂度为 $O(k_{max}N)$。找到这些连通分量后,累加所有 $N$ 个顶点的度即可计算出纯度,因此纯度计算的复杂度为 $O(N)$。之后的算法循环是在从 1 到 $k_{max}$ 依次迭代依靠比较纯度更新子图结构,每次的迭代复杂度不超过 $O(N)$,从而整个迭代复杂度为 $O(k_{max}N)$。而每次迭代过程中都额外增加了一次后验检验子图纯度的比较,即每次循环中,都生成了两次近邻图,只是训练的集合不同,相差的那部分为待删候选集合,同时多了一步待删集合的查询操作,复杂度为 $O(N'\log N')$,将之整合,得到每次迭代的复杂度为 $O(2k_{max}N + N'\log N')$。

将以上所有步骤整合,可以得到的复杂度为 $O(N^2 p + k_{max}N^2 + 2k_{max}N + N'\log N')$,考虑到 $p = N, k_{max} = N$,则整个算法的复杂度为 $O(N^2)$。

# 12.5　模型分析与性能评估

## 12.5.1　自适应的不平衡 $k$ 近邻图构建方法

### 12.5.1.1　实验设置

本章实验使用来自于 UCI 的数据集来验证本文所提方法的有效性。表 12.1 给出了数据集的详细信息,包括样本数量、特征数量、不平衡率以及数据集简称。其中部分数据根据一对多的策略从多分类转换为二分类不平衡数据集,其对应的少数类类别名信息同样注明在表格中。例如,数据 winequality 中将类标签(酒品质)小于等于 4 的所有样本作为少数类,其余类别划为多数类。

表 12.1　UCI 数据集详细信息

| 数据集 | 样本数量 | 特征数量 | 少数类类别名 | 不平衡率 | 数据集简称 |
|---|---|---|---|---|---|
| Breast-tissue | 106 | 10 | car、fad | 1.9 | Brt |
| Breast-w | 699 | 10 | Malignant | 1.9 | Brw |
| Seed | 210 | 8 | 1 | 2 | See |
| VC | 310 | 7 | Normal | 2.1 | Vc |
| Glass | 214 | 10 | 1 | 2.1 | Gla |
| German | 1000 | 25 | 2 | 2.3 | Ger |
| ILPD | 583 | 11 | 2 | 2.5 | Ilp |
| Haberman | 306 | 4 | 2 | 2.8 | Hab |
| Parkinsons | 195 | 24 | 0 | 3.1 | Par |
| Transfusion | 748 | 5 | 1 | 3.2 | Tra |
| Wpbc | 198 | 34 | recur | 3.2 | Wpb |
| Vehicle | 846 | 19 | van | 3.3 | Veh |
| CMC | 1473 | 10 | 2 | 3.4 | Cmc |
| Hepatitis | 155 | 20 | 1 | 3.8 | Hep |
| Libra | 360 | 91 | 1、2、11 | 4 | Lib |
| Yeast | 1484 | 9 | MIT | 5.1 | Yea |
| Ecoli | 336 | 8 | pp | 5.5 | Eco |
| Fertility | 100 | 10 | O | 7.3 | Fer |
| Page-block | 5473 | 11 | other:1 | 8.8 | Pag |
| Optdigits | 5620 | 65 | 8 | 9.1 | Opt |
| Satimage | 6435 | 37 | 4 | 9.3 | Sat |
| Abalone | 4177 | 11 | 7 | 9.7 | Aba |
| Climate | 540 | 19 | 0 | 10.7 | Cli |

| 数据集 | 样本数量 | 特征数量 | 少数类类别名 | 不平衡率 | 数据集简称 |
|---|---|---|---|---|---|
| PhishingData | 1353 | 9 | 0 | 12.1 | Phi |
| Movement_libras | 360 | 91 | 1 | 14 | Mov |
| Seisimic-bumps | 2584 | 19 | 1 | 14.2 | Sei |
| Wilt | 4839 | 6 | w | 17.5 | Wil |
| Winequality | 6497 | 12 | $\leqslant 4$ | 25.4 | Win |
| Ozone-Level | 2536 | 73 | 1 | 33.7 | Ozo |
| Parkinsons_updrs | 5875 | 22 | 4 | 41.6 | Par |

为了验证本章所提近邻图模型较传统的近邻图模型在不平衡场景下更具鲁棒性,本章设计以下对比实验。在该部分,本节所提近邻图模型将与 KAOG、MKAOG 相比较,具体见实验 A 部分。

本章实验采用 Python 语言,版本为 3.7,实施平台为 PyCharm(2020.1);对比算法来自于经典的 Python 机器学习库 scikit-learn,其他详细描述见实验部分;统计检验采用了无参的 Friedman 检验,均采用开发的 Python 库[9];对比实验采用五折五交叉取均值结果。

### 12.5.1.2　实验 A:所提方法有效性验证

为了保证公平地比较这几种构图方法的优劣,本章将这几种模型分类阶段的方法统一设置为本小节所提的两种基于引力的分类方法(具体在下一章介绍,这里借用来观察实验结果来比较构图方法的优劣)。为了更清晰地表示本文所提方法,表 12.2 给出了对应的方法组合及名称缩写: $max(S)$ 表示以最大边的强度作为阈值的构图方法,其缩写对应于 $I$ , $mean(S)$ 表示以边强度的均值作为阈值的构图方法,其缩写对应于 $II$ , $X_{candi}(V_C)$ 、 $X_{candi}(N_k^{test})$ 则是下一章将会介绍的两种引力分类方法。

**表 12.2　本文所提 4 种方法名称及缩写**

| | $X_{candi}(V_C)$ | $X_{candi}(N_k^{test})$ |
|---|---|---|
| $max(S)$ | $IMKOG(Gk\text{-}I)$ | $IMKOG(Gkv\text{-}I)$ |
| $mean(S)$ | $IMKOG(Gk\text{-}II)$ | $IMKOG(Gkv\text{-}II)$ |

在该对比实验中,KAOG 和 MKAOG 测试阶段的分类方法将与本小节所提方法保持一致, $KAOG_C$ 、 $KAOG_V$ 、 $MKAOG_C$ 和 $MKAOG_V$ 分别表示其对应的分类方法改造成本书所提的两种基于引力的分类方法, $C$ 和 $V$ 分别对应于 $X_{candi}(V_C)$ 和 $X_{candi}(N_k^{test})$ 的规则,其他的参数与原始算法一致。

实验结果如表 12.3～表 12.5 所示,为对比算法在 AUC、F1 和 G-mean 上的性能结果,为保证公平性,实验仅限于具有相同分类规则的方法之间进行比较,即 $Gk\text{-}I$ 、 $Gk\text{-}II$ 与 $KAOG_C$ 、 $MKAOG_C$ 进行比较,以表 12.3 为例其结果显示,前者的平均排名(3.57、4.07)明显高于后者(5.90、4.83)。基于另一种重力分类的方法也得到了类似的结果(即 $Gkv\text{-}I$ 、 $Gkv\text{-}II$ 与 $KAOG_V$ 、 $MKAOG_V$ )。特别是当遇到相对高不平衡率的数据集,如"winequality"

和"Ozone-Level"时，与 KAOG 和 MKAOG 相比，本小节所提方法在 AUC 指标上显著提升。这表明在类不平衡情景下，本小节所提方法较传统的近邻图模型（KAOG 和 MKAOG）更可靠。

表 12.3  实验 A 在 AUC 指标上的对比结果

| 数据集 | Gk_Ⅰ | Gkv_Ⅰ | Gk_Ⅱ | Gkv_Ⅱ | KAOG$_C$ | KAOG$_V$ | MKAOG$_C$ | MKAOG$_V$ |
| --- | --- | --- | --- | --- | --- | --- | --- | --- |
| Brt | 0.7852 | **0.8051** | 0.7521 | 0.7976 | 0.7682 | 0.7916 | 0.7605 | 0.7782 |
| Brw | 0.9437 | 0.9488 | 0.9510 | **0.9529** | 0.9481 | 0.9472 | 0.9519 | 0.9517 |
| See | 0.9057 | 0.9057 | **0.9150** | 0.9107 | 0.8979 | 0.8871 | 0.9029 | 0.9093 |
| Vc | 0.7645 | 0.7402 | 0.7662 | **0.7822** | 0.7337 | 0.7388 | 0.7413 | 0.7352 |
| Gla | 0.7902 | 0.7862 | 0.7802 | **0.8182** | 0.7852 | 0.7782 | 0.7952 | 0.7910 |
| Ger | **0.6268** | 0.6159 | 0.5690 | 0.6160 | 0.6189 | 0.6115 | 0.6144 | 0.6091 |
| Ilp | 0.5745 | 0.5707 | **0.6480** | 0.6273 | 0.5233 | 0.5216 | 0.5344 | 0.5473 |
| Hab | **0.5650** | 0.5066 | 0.5410 | 0.5280 | 0.5312 | 0.5364 | 0.5119 | 0.5069 |
| Par | 0.9346 | **0.9374** | 0.9233 | 0.9259 | 0.9165 | 0.9201 | 0.9137 | 0.9153 |
| Tra | 0.6150 | 0.6028 | 0.6183 | **0.6219** | 0.5958 | 0.5981 | 0.5473 | 0.5428 |
| Wpb | 0.6106 | 0.5743 | 0.5519 | **0.6210** | 0.5849 | 0.5781 | 0.5808 | 0.5847 |
| Veh | 0.8804 | 0.8784 | 0.8717 | **0.8908** | 0.8757 | 0.8759 | 0.8798 | 0.8830 |
| Cmc | 0.5718 | 0.5644 | 0.6199 | **0.6260** | 0.5635 | 0.5560 | 0.5318 | 0.5364 |
| Hep | 0.6744 | 0.6817 | 0.6981 | 0.7085 | 0.7048 | 0.6677 | 0.6893 | **0.7151** |
| Lib | **0.8983** | 0.8947 | 0.8865 | 0.8879 | 0.8776 | 0.8670 | 0.8770 | 0.8848 |
| Yea | 0.7050 | 0.6836 | 0.7587 | **0.7680** | 0.7114 | 0.7105 | 0.7166 | 0.7178 |
| Eco | 0.9107 | 0.8985 | **0.9268** | 0.9203 | 0.9165 | 0.9082 | 0.9139 | 0.9010 |
| Fer | 0.6007 | 0.5980 | 0.5567 | 0.5686 | 0.5476 | 0.5585 | **0.6165** | 0.5554 |
| Pag | 0.8088 | 0.8066 | 0.8582 | **0.8586** | 0.8273 | 0.8217 | 0.8436 | 0.8404 |
| Opt | 0.9799 | 0.9785 | 0.9652 | 0.9572 | 0.9723 | 0.9725 | 0.9799 | **0.9803** |
| Sat | 0.7505 | 0.7316 | 0.7685 | 0.7708 | 0.8007 | 0.7960 | 0.8033 | **0.8048** |
| Aba | 0.5655 | 0.5442 | 0.7476 | **0.7497** | 0.5427 | 0.5507 | 0.5485 | 0.5437 |
| Cli | **0.6064** | 0.6053 | 0.5637 | 0.5997 | 0.5491 | 0.5429 | 0.5647 | 0.5699 |
| Phi | 0.5642 | **0.5825** | 0.5724 | 0.5773 | 0.5064 | 0.5048 | 0.5089 | 0.5041 |
| Mov | 0.8391 | **0.8554** | 0.8325 | 0.8562 | 0.8120 | 0.8264 | 0.8154 | 0.8417 |
| Sei | 0.5381 | 0.5365 | 0.5767 | **0.5845** | 0.5236 | 0.5248 | 0.5240 | 0.5234 |
| Wil | 0.6307 | 0.6039 | 0.6231 | **0.6395** | 0.5479 | 0.5500 | 0.5655 | 0.5623 |
| Win | 0.5803 | 0.5750 | 0.5728 | **0.5865** | 0.5339 | 0.5328 | 0.5328 | 0.5371 |
| Ozo | 0.5767 | 0.5874 | 0.6000 | **0.6210** | 0.5172 | 0.5121 | 0.5315 | 0.5314 |
| Par | 0.9772 | **0.9837** | 0.9770 | 0.9814 | 0.9693 | 0.9735 | 0.9833 | 0.9804 |
| 均值 | 0.7258 | 0.7195 | 0.7331 | **0.7451** | 0.7068 | 0.7054 | 0.7094 | 0.7095 |
| 平均排序 | 3.57 | 4.33 | 4.07 | **2.13** | 5.90 | 6.13 | 4.83 | 4.93 |

表 12.4　实验 A 在 $F_1$ 指标上的对比结果

| 数据集 | Gk_Ⅰ | Gkv_Ⅰ | Gk_Ⅱ | Gkv_Ⅱ | KAOG$_C$ | KAOG$_V$ | MKAOG$_C$ | MKAOG$_V$ |
|---|---|---|---|---|---|---|---|---|
| Brt | 0.7645 | 0.7878 | 0.7930 | **0.8301** | 0.7215 | 0.7612 | 0.7257 | 0.7434 |
| Brw | 0.9439 | 0.9492 | 0.9522 | **0.9537** | 0.9483 | 0.9474 | 0.9522 | 0.9523 |
| See | 0.8990 | 0.8980 | **0.9089** | 0.9036 | 0.8874 | 0.8743 | 0.8961 | 0.9048 |
| Vc | 0.7531 | 0.7137 | 0.7795 | **0.7943** | 0.6944 | 0.7036 | 0.7055 | 0.6959 |
| Gla | 0.7860 | 0.7649 | 0.8008 | **0.8242** | 0.7744 | 0.7677 | 0.7787 | 0.7834 |
| Ger | 0.5717 | 0.4960 | **0.6801** | 0.6553 | 0.4949 | 0.4808 | 0.4838 | 0.4753 |
| Ilp | 0.5336 | 0.4859 | **0.6958** | 0.6686 | 0.3419 | 0.3402 | 0.3522 | 0.3788 |
| Hab | 0.4895 | 0.3742 | **0.6652** | 0.6410 | 0.2621 | 0.2673 | 0.2435 | 0.2271 |
| Par | 0.9300 | **0.9302** | 0.9156 | 0.9193 | 0.9072 | 0.9111 | 0.9021 | 0.9016 |
| Tra | 0.5745 | 0.5396 | **0.6906** | 0.6870 | 0.4470 | 0.4497 | 0.3531 | 0.3464 |
| Wpb | 0.4700 | 0.4020 | 0.5900 | **0.6341** | 0.3729 | 0.3509 | 0.3776 | 0.3610 |
| Veh | 0.8677 | 0.8658 | 0.8568 | **0.8800** | 0.8631 | 0.8624 | 0.8677 | 0.8728 |
| Cmc | 0.4860 | 0.4328 | **0.6339** | 0.6259 | 0.3365 | 0.3255 | 0.2763 | 0.2871 |
| Hep | 0.5585 | 0.5873 | 0.6154 | **0.6308** | 0.5910 | 0.5277 | 0.5813 | 0.6272 |
| Lib | **0.8874** | 0.8796 | 0.8728 | 0.8728 | 0.8588 | 0.8445 | 0.8573 | 0.8669 |
| Yea | 0.6065 | 0.5584 | 0.7161 | **0.7511** | 0.6154 | 0.6134 | 0.6261 | 0.6305 |
| Eco | 0.9001 | 0.8838 | **0.9196** | 0.9118 | 0.9079 | 0.8972 | 0.9068 | 0.8915 |
| Fer | 0.3731 | **0.3736** | 0.3164 | 0.3399 | 0.1699 | 0.1881 | 0.3456 | 0.1878 |
| Pag | 0.7649 | 0.7624 | 0.8456 | **0.8477** | 0.7928 | 0.7847 | 0.8168 | 0.8124 |
| Opt | 0.9794 | 0.9779 | 0.9637 | 0.9550 | 0.9714 | 0.9716 | 0.9795 | **0.9798** |
| Sat | 0.6720 | 0.6366 | 0.7078 | 0.7114 | 0.7591 | 0.7520 | 0.7629 | **0.7657** |
| Aba | 0.3004 | 0.2225 | 0.7260 | **0.7349** | 0.1992 | 0.2208 | 0.2140 | 0.1982 |
| Cli | 0.3643 | **0.3720** | 0.2131 | 0.3253 | 0.1737 | 0.1521 | 0.2281 | 0.2342 |
| Phi | 0.3065 | **0.3527** | 0.3198 | 0.3171 | 0.0376 | 0.0304 | 0.0793 | 0.0695 |
| Mov | 0.7828 | 0.8127 | 0.7873 | **0.8217** | 0.7491 | 0.7750 | 0.7627 | 0.7992 |
| Sei | 0.2204 | 0.2125 | 0.4665 | **0.5058** | 0.1078 | 0.1102 | 0.1106 | 0.1091 |
| Wil | 0.4249 | 0.3559 | 0.4377 | **0.4897** | 0.1779 | 0.1856 | 0.2344 | 0.2269 |
| Win | 0.3018 | 0.2852 | 0.4878 | **0.5173** | 0.1323 | 0.1277 | 0.1281 | 0.1438 |
| Ozo | 0.2644 | 0.2979 | 0.3324 | **0.3926** | 0.0697 | 0.0479 | 0.1148 | 0.1166 |
| Par | 0.9761 | **0.9831** | 0.9759 | 0.9808 | 0.9677 | 0.9719 | 0.9827 | 0.9797 |
| 均值 | 0.6251 | 0.6065 | 0.6889 | **0.7041** | 0.5444 | 0.5414 | 0.5549 | 0.5523 |
| 平均排序 | 3.87 | 4.10 | 2.87 | **2.07** | 6.27 | 6.53 | 5.13 | 5.07 |

表 12.5 实验 A 在 G-mean 指标上的对比结果

| 数据集 | Gk_Ⅰ | Gkv_Ⅰ | Gk_Ⅱ | Gkv_Ⅱ | KAOG$_C$ | KAOG$_V$ | MKAOG$_C$ | MKAOG$_V$ |
|---|---|---|---|---|---|---|---|---|
| Brt | 0.7710 | **0.7948** | 0.7121 | 0.7692 | 0.7471 | 0.7775 | 0.7462 | 0.7624 |
| Brw | 0.9434 | 0.9485 | 0.9504 | **0.9526** | 0.9478 | 0.9469 | 0.9517 | 0.9514 |
| See | 0.9027 | 0.9023 | **0.9120** | 0.9075 | 0.8933 | 0.8814 | 0.9001 | 0.9070 |
| Vc | 0.7615 | 0.7303 | 0.7583 | **0.7759** | 0.7212 | 0.7281 | 0.7301 | 0.7224 |
| Gla | 0.7837 | 0.7777 | 0.7663 | **0.8138** | 0.7826 | 0.7753 | 0.7877 | 0.7851 |
| Ger | **0.6104** | 0.5676 | 0.3999 | 0.6031 | 0.5674 | 0.5567 | 0.5592 | 0.5524 |
| Ilp | 0.5649 | 0.5436 | **0.6232** | 0.6080 | 0.4427 | 0.4401 | 0.4523 | 0.4736 |
| Hab | **0.5376** | 0.4529 | 0.3698 | 0.3986 | 0.3802 | 0.3778 | 0.3579 | 0.3357 |
| Par | 0.9326 | **0.9340** | 0.9199 | 0.9231 | 0.9124 | 0.9161 | 0.9080 | 0.9089 |
| Tra | **0.6051** | 0.5844 | 0.5671 | 0.5804 | 0.5308 | 0.5323 | 0.4553 | 0.4484 |
| Wpb | 0.5364 | 0.4808 | 0.4633 | **0.5980** | 0.4665 | 0.4484 | 0.4748 | 0.4431 |
| Veh | 0.8753 | 0.8733 | 0.8657 | **0.8865** | 0.8708 | 0.8705 | 0.8751 | 0.8794 |
| Cmc | 0.5454 | 0.5135 | 0.6123 | **0.6234** | 0.4458 | 0.4368 | 0.3964 | 0.4047 |
| Hep | 0.6109 | 0.6385 | 0.6609 | 0.6642 | 0.6486 | 0.5888 | 0.6378 | **0.6738** |
| Lib | **0.8937** | 0.8875 | 0.8799 | 0.8808 | 0.8688 | 0.8561 | 0.8675 | 0.8762 |
| Yea | 0.6591 | 0.6220 | 0.7434 | **0.7636** | 0.6663 | 0.6648 | 0.6747 | 0.6780 |
| Eco | 0.9060 | 0.8917 | **0.9237** | 0.9165 | 0.9126 | 0.9032 | 0.9110 | 0.8970 |
| Fer | **0.3997** | 0.3973 | 0.3370 | 0.3710 | 0.1921 | 0.2062 | 0.3742 | 0.2060 |
| Pag | 0.7876 | 0.7853 | 0.8542 | **0.8553** | 0.8106 | 0.8038 | 0.8310 | 0.8271 |
| Opt | 0.9797 | 0.9782 | 0.9644 | 0.9561 | 0.9719 | 0.9720 | 0.9797 | **0.9801** |
| Sat | 0.7117 | 0.6836 | 0.7403 | 0.7429 | 0.7819 | 0.7760 | 0.7852 | **0.7874** |
| Aba | 0.4185 | 0.3494 | 0.7428 | **0.7468** | 0.3309 | 0.3499 | 0.3442 | 0.3299 |
| Cli | 0.4611 | **0.4671** | 0.2906 | 0.4158 | 0.2516 | 0.2200 | 0.3230 | 0.3146 |
| Phi | 0.4034 | **0.4500** | 0.4160 | 0.3996 | 0.0639 | 0.0515 | 0.1370 | 0.1287 |
| Mov | 0.8007 | 0.8330 | 0.8099 | **0.8394** | 0.7788 | 0.7997 | 0.7883 | 0.8201 |
| Sei | 0.3472 | 0.3388 | 0.5355 | **0.5581** | 0.2285 | 0.2273 | 0.2207 | 0.2166 |
| Wil | 0.5189 | 0.4635 | 0.5275 | **0.5668** | 0.3071 | 0.3149 | 0.3607 | 0.3566 |
| Win | 0.4199 | 0.4049 | 0.5415 | **0.5583** | 0.2608 | 0.2550 | 0.2526 | 0.2739 |
| Ozo | 0.3573 | 0.4039 | 0.4339 | **0.4926** | 0.1334 | 0.0843 | 0.1790 | 0.1879 |
| Par | 0.9767 | **0.9834** | 0.9765 | 0.9811 | 0.9685 | 0.9727 | 0.9830 | 0.9801 |
| 均值 | 0.6674 | 0.6561 | 0.6766 | **0.7050** | 0.5962 | 0.5911 | 0.6081 | 0.6036 |
| 平均排序 | 3.50 | 3.83 | 4.03 | **2.23** | 5.93 | 6.30 | 5.07 | 5.07 |

## 12.5.1.3　统计检验

为了评估对比算法之间是否存在显著性差异,本小节采用无参的 Friedman 检验,并进行相应的事后检验。根据计算,对比实验的 Friedman 卡方($X_F^2$)统计值和 $F$ 分布,实验 A:$X_F^2(7)$ 为 14.0671,$F_F(7,203)$ 为 2.0549,当统计值大于相应的临界值时,则拒绝零假设,由表格的数据可得:AUC 指标下,$X_F^2$ 为 58.1306,$F_F$ 为 11.1002;F1 指标下,$X_F^2$ 为 84.8083,$F_F$ 为 19.6454;G-mean 指标下,$X_F^2$ 为 63.6139,$F_F$ 为 12.6023;显然所有的对比算法都具有显著性差异。

图 12.9 给出了显著性水平 $\alpha = 0.05$ 的 Friedman 检验。其中顶部横线表示相应平均排名的临界 CD 值,坐标轴上的数字代表着算法的排名,其最右端为最低(最佳)序值,而算法被同一直线连接意味着它们之间没有显著差异。从图 12.9(a)可以看出,在实验 A 中,Gkv-Ⅱ

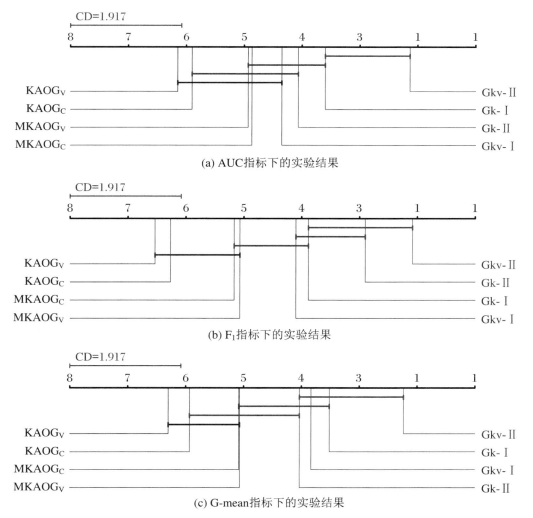

(a) AUC指标下的实验结果

(b) F₁指标下的实验结果

(c) G-mean指标下的实验结果

**图 12.9　实验 A 的 Friedman 检验结果**

的序值最高,其次是 Gk-Ⅰ、Gk-Ⅱ和 Gkv-Ⅰ,并且与其他方法有显著性差异,类似的结果出现在图 12.9(b)和图 12.9(c)中。

## 12.5.2　基于 IMKOG 的引力分类算法

### 12.5.2.1　实验设置

本章实验使用来自于 UCI 的数据集来验证本文所提方法的有效性,该 UCI 数据集与第三章实验部分一致,见表 12.1。

由第三章介绍的两种构图方法结合本章描述的两种引力分类方法形成四种分类模型,具体为:根据两种不同的边强度阈值,即 $max(S)$ 和 $mean(S)$ 获取两种不同的待删候选集合,以应用在迭代过程中,从而形成两种不同的构图方法;两种不同的引力分类方法:子图层面的引力计算方法 $X_{candi}(V_C)$,近邻节点层面引力计算方法 $X_{candi}(N_k^{test})$。因此,本书所提四种分类模型组成信息如表 12.6 所示。

**表 12.6　本书所提四种方法名称及缩写**

|  | $X_{candi}(V_C)$ | $X_{candi}(N_k^{test})$ |
|---|---|---|
| $max(S)$ | $IMKOG(Gk\text{-}Ⅰ)$ | $IMKOG(Gkv\text{-}Ⅰ)$ |
| $mean(S)$ | $IMKOG(Gk\text{-}Ⅱ)$ | $IMKOG(Gkv\text{-}Ⅱ)$ |

为了验证本章所提基于近邻图的引力分类模型较传统的近邻图模型在不平衡场景下更具鲁棒性,本章设计以下对比实验:

(1) 实验 A:本文所提四种方法的内部比较。

(2) 实验 B:验证本章所提基于近邻图的引力分类方法的有效性。

(3) 实验 C:本文所提方法与其他方法的比较。

本章实验采用 Python 语言,版本为 3.7,实施平台为 PyCharm(2020.1);对比算法来自于经典的 Python 机器学习库 scikit-learn,其他详细描述见实验部分;统计检验采用了无参的 Friedman 检验以及 Holm 检验,均采用[9]开发的 Python 库;对比实验采用五折五交叉取均值结果。

由于对比实验较多,后续实验分析阶段以 AUC 为例,而三个实验的 F1 和 G-mean 的结果如表 12.14~表 12.19 所示。

### 12.5.2.2　实验 A:本文所提四种方法间的比较

本小节将表 12.6 给出的四种方法简称为 Gk-Ⅰ、Gkv-Ⅰ、Gk-Ⅱ、Gkv-Ⅱ,同时均属于无参的方法。

表 12.7 显示了本文所提四种方法在 30 个数据集上的 AUC 性能结果和平均排名,其中最佳性能由粗体表示。从表 12.7 中可以看出,无论是 AUC 均值还是平均排序,都表明 Gkv-Ⅱ更优,其原因可能在于 Gkv-Ⅱ清除了更多的难以学习的异类节点,当少数类节点占比相对较少时,这种基于结构拓扑的策略可以更好地连接更多的少数类节点,提高其最终的分类精度。

**表 12.7　4 种方法在 AUC 上的性能结果**

| 数据集 | Gk-Ⅰ | Gkv-Ⅰ | Gk-Ⅱ | Gkv-Ⅱ | 数据集 | Gk-Ⅰ | Gkv-Ⅰ | Gk-Ⅱ | Gkv-Ⅱ |
|---|---|---|---|---|---|---|---|---|---|
| Brt | 0.7852 | **0.8051** | 0.7521 | 0.7976 | Yea | 0.7050 | 0.6836 | 0.7587 | **0.7680** |
| Brw | 0.9437 | 0.9488 | 0.9510 | **0.9529** | Eco | 0.9107 | 0.8985 | **0.9268** | 0.9203 |
| See | 0.9057 | 0.9057 | **0.9150** | 0.9107 | Fer | **0.6007** | 0.5980 | 0.5567 | 0.5686 |
| Vc | 0.7645 | 0.7402 | 0.7662 | **0.7822** | Pag | 0.8088 | 0.8066 | 0.8582 | **0.8586** |
| Gla | 0.7902 | 0.7862 | 0.7802 | **0.8182** | Opt | **0.9799** | 0.9785 | 0.9652 | 0.9572 |
| Ger | **0.6268** | 0.6159 | 0.5690 | 0.6160 | Sat | 0.7505 | 0.7316 | 0.7685 | **0.7708** |
| Ilp | 0.5745 | 0.5707 | **0.6480** | 0.6273 | Aba | 0.5655 | 0.5442 | 0.7476 | **0.7497** |
| Hab | **0.5650** | 0.5066 | 0.5410 | 0.5280 | Cli | **0.6064** | 0.6053 | 0.5637 | 0.5997 |
| Par | 0.9346 | **0.9374** | 0.9233 | 0.9259 | Phi | 0.5642 | **0.5825** | 0.5724 | 0.5773 |
| Tra | 0.6150 | 0.6028 | 0.6183 | **0.6219** | Mov | 0.8391 | 0.8554 | 0.8325 | **0.8562** |
| Wpb | 0.6106 | 0.5743 | 0.5519 | **0.6210** | Sei | 0.5381 | 0.5365 | 0.5767 | **0.5845** |
| Veh | 0.8804 | 0.8784 | 0.8717 | **0.8908** | Wil | 0.6307 | 0.6039 | 0.6231 | **0.6395** |
| Cmc | 0.5718 | 0.5644 | 0.6199 | **0.6260** | Win | 0.5803 | 0.5750 | 0.5728 | **0.5865** |
| Hep | 0.6744 | 0.6817 | 0.6981 | **0.7085** | Ozo | 0.5767 | 0.5874 | 0.6000 | **0.6210** |
| Lib | **0.8983** | 0.8947 | 0.8865 | 0.8879 | Par | 0.9772 | **0.9837** | 0.9770 | 0.9814 |
| 均值 | 0.7258 | 0.7195 | 0.7331 | **0.7451** | 平均排序 | 2.55 | 2.98 | 2.80 | **1.67** |

其次,本小节进一步验证这四种方法在这些数据集上的性能是否存在显著差异,并分析哪一种方法的性能最好。由于可供比较的方法不到五种,即可供比较的算法数量较少,在这种情况下,与 Galan[10] 采用的检验一样,此处单独使用 Friedman aligned-rank 检验[11] 对四种方法进行比较,结果如图 12.10 所示。图中显示 Gkv-Ⅱ 的平均对齐排名最低,表示其性

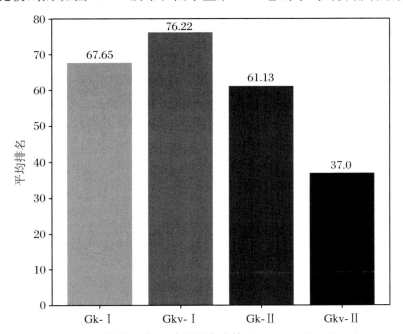

**图 12.10　四种方法在 30 个数据集上的 Friedman aligned-ranks**

能表现最佳,对应的 $p$ 值大小表明该类方法与其他方法有显著性差异。然后,本小节采用 Holm 事后检验将控制法与其他三种方法进行比较,如表 12.8 所示。表中显示的调整后的 $p$ 值越小,拒绝零假设的可靠性越大,这表明 Gkv-II 明显优于其他方法。

**表 12.8　四种方法对比实验的 Holm 检验结果**

| 控制算法：Gkv-II | | | |
| --- | --- | --- | --- |
| 对比算法 | $Z$ | 调整后的 $p$ 值 | 假设($\alpha = 0.01$) |
| Gk-I | 3.412 | 0.00129 | 拒绝 |
| Gk-II | 2.687 | 0.00721 | 拒绝 |
| Gkv-I | 4.366 | 0.00004 | 拒绝 |

### 12.5.2.3　实验 B：所提分类方法有效性验证

为验证本章所提分类方法的有效性,本小节通过与 Bertini 等[1]基于 Bayes 的方法做对比,即本实验将本章所提方法的测试阶段的方法修改为基于 Bayes 的方法,两种构图方法结合 KAOG 中提出的 Bayes 分类方法,并且分别表示为 I(Bayes)和 II(Bayes),同时其 $k$ 值的设定与 KAOG 一致。

如表 12.9 所示,实验结果显示 Gkv-II 在 AUC 上的平均排名比其他方法高。更具体地说,为了公平起见,本章将 Gk-I、Gkv-I 与 I-Bayes 进行比较,同理 Gk-II、Gkv-II 和 II-Bayes 之间进行对比。在 AUC 平均排名结果上,本文所提方法的结果始终优于基于贝叶斯的方法,这表明在不平衡情景下,基于 $k$ 近邻图的引力分类规则优于基于贝叶斯的方法。原因在于尽管 KAOG 得益于图的局部结构信息和全局分布特性,从而在一般情况下获得优异的性能表现,但当其面对数据不平衡的时候,该算法难以学习。具体地说,KAOG 使用类的数量作为 $k$ 的值,$k$ 决定了测试阶段与测试顶点的连接数量。当面对多数类主导的情况时,基于 Bayes 的规则极易倾向于多数类,其中基于 $k$ 近邻的方法在不平衡情况下的 $k$ 值选择也是一个挑战。相反,本书提出的分类规则,特别是 Gkv-II 在本例中对该类情况展现出优异的结果。

**表 12.9　实验 B 在 AUC 指标下的对比结果**

| 数据集 | Gk-I | Gkv-I | Gk-II | Gkv-II | II-Bayes | I-Bayes |
| --- | --- | --- | --- | --- | --- | --- |
| Brt | 0.7852 | **0.8051** | 0.7521 | 0.7976 | 0.7333 | 0.7909 |
| Brw | 0.9437 | 0.9488 | 0.9510 | **0.9529** | 0.9493 | 0.9462 |
| See | 0.9057 | 0.9057 | **0.9150** | 0.9107 | 0.8936 | 0.8886 |
| Vc | 0.7645 | 0.7402 | 0.7662 | **0.7822** | 0.7791 | 0.7126 |
| Gla | 0.7902 | 0.7862 | 0.7802 | **0.8182** | 0.7776 | 0.7757 |
| Ger | **0.6268** | 0.6159 | 0.5690 | 0.6160 | 0.6141 | 0.5543 |
| Ilp | 0.5745 | 0.5707 | **0.6480** | 0.6273 | 0.6141 | 0.5277 |
| Hab | **0.5650** | 0.5066 | 0.5410 | 0.5280 | 0.5644 | 0.5108 |
| Par | 0.9346 | **0.9374** | 0.9233 | 0.9259 | 0.9235 | 0.9365 |

| 数据集 | Gk-Ⅰ | Gkv-Ⅰ | Gk-Ⅱ | Gkv-Ⅱ | Ⅱ-Bayes | Ⅰ-Bayes |
|---|---|---|---|---|---|---|
| Tra | 0.6150 | 0.6028 | 0.6183 | 0.6219 | **0.6289** | 0.5667 |
| Wpb | 0.6106 | 0.5743 | 0.5519 | **0.6210** | 0.5722 | 0.5430 |
| Veh | 0.8804 | 0.8784 | 0.8717 | 0.8908 | 0.8641 | **0.8958** |
| Cmc | 0.5718 | 0.5644 | 0.6199 | **0.6260** | 0.6070 | 0.5255 |
| Hep | 0.6744 | 0.6817 | 0.6981 | **0.7085** | 0.6962 | 0.6636 |
| Lib | **0.8983** | 0.8947 | 0.8865 | 0.8879 | 0.8890 | 0.8761 |
| Yea | 0.7050 | 0.6836 | 0.7587 | **0.7680** | 0.7653 | 0.6786 |
| Eco | 0.9107 | 0.8985 | **0.9268** | 0.9203 | 0.9155 | 0.9254 |
| Fer | **0.6007** | 0.5980 | 0.5567 | 0.5686 | 0.5439 | 0.5618 |
| Pag | 0.8088 | 0.8066 | 0.8582 | **0.8586** | 0.8152 | 0.7803 |
| Opt | **0.9799** | 0.9785 | 0.9652 | 0.9572 | 0.9546 | 0.9737 |
| Sat | 0.7505 | 0.7316 | 0.7685 | **0.7708** | 0.7589 | 0.7591 |
| Aba | 0.5655 | 0.5442 | 0.7476 | **0.7497** | 0.7240 | 0.5026 |
| Cli | **0.6064** | 0.6053 | 0.5637 | 0.5997 | 0.5044 | 0.5212 |
| Phi | 0.5642 | **0.5825** | 0.5724 | 0.5773 | 0.5377 | 0.5188 |
| Mov | 0.8391 | 0.8554 | 0.8325 | **0.8562** | 0.8099 | 0.7987 |
| Sei | 0.5381 | 0.5365 | 0.5767 | **0.5845** | 0.5847 | 0.5035 |
| Wil | 0.6307 | 0.6039 | 0.6231 | **0.6395** | 0.5552 | 0.5180 |
| Win | 0.5803 | 0.5750 | 0.5728 | **0.5865** | 0.5551 | 0.5008 |
| Ozo | 0.5767 | 0.5874 | 0.6000 | **0.6210** | 0.5266 | 0.5174 |
| Par | 0.9772 | **0.9837** | 0.9770 | 0.9814 | 0.9819 | 0.9777 |
| 均值 | 0.7258 | 0.7195 | 0.7331 | **0.7451** | 0.7213 | 0.6917 |
| 平均排序 | 3.20 | 3.53 | 3.33 | **1.97** | 3.90 | 5.03 |

#### 12.5.2.4　实验 C：本书所提方法与其他方法的比较

为了验证算法的有效性，对比实验还使用了经典机器学习库 scikit-learn 中的五个分类器。与 Bertini、Mohammadi[1-2] 相似，本节比较算法采用经典分类器 SVM、最近邻分类器 KNN 和经典基于树模型的分类器 DT。其中，支持向量机的核函数采用径向基函数；KNN 中 $k$ 值设置为常用值 5。此外，本实验亦选用 LDA 作为非参数分类器。GFRNN[7] 作为一种基于重力的方法也包括在内。

此外，利用五个大型真实数据集进一步支持实验结果。"Remission - Analysis"数据集是由哥伦比亚大学的一位研究员收集[12]，其余四个数据集均来自于 UCI 库，其详细信息如表 12.10 所示。

**表 12.10 大型数据的详细信息**

| 数据集 | Instances | Features | Minority | IR | Abbreviation |
|---|---|---|---|---|---|
| Readmission-Analysis | 7000 | 30 | Positive | 5.1 | Ra |
| Musk | 6598 | 168 | 1(musk) | 5.5 | Mus |
| Ticdata2000 | 9000 | 86 | 1 | 15.7 | Tic |
| Dry-Bean-Dataset | 13610 | 16 | Bombay | 25.1 | Dbd |
| Crowdsourced-Mapping | 10544 | 28 | water | 51.7 | Cro |

从表 12.11 可以看出,GFRNN 在 AUC 上的整体性能最好,而 Gkv-Ⅱ 的平均性能次之。研究表明,在"Ger""Hep""Fer""Cli""Mov"和"Ozo"这六个数据集上,GFRNN 的性能比我们提出的方法好 10% 以上。同时,我们的方案在五个数据集上的性能优于 GFRNN:"Gla""Veh""Opt""Par"和"Mus"。由于 GFRNN 使用固定半径内的样本来计算测试样本的重力,其差异说明了 GFRNN 和我们的方案在某些特定场景中具有明显的优势。为了对表 12.11 中的结果有更清晰的分析,本章给出了其对应的排名情况,如表 12.12 所示。可以观察到,Gkv-Ⅱ 在大多数数据集上排名较优(小于 6),这意味着它更稳定;相反 GFRNN 在几个数据集上表现不尽如人意,例如,"Brw""Gla""Veh""Opt"和"Mus"。

**表 12.11 实验 C 在 AUC 指标下的对比结果**

| 数据集 | Gk-Ⅰ | Gkv-Ⅰ | Gk-Ⅱ | Gkv-Ⅱ | KAOG | MKAOG | GFRNN | LDA | SVM | DT | KNN |
|---|---|---|---|---|---|---|---|---|---|---|---|
| Brt | 0.7852 | **0.8051** | 0.7521 | 0.7976 | 0.7713 | 0.7933 | 0.7971 | 0.7468 | 0.7125 | 0.7872 | 0.7743 |
| Brw | 0.9437 | 0.9488 | 0.9510 | **0.9529** | 0.9464 | 0.9453 | 0.9150 | 0.9396 | 0.9498 | 0.9116 | 0.9489 |
| See | 0.9057 | 0.9057 | 0.9150 | 0.9107 | 0.8793 | 0.9086 | 0.9279 | **0.9693** | 0.8957 | 0.8664 | 0.9129 |
| Vc | 0.7645 | 0.7402 | 0.7662 | 0.7822 | 0.7273 | 0.7598 | 0.7518 | **0.7990** | 0.7774 | 0.7597 | 0.7508 |
| Gla | 0.7902 | 0.7862 | 0.7802 | **0.8182** | 0.7683 | 0.7869 | 0.7395 | 0.7106 | 0.6551 | 0.7877 | 0.7726 |
| Ger | 0.6268 | 0.6159 | 0.5690 | 0.6160 | 0.6187 | 0.6179 | **0.7116** | 0.6906 | 0.6904 | 0.6340 | 0.6101 |
| Ilp | 0.5745 | 0.5707 | **0.6480** | 0.6273 | 0.5331 | 0.5348 | 0.6274 | 0.5200 | 0.5149 | 0.5849 | 0.5412 |
| Hab | 0.5650 | 0.5066 | 0.5410 | 0.5280 | 0.5189 | 0.5280 | **0.5890** | 0.5563 | 0.5460 | 0.5597 | 0.5097 |
| Par | 0.9346 | **0.9374** | 0.9233 | 0.9259 | 0.9158 | 0.9280 | 0.9005 | 0.8273 | 0.7496 | 0.9223 | 0.9167 |
| Tra | 0.6150 | 0.6028 | 0.6183 | **0.6219** | 0.6031 | 0.5589 | 0.5925 | 0.5526 | 0.5501 | 0.5278 | 0.5999 |
| Wpb | 0.6106 | 0.5743 | 0.5519 | 0.6210 | 0.5837 | 0.5987 | 0.6247 | **0.6929** | 0.6633 | 0.5819 | 0.6091 |
| Veh | 0.8804 | 0.8784 | 0.8717 | 0.8908 | 0.8711 | 0.8812 | 0.8093 | 0.9349 | **0.9490** | 0.9162 | 0.9077 |
| Cmc | 0.5718 | 0.5644 | 0.6199 | **0.6260** | 0.5545 | 0.5367 | 0.6017 | 0.5362 | 0.5159 | 0.5525 | 0.5727 |
| Hep | 0.6744 | 0.6817 | 0.6981 | 0.7085 | 0.6869 | 0.6914 | **0.7934** | 0.7510 | 0.7421 | 0.6417 | 0.7083 |
| Lib | **0.8983** | 0.8947 | 0.8865 | 0.8879 | 0.8712 | 0.8820 | 0.8741 | 0.7068 | 0.7307 | 0.7800 | 0.8567 |
| Yea | 0.7050 | 0.6836 | 0.7587 | 0.7680 | 0.7156 | 0.7115 | **0.7845** | 0.6949 | 0.6571 | 0.6963 | 0.7364 |
| Eco | 0.9107 | 0.8985 | 0.9268 | 0.9203 | 0.8988 | 0.9062 | 0.8895 | 0.8009 | 0.7927 | 0.8447 | **0.9323** |

续表

| 数据集 | Gk-Ⅰ | Gkv-Ⅰ | Gk-Ⅱ | Gkv-Ⅱ | KAOG | MKAOG | GFRNN | LDA | SVM | DT | KNN |
|---|---|---|---|---|---|---|---|---|---|---|---|
| Fer | 0.6007 | 0.5980 | 0.5567 | 0.5686 | 0.5621 | 0.6008 | **0.6557** | 0.4886 | 0.4978 | 0.5508 | 0.5086 |
| Pag | 0.8088 | 0.8066 | 0.8582 | 0.8586 | 0.8251 | 0.8453 | 0.8742 | 0.7728 | 0.7299 | **0.9017** | 0.8356 |
| Opt | 0.9799 | 0.9785 | 0.9652 | 0.9572 | 0.9730 | 0.9816 | 0.6585 | 0.8977 | 0.8906 | 0.8907 | **0.9825** |
| Sat | 0.7505 | 0.7316 | 0.7685 | 0.7708 | 0.7986 | 0.8022 | 0.7924 | 0.5033 | 0.5006 | 0.7484 | **0.8207** |
| Aba | 0.5655 | 0.5442 | 0.7476 | 0.7497 | 0.5438 | 0.5466 | **0.7912** | 0.4998 | 0.5000 | 0.5976 | 0.5700 |
| Cli | 0.6064 | 0.6053 | 0.5637 | 0.5997 | 0.5444 | 0.5583 | **0.8159** | 0.7308 | 0.7959 | 0.6799 | 0.6109 |
| Phi | 0.5642 | 0.5825 | 0.5724 | 0.5773 | 0.5103 | 0.5047 | 0.5789 | 0.5000 | 0.5000 | **0.6868** | 0.5303 |
| Mov | 0.8391 | 0.8554 | 0.8325 | 0.8562 | 0.7987 | 0.8557 | **0.9581** | 0.8199 | 0.8397 | 0.7242 | 0.7657 |
| Sei | 0.5381 | 0.5365 | 0.5767 | 0.5845 | 0.5216 | 0.5242 | **0.6778** | 0.5575 | 0.4996 | 0.5585 | 0.5330 |
| Wil | 0.6307 | 0.6039 | 0.6231 | 0.6395 | 0.5538 | 0.5623 | 0.7054 | 0.5614 | 0.5000 | **0.8948** | 0.5786 |
| Win | 0.5803 | 0.5750 | 0.5728 | 0.5865 | 0.5325 | 0.5353 | **0.6611** | 0.5260 | 0.5000 | 0.5832 | 0.5257 |
| Ozo | 0.5767 | 0.5874 | 0.6000 | 0.6210 | 0.5179 | 0.5221 | **0.7441** | 0.5347 | 0.5095 | 0.6076 | 0.5457 |
| Par | 0.9772 | **0.9837** | 0.9770 | 0.9814 | 0.9701 | 0.9799 | 0.7443 | 0.5063 | 0.5714 | 0.9741 | 0.9835 |
| Ra | 0.8357 | 0.8270 | 0.8074 | **0.9019** | 0.8519 | 0.8820 | 0.8621 | 0.8030 | 0.7955 | 0.7776 | 0.8956 |
| Mus | **0.9151** | 0.9115 | 0.9124 | 0.9085 | 0.9069 | 0.9092 | 0.8028 | 0.8560 | 0.8666 | 0.8911 | 0.9035 |
| Tic | 0.5212 | 0.5141 | 0.5873 | 0.5914 | 0.5007 | 0.5034 | **0.6132** | 0.5174 | 0.5011 | 0.5408 | 0.5073 |
| Dbd | **1.0000** | **1.0000** | 0.9997 | 0.9997 | **1.0000** | **1.0000** | 0.9995 | 0.9971 | **1.0000** | 0.9984 | **1.0000** |
| Cro | 0.8948 | 0.9005 | 0.8915 | 0.8760 | 0.8860 | 0.8965 | 0.8656 | 0.8361 | 0.8022 | **0.9020** | 0.8982 |
| 均值 | 0.7412 | 0.7353 | 0.7483 | 0.7609 | 0.7218 | 0.7308 | **0.7637** | 0.6954 | 0.6826 | 0.7389 | 0.7330 |

表 12.12　实验 C 在 AUC 指标下全体算法的排名

| 数据集 | Gk-Ⅰ | Gkv-Ⅰ | Gk-Ⅱ | Gkv-Ⅱ | KAOG | MKAOG | GFRNN | LDA | SVM | DT | KNN |
|---|---|---|---|---|---|---|---|---|---|---|---|
| Brt | 6 | 1 | 9 | 2 | 8 | 4 | 3 | 10 | 11 | 5 | 7 |
| Brw | 8 | 5 | 2 | 1 | 6 | 7 | 10 | 9 | 3 | 11 | 4 |
| See | 7 | 7 | 3 | 5 | 10 | 6 | 2 | 1 | 9 | 11 | 4 |
| Vc | 5 | 10 | 4 | 2 | 11 | 6 | 8 | 1 | 3 | 7 | 9 |
| Gla | 2 | 5 | 6 | 1 | 8 | 4 | 9 | 10 | 11 | 3 | 7 |
| Ger | 5 | 9 | 11 | 8 | 6 | 7 | 1 | 2 | 3 | 4 | 10 |
| Ilp | 5 | 6 | 1 | 3 | 9 | 8 | 2 | 10 | 11 | 4 | 7 |
| Hab | 2 | 11 | 6 | 7 | 9 | 7 | 1 | 4 | 5 | 3 | 10 |
| Par | 2 | 1 | 5 | 4 | 8 | 3 | 9 | 10 | 11 | 6 | 7 |
| Tra | 3 | 5 | 2 | 1 | 4 | 8 | 7 | 9 | 10 | 11 | 6 |
| Wpb | 5 | 10 | 11 | 4 | 8 | 7 | 3 | 1 | 2 | 9 | 6 |

| 数据集 | Gk-Ⅰ | Gkv-Ⅰ | Gk-Ⅱ | Gkv-Ⅱ | KAOG | MKAOG | GFRNN | LDA | SVM | DT | KNN |
|---|---|---|---|---|---|---|---|---|---|---|---|
| Veh | 7 | 8 | 9 | 5 | 10 | 6 | 11 | 2 | 1 | 3 | 4 |
| Cmc | 5 | 6 | 2 | 1 | 7 | 9 | 3 | 10 | 11 | 8 | 4 |
| Hep | 10 | 9 | 6 | 4 | 8 | 7 | 1 | 2 | 3 | 11 | 5 |
| Lib | 1 | 2 | 4 | 3 | 7 | 5 | 6 | 11 | 10 | 9 | 8 |
| Yea | 7 | 10 | 3 | 2 | 5 | 6 | 1 | 9 | 11 | 8 | 4 |
| Eco | 4 | 7 | 2 | 3 | 6 | 5 | 8 | 10 | 11 | 9 | 1 |
| Fer | 3 | 4 | 7 | 5 | 6 | 2 | 1 | 11 | 10 | 8 | 9 |
| Pag | 8 | 9 | 4 | 3 | 7 | 5 | 2 | 10 | 11 | 1 | 6 |
| Opt | 3 | 4 | 6 | 7 | 5 | 2 | 11 | 8 | 10 | 9 | 1 |
| Sat | 7 | 9 | 6 | 5 | 3 | 2 | 4 | 10 | 11 | 8 | 1 |
| Aba | 6 | 8 | 3 | 2 | 9 | 7 | 1 | 11 | 10 | 4 | 5 |
| Cli | 6 | 7 | 9 | 8 | 11 | 10 | 1 | 3 | 2 | 4 | 5 |
| Phi | 6 | 2 | 5 | 4 | 8 | 9 | 3 | 10 | 10 | 1 | 7 |
| Mov | 6 | 4 | 7 | 2 | 9 | 3 | 1 | 8 | 5 | 11 | 10 |
| Sei | 6 | 7 | 3 | 2 | 10 | 9 | 1 | 5 | 11 | 4 | 8 |
| Wil | 4 | 6 | 5 | 3 | 10 | 8 | 2 | 9 | 11 | 1 | 7 |
| Win | 4 | 5 | 6 | 2 | 8 | 7 | 1 | 9 | 11 | 3 | 10 |
| Ozo | 6 | 5 | 4 | 2 | 10 | 9 | 1 | 8 | 11 | 3 | 7 |
| Par | 5 | 1 | 6 | 3 | 8 | 4 | 9 | 11 | 10 | 7 | 2 |
| Ra | 6 | 7 | 8 | 1 | 5 | 3 | 4 | 9 | 10 | 11 | 2 |
| Mus | 1 | 3 | 2 | 5 | 6 | 4 | 11 | 10 | 9 | 8 | 7 |
| Tic | 5 | 7 | 3 | 2 | 11 | 9 | 1 | 6 | 10 | 4 | 8 |
| Dbd | 3.5 | 3.5 | 7.5 | 7.5 | 3.5 | 3.5 | 9 | 11 | 3.5 | 10 | 3.5 |
| Cro | 5 | 2 | 6 | 8 | 7 | 4 | 9 | 10 | 11 | 1 | 3 |
| 均值 | 4.99 | 5.87 | 5.24 | 3.64 | 7.61 | 5.87 | 4.49 | 7.71 | 8.36 | 6.29 | 5.84 |

### 12.5.2.5 统计检验

为了评估对比算法之间是否存在显著性差异,本小节采用无参的 Friedman 检验,并进行相应的事后检验,以进一步检测成对算法之间的性能差异。

表 12.13 给出了三组对比实验具有 $(k-1)$ 个自由度的 Friedman 卡方 $(X_F^2)$ 统计值以及 $(k-1)$ 和 $[(k-1)(N-1)]$ 个自由度的 $F$ 分布,其中 $k$ 表示对比算法的数量,$N$ 表示数据集的数量。实验 B:$X_F^2(5)$ 为 11.0705、$F_F(5,145)$ 为 2.2766;实验 C:$X_F^2(10)$ 为 18.3070、$F_F(10,340)$ 为 1.8600,当统计值大于相应的临界值时,则拒绝零假设,显然所有的对比算法都具有显著性差异。

**表 12.13 两组对比实验的 Friedman 统计检验值**

| | | 实验 B | 实验 C |
|---|---|---|---|
| AUC | $X_F^2$ | 42.6238 | 65.8805 |
| | $F_F$ | 11.5118 | 7.2833 |
| F1 | $X_F^2$ | 56.6048 | 105.6610 |
| | $F_F$ | 17.5763 | 14.7028 |
| G-mean | $X_F^2$ | 39.6190 | 76.9312 |
| | $F_F$ | 10.4090 | 9.5788 |
| 临界值 | $X_F^2$ | 11.0705 | 18.3070 |
| | $F_F$ | 2.2766 | 1.8600 |

图 12.11 给出了显著性水平 $\alpha = 0.05$ 的 Friedman 检验。其中顶部横线表示相应平均

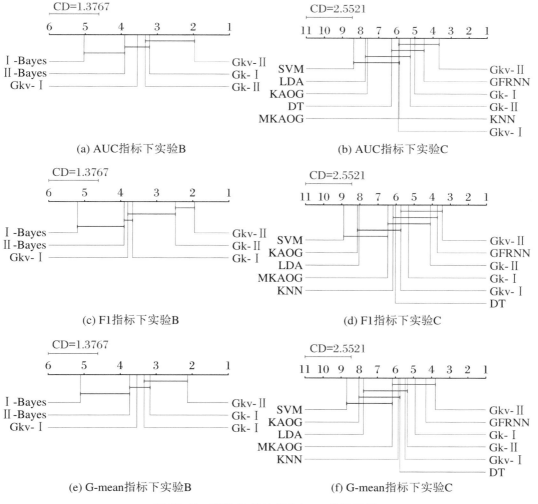

(a) AUC指标下实验B

(b) AUC指标下实验C

(c) F1指标下实验B

(d) F1指标下实验C

(e) G-mean指标下实验B

(f) G-mean指标下实验C

**图 12.11 实验 B、C 的 Friedman 检验结果**

排名的临界 CD 值,坐标轴上的数字代表着算法的排名,其最右端为最低(最佳)序值,而算法被同一直线连接意味着它们之间没有显著差异。实验 B 在 AUC 上的结果如图 12.11(c) 所示,Gkv-Ⅱ获得最佳排名,其次为 Gk-Ⅰ、Gk-Ⅱ和 Gkv-Ⅰ,并且与其有显著性差异。同时显示本小节所提方法明显优于基于 Bayes 的方法且有显著性差异,一定程度上验证了其在不平衡场景下的有效性。

由图 12.11(b) 比较可知,序值第一的方法为 Gkv-Ⅱ,与 GRFNN、Gk-Ⅰ、Gk-Ⅱ、KNN、Gkv-Ⅰ和 MKAOG 方法相比,没有显著性差异,但与其他四种方法相比,具有显著差异。需要指出的是对比本小节所提的四个方案,Gkv-Ⅰ总体表现最差。原因可能在于:基于最大边缘强度阈值的构图方法在处理复杂分布场景时过于保守,未能识别出影响少数类构图的多数类节点,进而它最大限度地阻碍了少数类连通分量的形成。

简而言之,$F_1$ 和 G-mean 实验的结果以 Friedman 检验结果表示在图 12.11(c)～(f); 结果显示 $F_1$ 和 G-mean 的结果与 AUC 的结果基本保持一致,此处不再一一赘述。

**表 12.14　四种方法在 $F_1$ 上的性能结果**

| 数据集 | Gk-Ⅰ | Gkv-Ⅰ | Gk-Ⅱ | Gkv-Ⅱ | 数据集 | Gk-Ⅰ | Gkv-Ⅰ | Gk-Ⅱ | Gkv-Ⅱ |
|---|---|---|---|---|---|---|---|---|---|
| Brt | 0.7645 | 0.7878 | 0.7930 | **0.8301** | Yea | 0.6065 | 0.5584 | 0.7161 | **0.7511** |
| Brw | 0.9439 | 0.9492 | 0.9522 | **0.9537** | Eco | 0.9001 | 0.8838 | **0.9196** | 0.9118 |
| See | 0.8990 | 0.8980 | **0.9089** | 0.9036 | Fer | 0.3731 | **0.3736** | 0.3164 | 0.3399 |
| Vc | 0.7531 | 0.7137 | 0.7795 | **0.7943** | Pag | 0.7649 | 0.7624 | 0.8456 | **0.8477** |
| Gla | 0.7860 | 0.7649 | 0.8008 | **0.8242** | Opt | **0.9794** | 0.9779 | 0.9637 | 0.9550 |
| Ger | 0.5717 | 0.4960 | **0.6801** | 0.6553 | Sat | 0.6720 | 0.6366 | 0.7078 | **0.7114** |
| Ilp | 0.5336 | 0.4859 | **0.6958** | 0.6686 | Aba | 0.3004 | 0.2225 | 0.7260 | **0.7349** |
| Hab | 0.4895 | 0.3742 | **0.6652** | 0.6410 | Cli | **0.3643** | 0.3720 | 0.2131 | 0.3253 |
| Par | 0.9300 | **0.9302** | 0.9156 | 0.9193 | Phi | 0.3065 | **0.3527** | 0.3198 | 0.3171 |
| Tra | 0.5745 | 0.5396 | **0.6906** | 0.6870 | Mov | 0.7828 | 0.8127 | 0.7873 | **0.8217** |
| Wpb | 0.4700 | 0.4020 | 0.5900 | **0.6341** | Sei | 0.2204 | 0.2125 | 0.4665 | **0.5058** |
| Veh | 0.8677 | 0.8658 | 0.8568 | **0.8800** | Wil | 0.4249 | 0.3559 | 0.4377 | **0.4897** |
| Cmc | 0.4860 | 0.4328 | **0.6339** | 0.6259 | Win | 0.3018 | 0.2852 | 0.4878 | **0.5173** |
| Hep | 0.5585 | 0.5873 | 0.6154 | **0.6308** | Ozo | 0.2644 | 0.2979 | 0.3324 | **0.3926** |
| Lib | **0.8874** | 0.8796 | 0.8728 | 0.8728 | Par | 0.9761 | **0.9831** | 0.9759 | 0.9808 |
| 均值 | 0.5848 | 0.5660 | 0.6563 | **0.6734** | 平均排序 | 2.93 | 3.13 | 2.20 | **1.70** |

**表 12.15　四种方法在 G-mean 上的性能结果**

| 数据集 | Gk-Ⅰ | Gkv-Ⅰ | Gk-Ⅱ | Gkv-Ⅱ | 数据集 | Gk-Ⅰ | Gkv-Ⅰ | Gk-Ⅱ | Gkv-Ⅱ |
|---|---|---|---|---|---|---|---|---|---|
| Brt | 0.7710 | **0.7948** | 0.7121 | 0.7692 | Yea | 0.6591 | 0.6220 | 0.7434 | **0.7636** |
| Brw | 0.9434 | 0.9485 | 0.9504 | **0.9526** | Eco | 0.9060 | 0.8917 | **0.9237** | 0.9165 |
| See | 0.9027 | 0.9023 | **0.9120** | 0.9075 | Fer | **0.3997** | 0.3973 | 0.3370 | 0.3710 |
| Vc | 0.7615 | 0.7303 | 0.7583 | **0.7759** | Pag | 0.7876 | 0.7853 | 0.8542 | **0.8553** |
| Gla | 0.7837 | 0.7777 | 0.7663 | **0.8138** | Opt | **0.9797** | 0.9782 | 0.9644 | 0.9561 |
| Ger | **0.6104** | 0.5676 | 0.3999 | 0.6031 | Sat | 0.7117 | 0.6836 | 0.7403 | **0.7429** |
| Ilp | 0.5649 | 0.5436 | **0.6232** | 0.6080 | Aba | 0.4185 | 0.3494 | 0.7428 | **0.7468** |

续表

| 数据集 | Gk-I | Gkv-I | Gk-II | Gkv-II | 数据集 | Gk-I | Gkv-I | Gk-II | Gkv-II |
|---|---|---|---|---|---|---|---|---|---|
| Hab | **0.5376** | 0.4529 | 0.3698 | 0.3986 | Cli | 0.4611 | **0.4671** | 0.2906 | 0.4158 |
| Par | 0.9326 | **0.9340** | 0.9199 | 0.9231 | Phi | 0.4034 | **0.4500** | 0.4160 | 0.3996 |
| Tra | **0.6051** | 0.5844 | 0.5671 | 0.5804 | Mov | 0.8007 | 0.8330 | 0.8099 | **0.8394** |
| Wpb | 0.5364 | 0.4808 | 0.4633 | **0.5980** | Sei | 0.3472 | 0.3388 | 0.5355 | **0.5581** |
| Veh | 0.8753 | 0.8733 | 0.8657 | **0.8865** | Wil | 0.5189 | 0.4635 | 0.5275 | **0.5668** |
| Cmc | 0.5454 | 0.5135 | 0.6123 | **0.6234** | Win | 0.4199 | 0.4049 | 0.5415 | **0.5583** |
| Hep | 0.6109 | 0.6385 | **0.6609** | 0.6642 | Ozo | 0.3573 | 0.4039 | 0.4339 | **0.4926** |
| Lib | **0.8937** | 0.8875 | 0.8799 | 0.8808 | Par | 0.9767 | **0.9834** | 0.9765 | 0.9811 |
| 均值 | 0.6674 | 0.6561 | 0.6766 | **0.7050** | 平均排序 | 2.50 | 2.87 | 2.80 | **1.83** |

表 12.16　实验 B 在 $F_1$ 指标下的对比结果

| 数据集 | Gk-I | Gkv-I | Gk-II | Gkv-II | II-Bayes | I-Bayes |
|---|---|---|---|---|---|---|
| Brt | 0.7645 | 0.7878 | 0.7930 | **0.8301** | 0.7494 | 0.7471 |
| Brw | 0.9439 | 0.9492 | 0.9522 | **0.9537** | 0.9495 | 0.9466 |
| See | 0.8990 | 0.8980 | **0.9089** | 0.9036 | 0.8821 | 0.8748 |
| Vc | 0.7531 | 0.7137 | 0.7795 | **0.7943** | 0.7762 | 0.6667 |
| Gla | 0.7860 | 0.7649 | 0.8008 | **0.8242** | 0.7790 | 0.7588 |
| Ger | 0.5717 | 0.4960 | **0.6801** | 0.6553 | 0.5530 | 0.2664 |
| Ilp | 0.5336 | 0.4859 | **0.6958** | 0.6686 | 0.6282 | 0.2947 |
| Hab | 0.4895 | 0.3742 | **0.6652** | 0.6410 | 0.6516 | 0.1604 |
| Par | 0.9300 | 0.9302 | 0.9156 | 0.9193 | 0.9172 | **0.9344** |
| Tra | 0.5745 | 0.5396 | **0.6906** | 0.6870 | 0.6479 | 0.3526 |
| Wpb | 0.4700 | 0.4020 | 0.5900 | **0.6341** | 0.4818 | 0.1969 |
| Veh | 0.8677 | 0.8658 | 0.8568 | 0.8800 | 0.8452 | **0.8878** |
| Cmc | 0.4860 | 0.4328 | **0.6339** | 0.6259 | 0.5255 | 0.1509 |
| Hep | 0.5585 | 0.5873 | 0.6154 | **0.6308** | 0.5859 | 0.5166 |
| Lib | **0.8874** | 0.8796 | 0.8728 | 0.8728 | 0.8770 | 0.8552 |
| Yea | 0.6065 | 0.5584 | 0.7161 | **0.7511** | 0.7219 | 0.5364 |
| Eco | 0.9001 | 0.8838 | **0.9196** | 0.9118 | 0.9080 | 0.9181 |
| Fer | 0.3731 | **0.3736** | 0.3164 | 0.3399 | 0.1488 | 0.2251 |
| Pag | 0.7649 | 0.7624 | 0.8456 | **0.8477** | 0.7847 | 0.7186 |
| Opt | **0.9794** | 0.9779 | 0.9637 | 0.9550 | 0.9519 | 0.9729 |
| Sat | 0.6720 | 0.6366 | 0.7078 | **0.7114** | 0.6929 | 0.6874 |
| Aba | 0.3004 | 0.2225 | 0.7260 | **0.7349** | 0.6786 | 0.0159 |
| Cli | 0.3643 | **0.3720** | 0.2131 | 0.3253 | 0.0160 | 0.0737 |
| Phi | 0.3065 | **0.3527** | 0.3198 | 0.3171 | 0.1486 | 0.0999 |
| Mov | 0.7828 | 0.8127 | 0.7873 | **0.8217** | 0.7372 | 0.7003 |
| Sei | 0.2204 | 0.2125 | 0.4665 | **0.5058** | 0.3654 | 0.0154 |
| Wil | 0.4249 | 0.3559 | 0.4377 | **0.4897** | 0.2280 | 0.0711 |

续表

| 数据集 | Gk-Ⅰ | Gkv-Ⅰ | Gk-Ⅱ | Gkv-Ⅱ | Ⅱ-Bayes | Ⅰ-Bayes |
|---|---|---|---|---|---|---|
| Win | 0.3018 | 0.2852 | 0.4878 | **0.5173** | 0.3312 | 0.0050 |
| Ozo | 0.2644 | 0.2979 | 0.3324 | **0.3926** | 0.0973 | 0.0671 |
| Par | 0.9761 | **0.9831** | 0.9759 | 0.9808 | 0.9809 | 0.9768 |
| 均值 | 0.6251 | 0.6065 | 0.6889 | **0.7041** | 0.6214 | 0.4898 |
| 平均排序 | 3.67 | 3.80 | 2.47 | **1.93** | 3.90 | 5.20 |

**表 12.17　实验 B 在 G-mean 指标下的对比结果**

| 数据集 | Gk-Ⅰ | Gkv-Ⅰ | Gk-Ⅱ | Gkv-Ⅱ | Ⅱ-Bayes | Ⅰ-Bayes |
|---|---|---|---|---|---|---|
| Brt | 0.7710 | **0.7948** | 0.7121 | 0.7692 | 0.7083 | 0.7636 |
| Brw | 0.9434 | 0.9485 | 0.9504 | **0.9526** | 0.9487 | 0.9457 |
| See | 0.9027 | 0.9023 | **0.9120** | 0.9075 | 0.8885 | 0.8827 |
| Vc | 0.7615 | 0.7303 | 0.7583 | 0.7759 | **0.7761** | 0.6959 |
| Gla | 0.7837 | 0.7777 | 0.7663 | **0.8138** | 0.7743 | 0.7704 |
| Ger | **0.6104** | 0.5676 | 0.3999 | 0.6031 | 0.5927 | 0.3837 |
| Ilp | 0.5649 | 0.5436 | **0.6232** | 0.6080 | 0.6066 | 0.4038 |
| Hab | **0.5376** | 0.4529 | 0.3698 | 0.3986 | 0.4628 | 0.2562 |
| Par | 0.9326 | 0.9340 | 0.9199 | 0.9231 | 0.9203 | **0.9352** |
| Tra | 0.6051 | 0.5844 | 0.5671 | 0.5804 | **0.6179** | 0.4544 |
| Wpb | 0.5364 | 0.4808 | 0.4633 | **0.5980** | 0.5193 | 0.2637 |
| Veh | 0.8753 | 0.8733 | 0.8657 | 0.8865 | 0.8559 | **0.8929** |
| Cmc | 0.5454 | 0.5135 | 0.6123 | **0.6234** | 0.5806 | 0.2753 |
| Hep | 0.6109 | 0.6385 | 0.6609 | **0.6642** | 0.6427 | 0.5808 |
| Lib | **0.8937** | 0.8875 | 0.8799 | 0.8808 | 0.8839 | 0.8664 |
| Yea | 0.6591 | 0.6220 | 0.7434 | **0.7636** | 0.7489 | 0.6051 |
| Eco | 0.9060 | 0.8917 | **0.9237** | 0.9165 | 0.9122 | 0.9223 |
| Fer | **0.3997** | 0.3973 | 0.3370 | 0.3710 | 0.1603 | 0.2476 |
| Pag | 0.7876 | 0.7853 | 0.8542 | **0.8553** | 0.8029 | 0.7495 |
| Opt | **0.9797** | 0.9782 | 0.9644 | 0.9561 | 0.9532 | 0.9733 |
| Sat | 0.7117 | 0.6836 | 0.7403 | **0.7429** | 0.7281 | 0.7239 |
| Aba | 0.4185 | 0.3494 | 0.7428 | **0.7468** | 0.7095 | 0.0585 |
| Cli | 0.4611 | **0.4671** | 0.2906 | 0.4158 | 0.0267 | 0.1083 |
| Phi | 0.4034 | **0.4500** | 0.4160 | 0.3996 | 0.2028 | 0.1558 |
| Mov | 0.8007 | 0.8330 | 0.8099 | **0.8394** | 0.7713 | 0.7277 |
| Sei | 0.3472 | 0.3388 | 0.5355 | **0.5581** | 0.4665 | 0.0352 |
| Wil | 0.5189 | 0.4635 | 0.5275 | **0.5668** | 0.3545 | 0.1583 |
| Win | 0.4199 | 0.4049 | 0.5415 | **0.5583** | 0.4352 | 0.0174 |
| Ozo | 0.3573 | 0.4039 | 0.4339 | **0.4926** | 0.1645 | 0.1138 |
| Par | 0.9767 | **0.9834** | 0.9765 | 0.9811 | 0.9814 | 0.9772 |
| 均值 | 0.6674 | 0.6561 | 0.6766 | **0.7050** | 0.6399 | 0.5315 |
| 平均排序 | 3.17 | 3.53 | 3.33 | **2.13** | 3.73 | 5.10 |

表 12.18　实验 C 在 $F_1$ 指标下的对比结果

| 数据集 | Gk-Ⅰ | Gkv-Ⅰ | Gk-Ⅱ | Gkv-Ⅱ | KAOG | MKAOG | GFRNN | LDA | SVM | DT | KNN |
|---|---|---|---|---|---|---|---|---|---|---|---|
| Brt | 0.7645 | 0.7878 | 0.7930 | **0.8301** | 0.7323 | 0.7713 | 0.8123 | 0.7041 | 0.6636 | 0.7702 | 0.7277 |
| Brw | 0.9439 | 0.9492 | 0.9522 | **0.9537** | 0.9465 | 0.9458 | 0.9099 | 0.9383 | 0.9498 | 0.9110 | 0.9491 |
| See | 0.8990 | 0.8980 | 0.9089 | 0.9036 | 0.8634 | 0.9037 | 0.9312 | **0.9684** | 0.8856 | 0.8533 | 0.9057 |
| Vc | 0.7531 | 0.7137 | 0.7795 | **0.7943** | 0.6871 | 0.7332 | 0.7860 | 0.7716 | 0.7368 | 0.7377 | 0.7197 |
| Gla | 0.7860 | 0.7649 | 0.8008 | **0.8242** | 0.7509 | 0.7759 | 0.7918 | 0.6513 | 0.5488 | 0.7638 | 0.7627 |
| Ger | 0.5717 | 0.4960 | 0.6801 | 0.6553 | 0.4961 | 0.4927 | **0.7061** | 0.6169 | 0.6093 | 0.5749 | 0.4925 |
| Ilp | 0.5336 | 0.4859 | **0.6958** | 0.6686 | 0.3524 | 0.3583 | 0.6777 | 0.1514 | 0.1159 | 0.4899 | 0.3857 |
| Hab | 0.4895 | 0.3742 | **0.6652** | 0.6410 | 0.2400 | 0.2696 | 0.5387 | 0.2597 | 0.2065 | 0.4561 | 0.2390 |
| Par | 0.9300 | **0.9302** | 0.9156 | 0.9193 | 0.9086 | 0.9215 | 0.9063 | 0.7967 | 0.6910 | 0.9171 | 0.9097 |
| Tra | 0.5745 | 0.5396 | **0.6906** | 0.6870 | 0.4510 | 0.3777 | 0.5738 | 0.2334 | 0.2182 | 0.4260 | 0.4626 |
| Wpb | 0.4700 | 0.4020 | 0.5900 | 0.6341 | 0.3595 | 0.4083 | **0.6526** | 0.6186 | 0.5155 | 0.4672 | 0.4258 |
| Veh | 0.8677 | 0.8658 | 0.8568 | 0.8800 | 0.8560 | 0.8709 | 0.8401 | 0.9323 | **0.9471** | 0.9116 | 0.9012 |
| Cmc | 0.4860 | 0.4328 | **0.6339** | 0.6259 | 0.3159 | 0.2782 | 0.5945 | 0.1733 | 0.0752 | 0.4239 | 0.3762 |
| Hep | 0.5585 | 0.5873 | 0.6154 | 0.6308 | 0.5633 | 0.5789 | **0.7891** | 0.6824 | 0.6632 | 0.5267 | 0.6154 |
| Lib | **0.8874** | 0.8796 | 0.8728 | 0.8728 | 0.8478 | 0.8619 | 0.8841 | 0.6163 | 0.6278 | 0.7363 | 0.8310 |
| Yea | 0.6065 | 0.5584 | 0.7161 | 0.7511 | 0.6225 | 0.6155 | **0.7766** | 0.5827 | 0.4928 | 0.6222 | 0.6618 |
| Eco | 0.9001 | 0.8838 | 0.9196 | 0.9118 | 0.8837 | 0.8961 | 0.8915 | 0.7554 | 0.7320 | 0.8220 | **0.9273** |
| Fer | 0.3731 | 0.3736 | 0.3164 | 0.3399 | 0.2021 | 0.3091 | **0.5915** | 0.0000 | 0.0000 | 0.2885 | 0.0680 |
| Pag | 0.7649 | 0.7624 | 0.8456 | 0.8477 | 0.7896 | 0.8188 | 0.8633 | 0.7074 | 0.6308 | **0.8928** | 0.8053 |
| Opt | 0.9794 | 0.9779 | 0.9637 | 0.9550 | 0.9722 | 0.9812 | 0.7455 | 0.8879 | 0.8781 | 0.8797 | 0.9820 |
| Sat | 0.6720 | 0.6366 | 0.7078 | 0.7114 | 0.7556 | 0.7617 | **0.8259** | 0.0151 | 0.0025 | 0.6854 | 0.7888 |
| Aba | 0.3004 | 0.2225 | 0.7260 | 0.7349 | 0.1982 | 0.2040 | **0.8054** | 0.0000 | 0.0000 | 0.4057 | 0.2912 |
| Cli | 0.3643 | 0.3720 | 0.2131 | 0.3253 | 0.1540 | 0.2106 | **0.8388** | 0.6212 | 0.7372 | 0.5310 | 0.3548 |
| Phi | 0.3065 | 0.3527 | 0.3198 | 0.3171 | 0.0497 | 0.0721 | **0.5902** | 0.0000 | 0.0000 | 0.5851 | 0.1345 |
| Mov | 0.7828 | 0.8127 | 0.7873 | 0.8217 | 0.7245 | 0.8197 | **0.9593** | 0.7559 | 0.7901 | 0.5961 | 0.6802 |
| Sei | 0.2204 | 0.2125 | 0.4665 | 0.5058 | 0.1015 | 0.1116 | **0.6463** | 0.2373 | 0.0000 | 0.2909 | 0.1365 |
| Wil | 0.4249 | 0.3559 | 0.4377 | 0.4897 | 0.1983 | 0.2259 | 0.7606 | 0.2308 | 0.0000 | **0.8831** | 0.2738 |
| Win | 0.3018 | 0.2852 | 0.4878 | 0.5173 | 0.1281 | 0.1355 | **0.5880** | 0.1062 | 0.0000 | 0.3295 | 0.1011 |
| Ozo | 0.2644 | 0.2979 | 0.3324 | 0.3926 | 0.0678 | 0.0867 | **0.7874** | 0.1357 | 0.0360 | 0.3668 | 0.1678 |
| Par | 0.9761 | **0.9831** | 0.9759 | 0.9808 | 0.9687 | 0.9790 | 0.7964 | 0.0300 | 0.2474 | 0.9725 | 0.9830 |
| Ra | 0.8020 | 0.7891 | 0.7613 | **0.8922** | 0.8262 | 0.8666 | 0.8518 | 0.7593 | 0.7487 | 0.7376 | 0.8832 |
| Mus | 0.9109 | 0.9053 | 0.9099 | 0.9024 | 0.8993 | 0.9024 | 0.8266 | 0.8348 | 0.8485 | **0.9384** | 0.9067 |
| Tic | 0.1421 | 0.1144 | 0.4475 | 0.4648 | 0.0077 | 0.0286 | **0.5911** | 0.0830 | 0.0058 | 0.2590 | 0.0379 |
| Dbd | **1.0000** | **1.0000** | 0.9997 | 0.9997 | **1.0000** | **1.0000** | 0.9995 | 0.9971 | **1.0000** | 0.9984 | **1.0000** |
| Cro | 0.8810 | 0.8882 | 0.8772 | 0.8560 | 0.8700 | 0.8833 | 0.8676 | 0.8089 | 0.7516 | **0.8905** | 0.8860 |
| 均值 | 0.6425 | 0.6255 | 0.7046 | 0.7211 | 0.5654 | 0.5845 | **0.7714** | 0.5047 | 0.4673 | 0.6555 | 0.5935 |
| 平均排序 | 5.30 | 5.73 | 4.07 | **3.41** | 8.13 | 6.44 | 3.71 | 8.00 | 8.84 | 6.03 | 6.16 |

**表 12.19　实验 C 在 G-mean 指标下的对比结果**

| 数据集 | Gk-I | Gkv-I | Gk-II | Gkv-II | KAOG | MKAOG | GFRNN | LDA | SVM | DT | KNN |
|---|---|---|---|---|---|---|---|---|---|---|---|
| Brt | 0.7710 | **0.7948** | 0.7121 | 0.7692 | 0.7528 | 0.7837 | 0.7870 | 0.7294 | 0.6880 | 0.7788 | 0.7537 |
| Brw | 0.9434 | 0.9485 | 0.9504 | **0.9526** | 0.9462 | 0.9449 | 0.9132 | 0.9391 | 0.9496 | 0.9109 | 0.9487 |
| See | 0.9027 | 0.9023 | 0.9120 | 0.9075 | 0.8724 | 0.9061 | 0.9265 | 0.9688 | 0.8919 | 0.8612 | 0.9100 |
| Vc | 0.7615 | 0.7303 | 0.7583 | **0.7759** | 0.7145 | 0.7515 | 0.7322 | 0.7889 | 0.7616 | 0.7526 | 0.7414 |
| Gla | 0.7837 | 0.7777 | 0.7663 | **0.8138** | 0.7635 | 0.7801 | 0.6942 | 0.6879 | 0.6077 | 0.7793 | 0.7679 |
| Ger | 0.6104 | 0.5676 | 0.3999 | 0.6031 | 0.5684 | 0.5660 | **0.7093** | 0.6629 | 0.6582 | 0.6175 | 0.5640 |
| Ilp | 0.5649 | 0.5436 | **0.6232** | 0.6080 | 0.4506 | 0.4550 | 0.6017 | 0.2796 | 0.2245 | 0.5524 | 0.4762 |
| Hab | 0.5376 | 0.4529 | 0.3698 | 0.3986 | 0.3536 | 0.3767 | **0.5753** | 0.3797 | 0.3034 | 0.5240 | 0.3583 |
| Par | 0.9326 | **0.9340** | 0.9199 | 0.9231 | 0.9128 | 0.9251 | 0.8978 | 0.8140 | 0.7250 | 0.9201 | 0.9132 |
| Tra | **0.6051** | 0.5844 | 0.5671 | 0.5804 | 0.5334 | 0.4747 | 0.5889 | 0.3568 | 0.3455 | 0.4956 | 0.5420 |
| Wpb | 0.5364 | 0.4808 | 0.4633 | 0.5980 | 0.4498 | 0.5015 | **0.6110** | 0.6635 | 0.5875 | 0.5267 | 0.5145 |
| Veh | 0.8753 | 0.8733 | 0.8657 | 0.8865 | 0.8650 | 0.8776 | 0.7860 | 0.9341 | **0.9483** | 0.9147 | 0.9053 |
| Cmc | 0.5454 | 0.5135 | 0.6123 | **0.6234** | 0.4299 | 0.3977 | 0.6005 | 0.3036 | 0.1883 | 0.5045 | 0.4774 |
| Hep | 0.6109 | 0.6385 | 0.6609 | 0.6642 | 0.6111 | 0.6290 | **0.7894** | 0.7193 | 0.7042 | 0.5904 | 0.6657 |
| Lib | **0.8937** | 0.8875 | 0.8799 | 0.8808 | 0.8596 | 0.8724 | 0.8687 | 0.6661 | 0.6774 | 0.7623 | 0.8445 |
| Yea | 0.6591 | 0.6220 | 0.7434 | 0.7636 | 0.6719 | 0.6666 | **0.7832** | 0.6409 | 0.5715 | 0.6680 | 0.7027 |
| Eco | 0.9060 | 0.8917 | 0.9237 | 0.9165 | 0.8917 | 0.9019 | 0.8874 | 0.7800 | 0.7629 | 0.8351 | **0.9302** |
| Fer | 0.3997 | 0.3973 | 0.3370 | 0.3710 | 0.2247 | 0.3457 | **0.5978** | 0.0000 | 0.0000 | 0.3168 | 0.0750 |
| Pag | 0.7876 | 0.7853 | 0.8542 | 0.8553 | 0.8080 | 0.8328 | 0.8706 | 0.7401 | 0.6790 | **0.8980** | 0.8212 |
| Opt | 0.9797 | 0.9782 | 0.9644 | 0.9561 | 0.9726 | 0.9814 | 0.5629 | 0.8935 | 0.8849 | 0.8861 | **0.9823** |
| Sat | 0.7117 | 0.6836 | 0.7403 | 0.7429 | 0.7792 | 0.7841 | 0.7687 | 0.0683 | 0.0122 | 0.7212 | **0.8067** |
| Aba | 0.4185 | 0.3494 | 0.7428 | 0.7468 | 0.3292 | 0.3339 | **0.7873** | 0.0000 | 0.0000 | 0.5026 | 0.4119 |
| Cli | 0.4611 | 0.4671 | 0.2906 | 0.4158 | 0.2279 | 0.2954 | **0.8019** | 0.6728 | 0.7663 | 0.5932 | 0.4533 |
| Phi | 0.4034 | 0.4500 | 0.4160 | 0.3996 | 0.0869 | 0.1193 | 0.5691 | 0.0000 | 0.0000 | **0.6411** | 0.2168 |
| Mov | 0.8007 | 0.8330 | 0.8099 | 0.8394 | 0.7593 | 0.8375 | **0.9571** | 0.7783 | 0.8134 | 0.6474 | 0.7203 |
| Sei | 0.3472 | 0.3388 | 0.5355 | 0.5581 | 0.2126 | 0.2242 | **0.6708** | 0.3650 | 0.0000 | 0.4068 | 0.2602 |
| Wil | 0.5189 | 0.4635 | 0.5275 | 0.5668 | 0.3279 | 0.3546 | 0.6659 | 0.3554 | 0.0000 | **0.8895** | 0.3969 |
| Win | 0.4199 | 0.4049 | 0.5415 | 0.5583 | 0.2568 | 0.2568 | **0.6365** | 0.2329 | 0.0000 | 0.4418 | 0.2208 |
| Ozo | 0.3573 | 0.4039 | 0.4339 | 0.4926 | 0.1147 | 0.1444 | **0.7143** | 0.2292 | 0.0734 | 0.4620 | 0.2700 |
| Par | 0.9767 | **0.9834** | 0.9765 | 0.9811 | 0.9694 | 0.9794 | 0.6990 | 0.0702 | 0.3722 | 0.9733 | 0.9832 |
| Ra | 0.8187 | 0.8078 | 0.7842 | **0.8975** | 0.8390 | 0.8745 | 0.8593 | 0.7822 | 0.7735 | 0.7626 | 0.8894 |
| Mus | 0.9139 | 0.9092 | 0.9119 | 0.9063 | 0.9038 | 0.9066 | 0.7910 | 0.8464 | 0.8584 | **0.9401** | 0.9106 |
| Tic | 0.2725 | 0.2245 | 0.5287 | 0.5394 | 0.0323 | 0.1066 | **0.6099** | 0.2038 | 0.0242 | 0.3833 | 0.1215 |
| Dbd | **1.0000** | **1.0000** | 0.9997 | 0.9997 | **1.0000** | **1.0000** | 0.9995 | 0.9971 | **1.0000** | 0.9984 | **1.0000** |
| Cro | 0.8879 | 0.8943 | 0.8843 | 0.8659 | 0.8779 | 0.8899 | 0.8648 | 0.8243 | 0.7765 | **0.8964** | 0.8921 |
| 均值 | 0.6833 | 0.6719 | 0.6973 | 0.7245 | 0.6106 | 0.6308 | **0.7480** | 0.5535 | 0.5037 | 0.6958 | 0.6414 |
| 平均排序 | 4.90 | 5.44 | 5.33 | **3.79** | 7.99 | 6.16 | 4.31 | 7.71 | 8.64 | 5.74 | 5.84 |

### 12.5.3　几种近邻图分类结果的可视化比较

本小节通过展示不同近邻图模型在一个二维模拟数据上的分类决策域可视化结果,以直观地对比 IMKAOG(四种)与其他两种基于近邻图分类器(KAOG,MKAOG)的差异。

如图 12.12 所示,图中二维模拟数据是由 Python 库 scikit-learn 生成的四个规模不同

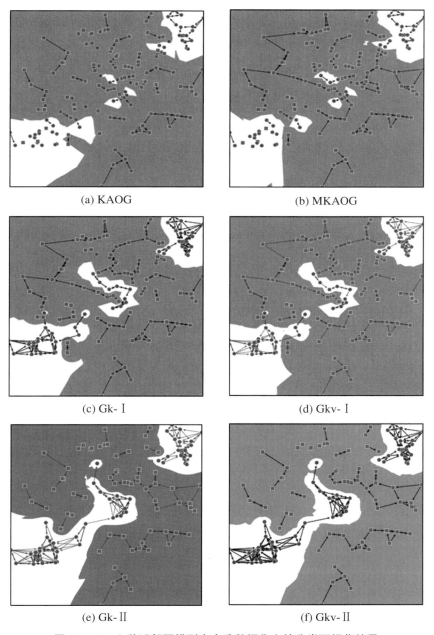

(a) KAOG　　　　　　　　　　　(b) MKAOG

(c) Gk-Ⅰ　　　　　　　　　　　(d) Gkv-Ⅰ

(e) Gk-Ⅱ　　　　　　　　　　　(f) Gkv-Ⅱ

**图 12. 12　六种近邻图模型在人造数据集上的分类可视化结果**

的高斯模型组成,其中圆形代表少数类样本,方形代表多数类样本。图中显示少数类由三个簇构成,分别位于图的右上、中间、左下位置 。同时由图可以看出,与 KAOG 和 MKAOG 相比,本小节所提的四种方法得益于在迭代构图过程中清除了异类近邻,使得边界区域的决策域更加清晰。此外,原本处于离群孤立的少数类节点有更高的概率连通起来,强化了该局部区域少数类近邻结构的生成和影响范围。

通过比较图 12.12(c)、(d)与图 12.12(e)、(f)可以看出,两种不同边强度的阈值选取对应于两种近邻图模型。该阈值决定了多数类节点侵入少数类近邻结构的范围达到何种程度才会被选为待删除候选集合,换种角度来看,其决定了算法对重叠区域多数类节点的容忍程度。以最大的边强度为阈值的构图方法会获得一个更为严格的约束,换言之,该种策略确定的待删除样本较少。从图中可以看出,相较于以平均强度为阈值的近邻图模型图 12.12(e)、(f))来说,该类构图方法中少数类的影响范围更小。通过比较图 12.12(d)、(f)与图 12.12(c)、(e)可以看出,基于近邻节点的引力分类规则和基于子图的引力分类规则之间的差异:前者只考虑测试节点的 $k$ 近邻作为引力计算的粒子,表明其关注于样本的局部信息;后者是根据测试节点 $k$ 近邻的关联子图来计算引力值,即计算引力的粒子集合为关联子图的所有节点。本小节研究发现,基于子图结构的引力分类规则,其最终决策边界要更平滑一些。

## 本章小结

为应对传统近邻图无法适用于类不平衡和类重叠场景的问题,本章提出了一种新的近邻图构建方法 IMKG,以及基于 IMKG 的设计了两种迭代生成最优不平衡近邻图(IMKOG)的方法,该构图过程种嵌入了异类节点清洗的方法,并且,利用子图的拓扑信息来约束节点清洗的操作,避免损失重要的样本信息。实验通过与经典的近邻图模型 KAOG、MKAOG 在 30 个 UCI 数据集上进行对比。从实验结果和统计检验中可以看出,本章所提近邻图构建方法在不平衡场景下的有效性。

本章提出了基于近邻图拓扑结构的引力分类方法,相较于一般的引力分类方法,本章所提方法首先自适应的确定测试节点的 $k$ 值,根据两种不同的引力集合选择方法提出了两种自适应的引力分类方法。具体地说,一种考虑局部近邻信息,另一个关注子图结构信息。该方法有效地克服了传统近邻图模型分类基于 $k$ 近邻产生倾向于多数类的问题,使之更适用于类不平衡场景下。实验部分设计了三组对比实验在 30 个 UCI 数据集上和五个大型数据集上验证本章所提方法的有效性。结果表明,以均值强度作为阈值的构图方法更能适应类不平衡的场景,最后通过在一个可视化的分类对比结果,直接地展现六个近邻图的分类示意图。

# 参 考 文 献

［ 1 ］　BERTINI J J R，ZHAO L，MOTTA R，et al. A nonparametric classification method based on k-associated graphs［J］. Information Sciences，2011，181(24)：5435-5456.

［ 2 ］　MOHAMMADI M，RAAHEMI B，MEHRABAN S A，et al. An enhanced noise resilient K-asso-ciated graph classifier［J］. Expert Systems with Applications，42(21)：8283-8293，2015.

［ 3 ］　PENG L，YANG B，CHEN Y，et al. Data gravitation based classification［J］. Information Sciences，2009，179(6)：809-819.

［ 4 ］　ZHANG Z，WANG J，ZHA H. Adaptive manifold learning［J］. IEEE Transactions on Pattern Analysis and Machine Intelligence，2011，34(2)：253-265.

［ 5 ］　DESHPANDE M，KURAMOCHI M，WALE N，et al. Frequent substructure-based approaches for classifying chemical compounds［J］. IEEE Transactions on Knowledge and Data Engineering，2005，17(8)：1036-1050.

［ 6 ］　PENG L，ZHANG H，YANG B，et al. A new approach for imbalanced data classification based on data gravitation［J］. Information Sciences，2014，288：347-373.

［ 7 ］　ZHU Y，WANG Z，GAO D. Gravitational fixed radius nearest neighbor for imbalanced problem ［J］. Knowledge-Based Systems，2015，90：224-238.

［ 8 ］　WANG Z，LI Y，LI D，et al. Entropy and gravitation based dynamic radius nearest neighbor cla-ssification for imbalanced problem［J］. Knowledge-Based Systems，2020，193：105474.

［ 9 ］　Rodríguez-Fdez I，CANOSA A，MUCIENTES M，et al. STAC：a web platform for the comparison of algorithms using statistical tests［C］//2015 IEEE International Conference on Fuzzy Systems （FUZZ-IEEE），2015：1-8.

［10］　GALAR M，FERNÁNDEZ A，BARRENECHEA E，et al. EUSBoost：enhancing ensembles for highly imbalanced data-sets by evolutionary undersampling［J］. Pattern Recognition，2013，46(12)：3460-3471.

［11］　HODGES J L，LEHMANN E L. Rank methods for combination of independent experiments in analysis of variance［M］. New York：Springer City，2012：403-418.

［12］　DU G，ZHANG J，MA F，et al. Towards graph-based class-imbalance learning for hospital read-mission［J］. Expert Systems with Applications，2020，176：114791.

［13］　LEE H K，KIM S B. An overlap-sensitive margin classifier for imbalanced and overlapping data ［J］. Expert Systems with Applications，2018，98：72-83.

# 第 13 章　不平衡学习研究挑战与展望

近年来,已有很多关于不平衡数据的学习相关研究,从多种视角研究和讨论了不平衡数据的处理方法,并取得了一定的成果。然而,数据不平衡问题仍然是一个与多种因素有关的复杂问题。本章不仅讨论受到多数类影响的不平衡数据分类问题,而且进一步关注存在不平衡现象的各类领域,进一步介绍未来可以继续进行的研究方向。

## 13.1　不平衡数据的二分类

作为不平衡学习重要的分支,不平衡数据的二分类问题广泛存在于医学信息处理、计算机安全、计算机视觉等实际应用中[1]。尽管相关研究已取得一定进展,但这一问题仍具有挑战。本节将从以下几个方面分析已有问题并展望未来研究方向。

### 13.1.1　类结构分析

在对不平衡数据进行二分类时,不平衡率并不是影响分类表现的唯一因素。在两类数据分布特征明显且不存在重叠的情况下,即使数据的不平衡率较高,传统分类器依然能够较好地区分数据中的不同类样本。然而随着数据困难因子的出现,特别是当数据中存在少数类困难因子时,分类器会受到不利影响[2]。相关研究提出,根据每一个少数类样本的近邻样本,将少数类分为四种类型[3]:safe(安全样本)、borderline(边界样本)、rare(罕见样本)和outlier(离群点)。这种划分原则使得我们对不平衡数据有了新的认识,能够根据少数类结构分析样本的分类难度,也就是从数据分布对分类影响的角度进一步分析数据不平衡问题。为此,我们提出对不平衡数据的研究可以从探索少数类结构的角度进行以下几个方面的考虑。

(1) 设计新的分类器,并直接或间接地将对少数类样本的认识融入分类器的训练过程中。也就是说,设计有效的分类器以避免其偏向多数类样本,同时考虑少数类样本的学习困难性。已有的一些研究已证明这一策略的可行性[4-5]。

(2) 在数据预处理方法中考虑数据困难因子,即通过考虑少数类结构选择更重要或更难学习的少数类样本进行处理。这一策略有助于在过采样中选择不同类的种子样本(如ADASYN 不考虑安全样本[6])或者在欠采样中避免丢弃重要的少数类代表性样本。

(3) 特别考虑少数类噪声样本或离群样本的影响。尽管已有相关研究提出删除此类样本[7],但当样本量较小时,删除这类样本具有一定风险。此外,也很难确定某一少数类样本到底是噪声、离群样本还是采样不当的样本。因此,删除可能的噪声或离群样本会提高其潜在的近邻样本的分类难度。

（4）已有的对少数类样本分类的策略大多基于 $k$ 近邻方法（通常 $k = 5$）或核方法。这些方法通常要求数据分布均匀。因此,如何根据局部密度或块大小调整近邻数值得研究。

## 13.1.2　极端类不平衡

不平衡数据的另一重要问题是类大小的比例,即不平衡率。大多数已有研究工作中讨论的不平衡数据的不平衡率为 $1:4 \sim 1:100$,然而很少有研究关注极端类不平衡的情况。在一些现实问题中[8-9],数据的不平衡率可能会达到 $1:1000$,甚至 $1:5000$。这些极端不平衡现象给数据预处理方法和分类算法带来新的挑战。为使数据预处理方法和分类算法更恰当地处理极端不平衡数据,我们可以从以下几个方面进行进一步研究。

（1）在极端不平衡情况中,少数类样本往往很难具有清晰的结构。因此,仅依赖少数类样本的预处理方法（如 SMOTE）会降低分类性能,随机性的方法也因为潜在的高方差而不可取。由此可见,提高少数类权重,预测或重构少数类结构的方法值得研究。

（2）通过问题分解的方式将原始数据集转换为一些不平衡率相对较低的数据集,然后使用传统方法处理子问题中的新数据集。这一策略需要在两个方面进行研究,分别是有效的问题分解算法和问题重构算法。

（3）通过有效的特征提取策略解决极端不平衡问题。在网络交易或蛋白质预测等数据中,可能存在高维和稀疏特征空间,社交网络或计算机视觉等领域也会出现这些问题。特征提取技术可以有效处理这些数据,提高对于少数类样本的识别。

## 13.1.3　分类器输出调整

已有的方法通过修改现有的分类器或预处理训练集处理不平衡数据。Provost[10] 等人提出,仅通过改变数据分布而不考虑分类输出对不平衡的影响（从而合理调整输出结果）是片面的。近年来,一些研究提出对分类器的连续输出结果加权或者设置阈值的方法（比如利用支持函数或者类别概率预测）,这些方法优于数据重采样方法并且可以应用于所有传统分类器中[11-12]。从分类器输出补偿的角度处理不平衡数据的研究如下。

（1）现有的输出方式根据每一类分别调整输出结果,对每一个待分类样本使用相同的补偿参数,但是研究表明,少数类样本具有多样性。因此,考虑待分类样本的不同特征,对每一样本分别调整分类输出值得研究。

（2）已有方法的缺点是可能会过度调整分类器的输出使其偏向少数类,从而增加了多数类样本的分类误差。在假定已有的数据不平衡率仍保持不变的情况下,对于待分类的新样本来说,可以认为分类补偿并不总是需要的,因为新的样本具有较大的可能性来自于多数类。因此需要提出新的调整方法,只对可能的少数类样本调整分类输出。此外,设计分类框架,动态地选择传统分类器或分类输出调整的分类器也是一个值得研究的方向。

（3）输出调整可以作为一个独立的方法。在数据层面或算法层面方法有用的情况下，输出调整的方法也可作为一种有用的方法。使用这种方法可以在不同层面上实现类的平衡，创造更加精细的分类器。分析输出补偿也有助于监督过采样或欠采样过程，已寻求不同类之间更优的平衡状态。

## 13.1.4　集成学习

作为一类热门的不平衡数据处理方法，集成学习将 Bagging、Boosting、随机森林等与采样方法或代价敏感方法结合起来，可以高效地处理难以分类的不平衡数据。然而，大多数集成学习方法都是基于启发式的方法，缺乏对受不平衡数据影响的分类器的合适处理。不平衡数据的集成学习方法可以从以下几个方法进行改进。

（1）正确认识不平衡学习中的多样性问题。多数类的多样性和少数类的多样性对分类会带来不同的影响，然而大多数欠采样集成方法中不改变少数类样本，只考虑子集中多数类的不同。因此考虑少数类多样性的集成方法值得研究。

（2）集成模型大小的确定。通常情况下，集成模型大小可以任意选择，但这会导致模型选择一些相似的分类器。因此，如何分析不平衡数据特征与分类器数目之间的关系，使集成学习中的分类模型独立有效又共同发挥分类作用是一个重要的研究方向。此外，集成剪枝技术对不平衡数据的作用也不可忽视[13]。

（3）集成技术通常基于多数投票原则，在大多数情况下这一原则简单有效。但是，这一原则是否适合不平衡学习，特别是对于一些随机算法是否适合，是一个值得研究的问题。根据不同样本子集训练的基分类器，由于样本特征的不同会有不同的分类性能，因此，如何恰当地将基分类器集成起来是一个挑战。

# 13.2　不平衡数据的多分类

当前对不平衡数据的多分类问题的研究略少数于二分类问题，因为不平衡数据的多分类问题更加复杂。首先，多分类问题中类之间的关系比较模糊。某一类对于一些类来说可能是多数类，而对于另一些类来说可能是少数类或样本数目相当的类[14]。当分类器试图提高某一类样本的分类性能时，它有可能在其他的类上表现不佳[15]。因此我们需要探索多类不平衡问题的本质，提出特定的方法解决这些问题。

## 13.2.1　数据预处理方法

不平衡数据多分类问题的数据预处理方法较二分类问题更为复杂，因为数据具有更复杂的特性：比如一类样本可能与两类甚至多类样本重合，类标签噪声问题影响样本分类，类之间的决策边界更难确定。因此，需要提出更恰当的样本清洗及采样方法处理多样的不平衡数据。多类不平衡数据的专有数据预处理方法可以从以下几个方面进行研究。

（1）分析每种类的样本类型以及不同类型样本与其他类的关系。在多分类问题中，一个类的样本受不同的类影响，因此很难直接确定某一样本的分类难度。例如，某一样本对于某几类来说可能是边缘样本，同时这一样本对另一些类来说也有可能是安全样本。因此，提出更合适的策略分析样本的分类难度可能会进一步提高不平衡数据的分类表现。

（2）提出数据清洗方法以降低重叠、噪声样本对分类性能的消极影响。直接删除重叠样本是一种简单的数据清洗方式，但是评估重叠样本的删除是否会对某一类样本带来负面影响是十分必要的。在有标签噪声样本的情况下，分析样本对不平衡数据类之间的影响也值得研究。标签错误的样本可能会增加不平衡率（当不平衡率实际较低时）或违背实际的不平衡情况（使多数类变为少数类或者相反）。在这些场景中，需要提出专门的处理方法检测、清洗噪声样本，或者对此类样本进行重新标注。

（3）提出新的多分类采样方法。已有的简单采样方法大多针对样本数目最多的类和样本数目最少的类，在多分类问题中并不适用[14-16]，因此需要提出专有的多分类采样方法适应于不同类的样本数目特征和类之间的复杂关系。混合采样方式将不同的方法结合起来处理多类数据，可能是有效的解决办法。

## 13.2.2　多类分解

一类直接处理不平衡数据多分类问题的方法就是类分解方法，即将多分类问题转换为一系列二分类问题，并通过已有的二分类技术解决这些问题[15]。这类方法的优点在于能够将问题转换为简单的子问题，并且避免了数据困难因子（如重叠和噪声）的影响。与此同时，这类方法也存在一些问题，比如丢弃了不同类之间的信息、没有从全局角度考虑多分类问题。因此，类分解方法可以从以下几个方面进一步研究。

（1）已有的类分解方法通常将多类问题分解为两类之间的问题[15]，由于不同类之间具有不同的关系，这种类分解方法似乎并不可取。改进已有的方法适用于不同的类间问题是一个值得研究的方向。计算不同类之间的成本代价或者采样比例是一种可行的方法。也可以设计一个可行的框架，为具有不同数据特征的子问题选择不同的数据层面或算法层面的解决方法。

（2）基于二分类问题的类分解方法通常以一对一或一对多的形式出现，但是有很多其他技术可以达到相同的效果，同时避免基于二分类的分解问题的一些缺陷（比如数目过多的基分类器或额外引入人为造成的数据不平衡情况）。分层方法是一个可行的研究方向，可以根据不同类的相似性和差异性，在每一层对这些类进行预处理，采用逐层递进的方法确定最终的类。此外，也可以考虑使用单类分类器进行类分解，因为单类分类器在处理不平衡数据时具有稳定性，可以作为处理复杂多类不平衡数据的有效工具[17]。

（3）类分解方法对重构多类模型的策略要求较高，由于大多问题重构策略是针对平衡数据而设计的，不适用于不平衡数据，因此设计处理不平衡数据的问题重构策略是重要的研究方向。提出新的问题重构策略可能对子问题中的类的平衡和后续的分类结果输出有重要作用。

### 13.2.3　多分类器

设计对不平衡数据敏感的多类分类器具有较好的研究前景。这类分类器将不使用类分解方法或者重采样方法,而是利用算法层面的方法处理类不平衡。近年来,有研究提出了一种有效结合决策树[18]和神经网络[12]的海宁格距离(Hellinger-distance)修正方法。因此,改进更多的分类器以适应不平衡场景值得研究。设计多类分类器以应对数据不平衡问题可以从以下几个方面进行研究。

(1) 深入研究多类不平衡数据如何影响分类器中决策边界的产生。海宁格距离已被有效用于解决不平衡数据,因此也可以改进其他基于距离度量的分类方法。其他可能的解决不平衡问题的方法,比如基于密度的方法也值得研究。在多类不平衡数据中,类重叠、标签噪声等因素可能会影响基于密度的预测过程,解决这一问题会提高分类性能。

(2) 提出新的集成方法,并通过不同的方式实现数据再平衡。探索分类器处理子问题的能力,获得部分决策边界以克服多类不平衡数据对分类的挑战。同时,提高集成学习的多样性、选择合适的基分类器也是不平衡数据多分类问题中需要解决的问题。

## 13.3　多标签、多样本的不平衡数据分类

多标签、多样本学习是分类问题的重要组成部分,前者指某一样本属于不同的类,后者将某一标签赋予一些样本(称为 bag)而不是给某一个样本。在多样本问题中,给某一 bag 的样本赋予一个标签并不代表这些样本都属于这一类。近年来,多标签、多样本学习成为机器学习领域的热门话题。然而,伴随着数据不平衡现象的多标签、多样本问题依然有待研究。已有关于多标签学习的研究提出了基于 SMOTE 的过采样方法[19],代价敏感方法和采样方法也在一些多样本的不平衡问题中被使用[20-21]。未来仍需关于多样本、多标签问题的不平衡数据研究方法。

(1) 使用无偏向性的分类器学习不进行采样的多标签数据。可以使用已有的多标签学习方法(如多层次的多标签分类树或者分类器链学习方式),或将这些方法与不受类不平衡影响的多分类方法结合起来。设计专门的多标签分类器,使之既可以同传统分类方法一样处理平衡的多标签数据,也可以处理不平衡的多标签数据。

(2) 使用基于分解的分类方法。二元分解方法将一个多标签的问题转换为一系列二标签的子问题,具有一定的可行性。在这种情况下,对子问题中的数据进行再平衡可以解决多标签数据的不平衡问题。这一问题也可以通过聚合的方式解决,即获得一个平衡的超类,采用分而治之的方式迭代地解决问题。

(3) 多样本学习的采样方法需要考虑不同的 bag 具有不同程度的不确定性。如果某一个 bag 中样本来自同一类的可能性更高,则应赋予这个 bag 更高的权重,因为它更能表示这一类的信息。这一策略要求提出更好的评估方式以确定训练集中不同 bag 的重要性,以此

选择更有用的 bag。

（4）多样本学习的现有采样方法同样在 bag 之间或是某一 bag 中的不同样本之间采样。但这些方法仍存在问题。首先要分析 bag 间的不平衡和 bag 内样本的不平衡对分类表现的不同影响，然后要从全局角度解决这两类不平衡问题。更准确地说，要明确哪一类不平衡对分类表现的影响更大，然后采样不同的方法解决具有不同特征的不平衡问题。

## 13.4　不平衡数据的回归问题

从回归角度解决不平衡问题是不平衡学习中仍待研究的问题。很多重要的实际应用，如经济问题、危机管理、故障诊断、气象预测等，都需要预测连续目标量的罕见值和极端值。分析模型或系统需要大量的标准值或常规值，而罕见值或极端值出现在这些正常数据之间，造成了实际应用中的不平衡现象。尽管这一现象经常出现在各种实际问题中，但迄今为止很少有人关注这些问题。因此，一些研究工作根据观测值的重要程度提出评价指标[22]，使用欠采样方法和 SMOTE 算法解决连续输出预测问题[23]。这些研究只是不平衡回归问题的第一步，未来对不平衡回归问题继续研究至关重要，以下这些方面是解决不平衡回归问题的关键。

（1）提出基于代价敏感的回归方法，赋予罕见值（少数类）重要程度更高的代价值。不仅可以通过修改已有的方法赋予样本不同的代价信息，也可以提出新的代价赋权规则。此外，不只是给少数类样本赋予代价值，也可以给所有的样本都赋予不同的代价值。这有助于对不同程度的少数类进行灵活预测。

（2）提出可以分辨少数类样本和噪声样本的方法。由于少数类样本可能含有潜在的噪声样本，对预处理过程和回归过程带来显著的不利影响。因此，确定某个样本是噪声样本、离群样本还是重要的少数类样本在回归问题中也十分重要。

（3）与分类问题中相似，回归问题的集成学习也能够提升对数据不平衡的鲁棒性，提高预测能力。回归问题能够更好得从理论角度讨论集成多样性[24]，这有助于开发有效的集成回归系统，直接控制少数类样本的多样程度。

## 13.5　半监督、无监督的不平衡学习

上文主要介绍了监督学习任务中的不平衡现象，在其他领域如半监督学习[25]、主动学习[26]和无监督学习[27]中，尤其是在聚类问题中，也会出现数据不平衡现象。尽管针对这一问题已有很多解决方法，但当真正的底层数据组大小不一时，大多数解决方法表现不佳。这是所谓的均匀效应造成，均匀效应使这些算法产生大小相似的簇，这对于基于中心的方法[28]影响特别大，对基于密度的方法影响较小[29]。

基于聚类的不平衡学习从各种不同的角度展开：其本身可以作为一个群体发现的过程；可以作为一个降低给定问题复杂度的方法；也可以作为一个分析少数类结构的方法。这些知识挖掘方法（knowledge discovery）在不平衡学习的各个方面都很重要。对不平衡数据进行聚类的研究可以从以下几个方面展开。

（1）现有很多评价聚类有效性的指标，用来衡量和选择合适的聚类模型。然而，这些指标都没有考虑到实际的聚类可能具有明显的大小差异。因此，应该修改现有的方法，提出新的指标，用来衡量表示不平衡数据的不同聚类。

（2）改进普遍的基于簇中心的聚类方法以适用于不平衡数据，灵活地实现聚类调整。可以将基于簇中心的聚类方法与基于密度的方法结合起来，分析簇中心的局部信息，或者用相似性指标度量局部差异，将某一样本分配给特定的聚类。

（3）只对少数类样本使用聚类方法也值得研究。通过对少数类聚类，可以发现对后续学习有用的子结构。提取少数类样本的额外有用信息可以有效地挖掘数据的本质特征。为此，需要改进聚类方法以便更好地分析少数类结构，同时关注可能存在的不同类型的样本。与此同时，新的聚类方法既不能丢失小簇样本，也不能过拟合（当少数类样本过少时可能会出现的问题）。

（4）聚类也可以应用于专有分类器中，将原始问题划分为一组子问题，并识别决策空间中难以确定的区域。聚类能够分解分类问题，并对决策空间中的每个部分独立分析，从而根据分类难度和类型局部调整决策结果。

（5）如何识别监督学习和主动学习中的潜在类不平衡是重要的问题。一方面，在此类问题中，原始数据集是不平衡的，但最初获得的一组训练集却可能是平衡的。另一方面，最初获得的一组数据可能表现出不平衡问题，但是这种不平衡并不能反应原始数据的分布（这组数据中的多数类可能是原始数据集中的少数类，甚至原始数据集本身是平衡的）。为了解决这些问题，必须引入新的非监督学习方法，评估未标记样板地分布和潜在的困难性。此外，还可以提出新的主动学习策略找出对学习决策边界带来最大影响的难学习的样本。

# 13.6  不平衡数据流学习

数据流挖掘是目前机器学习领域的重要话题[30-31]。数据流具有批量、在线（online）的特点，不平衡现象给数据流处理带来了新的挑战[32]。无论是处理静态的数据流（stationary）还是动态的数据流（evolving streams），都需要自适应的方法处理实时的不平衡数据。此外，随着数据流的变化，类间关系不再是固定不变的，不平衡率、少数类都有可能改变。尽管近年来已有关于这个问题的大量研究，如使用单一模型[33]或集成学习方法[34]解决数据流的不平衡问题，但这一领域仍有很多问题有待解决。可以从以下几个方面设计新的方法处理不平衡数据流。

（1）现有研究工作都假设需要处理的是有两类数据的数据流，其中类关系可能会随着时间的推移而改变：某一类可能在给定的时间窗口内获得更多的样本，另一类获得的样本数目可能会减少,两类之间可能会达到平衡。然而实际上,数据流可能会因为各种原因出现不平衡现象。值得注意的是,不平衡现象的产生通常与新类的出现或旧类的消失有关。当一个新类出现时,它自然就成了已有类的少数类,即使新类的样本数目不断增加,不平衡现象也持续存在,分类器在新样本出现之前也已处理过大量的原有类的数据。如何处理这种因分类器处理历史数据导致的偏向是一个值得讨论的问题。此外,如何处理消失的类也是一个问题。当某类样本数据出现的越来越少时,不平衡率逐渐增加,但这类样本有可能不再表示当前数据流信息,此时需要确定是提高此类样本的重要性,还是降低样本重要性。

(2)另一个至关重要的挑战是类标签的获取。已有的研究假定一个新样本被分类以后,样本的类别标签就立刻可以应用,这与实际情况具有很大差距,并且会给系统带来巨大的标签成本。因此,降低监督成本的流数据处理方式(如主动学习)在该领域具有重要意义[35]。这一方法给不平衡数据流的采样带来了新的问题,主动学习方式能否通过样本的智能选择降低对多数类样本的偏向?此外,还可以设计新的标签策略,不忽视少数类样本,并调整标签比例,以更好地捕捉少数类样本的当前状态。

(3)在很多实际应用如计算机视觉、社交网络中,数据不平衡可能是由于重复的原因造成的,因此出现的概念的重复飘移现象会影响类别间的分布。由此可见,提出专门存储、解决同类场景的方法,而不是每次应对重复的类不平衡现象。设计这种方法要求提取概念飘逸的模型,用来训练存储在库中的特定分类器。当类分布出现相似的变化时,可以使用库中可用的分类器,而不是重新训练一个分类器。为了更加灵活地解决上述问题,并考虑到即使在重复出现的场景中也会不同特征的类不平衡现象,所提方法需要以所存储的分类器为起点并且能够快速适应不同的变化。

(4)利用少数类样本的特征结构是静态不平衡学习的有效研究方向,是否能将这种方法应用到流数据的处理之中?分析少数类样本类型需要较高的计算成本,这一问题可以利用硬件加速的方式解决。此外,实时获得的样本对于少数类的影响是局部的,这一点将有助于系统的实现。跟踪、分析少数类结构变化的算法也为了解随时间改变的数据流中的不平衡问题提供了有价值的帮助。

# 13.7  大规模不平衡数据

数据不平衡问题中存在的挑战还有逐渐增加的数据复杂性。当前的系统会产生大量的数据信息,要求提出时间效率更高的数据处理方法。大数据也受到数据不平衡问题的影响,给学习系统带来更大的挑战[36]。逐渐增加的数据量不仅给现有方法带来阻碍,这种问题本身也会带来更多的难点。不平衡大数据来源于各种特定领域如社交网络[37]、计算机视觉[38],这些领域通常具有特定类型的数据如图像、张量或者视频序列。处理这些数据不仅需要高效、可扩展的算法,还需要处理异构和非典型数据的方法。一些计算环境如 Spark、Hadoop 并不是为不平衡数据开发设计,因此不平衡大数据给这些计算环境带来了额外的挑战。研究如何处理不平衡大数据可以从以下几方面展开。

（1）分布式环境如 MapReduc 等中不能使用基于 SMOTE 的过采样方法[39]，这是因为为每个 mapper 随机划分数据，导致利用原有样本合成的新样本失去了原有的空间关系。因此，将基于 SMOTE 的算法引入大数据处理时，需要全局高效的实现方法、保存样本间关系的数据划分方法，或者需要一些具有全局判别能力的判断单元来监督采样过程。

（2）在大数据挖掘过程中提取有价值的信息。在研究不平衡现象的同时，通过研究给出问题的本质提出新的方法。不平衡的来源是什么？哪种类型的数据最难学习？噪声和重叠样本在哪里，如何将它们转换为有用信息？此外，也可以研究同时处理大数据和不平衡问题的可解释的分类器。

（3）提出处理和分类以图形、xml 结构、视频序列、高光谱图像、关联、张量等形式存在的大数据[40-41]。这些数据在不平衡和大数据分析领域都越来越普遍，给机器学习系统带来了限制。设计预处理和学习算法直接处理这些结构复杂数据，而不是将这些数据转换为数值数据，是一种可行的方法。

（4）处理不平衡大数据可能会遇到两种情况：一种是多数类样本量巨大而少数类样本数目较少；另一种是两类样本量都很大但数据依旧不平衡。第一种情况与已提及的极端不平衡现象类似，也可以用已有的方法解决。在第二种情况下，不平衡率不是造成学习困难的主要因素，需要进一步分析少数类结构和现有的样本结构。除此之外，仍然存在一个问题，在数据量过大的情况下，数据复杂性是否具有相同的特征？大数据的出现可能导致新类型的样本出现，也可能会改变已有数据类型的特征。此外，不平衡大数据具有更加复杂的数据特征，需要局部分析每一个困难因子，为每一种类型的样本找到合适的处理方式。

# 13.8　不平衡数据的数据复杂性研究

近年来的研究表明，不平衡数据中类别之间的分布不平衡仅仅是导致不平衡数据难学习的因素之一，其可能并不是决定因素。一个典型的例子是：当不同类别样本之间分离程度较好时，可以很容易得到一个较好的分类模型。数据复杂性的存在可能是不平衡数据难以学习的根源，此时数据的不平衡会进一步加大不平衡数据的学习难度。尽管当前已经出现了一些关于不平衡数据中数据复杂性的研究，但是数据复杂性是一个包括诸如类别分布重叠、缺少代表性数据和分离点（子概念）等诸多困难因子/因素的宽泛概念，如何处理不平衡数据的数据复杂性仍然面临着诸多挑战。高效的处理数据复杂因子，对提升不平衡学习的性能具有至关重要的作用。关于不平衡数据中数据复杂性的研究可以从以下几个方面开展。

（1）数据复杂性包括多种类型的数据困难因子，如何实现精准的数据复杂性的度量，对指导后续的不平衡数据学习具有重要作用。当前已有的数据复杂性的度量指标[42]，如特征重叠度量，邻域度量和线性度量等大多聚焦于单一类型的数据困难因子，无法拓展到对数据同时存在多种困难因子的统一度量。因此，研究适用于多种困难因子的复杂度度量方法，具有重要的意义。

（2）现有不平衡数据学习性能和数据复杂性的研究，大多集中于对单一数据复杂因子的讨论，如噪声样本[43]、分离子概念[44]、类别重叠[45]等。由于实际问题中，不平衡数据中的大多会同时存在多种数据困难因子，相关研究成果在处理实际应用中的不平衡数据时，成效往往很难令人满意。为此，研究设计针对困难因子的统一处理框架，对提升不平衡数据的学习性能和应用成效具有积极的作用。

# 参 考 文 献

[ 1 ] SUN Y, WONG A K C, KAMEL M S. Classification of imbalanced data: a review[J]. International Journal of Pattern Recognition and Artificial Intelligence, 2009, 23(4): 687-719.

[ 2 ] KUBAT M, MATWIN S. Addressing the curse of imbalanced training sets: one-sided selection [C]//Icml., 1997, 97(1): 179.

[ 3 ] NAPIERALA K, STEFANOWSKI J. Types of minority class examples and their influence on learning classifiers from imbalanced data[J]. Journal of Intelligent Information Systems, 2016, 46 (3): 563-597.

[ 4 ] BŁASZCZYŃSKI J, STEFANOWSKI J. Neighbourhood sampling in bagging for imbalanced data [J]. Neurocomputing, 2015, 150: 529-542.

[ 5 ] KRAWCZYK B, WOŹNIAK M, HERRERA F. Weighted one-class classification for different types of minority class examples in imbalanced data[C]//2014 IEEE Symposium on Computational Intelligence and Data Mining, 2014: 337-344.

[ 6 ] HE H, BAI Y, GARCIA E A, et al. ADASYN: adaptive synthetic sampling approach for imbalanced learning[C]//2008 IEEE international joint conference on neural networks (IEEE World Congress on Computational Intelligence), 2008: 1322-1328.

[ 7 ] SÁEZ J A, LUENGO J, STEFANOWSKI J, et al. SMOTE-IPF: addressing the noisy and border-line examples problem in imbalanced classification by a re-sampling method with filtering[J]. Information Sciences, 2015, 291: 184-203.

[ 8 ] LI W, CHEN J, CAO J, et al. EID-GAN: generative adversarial nets for extremely imbalanced data augmentation[J]. IEEE Transactions on Industrial Informatics, 2023, 19(2): 3208-3218.

[ 9 ] CZARNECKI W M, RATAJ K. Compounds activity prediction in large imbalanced datasets with substructural relations fingerprint and EEM[C]//2015 IEEE Trustcom/BigDataSE/ISPA, 2015, 2: 192-192.

[10] PROVOST F. Machine learning from imbalanced data sets 101[C]//Proceedings of the AAAI'2000 workshop on imbalanced data sets. AAAI Press, 2000, 68(2000): 1-3.

[11] KRAWCZYK B, WOŹNIAK M. Cost-sensitive neural network with roc-based moving threshold for imbalanced classification[C]//International Conference on Intelligent Data Engineering and Automated Learning, 2015: 45-52.

[12] YU H, SUN C, YANG X, et al. ODOC-ELM: optimal decision outputs compensation-based extreme learning machine for classifying imbalanced data[J]. Knowledge-Based Systems, 2016, 92: 55-70.

[13] GALAR M, FERNÁNDEZ A, BARRENECHEA E, et al. Ordering-based pruning for improving the performance of ensembles of classifiers in the framework of imbalanced datasets[J]. Information Sciences, 2016,354: 178-196.

[14] LANGO M,STEFANOWSKI J. What makes multi-class imbalanced problems difficult? An experimental study[J]. Expert Systems with Applications,2022,199:116962.

[15] FERNÁNDEZ A, LóPez V, GALAR M, et al. Analysing the classification of imbalanced data-sets with multiple classes:binarization techniques and ad-hoc approaches[J]. Knowledge-based Systems, 2013,42:97-110.

[16] ABDI L, HASHEMI S. To combat multi-class imbalanced problems by means of over-sampling techniques[J]. IEEE transactions on Knowledge and Data Engineering, 2015,28(1): 238-251.

[17] KRAWCZYK B, Woźniak M, HERRERA F. On the usefulness of one-class classifier ensembles for decomposition of multi-class problems[J]. Pattern Recognition, 2015,48(12):3969-3982.

[18] CIESLAK D A, HOENS T R, CHAWLA N V, et al. Hellinger distance decision trees are robust and skew-insensitive[J]. Data Mining and Knowledge Discovery, 2012,24(1):136-158.

[19] CHARTE F, RIVERA A J, DEL JESUS M J, et al. MLSMOTE: approaching imbalanced multilabel learning through synthetic instance generation[J]. Knowledge-Based Systems, 2015,89:385-397.

[20] VLUYMANS S, TARRAGÓ D S, SAEYS Y, et al. Fuzzy rough classifiers for class imbalanced multi-instance data[J]. Pattern Recognition,2016,53:36-45.

[21] WANG X, LIU X, JAPKOWICZ N, et al. Resampling and cost-sensitive methods for imbalanced multi-instance learning[C]//2013 IEEE 13th International Conference on Data Mining Workshops, 2013:808-816.

[22] TORGO L, RIBEIRO R. Precision and recall for regression[C]//International Conference on Discovery Science, 2009:332-346.

[23] TORGO L, BRANCO P, RIBEIRO R P, et al. Resampling strategies for regression[J]. Expert Systems, 2015,32(3):465-476.

[24] BROWN G, WYATT J L, TINO P, et al. Managing diversity in regression ensembles[J]. Journal of machine learning research, 2005,6(9): 1621-1650.

[25] LEE H, SHIN S, KIM H. Abc: auxiliary balanced classifier for class-imbalanced semi-supervised learning[J]. Advances in Neural Information Processing Systems,2021,34:7082-7094.

[26] AGGARWAL U, POPESCU A, HUDELOT C. Active learning for imbalanced datasets[C]// Proceedings of the IEEE/CVF Winter Conference on Applications of Computer Vision,2020:1428-1437.

[27] WANG Y, CHEN Q, LIU Y, et al. TIToK: a solution for bi-imbalanced unsupervised domain adaptation[J]. Neural Networks,2023,164:81-90.

[28] WANG Y, CHEN L. Multi-exemplar based clustering for imbalanced data[C]//2014 13th International Conference on Control Automation Robotics & Vision (ICARCV). IEEE, 2014: 1068-1073.

[29] TABOR J, SPUREK P. Cross-entropy clustering[J]. Pattern Recognition, 2014,47(9):3046-3059.

[30] GABER M M, GAMA J, KRISHNASWAMY S, et al. Data stream mining in ubiquitous environments: state of the art and current directions[J]. Wiley Interdisciplinary Reviews:Data Mining and Knowledge Discovery, 2014,4(2):116-138.

[31] ZUBAROLUĞLU A, ATALAY V. Data stream clustering: a review[J]. Artificial Intelligence Review, 2021, 54(2): 1201-1236.

[32]　GOMES H M, READ J, BIFET A , et al. Machine learning for streaming data: state of the art, challenges, and opportunities[J]. ACM SIGKDD Explorations Newsletter, 2019, 21(2):6-22.

[33]　REN S, ZHU W, LIAOB, et al. Selection-based resampling ensemble algorithm for nonstationary imbalanced stream data learning[J]. Knowledge-Based Systems, 2019, 163: 705-722.

[34]　LI H, WANG Y, WANG H, et al. Multi-window based ensemble learning for clas sification of imbalanced streaming data[J]. World Wide Web, 2017, 20: 1507-1525.

[35]　ŽLIOBAITĖ I, BIFET A, PFAHRINGER B, et al. Active learning with drifting streaming data [J]. IEEE Transactions on Neural Networks and Learning Systems, 2013,25(1):27-39.

[36]　FERNÁNDEZ A, DEL RÍO S, CHAWLA N V, et al. An insight into imbalanced big data classification: outcomes and challenges[J]. Complex & Intelligent Systems, 2017, 3: 105-120.

[37]　WANG K, AN J,ZHOU M, et al. Minority-weighted graph neural network for imbalanced node classification in social networks of internet of people[J]. IEEE Internet of Things Journal, 2022, 10(1): 330-340.

[38]　WANG L, ZHANG L, QI X, et al. Deep attention-based imbalanced image classification[J]. IEEE transactions on neural networks and learning systems, 2021, 33(8): 3320-3330.

[39]　AHLAWAT K, CHUG A, SINGH A P. Empirical evaluation of map reduce based hybrid approach for problem of imbalanced classification in big data[J]. International Journal of Grid and High Performance Computing (IJGHPC), 2019, 11(3): 23-45.

[40]　JIN Y, LIU M, LI Y, et al. Variational auto-encoder based Bayesian Poisson tensor factorization for sparse and imbalanced count data[J]. Data Mining and Knowledge Discovery, 2021, 35: 505-532.

[41]　ZHU Q, DENG W, ZHENG Z, et al. A spectral-spatial-dependent global learning framework for insufficient and imbalanced hyperspectral image classification[J]. IEEE Transactions on Cybernetics, 2021, 52(11): 11709-11723.

[42]　BARELLA V H, GARCIA L P F, DE SOUTO M C P, et al. Assessing the data complexity of imbalanced datasets[J]. Information Sciences, 2021, 553: 83-109.

[43]　CHEN B, XIA S, CHEN Z, et al. RSMOTE: a self-adaptive robust SMOTE for imbalanced problems with label noise[J]. Information Sciences, 2021, 553: 397-428.

[44]　SUN Y, CAI L, LIAO B, et al. A robust oversampling approach for class imbalance problem with small disjuncts [J]. IEEE Transactions on Knowledge and Data Engineering, 2023, 35 (6): 5550-5562.

[45]　MAYABADI S, SAADATFAR H. Two density-based sampling approaches for imbalanced and overlapping data[J]. Knowledge-Based Systems, 2022, 241: 108217.